装备科技译著出版基金

天线技术手册

（第1册）

Handbook of Antenna Technologies

［新加坡］陈志宁　主编

［美　国］刘兑现　［日本］中野久松　编
［新加坡］卿显明　［德国］托马斯·兹维克

崔万照　张生俊　董士伟　总主译

王　瑞　杨　晶　陈有荣　王　栋　译

国防工業出版社

·北京·

著作权合同登记　图字：军-2019-036号

图书在版编目（CIP）数据

天线技术手册.1/（新加坡）陈志宁主编；王瑞等译．—北京：国防工业出版社，2023.10

书名原文：Handbook of Antenna Technologies

ISBN 978-7-118-12743-0

Ⅰ.①天…　Ⅱ.①陈…　②王…　Ⅲ.①天线—手册

Ⅳ.①TN82-62

中国国家版本馆CIP数据核字（2023）第177934号

※

国防工业出版社出版发行

（北京市海淀区紫竹院南路23号　邮政编码100048）

北京龙世杰印刷有限公司印刷

新华书店经售

*

开本 710×1000　1/16　**插页** 5　**印张** 20　**字数** 340千字

2023年10月第1版第1次印刷　**印数** 1—1500册　**定价** 258.00元

（本书如有印装错误，我社负责调换）

国防书店：（010）88540777　　书店传真：（010）88540776

发行业务：（010）88540717　　发行传真：（010）88540762

《天线技术手册》
编审指导委员会

主　任：陈志宁

副主任：李　军　孟　刚　李　立　刘佳琪

委　员：（按姓氏笔画排序）

方大纲　刘兑现　李小军　李文兴

李正军　宋燕平　和新阳　金荣洪

洪　伟　夏明耀　龚书喜　卿显明

《天线技术手册》
翻译工作委员会

主　任：崔万照

副主任：张生俊　董士伟

委　员：（按姓氏笔画排序）

于晓乐	万国宾	马　鑫	马文敏
王　栋	王　瑞	王伟东	王明亮
王建晓	王彩霞	艾　夏	白　鹤
朱忠博	刘　英	刘　硕	刘　鑫
刘军虎	孙　渊	李　升	李　韵
李霄枭	杨　晶	杨士成	张　宁
张　凯	陈有荣	林先其	郑　颖
胡伟东	莫锦军	倪大宁	崔逸纯
董亚洲	曾庆生	谢拥军	薛　晖

中 文 版 序

天线不仅是所有无线系统不可或缺的单元,更是扮演着增强系统性能、扩展系统功能角色的部件甚至子系统。自 1887 年,德国物理学家海因里希·赫兹(Heinrich Hertz)首次使用我们现在所熟知的电容端加载偶极子天线来证明无线电波的存在,天线理论与技术已经得到巨大的发展。特别是自 21 世纪起,借助计算机科学和大规模集成电路的巨大发展,各种无线系统已经广泛地渗透到各个行业及我们的日常生活中,风斯在下,天线技术也有了长足的进步。

在我 2012 年加入新加坡国立大学后不久,施普林格亚洲分部的 Yeung Siu Wai Stephen 博士就来到我的办公室,热情地邀请我编撰一部天线方面的手册。当时,我是非常犹豫的。因为作为一门历史悠久的技术,行业里已经有了许多优秀的经典手册,而且一直都有新的手册问世。如何能够呈现出一本另具特色的手册是一个挑战。另外,我没有编辑手册的经验,想象中那一定是一个浩大的工程,耗时费力。在足足犹豫和思考了半年之后,我才答应试着准备一个写作计划,准备全面、深入地介绍天线理论、技术与应用方面的最新进展。特别是,我提出了所有章节中要包括该类技术的原创介绍,让学生们和年轻的研究员通过此手册更好地掌握天线技术发展的来龙去脉,既学到创新的思路也可以避免"再发明""再创造"。同时,我也要求出版社能够让读者按章节下载,减轻读者的经济负担,更大程度地普及天线技术。出版社非常配合,完全同意我的想法。于是,我决定开始这项工程,挑战自己。

我的出版计划得到了天线界三位专家(Tatsuo Itoh、Ahmed Kishk、Wong Kin-Lu)的一致认可和鼓励。记得 Itoh 教授在他的评估反馈中说:这对谁都将是一个前所未有的挑战。但是,我对它非常有信心。面对着自己草拟出的 100 个章节专题,既有兴奋,更有压力。于是,我决定邀请学界中的几位朋友,一起努力。不奇怪,一些同仁看到这个宏大计划后婉拒了。在我的力邀之下,刘兑现(美国),中野久松(日本),卿显明(新加坡)及托马斯·兹维克(德国)4 位好友加入了编辑团队。在我们的共同努力下,140 余位专家和学者直接贡献了本手册的 76 个章节共计 3500 页。多年的老师老友周永祖教授欣然为书作序,欣慰、褒奖与鼓励溢于文字之间。

《天线技术手册》于 2016 年 9 月由施普林格出版社出版发行了。看着厚厚的 4 卷手册,回想着编辑过程中的各种经历,感慨万分。4 位编辑朋友,都非常专业及时地审读了所负责的书稿,对整个手册的编辑工作出谋划策,为手册的按时出版付出了巨大的努力。Nakano 教授作为蜚声天线界的学者,婉拒了我邀请他作为共同主编的邀请。他说一个主编正好,并对我的主编工作给予了极大的支持。在工作即将大功告成之际,我主动和出版社力争,打破常规,坚持将所有编辑的姓名印在手册的封面上。期间,所有作者也都辛勤地工作,把自己最新的成果奉献给读者。一些作者克服了各种各样的困难,按时交稿。也有几个章节的作者们,在我协调章节内容时,积极配合,大篇幅地调整了自己的原书稿。特别遗憾的是,好友 Hui Hon Tat 博士在他提交第一稿后两个月内就辞世了。从时间上推测,他是在入院后完成的初稿。为了告慰他,我接手了那篇手稿后续的全部工作,完成了他的遗愿。

《天线技术手册》英文版共分为 4 卷,涵盖了天线理论、设计和应用。天线形式从基本的偶极子天线延伸至近来的超材料天线;工作频段从很低的 VHF 频段向上达至太赫兹频段;加工工艺包括了从简单的印制电路板到先进的 LTCC 和 MEMS 等。应用包括了通信、雷达、遥感、探测、成像等;应用平台包含了陆基平台、飞机、舰船和卫星等。全套手册实现了理论、技术与应用的立体全覆盖。我坚信这部汇聚当今天线技术发展的最新成果与大量的当代天线界专家智慧的巨作(至少从重量和页数上看),一定会惠及天线教育、技术与研究。期待《天线技术手册》成为当前天线理论和技术发展历程的重要记录。

《天线技术手册》英文版出版后,已经获得了令人鼓舞的反响。截止于 2019 年底,施普林格出版社的下载量已超 45 万次,在线读者达 2000 多人。陆续收到的积极反馈,令我和其他作者备感欣慰。尤其是中国空间技术研究院西安分院、空间微波技术重点实验室、试验物理与计算数学重点实验室等单位的同仁们,他们在研究工作中已充分利用了《天线技术手册》,并称多受启迪。所以,当崔万照博士代表分院提出希望能有机会将这部书翻译为中文版,以便更多更好地服务中文读者时,我完全没有犹豫,尽管这对我完全没有任何经济利益。能够有机会把手册更好地推广到中国这个巨大的天线技术群体中，从而更大地体现此书的价值，为国内天线技术发展贡献绵薄之力，也是我们编辑及作者的荣耀。我本人也从事过翻译工作，深知这项工作的巨大挑战。“信达雅”是翻译工作的“三难”（严复语），尤其是翻译一本技术专著。在几个学术单位的大力支持下，一个朝气蓬勃的翻译团队很快就成军了！在过去两年里，我一直与团队的各位学者交流互动。我非常欣赏他们认真的工作态度与热情无私的投入，我为中国天线界的未来感到无比欣慰。终于，这部二次创作的《天线技术手册》以新的光彩面世了。

我也要特别感谢国防工业出版社，在这部译著策划过程中，国防工业出版社迅速和施普林格出版社确定了版权转让，装备科技译著出版基金给予了全额资助。

最后，我要再次感谢所有原著的作者们和编辑们，感谢他们的奉献与分享。我坚信他们的聪明才智，经过中文这一桥梁，必将使更多的人受惠。

“天真线实”，这是我向东南大学赠送原著时的留言。“天真”，保持着孩子似的对未知好奇的科学素养；“线实”，坚持着工匠般的对挑战执着的工程精神。

于新加坡国立大学

2020 年 2 月 6 日

译 者 序

《天线技术手册》是新加坡国立大学陈志宁教授组织上百位知名学者，集多年心血撰写而成的重要学术成果，于 2016 年由施普林格出版社出版，并在国际天线理论与工程界引起巨大反响，对技术研究和工程研制都产生了显著的促进作用。为使这部手册更好地为国内天线界学者和工程师所用，在手册编审指导委员会的领导下，翻译工作委员会经过努力将原著翻译为中文版。

《天线技术手册》英文版共分 4 卷，为了阅读方便，我们将中文版分为 8 册。而在内容上，《天线技术手册》中文版保持了原版的风貌，充分表现原作者的学术思想。这套中文版的《天线技术手册》必将成为天线技术研究者和无线系统设计师的重要案头参考。

《天线技术手册(第 1 册)》首先简要回顾了电磁波基础理论及应用技术的发展史，面向实际工程应用介绍了天线设计中需要采用的基本概念以及分析、设计方法。第 1 章从集大成者的麦克斯韦方程组出发，讨论了麦克斯韦方程组的诞生和发展过程，以及对后续电磁波领域的影响。第 2 章介绍了无线通信系统中传播路径损耗的电磁模型。第 3 章中描述了用于设计天线的常用商业天线设计仿真工具。第 4 章在回顾解决天线问题的主要计算电磁技术的基础上，讨论了最新应用于天线工程中的数值建模方法和关键技术。第 5 章针对天线的物理边界对天线性能设计的影响及应用展开了深入讨论。第 6 章着重讨论了确定接收互阻抗的理论和实验方法，并提供了典型例子，说明了其对天线阵的作用。

《天线技术手册(第 1 册)》的原作者都是在电磁场理论、计算电磁学、天线设计与分析方面深耕多年的专家和学者，其中包括周永祖教授这样电磁场与微波学界的大师级人物。周永祖教授是美国工程院院士、IEEE 会士，曾担任国际著名学术期刊 *Progress in Electromagnetic Research* 系列和 *Journal of Electromagnetic Waves Applications* 的主编，他以第一作者所著的论文被引用多达 2000 余次，是论文引用率最高（Top 0.5%）的作者之一。还有 Magdalena Salazar-Palma 教授、Tapan K. Sarkar 教授、Qing H. Liu 教授等，他们都是 IEEE 会士，在电磁场与微波学术与工程领域颇多建树，分别发表了几百篇相关领域的学术论文，担任着各自研究方向国际著名学术期刊的主编，相信他们的倾力之作能带给相关领域研究人员以启发。

本书共分为 6 章，其中第 1 章由陈有荣翻译，第 2、3 章由杨晶翻译，第 4、5 章由王瑞翻译，第 6 章由王瑞、王栋共同翻译，王瑞、杨晶对全书进行了审校，王瑞对全书进行了统稿。

本书能够出版，感谢中国空间技术研究院西安分院的大力支持。译者在繁忙的工作之余，能够完成本书的翻译工作，特别感谢空间微波技术重点实验室营造的氛围和工作环境。感谢东南大学张剑锋老师在翻译过程中给予的专业技术指导。本书得到了自然科学基金项目（61901361）的资助。

由于译者水平有限，书中难免有疏漏与不妥之处，恳请广大读者批评指正。

本册翻译组

英文版序

非常高兴为这部重要的天线手册作序。正值1865年麦克斯韦方程提出150周年之际,出版这套天线手册是很有意义的。尽管天线技术已经发展约一百年了,其重要性至今仍然存在。1886年,海因里希·赫兹(Heinrich Hertz)所做的关键实验证明了无线信号传输的可能性。而1895年,古格列尔莫·马可尼(Guglielmo Marconi)的工作则强调了无线通信的重要性。他随后利用简单的天线在地表上传输无线电信号,所用天线是安装在大地表面的四分之一波长偶极子,接收机很长,是靠风力升起的一串电线,也就是风筝。另一方面,尼古拉·特斯拉(Nicola Tesla)早在1891年就在研究利用感应线圈进行无线能量传输。

通信、遥感和雷达技术已经推动了天线技术的突飞猛进。一些最著名的例子包括1926年发明的八木宇田天线、喇叭天线、天线阵列、反射天线和贴片天线。贴片或微带天线是由George Deschamps于1953年提出的,后来经由许多科研人员发展,包括Yuen Tse Lo。此外,Paul Mayes从事宽带天线的研究,例如从八木宇田天线变形而来的对数周期阵列天线。Deschamps、Lo和Mayes都是我之前的亲密同事。最近,天线技术的重要性因手机行业的需求而愈加显著,要求天线的体积越来越小,且要持续小型化。

计算机技术的出现为用于天线结构建模的数值方法注入了发展活力。稳健、高效和快速的数值方法可以处理一些问题,其发展催生了诸多商业化软件来仿真天线性能。天线可以先在计算机上虚拟地建立原型,并在实际制造之前对其性能进行优化。这样的流程大大降低了成本,也为在不产生过高成本的情况下进行工程设计提供了机会。

目前已有许多商业化仿真软件套件可用,这极大简化了天线设计。此外,这些软件套件还可以释放天线工程师的创造力,扩大他们的设计空间。数值方法在商业软件套件中找到用武之地,这些方法为有限元法、矩量法和快速多极算法。更多算法还将出现在商业软件中:概念研究到商业应用之间的滞后时间一般需要10年到20年。除了计算机硬件性能的提高外,快速求解器的出现也推动着天线设计中计算电磁学的发展,这些快速求解器包括快速多极求解器、分层矩阵求解器和减秩矩阵求解器等。

天线设计也是波物理和电路物理的交叉产生的一个有趣领域。通过匹配网络的设计可将能量馈入天线,这需要利用电路设计方面的丰富知识。但是,能量在天线之间传输的方式是基于波物理的,因此天线孔径、增益、辐射方向图和极化等概念对天线至关重要。因此,低频电磁波和高频电磁波同样重要。实际上,对于许多反射面天线,波是准光学范畴,那么可以使用高频近似方法进行分析。另一方面,与电路物理的接口需要开展多尺度分析,这是计算电磁学研究的一个热门领域。

由于纳米制造技术的迅速发展,现在可以光波长的尺度实现纳米结构,这在光学领域刺激了纳米天线的发展。到了光学范畴,往往需要再次回顾或重新使用微波领域中的许多天线概念,这种模式已经用于自发和受激发射,以及Purcell因子增强。同样,光学也是一个需要新思想的领域。

我也很高兴看到,在新加坡国立大学陈志宁教授的领导下组织了本书这些章节。自从1994年我第一次访问中国,就认识了陈教授,那时他还是个年轻的中国人。我出生在海外,第一次中国之行充满了幻想与现实之间的冲突,但是陈教授作为一个直率的年轻人,以其强烈的好奇心给我留下了深刻的印象。自从我在马来西亚长大以来,包括新加坡在内的环太平洋地区的经济增长也触动了我的心弦,当初马来西亚和新加坡还属于一个国家。我多次访问新加坡,其间很高兴地了解到陈教授在新加坡国立大学(NUS)和资信与通信研究院(I^2R)开展的创新研究。这套手册正值新加坡建国50周年(SG50)之际出版,也有着特殊的意义。

周永祖

伊利诺伊大学香槟分校

2015年10月10日

英文版前言

距离詹姆斯·克拉克·麦克斯韦(1831–1879)发表以最初形式的麦克斯韦方程组为重点内容的《电磁场的动力学理论》①已经过去了一个半世纪。麦克斯韦方程组在数学上描述了光和电磁波以光速在空间中的传播。毋庸置疑,麦克斯韦方程组是继艾萨克·牛顿的运动定律和万有引力定律之后最重要的物理学突破。麦克斯韦的贡献已经影响且仍在继续影响物理学世界和我们的日常生活。麦克斯韦被认为是电磁场理论领域的创始人。谨以《天线技术手册》一书的出版,向麦克斯韦方程组诞生150周年致敬。

随着VLSI(超大规模集成电路)和计算机科学的进步,无线技术已经快速渗透到我们日常生活的各个方面;在日常活动中几乎每个人都拥有不止一部无线设备,如手机、笔记本电脑、非接触智能卡、智能手表等。天线作为辐射和感应电磁波或电磁场的关键部件,无疑已经在所有的无线系统中都扮演了不可替代的独特角色。因此,这些新兴的无线应用也聚焦在天线技术上,尤其是最近30年间,推动天线技术向着高性能、小型化、可嵌入集成发展。

当前国际上天线技术的最新特点是电性能可调控,或者说天线已经从无源部件发展成为集成有信号处理单元的智能化的子系统。波束形成、MIMO、大规模(Massive)MIMO、多波束天线系统等技术已经广泛应用在先进移动通信、雷达及成像系统中。天线技术和功能越来越复杂,对于天线的设计和优化必须系统地考虑。为了达到所期望的系统性能,天线需要紧密地联合射频通道、射频前端甚至信号处理单元进行综合设计,MIMO系统就是一个天线综合设计的典范。同样,天线技术的突破性发展也强烈地依赖于新材料和新制造工艺的进步。如同现存的PCB和LTCC工艺,最近兴起的基于增材工艺的3D打印技术掀起了天线设计和制造的新纪元。遗憾的是在材料方面天线可用的材料种类并不

① "A Dynamical Theory of the Electromagnetic Field",原文Electrodynamic有误。——译者注

多,但是最近电磁超材料(基于常规材料的人工电磁结构)这一新奇物理概念的提出为新型天线设计技术打开了一扇新窗口。

我清晰地记得,在我的硕士学位答辩中,一位评审老师问我是否准备好在天线工程这个困难与枯燥的领域内开展学术研究。30 年过去了,我很赞同他当时的观点,一个优秀的天线工程师不仅要精通工程方面的知识,同样需要关注其他领域的知识,例如数学、物理、机械甚至材料学。然而,对于他所提到的呆板的工程法则,我却认为天线设计可以是一种有趣且具有活力的工作。当你将天线设计看作是一门艺术工作时,其中就包含了对于特定的天线性能、形状、尺寸以及方向的变化。尤其是当天线与无线通信系统的其他部分相融合时(这里的融合并不是传统的集成),天线技术将进入一个全新且充满启迪的新时代。对于天线技术而言,应借助不落窠臼的思维方式来激励技术上的挑战。

为了忠实地反映天线技术的最新进展和正在出现的技术挑战,我们邀请了享誉全球的 140 位专家合著《天线技术手册》,该手册包含 76 个章节共 3500 页。然而,最初只是因为不知道如何在许多其他有关天线(一个非常经典的领域)的手册之外制作一本独特的手册,因此当来自施普林格亚洲分部的 Yeung Siu Wai Stephen 博士找到我时,我对启动这个巨大项目犹豫不决。为了让读者充分认识和获益于《天线技术手册》,我围绕三个主要目标构建了本手册。首先,作为教学指导工具书,较适合的目标读者将是初级研究人员、工程师、研究生。为了帮助读者避免可能的迷惑,所有的章节都将为读者提供有关具体主题足够的历史背景信息。其次,除了基础和经典天线技术,与电磁主题相关的最先进技术也将被纳入手册,进一步加强读者对于现代天线技术的认识。最后,除了传统的纸质印刷品,读者也可逐章下载电子文件。我希望本手册将为天线技术的从业者(新手或专家)提供翔实且更新的参考指南。

如果没有这个强大的编写团队的帮助,其中包来自括美国 IBM 沃森研究中心的刘兑现博士,来自日本 Hosei 大学的中野久松教授,来自新加坡信息通信研究中心的卿显明博士与来自德国 Karlsruhe 技术中心的托马斯·兹维克教授,我们不可能在一年内完成这个巨大的编撰工作。通过艰苦的工作,我们选择并决定了 90 个标题,并且联系了相关的作者,复审了初稿,并与作者们商讨了每一章的修改等,这是一个非常花费时间的任务。我们要衷心地感谢 Barbara Wolf 女士,尤其也要感谢 Saskia Ellis 女士,她对该书在施普林格出版社成功出版提供了大力支持与专业指导。我们对所有作者致以最诚挚的感谢,他们花费宝贵的时间通过竭诚合作,为本手册做出了优秀贡献。

所有编委包括刘兑现博士、中野久松教授、卿显明博士和托马斯·兹维克教授,都要对各自家庭的巨大支持和理解表示感谢,具体来说,刘兑现博士向其妻子黄霜女士致谢,卿显明博士向其妻子杨晓勤女士致谢,中野久松教授分别向来自日本 Hosei 大学的 Junji Yamauchi 教授和 Hiroaki Mimaki 讲师致谢,感谢他们对该项工作的热情帮助。

这套手册涵盖了与天线工程相关的很宽范围的主题。

第 1 部分　理论:综述和介绍简要论述了天线相关的电磁学基础和非传统天线领域的最新主题,比如纳米天线和超材料。

第 2 部分　设计:单元和阵列更新了传统天线技术的最新进展,先进的技术因其高性能而适用于特定的应用,为保持完整性,也论及重要的天线测量装置和方法。

第 3 部分　应用:系统及天线相关问题,作为天线技术的重要部分,阐述了特殊无线系统中天线的原创设计理念。

陈志宁
新加坡国立大学
2015 年 10 月 10 日

总　目　录

第 1 册

第 2 册

本册目录

第1部分

理论:概述与基本原理——引论和基本原理

第1章
麦克斯韦及其电磁理论的提出与演变

Tapan K. Sarkar, Magdalena Salazar-Palma

摘要

本章的目的之一是阐明麦克斯韦如何在奥斯特、安培、法拉第、高斯等人的工作基础上,以简明、精确的数学形式进行数学建模的。此外,还论述了工程电磁教学的两个具体课题,一是麦克斯韦是如何推断出光本质上是电磁波的结论,从而引发20世纪的物理学革命,二是麦克斯韦又是如何提出位移电流的概念。麦克斯韦最早于19世纪60年代初发表了他著名的20个方程,但这些方程并没有被科学界所接受,直到19世纪80年代初才形成体系。科学界为什么需要20多年的时间来接受麦克斯韦的思想?麦克斯韦的理论之所以如此难以理解,原因之一是由于麦克斯韦的思维过程经历了不同时代的发展,这使得他无法辨认物理假设与现实,他随意地采用另一幅物理假设图像来代替之前的物理假设。

T. K. Sarkar(✉)

雪城大学电子工程和计算机科学系,美国

e-mail: tksarkar@ syr. edu

M. Salazar-Palma

马德里卡洛斯三世大学信号理论与通信系,西班牙

e-mail: salazar@ tsc. uc3m. es; m. salazar-palma@ ieee. org

麦克斯韦多年来的理论经历了两个不同的发展阶段,这就是本章的另一个主题。

麦克斯韦从来不相信光可以通过电磁波产生,事实上,他对电磁波及其产生和探测始终保持沉默。赫兹发现电磁波花了近25年时间,他的巧妙实验证实了麦克斯韦的理论。麦克斯韦的思想和方程经过赫兹、FitzGerald、Lodge和Heaviside的努力得到了扩展和完善,并更容易被理解。FitzGerald、Lodge和Heaviside等3人被称为"麦克斯韦学派"。本章简要论述了至1894年赫兹逝世的电磁波早期历史,从电磁波的角度简要回顾了赫兹和麦克斯韦的工作。研究发现,历史事实并不支持一些人提出的观点,过去赫兹划时代的发现和贡献"明显地受到了麦克斯韦学派的影响"。在麦克斯韦逝世18年之后,其宏观理论转变为以电子为基础的微观理论。

关键词

詹姆斯·克拉克·麦克斯韦;海因里希·赫兹;Oliver Heaviside;George FitzGerald;Hans Christian Oersted;Oliver Lodge;André-Marie Ampère;Joseph Larmor;Henry Augustus Rowland;Michael Faraday;赫尔曼·冯·亥姆霍兹;卡尔·弗列德里希·高斯;历史;电磁学

1.1 引言

麦克斯韦是电磁学和电磁波的代名词。本章将描述麦克斯韦实际上做了什么,从而得出光本质上是电磁波的结论,这使19世纪的物理学发生了革命性的变化。最重要的是麦克斯韦如何使电与光学和磁与光学之间产生联系,当时迈克尔·法拉第已经将电与磁之间相关联。需要强调的是,虽然有些方程一直保持不变,但是麦克斯韦在19世纪初所提出的理论和今天所见的理论是完全不同的,麦克斯韦没有从今天各种著作所呈现的4个方程中得出光在本质上是电磁波的结论。首先,麦克斯韦甚至没有写出如今以他名字命名的4个方程,而是从电势出发,不是以电流和电荷为源的20个方程。必须注意,电子是在这很久之后才发现的。其次,麦克斯韦关于光本质上是电磁波这一现代物理学革命性的结论主要是基于量纲分析得到的，他在写出他的 20 个方程之前就得出了这个结论。此外，由于麦克斯韦没有合适的边界条件，他无法求解这 20 个方程。而且，尽管麦克斯韦引入了“位移电流”的概念，他还是很快放弃了它，而在现代教科书中，即使在 150 年之后也保留了这个术语。因此，很难以一种通俗易懂的方式呈现历史发展。另一个使这一历史原因的叙述难以呈现的因素是，麦克斯韦的天才在于，他从一个主题开始，研究数年，又经过数年的空当，然后从不同的角度重新启动，而不是当他在思考的同时沿着不同的思路前进，并且得出了与他初始研究不同的结论。他经过一段时间停滞后重新开始的新研究，每次都将这个课题的发展推向一个新的高度。他在研究电磁理论的过程中经过 3 次这样的起伏，每个阶段他的思维方式都大不相同。除非限定语境和时间；否则很难理解麦克斯韦当时的想法。麦克斯韦最早写这 20 个方程与赫兹和海维赛德将他们修改完善为我们如今使用的标量和矢量版本的 4 个方程相隔大约 20 年。由于麦克斯韦从来没有把他的物理假设图像与现实相鉴别，所以他的理论是艰涩难懂的，有时甚至不可复现。这是因为，麦克斯韦为了权宜或方便，经常舍弃一个物理假设图像而采用另一个。他在《麦克斯韦论》(Maxwell, 1881)的序言中用以下文字描述了他的方法：在把数学应用于电量的计算中时，我首先从所掌握的数据中推导出最一般的结论，其次把结果应用于可选择的最简单的情况。我尽可能地避免那些虽然应用数学技巧，却没有扩展我们科学知识的问题。如果我们采用仅通过媒介看现象的物理假说，则容易无视事实而片面地做出轻率的假设。因此，必须找到某种研究方法使研究的每一步都能遵循清晰的物理概念，而不允许采用任何物理学中无中生有的概念理论。

因此，除非从麦克斯韦所处理论发展的特定阶段出发，讨论其理论形成过程相关的特定主题；否则很难甚至无法理解麦克斯韦理论的发展脉络(Sarkar et al., 2006, 2009; Sengupta and Sarkar, 2003)。通过以上介绍可以更好地回顾电磁学史。

1.2　序言

正如英国物理学家、数学家 Sir James Hopwood Jeans（1877—1946）、Glazebrook（1896)所说，在麦克斯韦手中，电学首次成为数学上精确的科学，物理学的其他较大部分也是如此,他在工作的任何领域都带来了创新。

例如,正如 Sir John Ambrose Fleming 在他的 *Commemorative Volume*(1931:118)一书中所写:电学课程中,他提出了一种全新且有效的方法解决网络和线性导体问题。欧姆定律的基尔霍夫推论提供了一种仅适用于简单问题的方法,该方法需要预知每个导体电流的方向,但这在复杂网络中是不可能的。麦克斯韦提出了一种新的方法:假设网络中每个网格同一方向回路的两个虚部电流之差为每根导线的实际电流。通过这种方法,解决了需要预知实际电流方向的难题。问题的求解简化为求解一个线性方程组,任何导线的电流都可以表示成两个行列式的商。麦克斯韦逝世后,我于1885年在伦敦物理学会上发表了一篇论文,扩展了麦克斯韦的方法以获得任意两点之间网络电阻的表达式。

有人会立刻意识到这是写回路方程的方法,该方法正是当前所有本科电子工程教科书中电路的求解方法,但是没有提到该方法的发明者麦克斯韦。本节的观点:毫无疑问基尔霍夫给出了关于回路方程、节点方程的定理,但是没有提出如何在任意电路中解决它们的方法,而这个工作正是麦克斯韦完成的。

1871年,麦克斯韦展示了由电容、电感构成的电路连接不同频率交流电发电机时的响应。麦克斯韦发现了电共振现象,与 Sir John William Strutt、Lord Rayleigh 首次发现的声共振同步,麦克斯韦还建议将 Rayleigh 的声学著作命名为《声学理论》。麦克斯韦在审阅 Rayleigh 的论文——“行波”(Harman,2002c:547-549)时发现电学也存在类似共振的现象,并且写信把结果告诉了 Rayleigh(Harman,2002b:598-608)。麦克斯韦提出的表征波速、群速的数学表达式比 Rayleigh 更简洁。

1863年,麦克斯韦制定了一整套电学和磁学的测量单位,后来它们几乎没有修改就被采纳为第一批国际公认的单位制,即大众误认为高斯提出的高斯单位制,该单位制包括静电单位和电磁单位。麦克斯韦还在物理学量纲分析中引入现在广泛使用但无人知晓提出者的符号 M、L 和 T。1868年,他还提出第一个电阻标准。建立电阻标准时,他设计一个调控器使线圈恒速旋转,利用负反馈的思想确保系统稳定,并根据系统的极点和零点计算各种反馈配置情况下的稳定性条件,这是控制系统的首次数学分析(Maxwell,1881)。直到1940年第二次世界大战期间需要火炮控制雷达时,这项工作才引起人们的关注。第二次世界大战后,美国数学家诺伯特·维纳(1964—1964)基于麦克斯韦1868年发表在

On Governors(Sarkar et al. ,2006, 2009)上的论文进一步研究并发展了控制论。

基于以上背景,下面讨论麦克斯韦在电磁理论领域所做的工作,并在工作的每一阶段概述其贡献。

1.3　麦克斯韦电磁学研究工作的第一阶段

在麦克斯韦电磁理论工作的第一阶段,他在工作间隙及接受英国国王学院的职位之前考虑了后续的研究框架。初始阶段,麦克斯韦提出了电磁理论发展的几个方面,并尝试将法拉第实验转换为适当的数学形式。正如麦克斯韦写道(Maxwell,1881):直到第一次拜读法拉第的电学实验论文,我才开始学习与电学相关的数学基础知识。我发现由于法拉第与数学家阐释现象的方法存在差异导致他们互不满意彼此的表述方法,而且我也坚信导致这种差异的原因并不是他们之间谁对谁错。在继续研究法拉第理论的过程中,我发现虽然没有应用传统数学符号表示,但是法拉第阐释的现象仍然是一种数学方法,这些方法也可以应用普通的数学形式表示,并与专业数学家的表示相比较。例如,法拉第脑海中想到的是力线穿过所有的空间,数学家看到的是远处吸引的力心;法拉第看到的是媒介,数学家看到的只是距离。法拉第在现实的媒介中寻找发生这些现象的位置,数学家认为这是作用在远处电流体上的力。当我把法拉第的想法转换成数学形式时,发现一般情况下两种方法的结果一致,两种方法推导出了同样的实际现象和运动模式。但是法拉第的方法就像我们从整体出发,通过分析到达各个部分,而普通的数学方法则是建立在初始原则基础上,通过合成建立整体。我还发现,数学家发现的几种最有效的研究方法,用法拉第的思想来表达比用其原始形式更好。例如,电势概念被认为是一个满足某个偏微分方程的量,它本质上属于我所称的法拉第法。根据另一种方法,电势被认为是带电粒子的总和除以某一给定的点的距离的结果。因此,拉普拉斯、高斯、格林和泊松的许多数学发现都在法拉第这篇文章中找到了合适的位置,而法拉第主要在概念上对它们进行了恰当的表达。

我将尽力把这一理论的数学形式与动力学的数学形式之间的关系放在显著的位置上,以便能够更好地寻找到可以解释或阐明电磁现象的动力现象。还有相当数量的数学回忆录,对电气科学非常重要,但它们隐藏在学术交流这一庞大的团体中,还没有形成一个互相关联的系统,在大多数情况下超出了除数学家以外学者的理解范围。因此,我认为一篇论文如果是有用的,那么它应该以一种有条理的方式完整地把整个学科呈现给主要对象,并且应该指出,这门学科的各个部分是如何通过实际测量而得到验证的。

有趣的是,法拉第和海维赛德都没有接受过正规的大学教育,这意味着电磁学中各种概念发展的主要贡献是相当直观的,并不是由深谙当代数学科学的人推导的。也许这也是麦克斯韦试图将所有这些直观概念纳入一个一致的数学框架中,从而实现革命性发展的原因。

1855年,麦克斯韦在 *On Faraday' s Lines of Force*(Harman,2002a:337-375;Niven,1890a:155-229)上发表了论文的第1部分,他以流体流动为依据,以物理几何为基础在他的阐述中塑造出了受力线。他的目标是找到一个物理类比,有助于掌握之前研究的结果而避免被任何物理科学中的理论限制。这种概念是从物理科学中借来的,这样既不会因为追求分析上的微妙而偏离主题,也不会使假说超越真理。将电定律与不可压缩流体的性质进行了比较,认为不可压缩流体的运动受到与速度成正比的力的阻碍,流体不具有惯性。线与面之间的几何关系是麦克斯韦电磁场理论中的关键要素,矢量、积分定理和拓扑的运用成为麦克斯韦数学方法的核心(Harman,2002a:14)。在此基础上,麦克斯韦引入了图像理论的概念来进行场的高效计算。麦克斯韦提供了威廉·汤姆森爵士(或称开尔文勋爵)早期发展的镜像理论的数学基础,用以说明由它们可以得到等效场(Maxwell,1881:226-227)。他把它的类比应用于静电力学、电磁力学、顺磁性和反磁性理论、法拉第关于晶体材料磁性的认识以及电流中。他论文的第2部分提出了基于他区分电磁通量(通过表面的作用)与沿直线作用强度的理论(Harman,2002a:15、371)。因此,麦克斯韦就开始考虑电磁现象,并展示了Ampère发现的规律是如何得到与法拉第一致的结论的。

1861年麦克斯韦发表了论文"力的物理线"的前两部分(Niven,1890a:451-488),次年发表了第3、4部分(Niven,1890b:489-513)。在第1部分中,他论述了在涉及引力或排斥力,或与物体相对位置有关的力的所有现象中,确定了作用在给定物体上力的大小和方向。第2部分讨论了以下问题:是否存在用力线表示介质条件的力学假设?根据这些假设可以计算观察到的合力吗?力线产生压力差的力学原因是什么?

在论文的第3部分,麦克斯韦说:在磁场被无数漩涡占据的假设下,我展示了磁体、电流和能够产生磁感应的物质之间的作用力,它们的区域与磁场各点磁力的方向一致。这些漩涡的离心力产生压力的分布方式使得最终的效应是一个方向和大小与我们观察到的相同的力。此外,我还描述了这些旋转可以使它们共存的机制,并按已知的磁力线定律分布。

我设想旋转物质是每个特定单元的一部分,每个单元之间都不相同,由与单元相比很小的颗粒组成的单元壁间隔开,它是由这些粒子的运动产生的,它们对单元内物质的切向作用,将旋转由一个单元传递到另一个单元(图1.1)。我还没有尝试着去解释这种切向作用,但这一作用对解释旋转从每个单元外部传递到内部是很有必要的。这些物质大小可能不同,但拥有类似的电性,这在固体中可以观察到。正是这些颗粒的运动及其对单元内物质的切向作用,才使旋转从一个单元传递到另一个单元。为了解释这一过程,我假设旋转从单元外部传递到单元内部,尽管大小不同,单元内的物质具有在固体中观察到的类似的电性,如图1.1所示。光的波动理论说明在含铝介质中存在这种电,还应计及横向振动。当然,磁电介质具有相同的性质。

此外,他还介绍了:在单元弹性完全是由于粒子对之间互作用产生的假设下,介电力作用在两个电场体之间的位移电流的概念以及横向振动通过单元组成的弹性介质的传播速度。

麦克斯韦通过提出具有弹性性质的介质扩展了他的模型。由于这种涡流旋转不再受人关注,麦克斯韦认为这种由粒子层包围的弹性单元充当电的角色,如图1.1所示。当这些粒子偏离平衡位置时,它们会扭曲这些单元,并由它们的弹性产生一种力,与使粒子偏离平衡位置的力相同或相反,如图1.2所示。假设介质的状态为一个静电场,使粒子从平衡位置偏移(或单元被扭曲)。对麦克斯韦而言,由于图1.2所示的外场作用,图1.1的涡旋发生畸变/位移,此时的位移电流与真实电流一样,麦克斯韦称之为由于固定球的位移而产生的附加电流。但位移过程中发生的是由于外加磁场引起的磁涡畸变,从他的模型也可看到这一点,麦克斯韦发表了具有极其重要意义的声明:这种位移不等于电流,因为当它达到一定值后保持恒定,但它是电流的开始,在正、负方向上它的变化产生电流,且随着位移而增大或减小。位移的多少取决于物体的性质,也取决于电动势。

麦克斯韦论文的第3部分推导了一种物质的折射率与其相对电磁常数之间

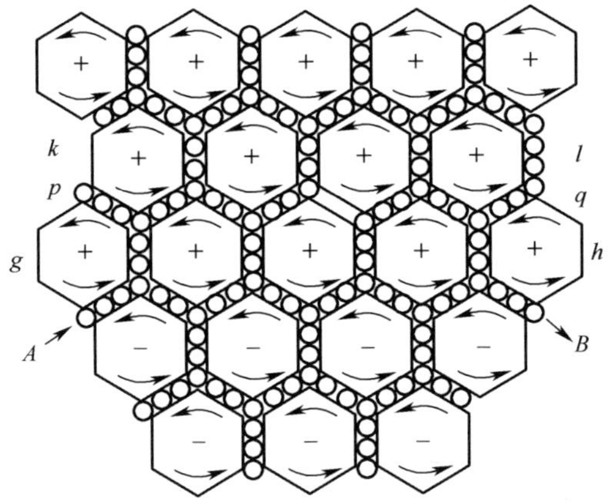

注:六边形截面涡流管的旋转方向用箭头表示。球 $A-B$ 向右移动的直线代表电流。由于结构的刚性,所有旋涡的运动都是同步的。

图1.1 麦克斯韦描绘的电磁场力学模型

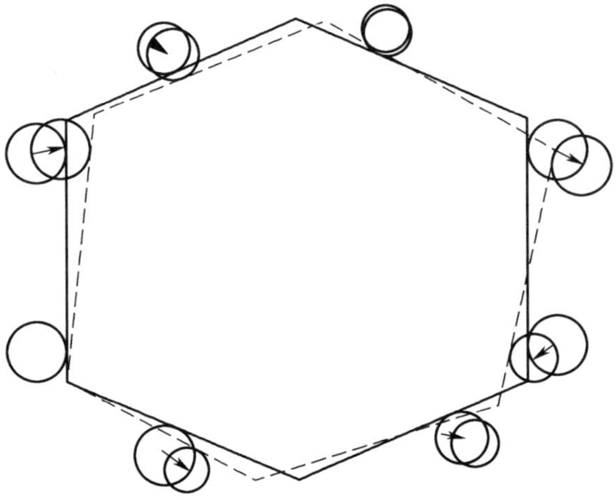

图1.2 假设涡流管是弹性的,这样固定球可以被电力作用位移,使得麦克斯韦的模型是弹性的,能够携带机械波。电的位移对应于产生磁场的电流

的关系,即 $n^2 = \varepsilon_r\mu_r$,将光与电联系了起来。他利用蜂蜡作为电介质,并测量电容器的介电常数。然后制造一块板,借助光线通过平板的衍射来测量折射率,由此他从理论和实验的角度确立了等价性。麦克斯韦在给法拉第的信中提到,折射率和介电常数之间的关系显然可以进一步检验光和电磁现象之间的联系。

麦克斯韦论文的第4部分和最后一部分(应用于磁性对偏振光作用的分子涡旋理论)中,将他的模型应用到法拉第效应的分析中,他成功地给出了偏振面旋转的定量规律,这与所有已知的实验结果一致。该定律还涉及分子漩涡的平均半径,这激发了上述尝试以一种独立的、非光学的方式来探测其存在。

如同James Jeans爵士所指出的:麦克斯韦将光的电磁理论描述为一种介质,介质的性质用单一的数学常数完全给定,通过确定这个常数的值就可以用数学方法精确预测光学理论的所有现象。麦克斯韦证明这个常数是电磁和静电单位的比值,他的第一个计算表明这实际上相当于测量光速的介质常数。

最早提到这一伟大发现是在麦克斯韦1861年10月19日写给法拉第的信中:我想球体的弹性会对周围的电性物质产生作用,然后向下压,从Kohlrausch和Weber给出的静电和电磁效应之间的数值关系,我已经确定了空气中介质的弹性,并假设它与发光以太相同,确定了横向振动传播的速度是每秒193088英里(1英里≈1.6km),Fizeau通过直接实验确定了光速为每秒193118英里。

麦克斯韦得出波传播的速度为310740000m/s。此外,他指出:由M.M.Kohlrausch和Weber的电磁实验计算得到的介质中的横向波动速度与M. Fizeau的光学仪器计算得到的光速完全一致,因此我们得到推论:光在同一介质中的横向波动是引起电磁现象的原因。

虽然上面提到的两个结果在每秒30英里的范围内,但奇怪的是,这两个结果的误差都超过了每秒6000英里。当麦克斯韦发表“电磁场的动力学理论”论文时,以千米每秒的形式给出了两个速度,即Kohlrausch和Weber的310740000m/s与Fizeau的314858000m/s。可喜的是,他似乎已经意识到光的速度很难准确获得,因此他没有像牛顿那样被万有引力定律中的一个实质性的数值分歧阻碍继续研究。

从一开始,麦克斯韦就确信他关于光本质的假设是正确的,上面提到的信中清楚地证明了这一点。而且他对于精确测定光速的“电磁”值很感兴趣,正如在写给Jenkin(1863年8月27日)和Thomson(9月27日和10月15日)的信以及他在1864年9月至1865年2月所发表文章的第4部分。

同样在1861年,麦克斯韦在制定电阻标准时,确定了静电单位和电磁单位,建立了一贯单位制,并对电量进行深入的量纲分析。因此,他在Jean - Baptiste Fourier等发现的科学论断的基础上进行量纲分析。ESU和EMU(Mahon,2003;

Tolstoy,1981)被误认为高斯系统单位。在 1863 年的一份备忘录中,麦克斯韦引入量纲符号成为使用质量、长度和时间的标准。他还指出了 ESU 和 EMU 两个电磁单位之间的关系存在量纲 LT^{-1},这个值与光速非常接近(Harman,2002b:P. 8),如图 1. 3 所示。随后,他还利用纯电磁原理对这个值(Maxwell,1881)进行了实验评估。

量纲分析促使麦克斯韦在 1864 年撰写论文“电磁场动力学理论”(Niven,1890a:526-597),其中指出:建立电磁场理论,是由于它与电磁体邻域内的空间有关,也许可以称之为动力学理论,因为动力学理论假定在空间内存在物质运动,产生电磁现象。为了将这些结果代入符号计算,我再将它们用电磁场一般方程(Maxwell,1881)的形式表示出来。

(1) 综合两者的电势移、传导和总电流的关系,这个方程表示总电流,电势移的变化必须加上电流 p、q、r,得到称为 p'、q'、r'的总的电运动,$p'=p+\mathrm{d}f/\mathrm{d}t$,$q'=q+\mathrm{d}g/\mathrm{d}t$ 和 $r'=r+\mathrm{d}h/\mathrm{d}t$,其中 f、g、h 表示沿着 x、y、z 方向的电势移。

(2) 磁力线与电路感应系数之间的关系,由感应定律导出。这个方程为磁力方程:$\mu\alpha = \mathrm{d}H/\mathrm{d}y - \mathrm{d}G/\mathrm{d}z$;$\mu\beta = \mathrm{d}F/\mathrm{d}z - \mathrm{d}H/\mathrm{d}x$,$\mu\gamma = \mathrm{d}G/\mathrm{d}x - \mathrm{d}F/\mathrm{d}y$,这里的 α、β、γ 表示作用在单位磁极上的磁力,F、G、H 为电磁动量。

(3) 根据电磁测量系统,得出电流强度与磁效应之间的关系。这给出关于电流的方程 $\mathrm{d}\gamma/\mathrm{d}y-\mathrm{d}\beta/\mathrm{d}z=4\pi p$; $\mathrm{d}\alpha/\mathrm{d}z-\mathrm{d}\gamma/\mathrm{d}x=4\pi q$; $\mathrm{d}\beta/\mathrm{d}x-\mathrm{d}\alpha/\mathrm{d}y=4\pi r$。

(4) 体电动势的值,如体在场中运动所产生的电动势、电场本身的变化以及电势从场的一部分向另一部分的变化等,这就得到了 P、Q、R 在运动导体上的电动势的方程为:$P = \mu(\gamma\mathrm{d}y/\mathrm{d}t - \beta\mathrm{d}z/\mathrm{d}t) - \mathrm{d}F/\mathrm{d}t - \mathrm{d}\varphi/\mathrm{d}x$;$Q = \mu(\alpha\mathrm{d}z/\mathrm{d}t - \gamma\mathrm{d}x/\mathrm{d}t) - \mathrm{d}G/\mathrm{d}t - \mathrm{d}\varphi/\mathrm{d}y$;$R = \mu(\beta\mathrm{d}x/\mathrm{d}t - \alpha\mathrm{d}y/\mathrm{d}t) - \mathrm{d}H/\mathrm{d}t - \mathrm{d}\varphi/\mathrm{d}z$。

(5) 电势移的关系以及产生它的电动势。当电动势作用于电介质时,它将电介质的每一部分置于极化状态,在这个极化状态下,电介质的对面电荷相反。若 k 为电动势与电势移之比,则电弹性方程为 $P = kf$、$Q = kg$、$R = kh$。

(6) 电流与产生电流的电动势之间的关系。在各向同性物质中,如果 ρ 是单位体积的电阻率,那么关于电阻的公式可以表示为 $P =- \rho p$、$Q =- \rho q$、$R =- \rho\gamma$。

(7) 任意点的自由电荷与领域内电势移之间的关系。如果 e 是单位体积中任意一点自由正电荷的量,则自由电量的方程为 $e + \mathrm{d}f/\mathrm{d}x + \mathrm{d}g/\mathrm{d}y + \mathrm{d}h/\mathrm{d}z = 0$。

626.]　*Table of Dimensions.*

	Symbol	Dimensions in Electrostatic System	Dimensions in Electromagnetic System
Quantity of electricity	e	$[L^{\frac{3}{2}} M^{\frac{1}{2}} T^{-1}]$	$[L^{\frac{1}{2}} M^{\frac{1}{2}}]$.
Line-integral of electromotive force	E	$[L^{\frac{1}{2}} M^{\frac{1}{2}} T^{-1}]$	$[L^{\frac{3}{2}} M^{\frac{1}{2}} T^{-2}]$.
Quantity of magnetism / Electrokinetic momentum of a circuit	m / p	$[L^{\frac{1}{2}} M^{\frac{1}{2}}]$	$[L^{\frac{3}{2}} M^{\frac{1}{2}} T^{-1}]$.
Electric current / Magnetic potential	C / Ω	$[L^{\frac{3}{2}} M^{\frac{1}{2}} T^{-2}]$	$[L^{\frac{1}{2}} M^{\frac{1}{2}} T^{-1}]$.
Electric displacement / Surface-density	$\mathfrak{D}$	$[L^{-\frac{1}{2}} M^{\frac{1}{2}} T^{-1}]$	$[L^{-\frac{3}{2}} M^{\frac{1}{2}}]$.
Electromotive force at a point	$\mathfrak{E}$	$[L^{-\frac{1}{2}} M^{\frac{1}{2}} T^{-1}]$	$[L^{\frac{1}{2}} M^{\frac{1}{2}} T^{-2}]$.
Magnetic induction	$\mathfrak{B}$	$[L^{-\frac{3}{2}} M^{\frac{1}{2}}]$	$[L^{-\frac{1}{2}} M^{\frac{1}{2}} T^{-1}]$.
Magnetic force	$\mathfrak{H}$	$[L^{\frac{1}{2}} M^{\frac{1}{2}} T^{-2}]$	$[L^{-\frac{1}{2}} M^{\frac{1}{2}} T^{-1}]$.
Strength of current at a point	$\mathfrak{C}$	$[L^{-\frac{1}{2}} M^{\frac{1}{2}} T^{-2}]$	$[L^{-\frac{3}{2}} M^{\frac{1}{2}} T^{-1}]$.
Vector potential	$\mathfrak{A}$	$[L^{-\frac{1}{2}} M^{\frac{1}{2}}]$	$[L^{\frac{1}{2}} M^{\frac{1}{2}} T^{-1}]$.

图 1.3　ESU 和 EMU 单位中各种电气量的度量列表

（它们都因数量 LT^{-1} 而不同）

（8）自由电荷的增加或减少与附近电流的关系。这就得出连续性方程：$de/dt + dp/dx + dq/dy + dr/dz = 0$。

因此，总共有 20 个方程式，包含了表 1.1 中总结的麦克斯韦和现代所使用的 20 个变量。

表 1.1　麦克斯韦最初引入的 20 个变量

麦克斯韦使用的变量名（等效现代名称）	麦克斯韦使用的符号	现代等效矢量和标量
电磁动量（磁矢量势）	F, G, H	$\boldsymbol{A}$
磁力（磁场强度）	α, β, γ	$\boldsymbol{H}$
电动势（电场强度）	P, Q, R	$\boldsymbol{E}$
真传导电流（传导电流密度）	p, q, r	$\boldsymbol{J}$

续表

麦克斯韦使用的变量名(等效现代名称)	麦克斯韦使用的符号	现代等效矢量和标量
电势移(电通量密度)	f,g,h	$\boldsymbol{D}$
包括位移的变化总电流(p^1,q^1,r^1)(传导加位移电流密度)	$\begin{cases} p^1 = p + \dfrac{\mathrm{d}f}{\mathrm{d}t} \\ q^1 = q + \dfrac{\mathrm{d}g}{\mathrm{d}t} \\ r^1 = r + \dfrac{\mathrm{d}h}{\mathrm{d}t} \end{cases}$	$\boldsymbol{J}_T$
电费量(电荷的体积密度)	e	ρ
电势(纯量电势)	ψ	ψ

麦克斯韦在这篇论文中还推导出了两种电路之间的感应系数。正如他在论文摘要中所陈述的:这一理论试图寻找在电或磁体周围介质中电磁效应的起源,并假设它们在一段距离内不立即产生作用,而是通过一种具有递进的媒介的介入。

需要注意的是,麦克斯韦相信以太理论,他说过(Niven,1890a、b):这种介质的存在是可能的,因为光学研究使哲学家们相信在这样的媒介中光的传播是发生的。

他描述了以下几点:在电磁场的数学表达式中,包含由导通电流、电势移和总电流、磁力、电动势和电磁力矩。这些量每一个都有3个分量,此外还有自由电荷和电能两个量,共产生20个量。这些量之间有20个方程,被称为总电流方程、磁力方程、电流方程、电动势方程、电弹性方程和电阻方程,构成6组3个方程,还有一个自由电荷方程和一个连续性方程。方程表明,横向扰动且仅有横向扰动通过场传播,并且在一个电磁单位中表示静电单位的数量,在空间和时间上的标准相同。第1个结论与光学实验的波动理论一致。第2个结论可以通过Weber和Kohlrausch所做的电磁实验与天文学家在太空中测量到的光速以及Foucault在空气中所做实验的比较来判断。

- 电磁单位中的静电单位:310740000m/s。
- Fizeau确定的光速: 314858000m/s。
- Foucault确定的光速: 298000000m/s。
- 由像差推导得到的光速: 308000000m/s。

电磁波的电动力学理论借鉴了发光介质中光的波动理论，测试波动传输能力和波动性质后将发光介质变为介质，证明振动是以光速横向运动。电磁理论不适用于常规的振动传播，那么根据电磁理论，什么是光？它由交替且相反的快速反复横向磁扰动组成，伴随着电势移，电势移的方向与磁扰动成直角，并且都与射线的方向成直角。该理论并没有试图对磁扰动或电势移的性质进行力学解释，只是判断这些现象的同一性。它揭示了介质的电感电容和折射率之间的关系，然后考虑振动在导电介质中的传播，表明光吸收取决于介质的传导能力。

为了更详细地回答关于麦克斯韦是如何得出光本质上是电磁波的确切结论并被接受的，那么有必要看看他的信。最早提及这个发现是他于1861年10月19日写给法拉第的信中(7,pp. 683-688, 5,p. 102)。这一部分参见他于1873年出版的书以及1881年他去世后第二版修订后的书(Maxwell,1881)，在该书中，麦克斯韦首先给出了前面提到的20个方程，尽管他谈到了四元数公约的用法，但最终的表达式都是标量形式(Maxwell,1881,Ch. IX)。在第X章中，麦克斯韦介绍了ESU和EMU两个单位系统，并举例说明在两个系统中，如果长度、质量和时间的单位相同，则电磁单位所包含静电单位的数值与某一特定速度的数值相同，其绝对值不取决于基本单位的大小(Maxwell,1881, Part II,p. 245)。在第XX章中，麦克斯韦证明了介质中的扰动是通过一个横向电磁波以接近光的速度传播。他还比较了Fizeau通过像差测得的光速(314000000m/s)和通过太阳视差测得的光速(308000000m/s)、Foucault测得的光速(298360000m/s)、Weber和Kohlrausch通过ESU和EMU单位的比值测得的光速(310740000m/s)以及麦克斯韦确定的光速(288000000m/s)和Kelvin确定的光速(282000000m/s)。通过对比，麦克斯韦确定光速和两个单位的比率在数量级上相同，这在前文已描述过。

接下来，麦克斯韦从他的理论中观察到，介质的折射率与透明介质介电常数的平方根有关，他考虑了熔化的石蜡。J. C. Gibson和T. Barclay测得石蜡的介电常数为1.975 (Maxwell,1881:398)，而J. H. Gladstone博士测量同样的材料的折射率为1.43(Maxwell,1881:398)。但是麦克斯韦通过制作一个以蜂蜡为介质的电容来测量其介电常数，并制作透镜测量折射率进而证实了这一点。这样，他将介质的电学性质与光学性质联系起来。最后，在第XXII章中，他通过分子电流解释了铁磁性和抗磁性的性质，并试图解释光通过磁性介质时偏振旋转的法拉第效应,从而将磁性与光学性质联系起来。他的文章(Maxwell,1881)阐明了光在本质上是电磁波,尽管他缺乏完整求解波动方程的边界条件信息。

1868年,他发表了"一种直接比较静电力与电磁力的方法"一文,附有"光的电磁理论注释"(Niven,1890b:125-143),其中描述了他如何用2600个电池提供3000V电压来测量光速的(Mahon,2003;Tolstoy,1981)。目标是平衡两个带电金属板之间的静电引力和两个载流线圈之间的磁斥力,并建立一个平衡臂来达到这个目的。与之前公认的结果299792.5km/s相比,他得到的结果是288000km/s。

麦克斯韦喜欢使用四元数公约。然而,尽管使用了"旋度""收敛"和"梯度"等术语,他还是用标量形式写出了最终的方程。现在,收敛被它的负值所取代,称为散度,而"旋度"和"梯度"仍然保留在标准的数学文献中。这些可参见他的《论物理量的数学分类》(Niven,1890b:257-266)。麦克斯韦以电磁波的形式定义了光,并引入了以太的概念作为电磁场的基本介质,以保留力学解释的可能性。1864年,他在皇家学会发表了第一篇关于新理论的论文,并于1873年出版了综述《电磁学全书》。

麦克斯韦认为磁是一种旋转现象,而电流是一种传递现象。所以,在任何磁场中,介质是围绕磁力线旋转的。麦克斯韦的理论通过一个耦合于Hamilton原理的高度可塑的场方程组寻求统一,取名于爱尔兰数学家William Rowan Hamilton。在电流承载的线性电路中,麦克斯韦认为电流是由刚性约束与被称为"以太"的介质相联系的。因此,在原麦克斯韦理论中现代读者最难以理解的是"电荷"和"电流"的概念。现代理论中,电荷产生了电场,电流产生了磁场。而在他的理论中,电场产生了电荷;通常情况下,电流只是电荷随时间的变化速率,只与磁场间接相关。因此,在麦克斯韦理论中,电荷是位移D的不连续点而不是E。麦克斯韦的目标是创造一种没有采用任何物质微观结构的电磁理论。对麦克斯韦而言,传导电流实际上是连续不断的充电和放电,此时的传导电流就是位移的过程和增长。麦克斯韦提出所有的电流都是闭合的,在这种情况下,他引入了位移电流。他很明确地将电极化限制为电势移和磁感应磁通特性的边界条件。麦克斯韦并没有应用边界条件来解释反射和折射现象,这是由赫兹和海维赛德完成的。

麦克斯韦引入了位移电流这个术语,他认为当外部电场作用于这些微小的涡旋时,它们会发生变形或产生位移,产生了一种他称为位移电流的电流。在麦克斯韦看来,位移电流与真实电流相同,也是同向流动的(但在现代理论中,要么使用传导电流,要么使用位移电流,位移电流的流动与传导电流相反)。

总之,在第一阶段麦克斯韦从量纲分析中得出光本质是电磁波的结论,甚至通过确定 EMU 单位中存在多少个 ESU 单位来测量光的速度。

1.4　麦克斯韦电磁学研究工作的第二阶段

当时,他从国王学院辞职,回到乡下的家中。在他接受剑桥大学卡文迪什教职之前,他的第二阶段的思考过程开始了,在这一阶段他写了两卷著作,大约千页(Maxwell,1881)。很重要的一点是,麦克斯韦在开始撰写《电磁学论著》的这一时期,思想过程发生了根本性的变化。在这个阶段,麦克斯韦放弃了电磁理论力学模型,从抽象的角度出发,主要运用数学方程去描述。下面他的原话:我几乎把自己完全限制在对这个问题的数学处理上,但我建议学生在通过实验了解需要观察的现象之后,如果可能,还要仔细阅读法拉第的《电学实验研究》。你将发现一些最伟大的电学发现和严谨研究的当代历史记录,这些记录是由一个倾注全力准确描述科学操作方法及其结果的人记录的。如果从一开始就知道结果,则是很难改进的。因为科学总是在新生状态下最容易吸收,而在法拉第研究的案例中,这相对来说比较容易,因为它们是以单独的形式出版的,可以连续阅读。如果我在这里写的东西能够帮助任何学生理解法拉第的思想和表达方式,我将把它看作完成了我的一个主要目标,把我在阅读法拉第的研究报告时得到的同样的快乐传达给其他人。

因此有必要指出,麦克斯韦此时已经抛弃了力学模型,随之他也抛弃了位移电流的概念。在他的千页专著中从未提到位移电流这个术语;反之他把自己限制在诸如电介质中的电流这样的术语中。也许是在当前的教科书中,位移电流的概念伴随着麦克斯韦的思维过程,虽然它不是真正意义上的电流,因为它不会产生磁场。

在麦克斯韦的论文(Maxwell,1881, Art. 783 & 784;Equations 8 and 9)中,他提出在自由空间中 $\frac{(\mathrm{d}^2\boldsymbol{J})}{\mathrm{d}t^2}+\frac{\{\mathrm{d}(\nabla^2\boldsymbol{\Psi})\}}{\mathrm{d}t}=0$, 这里的 $\boldsymbol{\Psi}$ 是标量电势。这时他

提出一个重要的论断,并且没有给出理由:与电流的体积密度成正比的$\nabla^2\boldsymbol{\Psi}$不依赖于$t$而独立存在。即他认为只取决于绝缘体中电荷分布的电势不会改变。这是通常应用于静电学中的假设,麦克斯韦直接把它扩展到普遍的电磁理论中,没有做任何改变。时间独立性意味着电势的位置和大小的改变随时贯穿整个空间,这也意味着$\frac{(\mathrm{d}^2\boldsymbol{J})}{\mathrm{d}t^2}=0$,所以麦克斯韦写道:$\boldsymbol{J}$必须是$t$的线性函数,或是一个常数,或是零,我们可以在考虑波的干扰时忽略$\boldsymbol{J}$和$\boldsymbol{\Psi}$。

事实上,麦克斯韦通常假设$\boldsymbol{J}=0$,并且提出了现在的库伦规范,这个规范适用于静电问题,但在处理变化的电场问题时有明显的缺陷,要求电势瞬时变化(Maxwell,1881)。FitzGerald在这一点上与麦克斯韦不同,他没有像麦克斯韦一样假设两个电势独立,而是令$\boldsymbol{J}=-(\mathrm{d}\boldsymbol{\Psi})/(\mathrm{d}t)$或者等价于$\boldsymbol{\nabla}\cdot\boldsymbol{A}+(\mathrm{d}\boldsymbol{\Psi})/(\mathrm{d}t)=0$,这在后来被称为洛伦兹规范,比麦克斯韦的库伦规范更适合处理传播现象,这个新规范消除了电势瞬时传播的问题。然而,FitzGerald发现Heaviside已经独立完成了这一理论(Mahon,2003;Tolstoy,1981;Hunt,1991;Buchwald,1985)。正如FitzGerald和Rowland在1888年提出的,在处理传播问题时$\boldsymbol{\Psi}$应该被消除(Heaviside,1893)。不久之后,$\boldsymbol{A}$也遇到了同样的对待,正如Heaviside提出的:不仅仅要去掉麦克斯韦的,那个背上长着标量寄生虫的三足怪物,即所谓的任一点处的电动量——矢量电动势(Heaviside,1893)。

这是第一次对麦克斯韦电磁理论的完整修改,由Heaviside(1893)和Hertz(1962)完成,摆脱了电势并且开始讨论源的问题,也就是电流和电荷。

即使最初的麦克斯韦理论的最终结果是有效的,但用来得出结论的中间步骤却受到质疑(Mahon,2003;Buchwald,1985),第一个问题与电荷的定义有关。

1.5 麦克斯韦电磁学研究工作的第三阶段

麦克斯韦与英国生物学家Thomas Henry Huxley一起成为《大英百科全书》第9版(1879年)的联合科学编辑。书中他提出了一个通过以太来描述地球运动的方法。他曾在1860年开展过实验,并未发现任何结果。然而他坚信以太的存在。当时,他的论文被审稿人开尔文勋爵拒绝,所以麦克斯韦将它收入大英百科全书中。麦克斯韦建议,也许可以通过测量光向相反方向传播时的光速来检测以太。他在给耶鲁大学的天文学家 David Peck Todd 的信中作了进一步讨论。A. A. 米克尔森在作为学生在亥姆霍兹手下工作时,阅读了麦克斯韦的文章,接受了麦克斯韦关于双轨制的建议,后来在 19 世纪 80 年代进行了著名的以太曳引实验,其他的都众所周知了。

1.6　原麦克斯韦理论在现代的演变

麦克斯韦的书籍和论文在欧洲大陆发表后,亥姆霍兹一直试图理解麦克斯韦的电磁理论,并且与基于牛顿力学的理论(Bryant,1988)进行比较。在 1879 年,亥姆霍兹呼吁做一个麦克斯韦理论的验证实验,并把它作为获得普鲁士科学院奖的问题发表,该奖项称为柏林奖。作为 1882 年的奖项,这个问题(Hertz,1962; Bryant,1988)阐述了:由法拉第提出并由 Cl.先生数学推导的电动力学理论。麦克斯韦假设绝缘介质中以及空间中介质极化的形成和消失是一个与电流具有相同电动力学效应的过程,这个过程就像电流一样,可以被电动力、感应力激发。根据该理论,必须假设上述电流的强度等于充电导体接触面的电流强度。学院要求提供决定性的实验证据,证明麦克斯韦所假定的在强度内形成或消失介质极化的电动力学效应是否存在,或证明绝缘介质中由磁或电动力感应电动势激发介质极化是否存在。

这些问题的答案必须在 1882 年 3 月 1 日之前提交,获奖者将获得 955 马克的奖金。当时,赫兹正与亥姆霍兹在柏林物理研究所工作。亥姆霍兹认为,他的学生赫兹将是最可能成功完成这个实验的人。亥姆霍兹为赫兹提供了研究所的资源以帮助他解决这个问题。然而,在那个时候赫兹放弃了这个想法,他觉得这个解决方案是不可能的,因为他没有发现合适的高频率电子源。进行深入思考后,赫兹发表了关于磁场中旋转金属球体中的感应电流分析的论文(Bryant,1988;Hunt,1991)。1880 年毕业后,他继续担任亥姆霍兹的助理,然后去基尔大学成为一名理论物理教师。在基尔大学,赫兹没有实验室,对于只研究理论物理他不厌其烦。1884 年在基尔发表了"麦克斯韦基本电磁方程与反对称电磁学基本方程的关系"(Hertz,1884)一文,他得出结论,如果他必须做出选择,他将选择麦克斯韦的理论。这项工作使他坚定了开展实验工作来验证这一理论的信心。在他的书中谈到了究竟什么是麦克斯韦理论的问题。用他的话来说(Hertz 1962; Buchwald 1985:191):麦克斯韦为我们留下了他成熟的思想成果——一部关于电和磁的伟大论文;因此,可以说麦克斯韦的理论就是那部作品中提出的理论。但是,这样的回答几乎不会被所有仔细考虑过这个问题的科学人士满意。许多人以极大的热情投入到麦克斯韦工作的研究中,即使他没有遇到数学难题,也不得不放弃形成与麦克斯韦思想完全一致观点的希望。我自己的情况也好不到哪里去。尽管我对麦克斯韦的数学概念非常钦佩,但我并不总是感到自己已经掌握了这些物理意义。因此,我不可能直接受麦克斯韦著作的指导,而倒是受到了亥姆霍兹工作的指导,这一点确实可以从实验阐述的方式中清楚地看到。但遗憾的是,在亥姆霍兹理论极限情况下,麦克斯韦方程组和实验都表明亥姆霍兹理论的物理基础消失了,而且确实如此,只要不考虑距离作用。因此,我从麦克斯韦方程出发,以一致的方式重新学习了必要的物理概念,但尽量简化麦克斯韦理论,通过消除或者简单地忽略那些不可能影响任何可能现象的因素……对于"什么是麦克斯韦理论"这个问题,我知道没有比下面更短或更确切的答案:麦克斯韦理论是麦克斯韦的方程组。每一个导致相同方程组的理论,并因此包含相同的可能现象,我都会认为是麦克斯韦理论的一种形式或特例;每一个导致不同方程,并因此导致不同的可能现象的理论都是不同的理论。因此,也只有在这个意义上,本卷的两篇理论论文才可能被视为麦克斯韦理论的代表?在任何意义上,他们都不能宣称是对麦克斯韦思想的精确呈现。相反,如果麦克斯韦还活着,他是否会承认他们在所有方面代表了他自己的观点,这令人怀疑。

赫兹在1884年的论文中进一步发展了麦克斯韦方程的坐标形式,摒弃了电势,采用了今天使用的4个标量方程共12个方程帮助赫兹在1985年取得了在卡尔斯鲁厄高级技术学校的职位,在那里,他开始了他的实验工作。他发现了如何生成和检测电磁能量,尝试解决伴随着高能量变压器的开启和关闭产生的伴生电磁辐射问题(Tai and Bryant,1994;D'Agostino,1975)。最后,在1887年,为柏林奖提供了实验结果,并且发表在他1888年的论文中。不知道在截止日期过后,赫兹是否收到了柏林奖的奖金。赫兹还开展了用导线测量电磁波在地平面上传播速度的实验。在传输线一端开路的情况下,他沿着线路移动一个探测器,观察到零点之间的距离为1.5个波长,其值为2.8m(Bryant,1988; Tai and Bryant,1994; D'Agostino,1975)。赫兹从估计偶极子共振器的电容和电感来计算电磁波源的频率,因为速度是波长与频率的乘积,他得到的值是 2×10^8 m/s,但是他并不知道频率有一个 $1/\sqrt{2}$ 的计算误差。如果没有误差,他的结果就是 2.8×10^8 m/s。在他刊发结果后,这个误差被 H. Poincaré 在 1890 年的一封信中指出来(Bryant,1988; Tai and Bryant,1994; D'Agostino,1975)。

然而,赫兹错失的是位移不连续的重要理念(Buchwald,1985:193)。赫兹的困惑迫使他与传统亥姆霍兹电荷观妥协。赫兹把自由电流同产生力的电流区分开来,后者可以通过非传导的方式改变,而真的自由电流只能通过传导的方式改变。因此,虽然赫兹把真正的电荷的测量归为位移的差异,但他还是保留了亥姆霍兹的描述,因为他不知道如何避免它。鉴于麦克斯韦会把显电荷写作 $\nabla\cdot\boldsymbol{E}$,赫兹记述了自由电荷并通过保留束缚电荷赋予自由电荷物理意义,虽然他拒绝考虑为什么像束缚电荷这样的东西会存在。赫兹明确地摒弃麦克斯韦关于自由以太中的电场强度和位移之间关系的意义时至今日也未被认可。如果没有这种区别,在麦克斯韦的理论下真空中的带电表面是不可能存在的,因为电荷是由于位移不连续造成的。事实上,在自由以太中,从 $\boldsymbol{D}$ 减少到 $\boldsymbol{E}$ 只是一个数学的产物,这是因为以太的容量定义是统一的。位移和强度之间的概念和物理上的区别仍然很重要,不知道或不理解这种区别是麦克斯韦理论的核心问题。赫兹认为可以忽略它,因为它在数学上似乎没有什么区别。此外,赫兹从场的来源出发,即静电学中的电荷和磁静电学中的电流,而不是像麦克斯韦那样把电势作为基本量来类比机械模型。赫兹表明,在电介质边界,电场的切向分量是连续的,法向分量是不连续的。他获得了类似于磁介质的边界条件。

简而言之(Buchwald,1985),赫兹将自由空间中的电常数和磁常数定义为统一,从而消除了位移这一主要参量。虽然这在一定程度上简化了麦克斯韦理论的数学结构,但对其动力学基础却是致命的。Heaviside 在 1890 年阅读了赫兹的第一篇论文后,向他提出了这一看法。

关于电动力学的基本方程,他问:“能不能设想一个电磁扰动介质,它至少有两个物理常数,类似于密度和弹性?如果没有,那么把它们明确地符号化,把它们的真正解释留给未来,不是很好吗?”

Heaviside 呼吁赫兹不要为了一个小而且可能是虚幻的数学简化而牺牲动态以太,它充满了应力、应变和储存的能量,麦克斯韦在此基础上建立了他的理论。英国的麦克斯韦学派比他们的大陆同行更看重这个动态以太,他们坚持认为,即使在麦克斯韦理论需要澄清和纠正的那些地方,也可以而且应该在不把理论简化为一套单纯方程式的情况下完成。他说,Heaviside 对麦克斯韦的理论所做的重要修改,包括放弃了电势,而采用了 4 个矢量形式的方程,也就是今天所说的麦克斯韦方程,其目的不仅是进行必要的修改而且确立了新的出发点,也是为了比麦克斯韦本人更清晰地阐明理论的主要观点。Heaviside 和 FitzGerald 都仔细区分了麦克斯韦的论文和麦克斯韦的理论,并认为麦克斯韦的书只给出了理论真正性质的一个不完美说明(Buchwald,1985)。1886 年,赫兹在检查一些用于讲座演示的仪器时发现,莱顿瓶或感应线圈通过电线环的振荡放电会导致火花在不远处的类似环的间隙中跳跃。他认识到这是一种共振现象,并看到这种火花环可以作为振荡电流的高灵敏探测器,因此也可以作为电磁波的探测器。这为他提供了恰当的实验工具,而这一工具曾使 Lodge、FitzGerald 等望尘莫及。他的两篇论文写道:关于电磁作用的有限传播速度和电振荡的作用力,根据麦克斯韦的理论进行了处理。

这两篇文章都在 1888 年发表,证明了麦克斯韦的理论,从那时起,麦克斯韦理论被电磁学界所接受(Tai and Bryant,1994; D'Agostino,1975)。

另外,Heaviside 区分了绝对和相对渗透率和介电常数,将相对量定义为介质的绝对值与自由空间绝对值之比。Heaviside 用今天使用的矢量形式重写了麦克斯韦方程,并使用了上述修改。有导体和非导体或绝缘体,由于导体以外的非导电空间的有限传播速度是未知的,所以注意力几乎完全集中在导体和假定的场上,该场被认为驻留在导体上或导体中,并在导体周围或通过导体移动。对远处导体的影响被归因于距离的瞬时作用,而忽略了中间介质。麦克斯韦解释这些中间介质以有限的速度传输这些作用。用 Heaviside 的话来说(1893 年):什么是麦克斯韦理论,或者我们应该同意对麦克斯韦理论的理解是什么。第一个可能的答案是麦克斯韦写的书,他的文字,他的方程式,它们共同构成了他的理论。但当我们仔细研究时,却发现这个答案并不令人满意。首先,只要参考一下物理学家的论文,比如说在麦克斯韦的论文首次出版后 12 年内写的论文,就可以看出,对于他的理论是什么,可能有很多不同的意见。不同的人可能已经对它做出了不同的解释,这表明它没有以完全清晰和明确的形式提出来。有许多模糊不清和不一致的地方。就我自己而言,只有通过改变它的表述形式,才能清楚地看到它,从而避免不一致的地方。因此,不可能严格遵守麦克斯韦交给世界的理论,如果仅仅是考虑到其不方便的形式。……但是,显然不允许对它进行任意的修改而仍然称之为麦克斯韦理论。他可能已经彻底否定了这些改动。但是,如果我们有充分的理由相信,他的论文中所述的理论确实需要修改,以使其自洽,并相信当有人向他指出时,他会承认修改的必要性,那么我认为由此产生的修改后的理论完全可以称为麦克斯韦理论。

为了理解这个问题,我们必须引入麦克斯韦的电流概念。显然,将导电性纳入麦克斯韦理论的动力学结构是不可能的(Buchwald,1985)。麦克斯韦本人并没有将电导率直接纳入理论的动力学结构中。相反,他把欧姆定律当作一个经验性的、独立的事实,并从感应强度中减去所要求的电磁强度。

重要的是要指出,Heaviside 的双工方程,正如他所称的那样,可以在麦克斯韦于 1868 年撰写的《光的电磁理论注释》中找到。麦克斯韦给出的第二环定律明确表述了磁电流与电的旋度有关,他把它归功于法拉第,并声称它对事实提供了"最简单和最全面"的表达。尽管这个简单的方程有很多优点,特别是在处理电磁波方面;但是麦克斯韦在 1873 年发表的论文中没有使用它,并且直到 1890 年麦克斯韦的科学论文(Niven,1890a,b)出版,连他关系亲密的学生都不知道这个方法。很有趣的是,甚至 Lodge (麦克斯韦学派之一)在 1899 年 2 月向物理学会发表的主席讲话中,也把这个方程归功于 Heaviside,而爱尔兰物理学家和数学家 Larmor 爵士向他指出这是麦克斯韦本人提出的(Mahon,2003;Tolstoy,1981; Tai and Bryant,1994; D′Agostino,1975)。

总之,麦克斯韦的理论为什么长期不被当代物理学家所接受,是因为他的理论存在一些根本性的问题。而且,很难用现代术语来解释这些问题是什么。正如 Buchwald(1985 年)所说:麦克斯韦的理论不能被翻译成现代人所熟悉的理论,因为翻译的行为本身必然会剥夺它最深刻的意义,而正是这种意义指导着英国的研究。它假定场和物质总是可以被当作一个单一的动力系统来处理,并根据情况加以修改。

在现代,我们拒绝接受麦克斯韦理论的这一基础!麦克斯韦在 1862 年的论文"论物理力线"中描述了一个精心设计的以太机制。尽管该机制存在某些问题,但他对其有着深厚的感情,直到 1879 年,他的一生都坚定地致力于该机制以建立模型。然而,在 1864 年,他在"电磁场动力学理论"一文中并未说明以太的结构,但还是假设该场受他所谓的动力学规律所控制。这是通过将 $\boldsymbol{H}$ 视为速度,将 $\boldsymbol{D}$ 视为相应机械位移旋度来实现的。通过这种假设,并不能完全理解以太的真正结构。麦克斯韦理论的基础是假设所有的电磁现象,包括边界条件,都可以通过将 Hamilton 原理应用于适当选择的场能密度来获得,这些场能密度包含适当的电参数,如物质介质的介电常数和磁导率。现代理论意味着这最多只能在某些情况下起作用,因为宏观场($\boldsymbol{D}$,$\boldsymbol{H}$)不是一个简单的动力学系统,而是通过对真实状态和结合场矢量($\boldsymbol{E}$,$\boldsymbol{B}$)与材料矢量($\boldsymbol{P}$,$\boldsymbol{M}$)构造得到。因此,在现代理论引入电子的地方,麦克斯韦理论发明了新的能量形式。这是可能的,因为只要结果在实验中得到支持,麦克斯韦学派很愿意发明对控制电磁场的基本方程的修改。现代理论在一组不可修改的场方程中寻求统一的解释,通过电子运动与复杂的微观物理模型相耦合。麦克斯韦尔理论通过一组场方程与 Hamilton 原理相耦合来寻求统一。在麦克斯韦理论中,目标是创建一个完全不使用物质微观结构的电磁学理论。因此,现代读者理解麦克斯韦理论的基本问题是要理解麦克斯韦对电荷和电流这两个词的确切定义。这种混乱主要是由于麦克斯韦至少有一次改变了他在方程中对电荷密度符号的选择,该方程将其与电通量 $\boldsymbol{D}$ 的发散联系起来。麦克斯韦理论中的传导电流不能被简单地解释,这些微妙的细节可以在 Buchwald(1985)中找到。最后,正如 Bruce J. Hunt(1991)所指出的:19 世纪 80 年代开始时,麦克斯韦的理论实际上是路的丛林。在这 10 年的后半段,以能量流动原则为指导,Poynting、FitzGerald 以及最重要的 Heaviside 都成功地驯服和修剪了那片丛林,使它近乎开化。

在现代电动力学中,我们不认为场本身是一种物质结构,所以我们不考虑可能作用于它的应力。例如,电磁辐射会传输能量和动量,但只有当辐射影响到物质结构时才会产生应力。麦克斯韦学派并不这么认为,因为能量的不均匀性,无论物质是否存在,都意味着应力。事实上,在发现 Poynting 原理之后,他们意识到自由的以太在传输辐射时必须受到压力,所以必须移动。在麦克斯韦理论中,电磁场传递应力,它本身也受到应力作用。在现代理论中,场只能作用而不能被作用(Buchwald,1985)。对此还有另一种观点(Sarkar et al.,2006)。例如,Poynting 定理的一边有[$\boldsymbol{J} \cdot \boldsymbol{E}$],而另一边只有场。所以,可以认为电场作用于 $\boldsymbol{J}$,或者说电场作用于自身,特别是在像理想电导体这样的情况下,电流没有做,而能量却最终进入了场。

总之,麦克斯韦理论的最大困难是除非忽略导电性;否则无法在机械变量和场变量之间建立对应关系，从而导致一致的结果，正如 Heaviside 所说明的那样。Heaviside 对这一事实的证明是基于格林势函数。他建议在机械模型中使用 $\boldsymbol{E}$ 作为速度，而不是 $\boldsymbol{H}$，这需要完全重建麦克斯韦理论，因为麦克斯韦是反过来做的（Buchwald，1985）。

对宏观电磁现象的数学表述是由麦克斯韦（Larmor，1937）完成的。根据麦克斯韦理论，电磁辐射是由电荷的振荡产生的，产生光的电荷是未知的。由于人们普遍认为电流是由带电粒子组成的，Lorentz 在 1892 年提出理论，认为物质的原子也可能由带电粒子组成，并提出这些带电粒子（电子）在原子内的振荡是光的来源。应该指出的是，这发生在电子的基本特性得到实验澄清之前。直到 1897 年和 1898 年，Joseph John Thomson 成功地确定了电荷与质量的比率，并首次测量了一个孤立电子的基本电荷，这些才得以测量。因此，Lorentz 利用麦克斯韦方程构建了一个微观理论，并在其中加入了带电粒子在电场和磁场存在下所受力的表达。这种微观理论以带电的原子碎片、离子和电子来描述物质。Lorentz 首次证明的这种微观理论的成功在于，从这种微观理论中可以通过对单个离子和电子的运动进行适当的求平均过程而推导出宏观的麦克斯韦理论。麦克斯韦学派和大陆学派的思想是如此深刻，以至于只有 Lorentz 能够保留电荷的实质特征，同时纳入某些不违反基本假设的麦克斯韦元素。Lorentz 的理论使用迟滞力直接计算粒子间的作用，而且采用了细致的微物理平均法。值得注意的是，Lorentz 力的方程与麦克斯韦电磁学理论第一阶段所述的麦克斯韦方程（$\boldsymbol{D}$）非常相似。然而，Lorentz 理论在很大程度上掩盖了离子运动和基本场方程之间的差异（Buchwald，1985）。

从 1894 年到 1897 年，英国的电磁理论放弃了麦克斯韦理论的基本原则，整个学科都在 Joseph Larmor 与 George FitzGerald 共同开发的一个新的电子基础上重建（Buchwald，1985）。Larmor 因此实现了对麦克斯韦理论的第二次革命，在这次革命中，电子已经成为产生场的基础。Heaviside 认为，Larmor 关于电子的设想不够基本。Larmor 理论的主要影响是破坏了连续介质理论可以充当电磁学充分基础的思想。麦克斯韦的理论及其基本假设，即电磁场可以受到与物质连续体类型完全相同的分析，在 1898 年之后成为一个伪命题。这是继赫兹和 Heaviside 进行第一次修改之后麦克斯韦理论的第二次概念修正，尽管基本方程仍然保持不变。Larmor 的学生 John Gaston Leathem 在数学上将位移与极化联系起来,给出方程 $\boldsymbol{D} = \boldsymbol{E} + \boldsymbol{P}$,从而颠覆了基于连续能量函数以 Hamilton 原理作为起点的 Maxwell-Fitzgerald 理论(Buchwald,1985)。

从这时起,在英国和欧洲大陆,电磁学的未来工作直接依赖于以电子为基础的微观物理,而非宏观物理。因此,物质与场之间完全分离(Buchwald,1985)。因此,麦克斯韦理论中的绊脚石——传导性质,导致了 Larmor 和 Lorentz 最终通过引入电子作为电荷源的物质微观观点进行修正,从而产生电流,现在这些源产生了场。

简而言之,目前对麦克斯韦理论的认识是由麦克斯韦方程组给出的,并辅以他最初的位移电流的超前概念。这里的一个相关问题是,这种位移电流是一种物理现实吗?如果是,那它又是如何产生与传导电流类似的辐射的?目前接受的麦克斯韦方程的形式是通过赫兹、Heaviside、Lodge、FitzGerald、Lorentz 和 Larmor 的工作得到的,这些方程可以在任何现代电磁理论的教科书中找到:$\boldsymbol{J} + \frac{\partial \boldsymbol{D}}{\partial t} = \nabla \times \boldsymbol{H}$, $-\frac{\partial \boldsymbol{B}}{\partial t} = \nabla \times \boldsymbol{E}$,$\nabla \cdot \boldsymbol{D} = \boldsymbol{q}_{v_1}$,$\nabla \cdot \boldsymbol{B} = 0$,以及$\nabla \cdot \boldsymbol{J} = \frac{-\partial q_v}{\partial t}$。为了完整起见,这里包括连续性方程。

1.7 后记

最后,给麦克斯韦做一个总结是很有趣的事。在他的手中电学成为一门精确的科学,成为物理学的其他分支。事实上,即使他在电磁学上没有做过任何事情,也不妨碍麦克斯韦被称为 20 世纪最伟大的科学家。他的贡献无处不在,但是很少有电磁学领域的研究人员意识到这些。为了完整起见,本节列举了麦克斯韦对电气工程的贡献。

(1) 诚然,G. R. Kirchhoff 写出了与电路中电压和电流有关的定律,但正如 Ambrose Fleming 爵士所指出的那样,通过假设每条导线中的电流是网络中相反方向循环的两个假想电流之差,然后将解写成两个行列式的比来解决一般电路的环(和节点)方程式的方法是麦克斯韦发明的。

(2) 麦克斯韦展示了一个包含电容和电感的电路,当连接到不同频率的交流发电机时将如何响应。他发现了电学共振现象,与 Rayleigh 勋爵发现的声学共振现象并行。麦克斯韦在审阅 Rayleigh 的论文时发展了电学模拟,并写信与

Rayleigh 讨论。他为群速和相位速度引入了更简单的概念。

(3) 麦克斯韦建立了一套连贯的电和磁测量单位,这些单位几乎原封不动地被采纳为第一个国际公认的单位体系。这套单位是静电单位和电磁单位的组合,后来被误认为是高斯体系。麦克斯韦在度量分析中引入了 M、L 和 T 符号。

(4) 他以纯电气方式开发了一个实验来测量光速。他通过使用 2600 个电池产生 3000V 电压来测量光速。目的是平衡两个带电金属板之间的静电吸引力和两个载流线圈之间的磁斥力,并建立一个平衡臂来实现这一目标。他得到的结果是 288000km/s,而目前的公认值是 299792.5km/s。这是对他的量纲分析的直接应用,即找出一个 EMU 单位中有多少个 ESU 单位。

(5) 他写了各种评估黄斑颜色的方法,黄斑在眼睛中负责视力的质量。如今,当眼科医生检查一个人的眼睛的黄斑质量时,他/她正在进行所谓的麦克斯韦黄斑试验。

(6) 他发明了鱼眼透镜来观察眼睛的视网膜。

(7) 正常的眼睛有 3 种颜色的感受器。麦克斯韦证明,色盲者的眼睛只对两种而不是 3 种颜色敏感。

(8) 麦克斯韦将产生白光的三原色选为红、绿、蓝三色。今天,彩色电视就是根据这一原理工作的,但麦克斯韦的名字却很少被提及。然而,三原色的其他选择也同样可行。麦克斯韦证明了其他颜色可以通过使用双心坐标系产生,即把红、绿、蓝三原色放在三角形的顶点,而使用光时,则在中心点形成白色。如果不使用光,而是使用彩色颜料,那么中心点将是黑色而不是白色。

(9) 他拍摄的第一张彩色照片的原理与今天相同,通过叠加 3 个不同颜色的图像得到。

(10) 他还表明太阳辐射压力是存在的,力量为 4 磅/mile^2,这后来被用于解释为什么彗星的尾巴靠近太阳时就会远离太阳。

(11) 他提出并首次将统计法应用于物理过程。它的发现为物理学开辟了一种全新的方法,这导致概率分布在统计力学和量子力学中得到使用。

(12) 他提出了集合平均法的概念。这使人们能够用分子的整体行为来解释物质的特性。使用集合平均的方法,整个系统更容易分析,而不是处理个别成分。也就是说,他引入了麦克斯韦的分布。

(13) 他首先断言热力学第二定律是一个统计定律。所以,如果有人把一桶水扔进海里,就不可能再得到同一桶水,因为该定律适用于质量上的分子,而不是个体。

(14) 他发展了与麦克斯韦之精灵有关的思维过程,它可以违反热力学第二定律,并以这种方式创造永动机。通过对麦克斯韦之精灵的应用,Leo Szilard 提出了熵的信息量化概念,该概念后来被 Claude Shannon 进一步用于信息理论的发展。

(15) 他是第一个用数学分析法来分析土星环运动的人。

(16) 他阐明了如何利用图解法生成具有多焦点的物体。今天,同样的原理被用来生成具有多个焦点的光学镜头。

(17) 他开发了一种测面仪,用来测量平面任意形状物体的面积。

(18) 他制定了电阻的标准。

(19) 在制定电阻标准时,设计了一个调速器,使线圈以恒定的速度旋转。他利用负反馈的思想使该系统稳定,研究了各种反馈下的稳定条件。这是第一个对控制系统的数学分析,这项工作直到 1940 年才受到重视,当时第二次世界大战期间对火炮控制雷达的需求很大。战后,美国数学家 Norbert Wiener 进一步发展了控制论。

(20) 他将弛豫时间的概念引入物理学、工程学和冰川学,借鉴了苏格兰物理学家 J. D. Forbes 的建议,即冰川在短于弛豫时间的时候表现为固体,但在长于弛豫时间的时候表现为液体。这与气体分子之间的碰撞有关,并取代了作为温度函数的碰撞平均自由程概念。

(21) 在 19 世纪 70 年代的两次讨论中,他首次强调了现在所谓的蝴蝶效应——初始条件的微小差异可以产生巨大的最终效果,这是混沌理论的起点。

(22) 麦克斯韦还写了一篇关于"保护建筑物免受雷击"的论文。他在那篇论文中指出,大多数发表的文章都是关于获得电报工程师所称的良好接地必要性的探讨。电报员使用大地来实现他的电路,因此大地对他来说非常重要,但保护建筑物免遭放电的目的和方法却不同。

(23) 他还扩展了英国数学家 A. Cayley 在 1859 年所做的工作。地球表面有高地或山丘,也有低洼以及山脊、山谷或通道。他认为,这些特征中的每一个数量都必须以某种方式通过数学规则联系起来。他最初关于地球表面的想法现在已经发展成为拓扑学的一个分支,称为全局分析。

(24) 麦克斯韦在他1876年出版的《物质与运动》(Maxwell,1876)一书中以物理学家现在理解的方式介绍了Hamilton的RELATIVITY一词。他注意到,对电磁感应的解释是不同的,这取决于人们认为是磁铁接近线环还是线环接近磁铁。法国数学家、物理学家和工程师J. H. Poincaré读到了这部作品,爱因斯坦从Poincaré那里得知了这部作品,剩下的就众所周知了。

(25) 最后,他发展了电磁理论的基本原理,包括光的本质是电磁波。

1.8　总结

本章按照时间顺序介绍了麦克斯韦在合并与磁、电和光有关的不同理论的基础上创建的电磁学理论的发展情况。这是一套独特的理论,即使经过两次修改,基本的方程也未曾改变。第一次修改是Hertz和Heaviside进行的,第二次是Larmor将物质的微观结构引入麦克斯韦的宏观方程中。今天使用的4个方程是由赫兹改写的,他在进行实验验证之前以标量形式写就,而现代教科书中以麦克斯韦方程为标题的内容是由Heaviside完成,他首先把这些方程写成了矢量形式。此外,还简要介绍了麦克斯韦的其他作品,因为他的名字不仅是电磁波的代名词,他还一手奠定了电气工程的基础。在他手中,电学首次成为一门精确的科学。麦克斯韦可以被称为19世纪最伟大的科学家,即使他在电磁学方面完全没有做什么,但是他的成就在1.7节中列出了清单。

最后,要注意的是第一个无线专利是由一位名叫Mahlon Loomis的美国牙医申请的,正好是在1864年麦克斯韦第一次写出他的方程式时(Sarkar et al.,2006)。这说明电磁学和无线电领域的重要发现是由像法拉第和Heaviside这样几乎没有受过正规教育,或者像Loomis这样只受过基本的物理学教育的研究人员完成的。另外,麦克斯韦是个数学家,他写道,在研读法拉第的所有实验记录之前,他不想采用任何数学原理,以便首先了解其中的物理现象。因此,本书的另一个结论是,在电磁学教学中,应该首先提供背景,强调物理现象,然后再去了解所有的教学细节。也许现在是时候改变我们向学生传授电磁学的方式了!

参考文献

Bryant JH (1988) Heinrich Hertz, the beginning of microwaves: discovery of electromagnetic waves and opening of the electromagnetic spectrum by Heinrich Hertz in the years 1886-1892. IEEE Service Center, Piscataway

Buchwald JC (1985) From Maxwell to microphysics: aspects of electromagnetic theory in the last quarter of the nineteenth century. University of Chicago Press, Chicago

Commemoration Volume - James Clerk Maxwell (1931) Cambridge University Press, London

D'Agostino S (1975) Hertz's researches on electromagnetic waves. Hist Stud Phys Sei 6:261-323

Glazebrook RT (1896) James Clerk Maxwell and modern physics. Macmillan, London

Harman PH (2002a) The Scientific Letters and Papers of James Clerk Maxwell, vol I. Cambridge University Press (1846-1862), London

Harman PH (2002b) The Scientific Letters and Papers of James Clerk Maxwell, volII. Cambridge University Press (1862-1873), London

Harman PH (2002c) The Scientific Letters and Papers of James Clerk Maxwell, volIII. Cambridge University Press (1874-1879), London

Heaviside O (1893) Electromagnetic theory, vol I and II. The Electrician Printing and Publishing Company, London

Hertz H (1962) Electric waves. Dover Publications, New York

Hertz H (1884) On the relations between Maxwell's fundamental equations of the opposing electromagnetics. Wiedemann's Annalen 23. pp 84-103. English translation is given in Hertz H. pp 127-145

http://www.britannica.com/. Accessed 25 Mar 2015

Hunt BJ (1991) The Maxwellians. Cornell University Press, Ithaca

Larmor J (1937) Origins of James Clerk Maxwell′s electric ideas. Cambridge University Press, Cambridge

Mahon B (2003) The man who changed everything - the life of James Clerk Maxwell. Wiley, New York

Maxwell JC (1881) A treatise on electricity and magnetism, vol I and II. Oxford University Press, London

Maxwell JC (1876) Matter and motion. Cambridge University Press, London

Niven WD (1890a) The scientific papers of James Clerk Maxwell, vol I. Cambridge University Press, Cambridge

Niven WD (1890b) The scientific papers of James Clerk Maxwell, vol II. Cambridge University Press, Cambridge

Sarkar TK, Mailloux RJ, Oliner AA, Salazar-Palma M, Sengupta DL (2006) History of wireless. IEEE Press & Wiley, New Jersey

Sarkar TK, Salazar Palma M, Sengupta DL (2009) Who was James Clerk Maxwell and what was and is his electromagnetic theory? IEEE Antenn Propag Lett Mag 51:97-116

Sengupta DL, Sarkar TK (2003) Maxwell, Hertz, the Maxwellians and the early history of electromagnetic waves. IEEE Antenn Propag Lett Mag 45:13-19

Tai CT, Bryant JH (1994) New insights into Hertz's theory of electromagnetism. Radio Sci 29: 685-690

Tolstoy I (1981) James Clerk Maxwell. University of Chicago Press, Chicago

第 2 章

蜂窝通信中无线电波传播的物理与数学原理

Magdalena Salazar-Palma, Tapan K. Sarkar, Mohammad N. Abdallah, Walid Dyab, M. V. S. N. Prasad, and Sio Weng Ting

摘要

本章介绍了电磁宏观模型,用于分析在蜂窝无线通信中的传播路径损耗。信号在传播过程中空气和地面是影响传播路径损耗的主要原因,树木、建筑物和其他障碍物对传播路径损耗的影响较小,因此宏观模型可以准确预测实验结果。

M. Salazar-Palma(✉)
卡洛斯三世大学信号理论与通信系,西班牙
e-mail:salazar@ tsc. uc3m. es;m. salazar-palma@ ieee. org
T. K. Sarkar · M. N. Abdallah · W. Dyab
锡拉丘兹大学电气工程和计算机科学系,美国
电子邮件:tksarkar@ syr. edu;mnabdall@ syr. edu;wmdyab@ syr. edu
M. V. S. N. Prasad
国家物理实验室,印度
e-mail:mvsnprasad@ gmail. com
S. W. Ting
澳门大学电子工程及电脑科学系,中国
e-mail:tonyting@ umac. mo

测量结果和理论分析结果表明，在蜂窝通信的蜂窝内传播路径损耗为 30dB/10 倍距离，在蜂窝外（发射机和接收机之间），传播路径损耗为 40dB/10 倍距离，与高度无关。也就是说，电场在蜂窝内以 $\rho^{-1.5}$ 的速率衰减，在蜂窝外以 ρ^{-2} 的速率衰减，与工作频率、频带和地面参数无关，ρ 表示发射机和接收机之间的距离。Sommerfeld 在 100 多年前就提出，慢衰落是因为直接波和地波之间存在干扰，通过对 Sommerfeld 积分公式采用最速下降法的修正路径进行近似积分，或者纯数学的方法都可以得出以上结论。本章利用 Van der Pol 的图像理论进行光学模拟来说明蜂窝无线通信系统中无线电波的传播机制。

关键词

蜂窝无线通信；地面传播；Sommerfeld 积分；Schelkunoff 积分；传播模型；Okumura 的实验；水面传播

2.1　引言

D. Gabor（1953）指出，无线通信系统包括电磁信号的产生、接收和传播。因此，所有无线系统都遵循电波传播的一般规律。迄今为止，通信理论的发展主要受益于数学理论。然而通信是物理效应从一个系统到另一个系统的传递，因此通信理论应当属于物理学的一个分支。

为了从物理学的角度形象地描述蜂窝无线通信系统的传播机制，用统计模型计算应用电磁理论不能得到在蜂窝内电场随距离以 $\rho^{-1.5}$ 衰减的特征。为了说明这一点，利用 Sommerfeld 积分推导的分析模型（Abdallah et al.，2014；Sarkar et al.，2012a、b）复现 Okumura（1968）的实验结果，Okumura 的论文是为数不多的详细介绍天线收发特性及其工作环境的文献之一，感兴趣的读者可据此复现。为验证电磁宏观模型的预测精度，基于已有计算电磁编码，还与其他实验数据进行了比较，计算的路径损耗结果与实测结果一致，使用货车和其他附带设备实时测量路径损耗非常昂贵且耗时。光学模拟可用于分析蜂窝环境中电磁波的实际传播模式（Abdallah et al.，2014；Sarkar et al.，

2012a、b; De et al. ,2010)。

2.2 测量数据及分析

图2.1引用了Okumura经典论文(Okumura et al, 1968)中的图12,这也清楚地说明,对于大多数基站的天线高度,电场强度以$\rho^{-1.5}$的速率衰减,或者说等效功率以ρ^{-3}速率衰减,其中ρ表示到发射机的距离,换算成传播路径损耗是30dB/10倍距离,与工作频率无关。

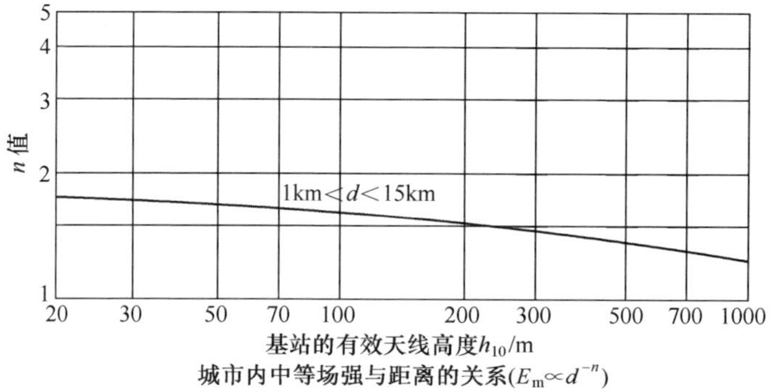

图2.1 传播路径损耗(Okumura文献中的图12)

图2.2所示为爱立信在建筑物内的路径损耗模型分析数据,详见(《移动天线系统手册》第三章(Fujimoto,2008)),显然,距离在10~100m之间900MHz时的路径损耗为30dB,虽然工作频率不同,但路径损耗的值与Okumura早期的结果相同。图2.3所示为900MHz时宏蜂窝传播的经验模型结果(Fujimoto,2008),圆点是在郊区的测量结果,实线代表最佳拟合经验模型(原文中没有该实线,实线是由本章作者绘制)。从100m到1000m的数据可以看出,尽管实验参数不同,但是在900MHz时,最佳拟合线的路径损耗也是30dB,与Fujimoto(2008)的结果完全一致。

1937年,贝尔实验室(Burrows,1937)的R. R. Burrows在美国纽约州塞内卡湖测量发现150MHz的电磁波可以在水中传播。如图2.4(a)所示,将发射、接收天线分别放置在两个船上,测得的传播路径损耗如图2.4(b)所示,从10m到100m路径损耗为30dB,而从100m到1000m路径损耗为40dB,这与之前的结果一致，但测量频率为150MHz。

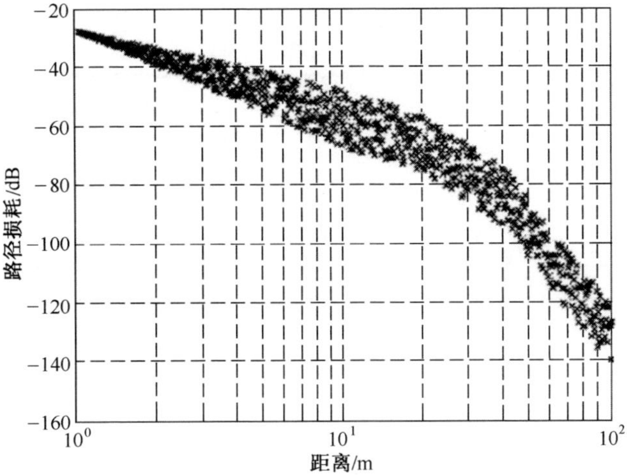

图2.2　爱立信的建筑物内路径损耗模型（Simon R. Saunders授权复制，移动传播预测方法进展，《移动天线系统手册》第三章（Fujimoto，2008）

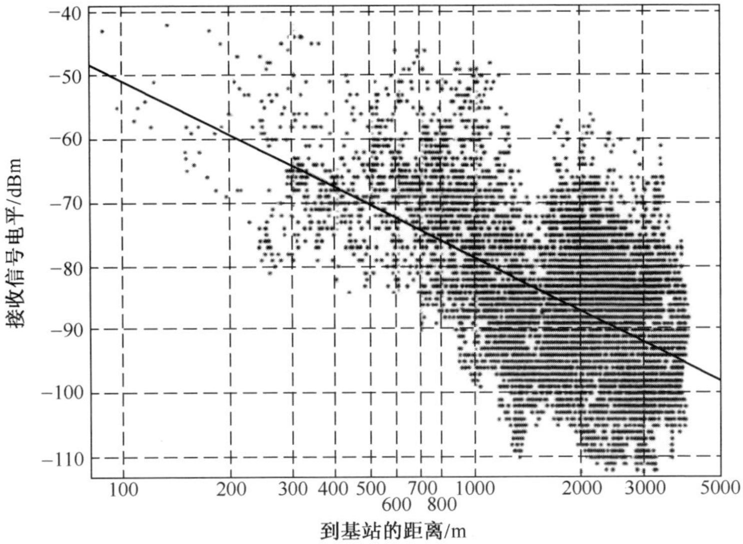

图2.3　900MHz宏蜂窝传播的经验模型，圆点是郊区的测量结果，实线代表最佳拟合经验模型（Simon R. Saunders授权复制，移动传播预测方法进展，《移动天线系统手册》第三章（Fujimoto，2008）

(a)

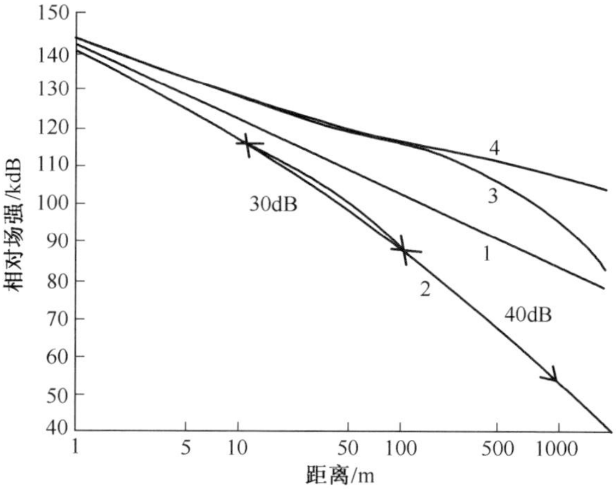

(b)

图 2.4　场强随距离的变化

(a)实验装置;(b)路径损耗随距离的变化。

下面介绍在不同频率下测量的路径损耗结果,3 个测量基站分别位于人口密集区、城市和郊区。城市环境的特点是房屋间隔不均匀,位于印度新德里人口密集区的 GSM 基站发射 1800MHz 的载波信号,该基站属于 Idea 蜂窝网络,由诺基亚 GSM 接收机(型号 6150)实时监测,接收机灵敏度为-102dBm,并配有 GPS 以便实时确定经纬度,所有基站的发射功率为+43dBm。装载着接收设备和数据采集系统的车辆以正常速度在道路上行驶,接收机实时监视下行链路的信号强度，为便于下一步分析，根据接收信号电平、发射功率和收发天线增益，将接收到的信号电平转换为路径损耗值。发射天线的增益为 18 dBi，估算的均方根（rms）误差约为 1.5dB，移动接收天线距地面的高度为 1.5m。

位于印度的英国 Aircom International Limited 公司测量了 900MHz 频率下的路径损耗。所有基站发射功率均为 43.8dBm，发射天线增益为 2dBi，接收天线增益为 0dBi，离地高度为 1.5m。实时测量的汽车上配备标准的诺基亚接收机和 GPS（全球定位系统）监测移动设备的位置，通过坐标信息计算移动设备到基站的距离。记录的信号强度单位为 dBm，利用天线增益将信号强度转换为路径损耗值，笔记本电脑每秒记录 512 个样本数据，每个站点收集 $1 \times 10^5 \sim 2 \times 10^5$ 个样本，测量的均方根误差约为 1.5dB，通常在 $40W$ 的范围内计算测量数据的平均值，其中 W 表示波长。

第一个基站 OM-1 位于印度首都德里市的人口密集区，工作频率为 1800MHz，发射天线离地高度 24m，其路径损耗的变化如彩图 2.5 所示，可以看出，在蜂窝内路径损耗因子下降至 3 左右。

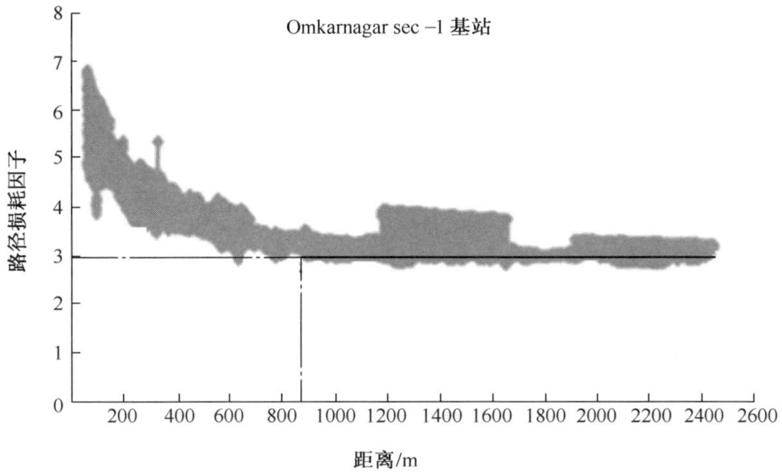

图 2.5　OM-1 基站（频率 1800MHz，基站高度 24m）路径损耗因子随距离的变化（彩图见书末）

第二个基站 UA 的测量数据如彩图 2.6 所示，UA 位于印度首都德里的中等人口密集区，工作频率 900MHz，基站天线离地高度 24m。从图 2.6 可以看出，从大约 $\frac{4H_{TX}H_{RX}}{W} = \frac{4 \times 24 \times 1.5}{1/3} = 432\text{m}$ 开始，蜂窝内的路径损耗指数因子为 3，与理论预测结果一致(H_{TX} 为发射天线的离地高度, H_{RX} 为接收天线的离地高度, W 为工作波长)(De et al. ,2010)。

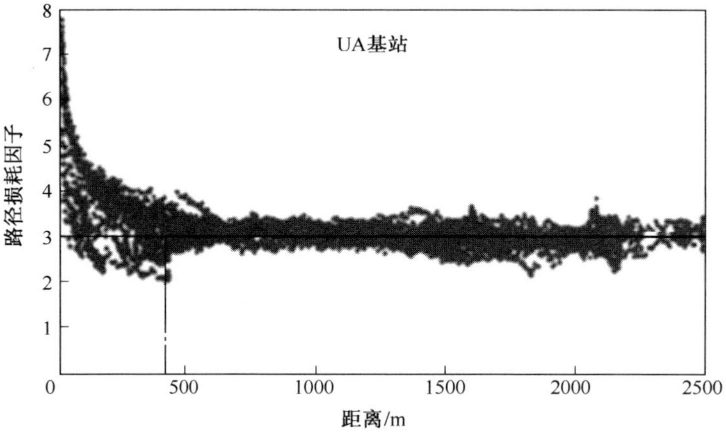

图 2.6　UA 基站(频率 900MHz,基站高度 24m)路径损耗因子随距离的变化(彩图见书末)

第三个基站 AURNIA19 位于印度西部马哈拉施特拉州(Maharashtra)奥兰加巴德(Aurangabad)工业区,工作频率为 900MHz,发射机离地高度 50m。彩图 2.7 所示为路径损耗因子随观测点距离的变化,大约从 $\frac{4H_{TX}H_{RX}}{W}=\frac{4\times 50\times 1.5}{1/3}=$ 900m 处开始,路径损耗因子降至 3(De et al. ,2010)。De 也曾指出,慢衰落区之后的路径损耗因子大约为 3,到远场区,路径损耗因子逐渐增加到 4,与理论预测结果一致(De et al. ,2010)。

3 组测量数据均表明,基站天线过渡区的传播路径损耗因子为 3,过渡区外远处的路径损耗因子为 4,传播路径损耗因子只与地面参数相关,与工作频率无关。也就是说,在蜂窝内电场以 $\rho^{-1.5}$ 衰减,蜂窝外的远场区电场以 ρ^{-2} 衰减。数据还表明,离发射机 1000m 处,由于沿地面传播的自由场衰减导致传播路径损耗非常大,达到 $10\lg\rho^{-3}$ (−90dB)。而且由于建筑物、树木等的影响,实验数据波动大,曲线不光滑,但实测数据中路径损耗呈指数变化是很明显的,受环境影响的路径损耗因子波动在 30~40dB 范围。很明显,自由空间传播对路径损耗的影响是主要的,建筑物、地形的影响是次要的。另外,路径损耗因子对地面不敏感,在城市、郊区地面和水面上都可以传播,路径损耗因子与发射天线高度无关。

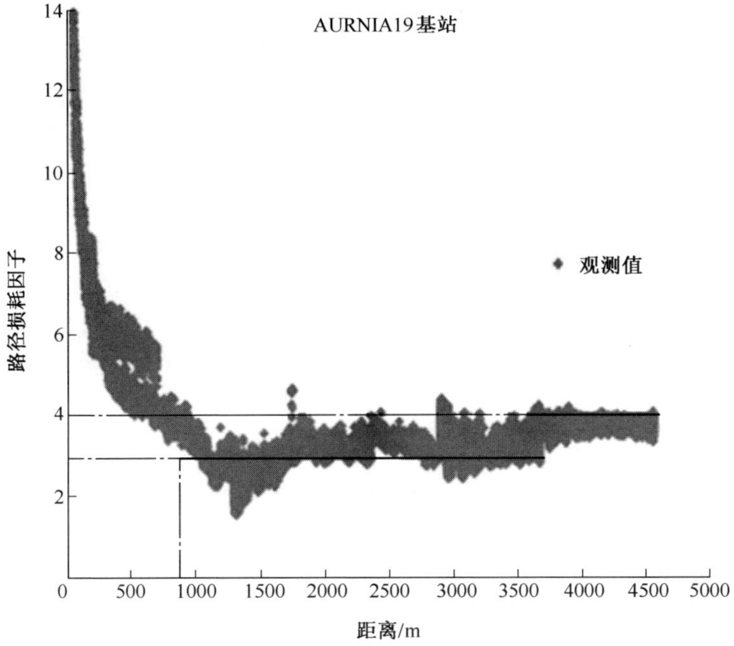

图 2.7　AURNIA 19 基站(频率为 900MHz,基站高度为 50m)路径损耗因子随距离的变化(靠近发射机时路径损耗因子为 3,远离基站路径损耗因子逐渐变为 4)(彩图见书末)

从上述数据可以看出,电磁宏观模型从物理的角度出发,利用电磁仿真工具设置一些参数,如天线、地面的电参数,可以准确预测蜂窝网络中的路径损耗因子。在宏观模型中,只需要考虑环境的电参数,不用考虑建筑物、树木等其他因素的影响。

如彩图 2.8 所示(Lazarus,2010),在移动蜂窝频段 0.8~2.1GHz 内建筑物的反射可以忽略不计,也就是说,信号可以穿透建筑物,在房间内不会有明显的反射。从图 2.9 可以看出,信号在通过一般建筑材料时单向衰减,这说明在蜂窝频段内信号可以穿透建筑物(McMillan,2006)。建筑物和树木对信号传播的影响是次要的,非理想导体地面才是影响传播的主要因素,然而在以往的传播模型中都没有考虑地面的影响。图 2.8 和图 2.9 说明了电磁宏观模型可以分析移动通信中的传播路径损耗,通过设置天线在非理想地面上的高度、增益、斜度等参数,可以准确地复现真实环境中的实验数据。Abdallah(2014)、Sarkar(2012a、b)和De(2010)指出,实际地面的起伏并不影响宏观模型。正是由于无线信号可以无

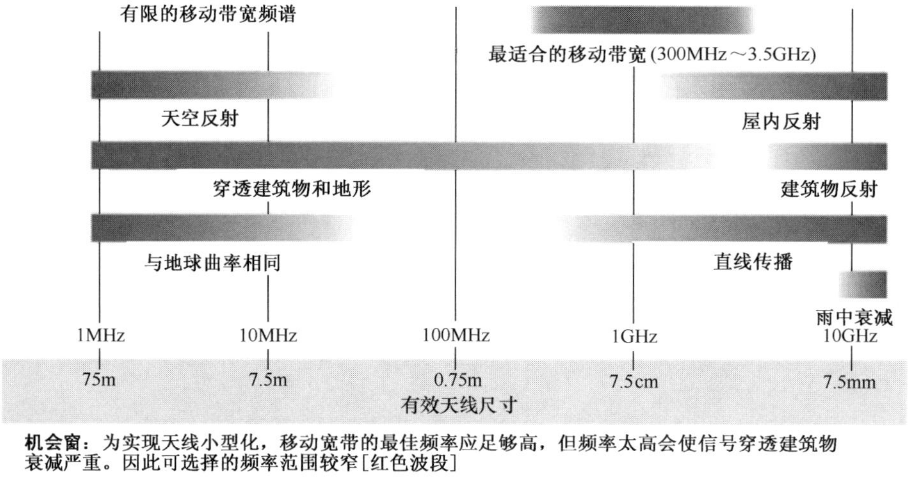

图2.8　电磁谱中适合移动通信的频带(Lazanus,2010)(彩图见书末)

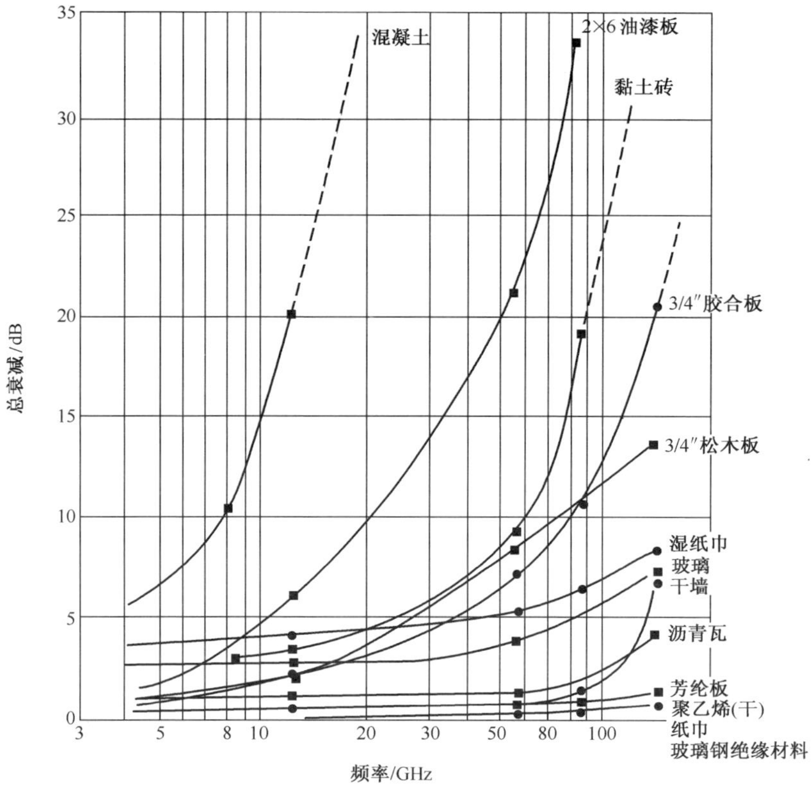

图2.9　通过建筑物时单向衰减与频率的关系(McMillan,2006)

反射地穿透建筑物这一特性，基于物理的电磁宏观模型才会取代不考虑地波传播影响的统计模型。

现有技术通常将实测数据用最小二乘法或射线追踪算法拟合得到统计模型。实际上，目前的传播建模工具无法获取基本的物理参数，在一个蜂窝内路径损耗通常为 30dB/10 倍距离(Abdallah et al.,2014; Sarkar et al.,2012a、b)，电场强度随距离 ρ 以 $\rho^{-1.5}$ 变化，在蜂窝外传播路径损耗为 40dB/10 倍距离，电场强度以 ρ^{-2} 变化。因为统计模型通常没有物理含义，因此通过统计模型无法获取基本的物理参数。此外，目前现有的模型将路径损耗因子与距离相关联，从科学的角度来看这毫无意义因为传播效应取决于传播系统的物理参数。在发射天线的远场中才需要考虑距离因素，但很少有模型这么做。

下面介绍电磁宏观模型如何预测路径损耗因子。

2.3　地波传播的理论分析

为了用环境物理参数模拟蜂窝中电磁传播的路径损耗，采用基于 Sommerfeld 格林函数的矩量法编码处理平坦的非理想导体地面(Sommerfeld, 1909; Sarkar, 1977; Djordjevic et al., 2002; Dyab et al., 2013; Sarkar et al., 2014)。采用最速下降修正法近似求解半无限积分的结果与精确的数值计算结果相同。

在原 Sommerfeld 方程中，假设沿 z 方向的基本偶极子 $I\mathrm{d}z$ 位于 (x',y',z')。偶极子位于非理想地面上，图 2.10 所示地面的相对介电常数 ε 为复数 $\varepsilon = \varepsilon_r - \frac{\mathrm{j}\sigma}{\omega\varepsilon_0}$，其中 ε_r 为地面的相对介电常数，ε_0 为真空的介电常数，σ 为地面的电导率，ω 为角频率，j 是虚数单位，$j=\sqrt{-1}$。根据单赫兹矢量电势 $\boldsymbol{u}_z\boldsymbol{\Pi}_z$ 可以求解非理想地面上偶极子的辐射问题，$\boldsymbol{u}_z$ 表示正 z 方向的单位矢量，假设 $\exp(\mathrm{j}\omega t)$ 随时间变化，t 是时间变量，赫兹矢量电势 $\boldsymbol{u}_z\boldsymbol{\Pi}_z$ 满足波动方程。

$$(\nabla^2 + k_1^2)\Pi_{1z} = \frac{-I\mathrm{d}z}{\mathrm{j}\omega\varepsilon_0}\delta(x-x')\delta(y-y')\delta(z-z') \tag{2.1}$$

$$(\nabla^2 + k_2^2)\Pi_{2z} = 0 \tag{2.2}$$

其中

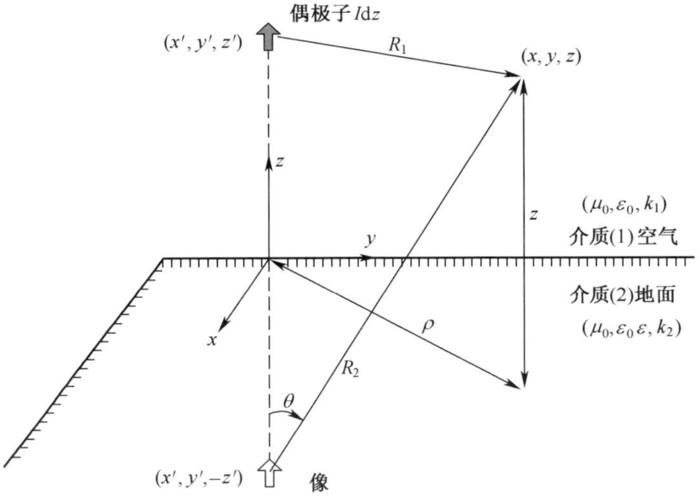

图 2.10　位于水平非理想地面上的垂直偶极子

$$k_1^2 = \omega^2\mu_0\varepsilon_0 \tag{2.3}$$

$$k_2^2 = \omega^2\mu_0\varepsilon_0\varepsilon \tag{2.4}$$

δ 为 δ 函数。带撇(′)的坐标表示源点,不带撇(′)的坐标表示场点,下标 1 表示的上半空间为空气,下标 2 表示的下半空间为非理想导体地面,相对介电常数 ε 为复数。由赫兹矢量电势可以得到矢量电场和磁场为

$$\boldsymbol{E}_i = \nabla(\nabla \cdot \boldsymbol{\Pi}_i) + k_i^2\boldsymbol{\Pi}_i \tag{2.5}$$

$$\boldsymbol{H}_i = \mathrm{j}\omega\varepsilon_0\varepsilon_i(\nabla\times\boldsymbol{\Pi}_i) \tag{2.6}$$

式中 $i=1,2$,在介质 1 中 $\varepsilon_1 = 1$,介质 2 中 $\varepsilon_2 = \varepsilon$,$k_1$、$k_2$ 分别为介质 1、2 中的传播常数,k_1、k_2 的关系为 $\dfrac{k_2}{k_1} = \sqrt{\varepsilon}$ 。在分界面 $z=0$ 处,电场和磁场的切向分量连续,赫兹矢量电势的分量有

$$\frac{\partial \Pi_{1z}}{\partial y} = \varepsilon\frac{\partial \Pi_{2z}}{\partial y} \tag{2.7a}$$

$$\frac{\partial \Pi_{1z}}{\partial x} = \varepsilon\frac{\partial \Pi_{2z}}{\partial x} \tag{2.7b}$$

$$\frac{\partial}{\partial y}\left(\frac{\partial \Pi_{1z}}{\partial z}\right) = \frac{\partial}{\partial y}\left(\frac{\partial \Pi_{2z}}{\partial z}\right) \tag{2.7c}$$

$$\frac{\partial}{\partial x}\left(\frac{\partial \Pi_{1z}}{\partial z}\right)=\frac{\partial}{\partial x}\left(\frac{\partial \Pi_{2z}}{\partial z}\right) \tag{2.7d}$$

边界条件在 $z=0$ 处一致，因此 x、y 方向的场在分界面两边相同，有

$$\Pi_{1z}=\varepsilon \Pi_{2z} \tag{2.8a}$$

$$\frac{\partial \Pi_{1z}}{\partial z}=\frac{\partial \Pi_{2z}}{\partial z} \tag{2.8b}$$

赫兹矢量电势的完全解满足波动方程式(2.1)、式(2.2)和边界条件式(2.8)，在19世纪就已经得到结果。下面列出了对讨论内容有用的部分解(Sommerfeld, 1909; Sarkar, 1977; Djordjevic et al., 2002; Dyab et al., 2013; Sarkar et al., 2014)，赫兹电势的解为

$$\Pi_{1z}=P\left[\left[\frac{\exp(-\mathrm{j}k_1R_1)}{R_1}+\int_0^{\infty}\frac{J_0(\lambda\rho)}{\sqrt{\lambda^2-k_1^2}}\frac{\varepsilon\sqrt{\lambda^2-k_1^2}-\sqrt{\lambda^2-k_2^2}}{\varepsilon\sqrt{\lambda^2-k_1^2}+\sqrt{\lambda^2-k_2^2}}\exp\left(-\sqrt{\lambda^2-k_1^2}\,(z+z')\right)\lambda\,\mathrm{d}\lambda\right]\right] \tag{2.9}$$

和

$$\Pi_{2z}=2P\int_0^{\infty}\frac{J_0(\lambda\rho)\exp(\sqrt{\lambda^2-k_2^2}\,z-\sqrt{\lambda^2-k_1^2}\,z')}{\varepsilon\sqrt{\lambda^2-k_1^2}+\sqrt{\lambda^2-k_2^2}}\lambda\,\mathrm{d}\lambda \tag{2.10}$$

若 $\mathrm{Real}\left[\sqrt{\lambda^2-k_{1,2}^2}\right]>0$，有

$$P=\frac{I\mathrm{d}z}{\mathrm{j}\omega 4\pi\varepsilon_0} \tag{2.11}$$

$$\rho=\sqrt{(x-x')^2+(y-y')^2} \tag{2.12}$$

$$R_1=\sqrt{\rho^2+(z-z')^2} \tag{2.13}$$

式中：λ 为积分变量。对于 Π_{1z}，括号内的第一项为偶极天线源的特征解，也就是直接视距路径(LOS)部分，如球面波或直达波从波源到观察点；第二项为补充解也就是反射部分(从非理想地面的反射)。根据 IEEE 无线电波传播术语标准定义(IEEE Standard Definitions of Terms for Ratio Wave Propagation, 1998)，电势 Π_{1z} 的第二项为地波的场。式(2.9)中第二项的电势在靠近地面时最强，远离地面时呈指数衰减。

类似地，Π_{2z} 的解表示介质1的部分波传播到介质2。电势 Π_{1z} 可以分为两项，分别对应直接电势和地波电势。

$$\Pi_{1z}=\Pi_{1z}^{\text{direct}}+\Pi_{1z}^{\text{reflected}}=P(g_0+g_s) \tag{2.14}$$

其中

$$\Pi_{1z}^{\text{direct}}=\frac{P\exp(-\mathrm{j}k_1R_1)}{R_1}=Pg_0 \tag{2.15}$$

$$\begin{aligned}\Pi_{1z}^{\text{reflected}}&=P\int_0^{\infty}\left(\frac{\varepsilon\sqrt{\lambda^2-k_1^2}-\sqrt{\lambda^2-k_2^2}}{\varepsilon\sqrt{\lambda^2-k_1^2}+\sqrt{\lambda^2-k_2^2}}\right)\frac{J_0(\lambda\rho)\exp\left[-\sqrt{\lambda^2-k_1^2}(z+z')\right]}{\sqrt{\lambda^2-k_1^2}}\lambda\mathrm{d}\lambda\\&=Pg_s\end{aligned} \tag{2.16}$$

图2.11中C_2表示沿正实轴的半无限积分路径,图2.11还标出了多值函数的奇点,式(2.16)括号中的两个函数比注定了函数存在k_1、k_2两个不连续点和一个极点p。赫兹电势Π_{1z}的两个分量都有实际的物理含义,第一项Π_{1z}^{direct}表示偶极子源产生的球面波,这一项很容易计算;第二项$\Pi_{1z}^{\text{reflected}}$是计算的难点,表示平面波的反射波叠加,导致像点的球面波发散。由下式计算,即

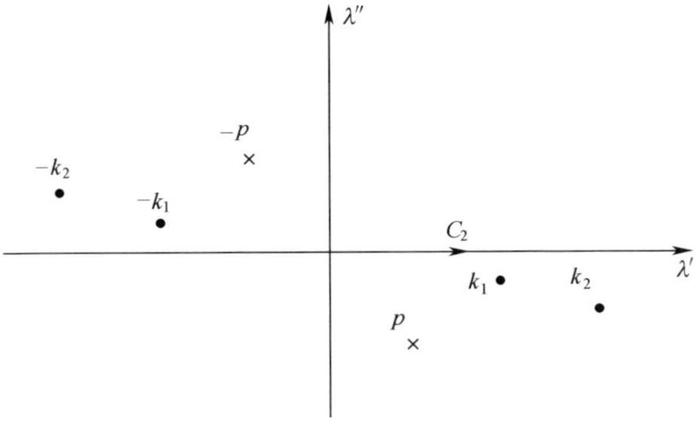

图2.11　在复λ平面沿实轴从0到+∞的积分轮廓

$$\frac{\exp(-\mathrm{j}k_1R_2)}{R_2}=\int_0^{\infty}\frac{J_0(\lambda\rho)\exp\left[-\sqrt{\lambda^2-k_1^2}(z+z')\right]}{\sqrt{\lambda^2-k_1^2}}\lambda\mathrm{d}\lambda \tag{2.17}$$

和

$$R_2=\sqrt{\rho^2+(z+z')^2} \tag{2.18}$$

式(2.17)中的积分项代表球面波源被分解为许多平面波,这些平面波的反射波为$\Pi_{1z}^{\text{reflected}}$,幅度乘以反射系数$\Gamma(\lambda)$。波从源点$(x',y',z')$传播到边界再到观测点$(x,y,z)$,复反射系数$\Gamma(\lambda)$的相位发生变化,$\Gamma(\lambda)$定义为式(2.16)中

的括号项

$$\Gamma(\lambda)=\frac{\varepsilon\sqrt{\lambda^2-k_1^2}-\sqrt{\lambda^2-k_2^2}}{\varepsilon\sqrt{\lambda^2-k_1^2}+\sqrt{\lambda^2-k_2^2}} \tag{2.19}$$

$\Pi_{1z}^{\text{reflected}}$ 是所有平面波在半无限平面对 λ 积分。假设地面为理想导体，$\varepsilon\to\infty$，式(2.16)中的 g_s 简化为式(2.17)，g_s 表示像点产生的简单球面波。反射系数考虑了地面的影响，加起来就是偶极子的像点产生的波，再乘以反射系数 $\Gamma(\theta)=\frac{\cos\theta-\sqrt{\varepsilon-\sin^2\theta}}{\cos\theta+\sqrt{\varepsilon-\sin^2\theta}}$，$\theta$ 含义如图 2.10 所示。

需要指出的是，在数学上 $\Pi_{1z}^{\text{reflected}}$ 的两种形式一样，可以互换，只是渐近性不同。

第一种形式

$$\Pi_{1z}^{\text{reflected}}=P\left[\frac{\exp(-\mathrm{j}k_1R_2)}{R_2}-2\int_0^{\infty}\frac{\sqrt{\lambda^2-k_2^2}\,J_0(\lambda\rho)\exp[-\sqrt{\lambda^2-k_1^2}\,(z+z')]}{\sqrt{\lambda^2-k_1^2}\quad\varepsilon\sqrt{\lambda^2-k_1^2}+\sqrt{\lambda^2-k_2^2}}\lambda\,\mathrm{d}\lambda\right]$$
$$\triangleq P[g_1-g_{sV}] \tag{2.20}$$

式中：g_1 为源的像点产生的球面波；g_{sV} 为描述地面影响的修正因子。

$\Pi_{1z}^{\text{reflected}}$ 还可以写为

$$\Pi_{1z}^{\text{reflected}}=P\left[-\frac{\exp(-\mathrm{j}k_1R_2)}{R_2}+2\varepsilon\int_0^{\infty}\frac{J_0(\lambda p)\exp[-\sqrt{\lambda^2-k_1^2}\,(z+z')]}{\varepsilon\sqrt{\lambda^2-k_1^2}+\sqrt{\lambda^2-k_2^2}}\lambda\,\mathrm{d}\lambda\right]$$
$$\triangleq P[-g_1+G_{sV}] \tag{2.21}$$

式中，源的像点和修正因子都是负数。当发射机和接收机都靠近地面时斜入射角度 $\theta\approx\pi/2$，反射系数 $\Gamma(\theta)$ 为 -1，直波 g_0 与像波 g_1 抵消，只剩下修正因子 G_{sV}。

Sommerfeld 在 1909 年提出将等式(2.20)中的积分从 0 到 ∞ 改为 $-\infty$ 到 ∞，并将零阶贝塞尔函数的第一项改写为零阶汉克尔函数的第一项和第二项之和，即

$$J_0(x)=\frac{1}{2}[H_0^{(1)}(x)+H_0^{(2)}(x)] \tag{2.22}$$

再利用

$$H_0^{(1)}(x\mathrm{e}^{\mathrm{j}\pi}) = -H_0^{(2)}(x) \tag{2.23}$$

式中：$H_0^{(1)}$ 和 $H_0^{(2)}$ 分别为零阶汉克尔函数的第一项和第二项。采用图2.12中的积分路径来近似图2.11中的积分路径 C_2，图2.12还标出了奇点 k_0、k_1 的位置和 $\Pi_{1z}^{\text{reflected}}$ 的极点 p，画出了两条合适的分割线和围绕极点的路径。

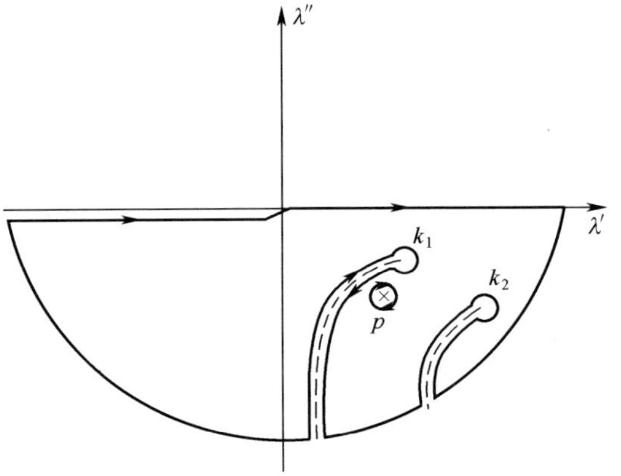

图2.12　极点在下半复λ平面中的真实位置

问题的关键在于如何表征式(2.19)中的不连续点和极点。赫兹电势的第二项由复积分表示，积分中的反射系数 $\Gamma(\lambda)$ 有4个不连续点，即 $\pm k_1$ 和 $\pm k_2$。与这些不连续点相关的是4条分割线，产生了4个黎曼面。在这4个黎曼面上满足以下条件，即

面1：$\mathrm{Real}(\sqrt{\lambda^2-k_1^2})>0$ 和 $\mathrm{Real}(\sqrt{\lambda^2-k_2^2})>0$

面2：$\mathrm{Real}(\sqrt{\lambda^2-k_1^2})<0$ 和 $\mathrm{Real}(\sqrt{\lambda^2-k_2^2})>0$

面3：$\mathrm{Real}(\sqrt{\lambda^2-k_1^2})>0$ 和 $\mathrm{Real}(\sqrt{\lambda^2-k_2^2})<0$

面4：$\mathrm{Real}(\sqrt{\lambda^2-k_1^2})<0$ 和 $\mathrm{Real}(\sqrt{\lambda^2-k_2^2})<0$

面1是适当的黎曼面。在黎曼面1上等式(2.19)有两个零点和两个极点，分子零点通常也称为布鲁斯特零点，分母零点通常也称为表面波极点。零点和极点位置相同 $\lambda_s = \pm\dfrac{k_1k_2}{\sqrt{k_1^2+k_2^2}}$。然而，一些黎曼面上的极点在其他黎曼面上则为零点。所以，4个极点和零点分布在4个黎曼面上。最令人困惑的是，在合适的黎曼面上，是极点还是零点取决于介电常数 ε 的值。例如，$\Gamma(\lambda)$ 的分母，ε

为实数时适当的黎曼面上 λ_s 处有零点,而介电常数 ε 为复数时,在该黎曼面上零点变成极点。因此,除非确定介电常数值并选择适当的黎曼面;否则从式(2.19)很难判断在适当的黎曼面上是否出现极点。

式(2.19)中的反射系数零点反映了布鲁斯特现象(波以特定入射角入射到第二介质时不反射任何能量),反射系数极点证明了表面波的存在(靠近分界面传播的波)。一般很难区分 Zenneck 波和表面波,在离开分界面后都呈指数衰减,在辐射方向低损耗传播(Sarkar et al.,2014)。众所周知,以布鲁斯特角入射的波不反射,全部入射到第二介质中,与频率无关。而表面波现象则高度依赖于频率,随频率增加,波的场更加局限于平面边界。表面波和 Zenneck 波不辐射。Sarkar 已经阐明了上述观点(Sarkar,2014)。

最初的 Sommerfeld(1909)公式符号没有错误,但 Sommerfeld 的表述不完整。Sommerfeld 在公式说明中只提到一个极点,得到了部分解——该极点的贡献和相关的物理性质。然而,Abdallah(2014)、Sarkar(2012a、b,2014)和 Dyab(2013)指出,当 $\varepsilon_r > 0$ 时,极点位于以 $\lambda = 0$ 为圆心、k_1 为半径的圆内,如图 2.12 所示。另外,若采用鞍点法沿分割线求积分,分割线的一部分积分会抵消极点的影响,因此在最终解中看不到极点的影响。Collin(2004)已经论证清楚,所以 Norton 最初推测 Sommerfeld 公式中符号有误是不正确的。极点对最终解没有影响的事实是有道理的,因为在某些情况下比如当介电常数为实数时,适当的黎曼面上没有极点。此外,当 Sommerfeld 的解中的双曲分割线被垂直分割线取代时,极点移动到不同的黎曼面上且不相关(Ishimaru,1991; Baños,1966)。

采用以下近似可以简化式(2.20)中的积分项(Sarkar et al.,2012a、b,2014):

$$\lambda = k_1 \sin\beta \tag{2.24}$$

$$\rho = R_2 \sin\theta \tag{2.25}$$

$$z + z' = R_2 \cos\theta \tag{2.26}$$

图 2.10 描述了角度 θ,将式(2.23)~式(2.26)代入式(2.19)中得到

$$g_{\mathrm{sV}} \approx \int_{\Gamma_1} \left[\frac{2k_1 \sin\beta}{\pi R_2 \sin\theta}\right]^{1/2} \frac{\sqrt{\varepsilon - \sin^2\beta}}{\varepsilon\cos\beta + \sqrt{\varepsilon - \sin^2\beta}} \cdot \exp[\mathrm{j}\{\{-\pi/4 - k_1 R_2 \cos(\beta - \theta)\}]\mathrm{d}\beta \tag{2.27}$$

式中:Γ_1 为复平面 β 中的路径,如图 2.13 所示。将式(2.24)~(2.26)代入式

(2.27)得到

$$g_{sV} \approx \int_{\Gamma_1} e^{-j\pi/4} \sqrt{\frac{2k_1 \sin\beta}{\pi R_2 \sin\theta}} \frac{\sqrt{\varepsilon - \sin^2\beta}}{\varepsilon\cos\beta + \sqrt{\varepsilon - \sin^2\beta}} \exp[-jk_1 R_2 \cos(\beta - \theta)] d\beta \tag{2.28}$$

最速下降路径不会穿过任何极点。

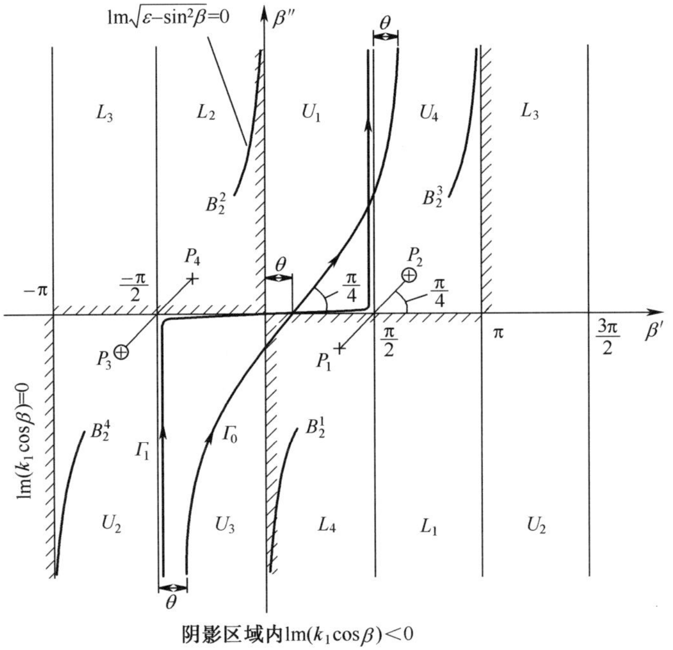

图2.13　复平面β上可能出现的不连续点、分割线、极点和最速下降路径，非理想地面参数为$\varepsilon = \varepsilon'(1-j)^2$，$|\varepsilon| \gg 1$

为了求解分界面附近的总电场，Sarkar(2012a、b)考虑了鞍点附近的极点β_P的影响，对鞍点法进行了修正。式(2.20)、式(2.21)中g_{sV}和G_{sV}都包括极点β_P，有

$$\frac{1}{[\varepsilon\cos\beta + \sqrt{\varepsilon - \sin^2\beta}]} = \frac{1}{\varepsilon^2 - 1} \frac{\sqrt{\varepsilon - \sin^2\beta} - \varepsilon\cos\beta}{\sin(\beta + \beta_P)\sin(\beta - \beta_P)} \tag{2.29}$$

式中：$\varepsilon\cos\beta_{\mathrm{P}}+\sqrt{\varepsilon-\sin^2\beta_{\mathrm{P}}}=0$；$\sin\beta_{\mathrm{P}}=\pm\sqrt{\dfrac{\varepsilon}{\varepsilon+1}}$；$\cos\beta_{\mathrm{P}}=-\sqrt{\dfrac{1}{\varepsilon+1}}$。采用改进的鞍点法（Sarkar et al.，2012a、b）积分得到 G_{sV}，即

$$G_{\mathrm{sV}}=\varepsilon\exp(-\mathrm{j}\pi/4)\int_{\Gamma_1}\left(\frac{2k_1\sin\beta}{\pi R_2\sin\theta}\right)^{1/2}\frac{\exp[-\mathrm{j}k_1R_2\cos(\beta-\theta)]\cos\beta}{\varepsilon\cos\beta+\sqrt{\varepsilon-\sin^2\beta}}\mathrm{d}\beta$$

$$\approx\varepsilon\sqrt{\frac{4\pi k_1\mathrm{j}}{R_2}}\frac{\cos\theta}{\cos\theta-\dfrac{1}{\sqrt{\varepsilon+1}}}\frac{\sqrt{\varepsilon-\sin^2\theta}-\varepsilon\cos\theta}{\varepsilon^2-1}\frac{\exp[-\mathrm{j}k_1R_2-W^2]\operatorname{erfc}(\mathrm{j}W)}{\sqrt{1+\dfrac{\cos\theta}{\sqrt{\varepsilon+1}}+\dfrac{\sqrt{\varepsilon}\sin\theta}{\sqrt{\varepsilon+1}}}}\tag{2.30}$$

其中

$$W^2=-\mathrm{j}k_1R_2 2\sin^2\left(\frac{\theta-\beta_{\mathrm{P}}}{2}\right)=-\mathrm{j}k_1R_2\left[1+\frac{\cos\theta}{\sqrt{\varepsilon+1}}-\frac{\sqrt{\varepsilon}\sin\theta}{\sqrt{\varepsilon+1}}\right]\tag{2.31}$$

Sommerfeld（1909）定义 W 为数值距离。当 $|\varepsilon|\gg1$ 时，$\theta\approx\pi/2$，W 非常小，有 $\exp[-W^2]\operatorname{erfc}(\mathrm{j}W)\approx1$，Sarkar 等（2012a）简化了 G_{sV} 的表达式，

$$G_{\mathrm{sV}}\approx-\sqrt{\frac{2\pi k_1\mathrm{j}}{R_2}}\exp[-\mathrm{j}k_1R_2]\frac{(z+z')}{R_2}\frac{\varepsilon}{\sqrt{\varepsilon^2-1}}$$

$$\approx-\sqrt{2\pi k_1\mathrm{j}}\frac{(z+z')\exp[-\mathrm{j}k_1R_2]}{R_2^{1.5}}\tag{2.32}$$

式（2.32）说明，当 $\theta\approx\pi/2$ 时，电势 Π_{1z} 的主项与 $R_2^{-1.5}$ 成正比，如果式（2.32）中 $z+z'$ 远远小于 ρ，场的主项大致随 $\rho^{-1.5}$ 变化。有趣的是式（2.32）的函数与地面参数和工作频率都无关。在这些条件下，地面附近的路径损耗指数因子为 3，电场随 $\rho^{-1.5}$ 变化。另外，在这种情况下，反射系数法不适用，这与蜂窝通信系统的情况一样。这些结果与 Stratton（1941）提到的非理想导体地面的情况一致，因为地面为理想导体，观察点远离地面时的反射系数大约为+1，当观察点靠近地面时反射系数大约为−1，即 $\theta\approx\pi/2$。在靠近非理想导体地面处的场变化特殊，2.4 节将通过精确的数值分析和实验数据来证明。

W 值较小时，以前的结果是有效的。然而，随着 W 变大，有

$$\exp[-W^2]\operatorname{erfc}(\mathrm{j}W)\approx\frac{-\mathrm{j}}{W\sqrt{\pi}}\left[1+\frac{1}{2W^2}\right]\tag{2.33a}$$

当

$$|W| \to \infty \tag{2.33b}$$

和

$$|\arg W| < \frac{3\pi}{4} \tag{2.33c}$$

对于 $|\varepsilon| \gg 1, W^2 \approx \frac{-\mathrm{j}k_1 R_2}{2\varepsilon}$。在这种情况下,有

$$G_{\mathrm{sV}} \approx 2\sqrt{\varepsilon}\exp[-\mathrm{j}k_1 R_2]\frac{(z+z')}{R_2^2}\left[1-\frac{\varepsilon}{\mathrm{j}k_1 R_2}\right] \tag{2.34}$$

因此,对于 $|\varepsilon| \gg 1$ 和 $\theta \approx \pi/2$,介质 1 中的总 Hertz 电势在分界面附近也是有效的,即

$$\Pi_{1z} \approx \begin{cases} P\left[\dfrac{\exp(-\mathrm{j}k_1 R_1)}{R_1} - \dfrac{\exp(-\mathrm{j}k_1 R_2)}{R_2} - \sqrt{\mathrm{j}2\pi k_1}(z+z')\dfrac{\exp(-\mathrm{j}k_1 R_2)}{R_2^{1.5}}\right], W<1 \\ P\left[\dfrac{\exp(-\mathrm{j}k_1 R_1)}{R_1} - \dfrac{\exp(-\mathrm{j}k_1 R_2)}{R_2} + 2\sqrt{\varepsilon}(z+z')\dfrac{\exp(-\mathrm{j}kR_2)}{R_2^2}\left[1-\dfrac{\varepsilon}{\mathrm{j}k_1 R_2}\right]\right], W>1 \end{cases}$$

当远离源运动时(即 $W > 1$),前两项相互抵消,分界面附近的场主项以 $1/R^2$ 衰减。这样衰减的波就是诺顿表面波。$W > 1$ 时,第三项也就是诺顿表面波项仅在远场中出现。还要注意的是,它为发射和接收天线提供所谓的高增益,因此,高增益仅适用于中间和远场区,在远场区地面参数对结果有影响。最后,还有一个高阶项以 $1/R^3$ 衰减,该项也提供高增益且与地面参数有关。

综上所述,在中间区(远场之前的区域)场大约以 $\rho^{-1.5}$ 衰减(当天线高度远远小于距天线的距离时)。此外,当 $W<1$ 时,上述表达式与地面参数和工作频率无关。这就是为什么蜂窝无线系统位于城市、郊区还是农村,即使发射/接收系统位于水面上,测得的传播路径损耗都是 30dB/10 倍距离,详见“2.4 测量数据的描述和分析”一节。

接下来利用 AWAS(Djordjevic et al. ,2002)精确计算式(2.14)中的格林函数,从而精确计算式(2.9)中的半无限积分。例如,位于不同高度的垂直半波偶极子工作在 900MHz,地面参数参考(De et al. ,2010),平均介电常数 $\varepsilon_r = 15$,$\sigma = 0.005\mathrm{mhos/m}$。图 2.14 绘制了离地高度不同的天线场强随径向距离变化的函数。可以看出,在发射天线附近,空间中的直波与非理想地面的像产生的场

之间存在干涉现象，改变总电场强度，通常被称为衰落。干涉图形在大约 $\frac{4H_{TR}H_{RX}}{W}$ 处消失，之后场以 30dB/10 倍距离的速率单调衰减，直到大约 $\frac{8H_{TR}H_{RX}}{W}$ 处，之后为天线的远场，衰减速率变成约 40dB/10 倍距离（De et al.，2010）。在彩图 2.14 中，紫色的粗直线表示衰减速率为 30dB/10 倍距离，黑色的粗直线表示衰减速率为 40dB/10 倍距离，验证了电磁宏观模型的预测结果（De et al.，2010）。蜂窝通信中一个重要特点是，天线远场的高度增益在近场中变为高度损耗，因此，将发射天线靠近地面可以更好地解决这一问题。在这种情况下，场强变化的区域将相当小，并且在蜂窝最小衰减的残余中场强会单调地衰减。由于没有任何干涉图案，所以慢衰落不存在，可能将发射功率降低至少 10 倍，从而提供更安全、廉价的系统，在大多数情况下塔的花费高于天线系统。然而可以通过部署更多的基站显著降低每个天线的发射功率。在一些南美城市，或许可以看到这样有趣的场景，在每个灯柱上部署基站天线，将 WiFi 传送到每家每户。这样的讨论是非常有意义的，因为手机和基站之间存在第二信道，由于手机靠近地面，在第二信道中没有高度增益，并且手机也在发送基站的一部分功率。此外，手机天线可以朝任意方向，因此，我们怀疑最先进的基站天线部署规则是否正确，因为它没有考虑手机的第二信道环境，这一点是非常重要的，不符合与基站部署有关的任何规则。

彩图 2.15 所示为另一组仿真结果，位于不同类型非理想地面上 20m 处的垂直半波偶极子工作在 900MHz。选择的地面参数如下，不良地面的介电常数和电导率分别为 $\varepsilon_r = 4$、$\sigma = 0.001$mhos/m；一般地面的介电常数和电导率分别为 $\varepsilon_r = 15$，$\sigma = 0.005$mhos/m；良好地面为 $\varepsilon_r = 25$、$\sigma = 0.02$mhos/m；海水中为 $\varepsilon_r = 81$、$\sigma = 5$mhos/m；淡水中为 $\varepsilon_r = 81$、$\sigma = 0.01$mhos/m；地面参数参考 De 等（2010）的文献。图 2.15 中的曲线表明，蜂窝内地面的电学性能对在非理想地面上一定高度的发射天线的辐射影响很小，地面参数不会改变远场的性质，在靠近天线的地方干涉图案的形状可能略有不同。在图 2.15 中，紫色粗直线表示衰减速率为 30dB/10 倍距离，黑色粗直线表示衰减速率为 40dB/10 倍距离。这意味着，无论是在城市、郊区、工业区、农村还是在水上传播，场的结果不会有太大差异，电磁宏观模型对此作出了精确的预测。

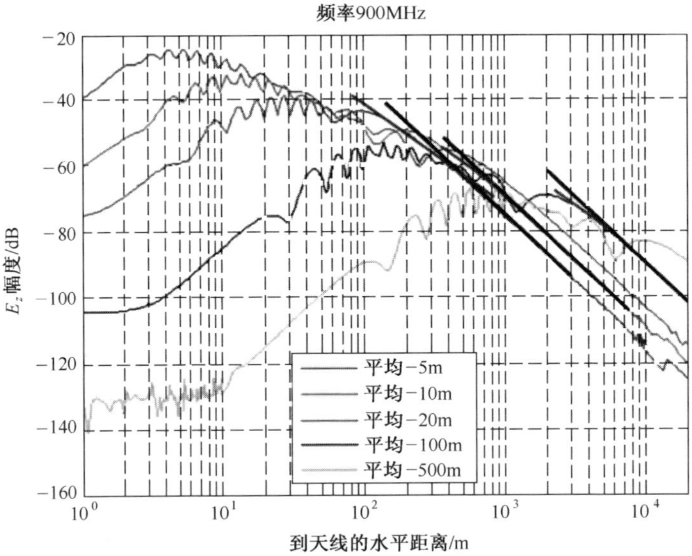

图2.14　半波偶极子天线 z 向辐射电场分量幅度(dB)变化(不同曲线代表天线离地高度不同，非理想地面参数 $\varepsilon_r=15$、$\sigma=0.005$mhos/m，工作频率为900MHz)(彩图见书末)

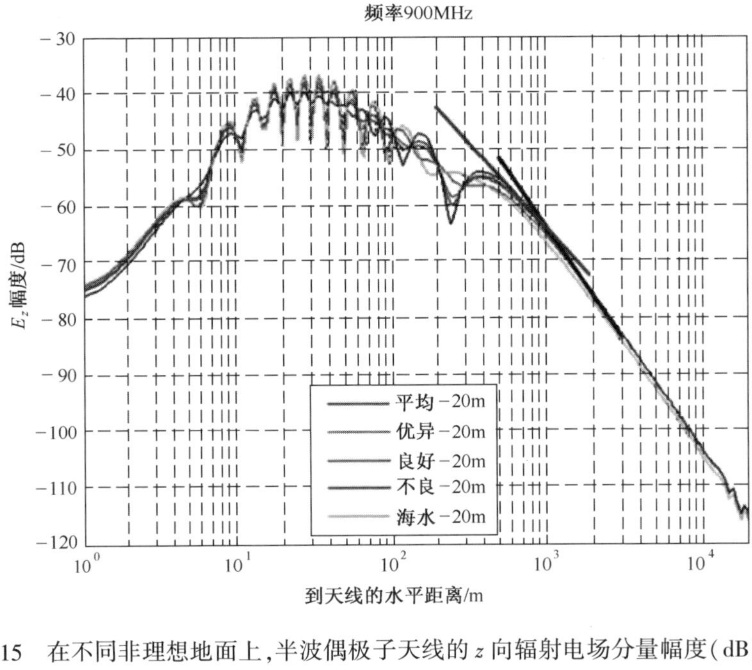

图2.15　在不同非理想地面上，半波偶极子天线的 z 向辐射电场分量幅度(dB)变化
(不同曲线代表不同地面，天线高度20m，工作频率900MHz)(彩图见书末)

2.4 使用 Okumura 测量数据对 Sommerfeld 理论进行实验验证

用上述方法分析 Okumura 等(1968)在日本东京测量的经典传播数据。Okumura 将发射天线放置在不同的高度。为了与实验数据进行比较,选择 140m 高度进行仿真。另一部位于货车顶部的垂直极化天线用于接收信号,货车顶部距离地面 3m,接收天线的增益为 1.5dB。五元八木发射天线的增益约为 11dB,辐射功率为 150W。然后,货车在东京市距发射天线 1~100km 内行驶,测量频率为 453MHz。五元八木天线由线天线构成,仿真中采用优化的五元八木天线阵增益为 11dB。在分析中,用合成的八木天线进行计算。首先,使用格林函数求解积分方程计算发射天线上的电流分布,然后计算辐射场(Sarkar,1977)。辐射场的计算采用新格林函数(Schelkunoff 公式)(Dyab et al.,2013)代替经典的 Sommerfeld 格林函数,新开发 AWAS 代码(Djordjevic et al.,2002)基于 Sommerfeld 积分公式,可以分析非理想平面上的辐射。城市的地面参数为相对介电常数 $\varepsilon_r = 4$、$\sigma = 2 \times 10^{-4}$mhos/m(De et al.,2010)。但是,不知道 Okumura 如何匹配这些天线做到精确馈电,也不知道天线的辐射功率是多少,只能对八木天线加载 1 V 的激励进行仿真,然后对所有计算的场点同时放大,乘以一个常数(98dB),使仿真图和测量图在 7km 处完全一致,如彩图 2.16(a)所示。所有曲线被未经数据处理的计算值覆盖,将新 Schelkunoff 公式(Sarkar et al.,2014)和经典 Sommerfeld 公式(Djordjevic et al.,2002)理论预测的所有曲线放大 98 dB,与 Okumura 的实验数据绘制在一张图中,结果完全一致。有趣的是,采用 Schelkunoff 格林函数计算的基站天线 1~100km 范围内的电场结果更加稳定。商用计算代码 AWAS(线天线和散射体分析计算代码)(Djordjevic et al.,2002)采用 Sommerfeld 公式和新 Schelkunoff 公式(Sarkar et al.,2014)分析这类问题。总之,图 2.16 中的 3 张图对比了城市路径损耗的宏模型预测结果(Schelkunoff 和 Summerfeld 公式)与实验结果(Okumuraetal et al.,1968),工作频率分别为(a)453MHz、(b)922MHz、(c)1920MHz。到发射天线的水平距离大于 10km 时,AWAS 分析的电场结果变得不稳定,这是因为 Sommerfeld 积分的尾部问题,新公

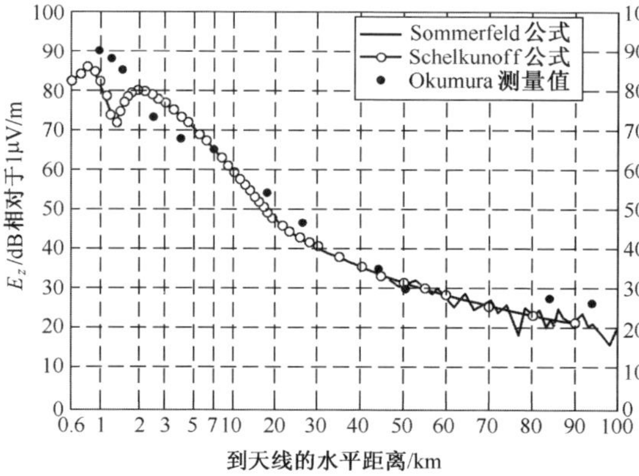

(a)

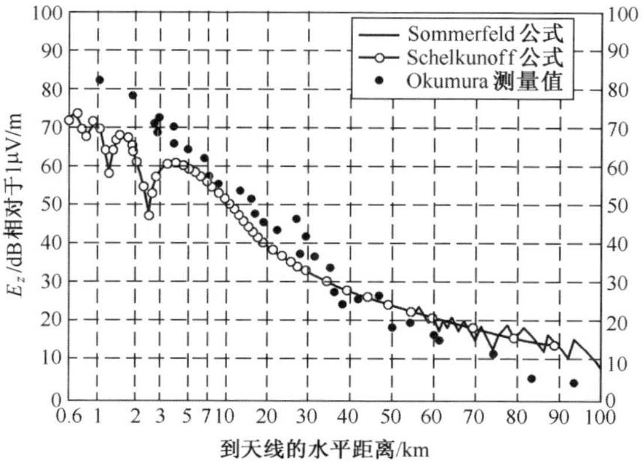

(b)

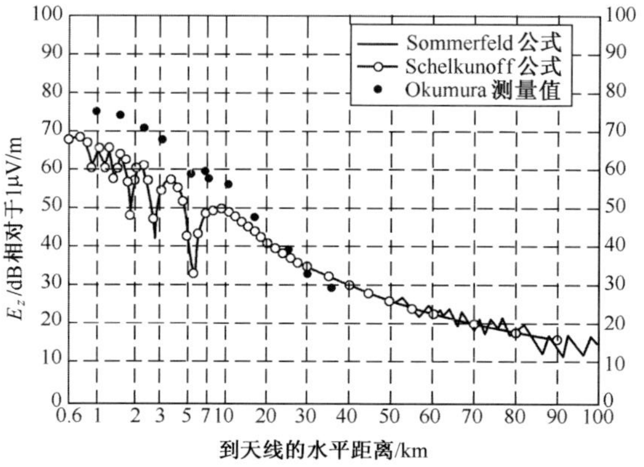

(c)

图2.16 城市传播路径损耗的宏模型预测结果与实验数据对比

(a)453MHz;(b)922MHz;(c)920MHz(彩图见书末)

式(Dyab et al. ,2013)没有这个问题。需要指出的是,理论分析与实验数据表明,1~10km 的斜率,也就是路径损耗因子为 30dB/10 倍距离,与鞍点法的分析结果一致(Sarkaret et al. ,2012a、b)。10~100km 的斜率是 40dB/10 倍距离,与远场诺顿地波的预测结果一致。通过理论和实验结果的对比说明,精确环境的电磁宏观模型可以准确预测路径损耗。为了与实验数据进行对比,对理论值进行功率放大,以补偿不同的输入功率电平。图 2. 16(b)理论计算值增加了 130dB,图 2. 16(c)理论计算值增加了 125dB,这样可以将参考场从 1V/m 降低到 1μV/m。图 2. 16(b)和图 2. 16(c)中,922MHz 和 1920MHz 的预测值与实验结果不完全一致,这是因为仿真采用简单的半波偶极子天线作为发射机,而 Okumura(1968)用了一种高指向性天线,类似于抛物面反射器,同时文献中并没有给出具体尺寸。

2. 5 节将分析在两种不同介质两边的单边界层上无线电波的传播机制。

2. 5　传播机制

通过检查积分公式(2. 9)中每个波的积分路径,可以直观地看到波在两种不同介质产生的单边界上的实际传播情况,如轮廓主要部分表示的波从 0 传播到 k_1。当波入射到非理想导体地面时,由于入射角不同,则反射系数不同。反射时,射线发散形成半无限的图像。只有第 2 种介质是理想的光滑导体,光线才能聚集,形成与源大小相同的完美图像。1935 年 Van der Pol 就预测了这个现象,并用其解释了晴天在水波荡漾的湖面看到的太阳或月亮是被拉长的。

Van der Pol(1935)指出,Sommerfeld(1926)和 Weyl(1919)用了数学近似和推导,因此结果并不是非常透明的。Van der Pol 针对同样的问题,没有任何近似,直接用简单的空间积分形式的解给出了物理解释。对位于非理想地面上的发射偶极子的相关场源进行积分,扩展到源所在的第二介质的部分空间,在源的几何图像之下。图 2. 17 就是这种情况,在许多方面与图 2. 10 类似。偶极子所在的第一介质中,电场是基本偶极子的直接辐射与从像点 $-h$ 到 $-\infty$ 积分空间产生的次级波之和。换句话说,源在非理性地面上的成像是由像点到 $-\infty$ 的线源组成,如图 2. 17 所示。主波的幅度决定成像波的幅度,像波以第二介质的传播常数和吸收率从点源的几何像点开始传播，第二介质的电导率越高，集中在点源像点附近的主波越多，电导率无限大时主波完全集中在像点上。

位于非理想地面上的偶极产生的场是由源的直接场与等效图像表示的地面影像之和，等效图像是由从 $-h$ 到 $-\infty$ 的线源组成，其他研究者也使用过这一结果。事实上，在 Booker 和 Clemmow(1950)的文献中也有相同的物理图。

Sommerfeld 还给出了一个类似的表达(Sommerfeld，1909 中第 250 页等式(10d))。Van der Pol(1935)的文献中有详细的推导，并且由位于高度 z_a 处的归一化点源得到 Hertz 电势，观测点位于 z_b 处，则有以下表达式，即

$$\Pi_{1z} \approx \frac{\exp(-\mathrm{j}k_1 R_1)}{R_1} + \frac{\exp(-\mathrm{j}k_1 R_2)}{R_2} - \frac{2\mathrm{j}k_1^2}{k_2}\exp[-a(z_\mathrm{a}+z_\mathrm{b})]\int_{\zeta=z_\mathrm{a}+z_\mathrm{b}}^{\zeta=z_\mathrm{a}+z_\mathrm{b}+\varepsilon\times\infty} \frac{\exp(-\mathrm{j}k_1\sqrt{\rho^2+\zeta^2})}{\sqrt{\rho^2+\zeta^2}}\exp(a\zeta)\,\mathrm{d}\zeta \tag{2.35}$$

其中，

$$a = -\frac{\mathrm{j}k_1^2}{k_2}$$

$$\zeta = z_\mathrm{a} + z_\mathrm{b} + \varepsilon z$$

Van der Pol 认为，式(2.35)中的第三项表示从点源的几何图像传播的波，第二介质中的所有点位于几何图像之下，向观察点发送次级波。当 $\varepsilon \gg 1$ 时，第三项的指数表示第二介质中的任意点到观察者的距离，包含 z 乘以 ε，也就是对观察者而言，点源图像下方的垂直距离乘以 ε。因此，源像的波看起来在垂直方向被拉长，就像太阳在泛起涟漪的湖水中一样被垂直拉长，如图 2.17 所示(Van der Pol，1935；Sarkar et al.，2014)。

在雨天的夜晚，潮湿的地面作为部分反射面，观察到光线在地面上被拉长是波在地面传播的结果。将图 2.18 所示情景与 Van der Pol 在式(2.35)中描述的情况进行比较。想象一下，绿色交通信号灯的存在是源需要发送的信息，注意湿地如何将信息发送到没有视距路径的地方。实际上，在蜂窝通信系统中，地面是非理想反射面，图 2.19 中光的传播方式是我们所期待的蜂窝系统中的传播机制。换句话说，发射天线(通常向下倾斜到地面)激发蜂窝中的辐射场，在中间区表现为来自线源的辐射场，在远场区表现为诺顿表面波(Norton surface

图 2.17　波澜的湖面上太阳的倒影被拉长

(http://fineartamerica.com/featured/alexandria-bay-sunset-steve-ohlsen.html. Accessed 25 Mar 2015)

wave)，这是基站天线与移动设备通信的主要方式之一，传播机制如图 2.17 至图 2.19 所示。因此，图 2.17 和图 2.18 中被拉长的是源的像。

图 2.18　由于表面的部分反射率而产生的潮湿地面上的波
(图片反映了在不同频率的蜂窝环境中的传播机制,潮湿地面代表复阻抗表面)

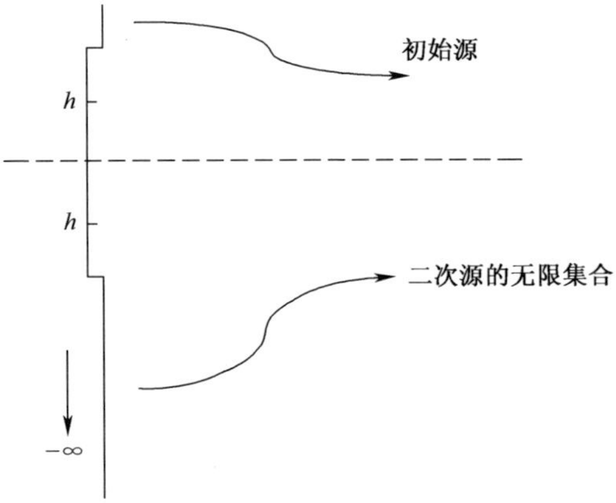

图 2.19　源在分界面产生辐射场的等效图

图 2.17 至图 2.19 分别从物理的角度观察移动通信系统中的波是如何传播的,说明了迄今为止智能天线和波束成形在蜂窝通信中并不是很成功,尽管研究者在这些领域付出了很多努力。如果真实的传播情况类似于图 2.17 至图 2.19,那么他们应该改变在蜂窝通信系统中实现多天线和自适应阵列的规划,重要的是地面的影响起主导作用。由图像形成的等效线源在空气中产生的场,以 30dB/10 倍距离的速度衰减,在距离基站天线大约 $\frac{4H_{TX}H_{RX}}{W}$ 处(De et al. ,2010)

慢衰落区结束,在中间区中场随距离的衰减为30dB/10倍距离,这里H_{TX}和H_{RX}分别表示发射天线和接收天线距离地面的高度，W_{λ}是工作波长。

2.6　关于传统传播模式的说明

通常使用测试数据以最小二乘方式拟合的统计模型,或基于经验的射线跟踪场景。事实是,目前的传播建模工具无法捕获基本物理参数,也就是在蜂窝通信系统内,路径损耗通常为30dB/10倍距离(Abdallah et al.,2014),等效的电场强度随$\rho^{-1.5}$变化,ρ为蜂窝内到天线的距离,在蜂窝外的传播路径损耗大约为40dB/10倍距离,等效的电场强度随ρ^{-2}变化,因为源和无限图像的直接波相叠加,本章前面已经讨论过。因此,基于统计的模型不能捕捉到基本的物理参数。

在无线通信教材Goldsmith(2005)中,讲述了接地理想导体平面上的双射线模型,在双射线模型(入射光线和反射光线)中,反射系数取-1,入射角θ为$\frac{\pi}{2}=90°$(认为地面完全反射)。然而,双射线模型描述的中间路径损耗为20dB/10倍距离,自由空间传播的场以ρ^{-1}衰减。这与本章讲述的路径损耗为30dB/10倍距离不同。在讲解双射线模型之后,介绍了经验模型,如著名的Okumura-Hata模型(Fujimoto,2008)。虽然经验模型(Ji et al.,2001、2002)结果较好并得到广泛的应用,但却存在一些缺点,经验模型没有传播发生机制的物理含义,这些模型仅限于特定环境,而且测量使用特定的参数。

下面以Hata模型为例介绍经验模型和双射线模型。并将本章提出的宏观模型和这两个经验模型进行比较。

Hata模型是由Okumura模型提供的图形路径损耗数据得到的经验公式。在城市中,中间的路径损耗公式为

$$L(\text{urban})(\text{dB}) = 69.55 + 26.16\log f_c - 13.82\log h_{te} - a(h_{re}) + (44.9 - 6.55\log h_{te})\log d \tag{2.36}$$

式中:f_c为频率(MHz),变化范围为150~1500MHz;h_{te}和h_{re}分别为基站和移动天线的有效高度(m);d为移动天线到基站的距离(km);$a(h_{re})$为移动设备有效天线高度的校正因子,是覆盖区域面积的函数。对于中小城市,移动天线校正因子为

$$a(h_{re}) = (1.1\log f_c - 0.7)h_{re} - (1.56\log f_c - 0.8) \quad \text{dB} \tag{2.37}$$

对于大城市,有

$$a(h_{re}) = 8.29(\log 1.54h_{re})^2 - 1.1\text{dB for } f_c \leqslant 300\text{MHz} \tag{2.38}$$

$$a(h_{re}) = 3.2(\log 11.75h_{re})^2 - 4.97\text{dB for } f_c \geqslant 300\text{MHz} \tag{2.39}$$

在计算郊区的路径损耗时,标准 Hata 公式改写为

$$L(\text{dB}) = L(\text{urban}) - 2\left[\log\left(\frac{f_c}{28}\right)\right]^2 - 5.4 \tag{2.40}$$

在广阔的农村中,路径损耗为

$$L(\text{dB}) = L(\text{urban}) - 4.78(\log f_c)^2 - 18.33\log f_c - 35.94 \tag{2.41}$$

在知道路径损耗 L(dB)、发射功率 P_t(dBm)和增益 G_t(dB)的情况下,利用下式来计算接收功率,单位为 dBm。

$$P_r(d) = P_t + G_t - L \tag{2.42}$$

该模型非常适用于大型移动通信系统,但不适用于个人通信系统,覆盖半径约几公里的圆形区域(Goldsmith,2005;Ji et al.,2001、2002;Sarkar et al.,2003)。

双射线模型基于光线跟踪技术。在双射线模型中,只考虑直接射线和地面的反射射线,认为地面是理想导体,反射系数为-1,双射线模型的公式如下:

$$P_r(d)=P_tG_t\left[\frac{\lambda}{4\pi}\right]^2\left|\frac{1}{\sqrt{(h_t-h_r)^2+d^2}}-\frac{e^{-j2\pi\left(\sqrt{(h_t+h_r)^2+d^2}-\sqrt{(h_t-h_r)^2+d^2}\right)}}{\sqrt{(h_t+h_r)^2+d^2}}\right|^2 \tag{2.43}$$

式中:P_t 为发射功率;G_t 为发射天线增益;λ 为波长;h_t 为发射天线高度(m);h_r 为接收机天线高度(m);d 为距发射天线的水平距离(m)。

假设城市中的垂直半波偶极子距离地面 20m,接收天线位于距离地面 1.5m 处,频率为 900MHz。彩图 2.20 为 AWAS 计算的电磁宏观模型、双射线模型和 Hata 模型的仿真结果。可以清楚地看到,双射线模型和 Hata 模型的预测结果都不是每 10 倍距离衰减 30dB。此外,双射线模型中的零点比 AWAS 结果更清晰,这是因为双射线模型假设地面是理想导体。如果假设垂直半波偶极子位于理想地面上,使用 AWAS 代码分析,会得到与双射线模型一样的结果,远场的路径损耗为 20dB/10 倍距离,而不是 40dB/10 倍距离。而且,双射线模型中认为反射

系数为-1,而真实情况是,对于在理想地面上的垂直偶极子的反射系数为+1,水平偶极子的反射系数为-1。在图 2.20 中,紫色粗线的斜率为 30dB/10 倍距离,黑色粗线的斜率为 40dB/10 倍距离。

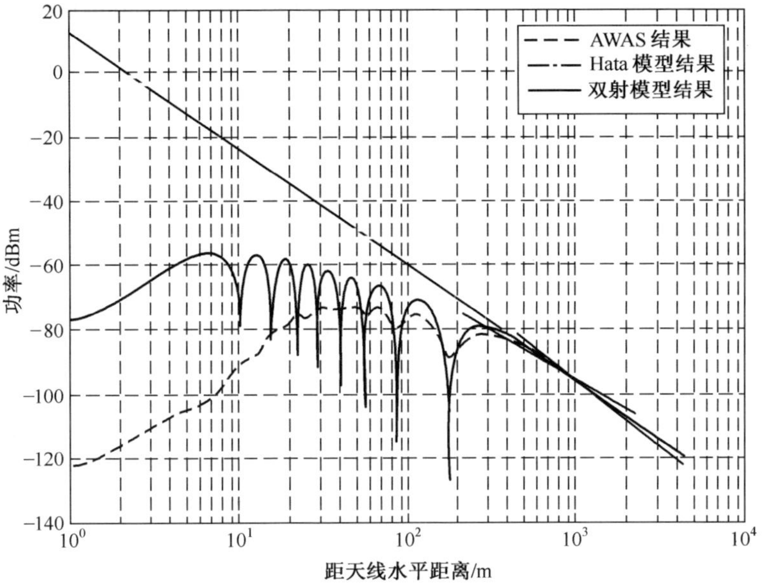

图 2.20　城市中垂直半波偶极子高度为 20m,红色虚线为 AWAS 分析的接收功率,黑色虚线为 Hata 模型的结果,蓝色曲线为双射线模型的结果(彩图见书末)

所以,为了寻求更准确的模型,研究人员通常会有两种选择:一种是选择更复杂的物理模型,考虑其他传播机制,如衍射、散射和射线追踪(Fujimoto,2008;Ji et al.,2001、2002; Sarkar et al.,2003);另一种是采用统计模型(Goldsmith,2005)。Fujimoto(2008)得到了一个有趣的结论:虽然平坦地面模型的路径损耗因子接近于实际测量值(图 2.4),但它描述的物理场景非常简单,在实践中很少适用。通常移动设备的工作环境(至少在蜂窝中)不存在从基站或从地面反射的视距路径,所以基于双射线环境的平坦地面模型不适用。为了找到更满意的物理传播模型,我们认为衍射是潜在机制。

本章的内容不是研究衍射的潜在机制或统计建模,而是考虑地面的不完全反射基于 Sommerfeld 公式对双射线模型进行严格的数学求解,结果表明,上述蜂窝环境中传播的物理模型是与线源相关联的辐射场。也就是说,在典型蜂窝通信系统内的大多数工作区域中,由于天线位置距离地面非常高,功率随着发射机的距离以30dB/10倍距离衰减。由于建筑物和大型障碍物,衰减在30dB左右变化,见图2.5至图2.7中的测量数据。几乎所有物理模型都没有考虑线源产生的场,如电介质峡谷模型,平边模型和复杂的光线跟踪模型(Fujimoto,2008;Ji et al.,2001、2002)。

总之,双射线理论预测的场衰减不是$\rho^{-1.5}$。Van der Pol(1935)的分析提供了一种物理图像,波(非表面波)在非理想地面上是如何从基站天线传播到移动设备的。简而言之,除了来自源的直接辐射外,还有源的图像产生的线源在非理想导体地面上产生的场,这些场在图2.17和图2.18中可以看到。

2.7 结论

本章为了说明电磁宏观模型可以准确预测蜂窝无线环境中的传播路径损耗,因为建筑物、树木等是传播路径损耗的次要原因,主要原因是在非理想地面上电磁波的传播机制。通过不同文献的理论和实验数据来说明这一观点。

另外,从不同来源收集的实验数据表明,宏观模型是非常准确的,并从物理上解释了传播机制,特点如下:城市、农村、郊区或水域性质的蜂窝环境具有基本相同的效果。基站天线不宜建得太高,靠近地面功耗较低,可以提供更好、更便宜的解决方案。

最后,利用光学模拟复现了传播机制,用在天线高度上延伸的无限线源的图像来表征非理想地面上的天线辐射图,无限线源位于地面下方并向负无穷大延伸。该线源能够准确预测传播路径损耗,但预测结果无法用统计模型、多射模型或衍射模型来解释,因为它们都没有考虑非理想地面的影响,而这是影响蜂窝无线通信环境中无线电波传播的主要因素。

参考文献

Abdallah MN, Dyab W, Sarkar TK, Prasad MVSN, Misra CS, Lampérez AG, Salazar-Palma M, Ting SW (2014) Further validation of an electromagnetic macro model for analysis of propagation path loss in cellular networks using measured driving-test data. IEEE Antennas Propagat Mag

56:108–129

Baños A (1966) Dipole radiation in the presence of a conducting half-space. Pergamon Press, Oxford

Booker HG, Clemmow PC (1950) A relation between the Sommerfeld theory of radio propagation over a flat earth and the theory of diffraction at a straight edge. Proc IEE 97:18–27

Burrows CR (1937) The surface wave in radio propagation over plane earth. Proc IRE 25:219–229

Collin RE (2004) Hertzian dipole radiating over a lossy earth or sea: some early and late 20th-century controversies. IEEE Antennas Propagat Mag 46:64–79

De A, Sarkar TK, Salazar-Palma M (2010) Characterization of the far field environment of antennas located over a ground plane and implications for cellular communication systems. IEEE Antennas Propagat Mag 52:19–40

Djordjevic AR, Bazdar MB, Sarkar TK, Harrington RF (2002) AWAS version 2.0: analysis of wire antennas and scatterers, software and user's manual. Artech House, Norwood

Dyab WM, Sarkar TK, Salazar-Palma M (2013) A physics-based Green's function for analysis of vertical electric dipole radiation over an imperfect ground plane. IEEE Trans Antennas Propagat 61:4148–4157

Fujimoto K (2008) Mobile antenna systems handbook, 3rd edn. Artech House, Norwood

Gabor D (1953) Communication theory and physics. IRE Trans Informat Theory 1:48–59

Goldsmith A (2005) Wireless communications. Cambridge University Press, Cambridge

IEEE Standard Definitions of Terms for Radio Wave Propagation (1998) http://ieeexplore.ieee.org/stamp/stamp.jsp?tp=&arnumber=705931&userType=inst&tag=1. Accessed Mar 2015

Ishimaru A (1991) Electromagnetic wave propagation, radiation, and scattering. Englewood Cliffs, Prentice Hall. Chapter 15 and Appendix to Chapter 15

Ji Z, Li BH, Wang HX, Chen HY, Sarkar TK (2001) Efficient ray-tracing methods for propagation prediction for indoor wireless. IEEE Antennas Propagat Mag 43:41–49

Ji Z, Sarkar TK, Li BH (2002) Methods for optimizing the location of base stations for indoor wireless communications. IEEE Trans Antennas Propagat 50:1481–1483

Lazarus M (2010) The great spectrum famine. IEEE Spectr 47:26–31

McMillan RW (2006) Terahertz Imaging, Millimeter-Wave Radar. Advances in Sensing with Security Applications, Springer Netherlands, 2:243–268

Okumura T, Ohmori E, Kawano T, Fukuda K (1968) Field strength and its variability in VHF and

UHF land mobile service. Rev Elect Commun Lab 16:825-873

Sarkar TK (1977) Analysis of arbitrarily oriented thin wire antennas over a plane imperfect ground. AEÜ 31:449-457

Sarkar TK, Ji Z, Kim K, Medouri A, Salazar Palma M (2003) A survey of various propagation models for wireless communication. IEEE Antennas Propagat Mag 45:51-82

Sarkar TK, Dyab W, Abdallah MN, Salazar-Palma M, Prasad MVSN, Barbin S, Ting SW (2012a) Physics of propagation in a cellular wireless communication environment. Radio SciBull 343:5-21. http://www.ursi.org/files/RSBissues/RSB_343_2012_12.pdf. Accessed 1 Mar 2015

Sarkar TK, Dyab W, Abdallah MN, Salazar-Palma M, Prasad MVSN, Ting SW, Barbin S (2012b) Electromagnetic macro modeling of propagation in mobile wireless communication: theory and experiment. IEEE Antennas Propagat Mag 54:17-43

Sarkar TK, Dyab WM, Abdallah MN, Salazar-Palma M, Prasad MVSN, Ting SW (2014) Application of the Schelkunoff formulation to the Sommerfeld problem of a vertical electric dipole radiating over an imperfect ground. IEEE Trans Antennas Propagat 62:4162-4170

Sommerfeld AN (1909) Propagation of waves in wireless telegraphy. Ann Phys 28:665-736

Sommerfeld AN (1926) Propagation of waves in wireless telegraphy. Ann Phys 81:1135-1153

Stratton JA (1941) Electromagnetic theory. McGraw-Hill Book, New York

Van der Pol B (1935) Theory of the reflection of light from a point source by a finitely conducting flat mirror with application to radiotelegraphy. Physics 2:843-853

Weyl H (1919) Propagation of electromagnetic waves over a plane conductor. Ann Phys 60:481-500

www.prometheus-us.com/asi/sensors2005/papers/mcmillan.pdf. Accessed 21 Mar 2015

第3章

天线仿真算法及商用设计软件

Qing Huo Liu

摘要

传统天线设计依靠对电磁辐射物理过程的理解和实验经验,随着计算机的出现和日益完善的数值计算方法,计算机辅助设计工具在当今的天线设计和优化过程中发挥了重要作用,本章总结了常用的商业天线设计仿真工具和计算电磁学基本方法。

关键词

天线设计;计算电磁学;有限元方法;时域有限差分法;矩量法;计算机辅助设计

Q. H. Liu(✉)

杜克大学电子和计算机工程系,美国

e-mail:qing. liu@ duke. edu

3.1 引言

天线设计是一门艺术,早在1886—1889年赫兹就开始了这项工作,当时他用电偶极子天线作为发射机和环形天线作为接收机首次通过实验验证了电磁波的存在。自此传统的天线设计很大程度上依赖于直觉和反复实验。

在过去的几十年中,计算机技术和计算学工程的发展彻底改变了天线的设计和优化。现在人们使用的商业天线设计工具可以很容易地知道天线结构与电磁波的相互作用,从而优化结构和材料以完成天线设计。

天线设计和优化的基础是求解麦克斯韦方程,但只有规则的几何结构(如球体、无限长的圆柱体和平板)才能得到解析解,几乎所有的天线设计问题都采用全波求解方法或近似方法对麦克斯韦方程进行数值求解,如高频渐近技术。

计算电磁学为求解麦克斯韦方程提供了有效的数值方法,在天线设计和优化方面具有重要应用。

本章阐述了天线设计中常用的数值方法,首先介绍了几种商用天线设计工具和基本的电磁理论;然后详细论述了这些工具中广泛使用的3种数值技术,包括求解表面积分方程的矩量法、有限元法和有限时域差分法。

3.2 常用的商业天线设计软件

表3.1中列出了一些常用的商业天线设计软件,并不完全还有一些软件包也能进行天线设计模拟。开源的非商业性软件也未列入如非常著名的基于矩量法的天线设计工具NEC(www.nec2.org)(NEC,2015)。

表3.1 常用的商业天线设计软件

缩写	主要方法	补充方法	公司
COMSOL	FEM	FETD, DDM	COMSOL, Inc.
HFSS	FEM		ANSYS
EMCoS	MOM	FEM,FDTD,PO,GO,UTD 高频方法	EMCoS
FEKO	MOM/MLFMM		Altair
newFASANT	MOM		FASANT

（续）

缩写	主要方法	补充方法	公司
Microwave Studio	FIT	FEM, MOM, MLFMM	CST
SEMCAD	FDTD	Sub-gridding	SPEAG
XFDTD	FDTD	GTD, UTD	Remcom
Wavenology	DGTD/FDTD	SETD, FETD, SPICE	WCT

大多数软件包同时采用多种数值技术，其主要算法可以分为 4 类：频域有限元法；频域矩量法；时域有限差分法；时域多尺度不连续 Galerkin 法。同时采用一些补充方法（如高频渐近技术）来模拟电大结构，因为大目标很难采用全波求解。

3.2.1　天线仿真软件的通用流程

典型的天线仿真软件由以下部分组成。

（1）图形用户界面（GUI）：GUI 是用户与软件交互的核心部分。一般来说，GUI 提供以下功能。

① 问题定义：GUI 允许用户简单地输入几何体、材料、源、观察点、边界条件、想要的结果和其他仿真参数。

② 问题修改：GUI 还允许用户轻松修改问题设置。可以修改任何参数，编辑实体建模中的几何结构。

③ 预处理：GUI 通常对问题进行必要的预处理，以验证模型并准备实际的计算。

④ 结果和后处理：最后，GUI 允许用户查看结果并执行各种后期处理。

⑤ 设计优化和参数扫描：通过 GUI 用户可以优化算法或进行参数扫描搜索最佳配置来优化一些参数，进一步实现天线的优化设计。

（2）预处理：典型的预处理包括配置验证，生成网格和一些激励源的预算。

（3）计算引擎：这是数值求解器的核心，它针对 GUI 描述的问题求解麦克斯韦方程组。在 3.3 节将详细讲述，“矩量法求解表面积分方程”“有限元法”和“有限时域差分法”。

（4）后处理：计算引擎给出了基础的近场解，处理后可以得到天线性能如辐射图、增益和效率等。近远场变换可以从已知近场得到远场特性。

3.2.2 天线模拟的数值方法

常用的数值方法可以分为频域求解法和时域求解法。

(1) 频域方法。天线设计师通常需要知道频带内天线的散射参数和其他性能。在固定频率的时谐激励下,可以直接得到天线的频域仿真结果;通过改变输入频率可以得到频带内的结果。如果想要瞬态结果(特别是对于超宽带天线需要知道波形),可以在频域进行傅里叶逆变换得到时域的结果。频域方法可以进一步分为以下几种。

① 偏微分方程求解法。通常用于求解由一阶麦克斯韦方程(通常只是法拉第定律和安培定律)推导的2阶矢量亥姆霍兹方程,包括有限元法、谱元法、频域有限差分法和频域伪谱法,有限元法是商业工具中最常用的频域技术,将在"3.5有限元法"一节做详细介绍。

② 积分方程求解法:用于求解表面积分方程或体积分方程,由麦克斯韦方程和背景材料的格林函数推导的。基于矩量法的表面积分方程是最常用的积分求解方法,将在"3.4矩量法求解表面积分方程"一节中详细介绍。

(2) 时域方法。如果想知道宽频带范围内的天线特性,最好在时域直接求解麦克斯韦方程组获得宽带波形,而对瞬态结果进行傅里叶变换就可以得到频域结果,如天线设计师经常需要了解的散射参数。因此,宽带天线仿真优选时域方法,一次仿真可以得到所有的频域结果;如果需要窄带仿真结果,尤其是系统在该频段内高共振时,优选频域求解法。时域方法可以进一步分为以下几种。

① 偏微分方程(PDE)求解法:用于求解2阶矢量波动方程或1阶麦克斯韦方程,包括时域有限差分法(FDTD)、时域有限元法(FETD)、时域谱元法(SETD)、时域伪谱法(PSTD)、有限积分技术(FIT)和时域多分辨法(MRTD)。FDTD是商业工具中最常用的时域方法(FIT是一种特殊的FDTD方法),将在"3.6有限时域差分法"一节中详细介绍。

② 积分方程求解法:用于求解由麦克斯韦方程推导的表面或体积分方程和背景材料的格林函数。大量研究表明,时域积分方程求解法需要更多的计算机存储和计算时间,还没有广泛用于商业仿真工具,因此本章不展开讨论。

每种方法都有其优、缺点,没有一种方法可以完美地解决所有问题,因此商业仿真工具中会同时使用多种数值方法来充分发挥其特长。

3.3 电磁学理论基础

本节介绍了电磁学中的基本概念和麦克斯韦方程及其边界条件，本节的理论概述由柳清伙完成。

3.3.1 瞬态电磁场

麦克斯韦方程描述了电磁源与场之间的关系。在电磁仿真中，求解麦克斯韦方程可以得到电场强度 $\boldsymbol{E}$ 和磁场强度 $\boldsymbol{H}$，即

$$\nabla\times \boldsymbol{E} = -\boldsymbol{M}_i - \boldsymbol{M}_c - \frac{\partial \boldsymbol{B}}{\partial t} \tag{3.1}$$

$$\nabla\times \boldsymbol{H} = -\boldsymbol{J}_i - \boldsymbol{J}_c - \frac{\partial \boldsymbol{D}}{\partial t} \tag{3.2}$$

$$\nabla\cdot \boldsymbol{D} = \rho_{ei} + \rho_{ec} \tag{3.3}$$

$$\nabla\cdot \boldsymbol{B} = \rho_{mi} + \rho_{mc} \tag{3.4}$$

式中的外加电磁源有电流密度$\boldsymbol{J}_i$和磁流密度$\boldsymbol{M}_i$。

另外，依据电荷守恒定律得到连续性方程，即

$$\nabla\cdot \boldsymbol{J}_{i,c} = -\frac{\partial \rho_{ei,c}}{\partial t} \tag{3.5}$$

$$\nabla\cdot \boldsymbol{M}_{i,c} = -\frac{\partial \rho_{mi,c}}{\partial t} \tag{3.6}$$

对于外加源和传导源，总的自由电荷密度和磁荷密度分别为

$$\rho_e = \rho_{ei} + \rho_{ec},\rho_m = \rho_{mi} + \rho_{mc} \tag{3.7}$$

式中：$\rho_{ei}(\rho_{mi})$和$\rho_{ec}(\rho_{mc})$分别为由外加电流（磁流）和传导电流（磁流）引起的电荷（磁荷）密度。尽管还未发现单独的磁荷，考虑到电-磁对偶性，将来可能发现磁单极子，因此本章依然保留磁源。此外，在处理天线问题时经常使用等效磁流源，如在计算孔径天线时采用磁源更加方便。

介质的本构关系式组成了附加方程。对于各向异性介质，通量密度和场强之间的关系为

$$\boldsymbol{D} = \overline{\overline{\varepsilon}}\boldsymbol{E} = \varepsilon_0\overline{\overline{\varepsilon}}_r\boldsymbol{E} \tag{3.8}$$

$$\boldsymbol{B} = \overline{\overline{\mu}}\boldsymbol{H} = \mu_0\overline{\overline{\mu}}_r\boldsymbol{H} \tag{3.9}$$

式中：ε_0 和 μ_0 分别为真空中的介电常数和磁导率；$\overline{\overline{\boldsymbol{\varepsilon}}}$ 和 $\overline{\overline{\boldsymbol{\varepsilon}}}_r$ 为介质的介电常数和相对介电常数张量；$\overline{\overline{\boldsymbol{\mu}}}$ 和 $\overline{\overline{\boldsymbol{\mu}}}_r$ 分别为介质的磁导率和相对磁导率张量。对于大部分的线性介质，3×3 的介电常数张量 $\overline{\overline{\boldsymbol{\varepsilon}}}$ 和磁导率张量 $\overline{\overline{\boldsymbol{\mu}}}$ 与场强无关。通过欧姆定律可知，传导电流密度与场强有关，即

$$\boldsymbol{J} = \overline{\overline{\sigma}}_e\boldsymbol{E} \tag{3.10}$$

$$\boldsymbol{M}_c = \overline{\overline{\sigma}}_m\boldsymbol{H} \tag{3.11}$$

式中：σ_e (S/m)和 σ_m (Ω/m)分别为电导率和磁导率。一般来说，非均匀电磁介质的参数 $\overline{\overline{\boldsymbol{\varepsilon}}}$、$\overline{\overline{\boldsymbol{\mu}}}$、$\overline{\overline{\boldsymbol{\sigma}}}_e$ 和 $\overline{\overline{\boldsymbol{\sigma}}}_m$ 是位置的函数，色散介质的参数是频率的函数。

给定外加电流源 $\boldsymbol{J}_i$、ρ_{ei} 和磁流源 $\boldsymbol{M}_i$、ρ_{mi}，待求解的未知量为 $\boldsymbol{E}$、$\boldsymbol{H}$、$\boldsymbol{D}$、$\boldsymbol{B}$、$\boldsymbol{J}_c$、$\boldsymbol{M}_c$、ρ_{ec} 和 ρ_{mc}。方程式(3.8)~(3.11)与式(3.1)，式(3.2)，式(3.5)，式(3.6)组成 20 个标量方程组，可以求解所有的 20 个未知数。依据以上本构关系，麦克斯韦方程可以写为

$$\nabla\times\boldsymbol{E} = -\boldsymbol{M}_i - \overline{\overline{\sigma}}_m\boldsymbol{H} - \overline{\overline{\mu}}\frac{\partial\boldsymbol{H}}{\partial t} \tag{3.12}$$

$$\nabla\times\boldsymbol{H} = -\boldsymbol{J}_i - \overline{\overline{\boldsymbol{\sigma}}}_e\boldsymbol{E} - \overline{\overline{\boldsymbol{\varepsilon}}}\frac{\partial\boldsymbol{E}}{\partial t} \tag{3.13}$$

$$\nabla\cdot\overline{\overline{\boldsymbol{\varepsilon}}}\boldsymbol{E} = \rho_{ei} + \rho_{ec} \tag{3.14}$$

$$\nabla\cdot\overline{\overline{\boldsymbol{\mu}}}\boldsymbol{H} = \rho_{mi} + \rho_{mc} \tag{3.15}$$

本章只涉及常见的各向同性介质，$\overline{\overline{\boldsymbol{\varepsilon}}} = \varepsilon\overline{\overline{\boldsymbol{I}}}$、$\overline{\overline{\boldsymbol{\mu}}} = \mu\overline{\overline{\boldsymbol{I}}}$、$\overline{\overline{\boldsymbol{\sigma}}}_e = \sigma_e\overline{\overline{\boldsymbol{I}}}$、$\overline{\overline{\boldsymbol{\sigma}}}_m = \sigma_m\overline{\overline{\boldsymbol{I}}}$，其中 ε 和 μ 分别为标量介电常数和磁导率，$\overline{\overline{\boldsymbol{I}}}$ 为单位张量。

3.3.2 时谐电磁场

时谐电磁场随时间成正弦规律变化，即

$$\begin{aligned}\boldsymbol{E}(\boldsymbol{r},t) = {} & \hat{x}E_x(\boldsymbol{r})\cos[\omega t + \phi_x(\boldsymbol{r})] + \hat{y}E_y(\boldsymbol{r})\cos[\omega t + \phi_y(\boldsymbol{r})] \\ & + \hat{z}E_z(\boldsymbol{r})\cos[\omega t + \phi_z(\boldsymbol{r})]\end{aligned} \tag{3.16}$$

式中：ω 为角频率为常数，为了简化时谐场，用矢量符号 $\widetilde{\boldsymbol{E}}(\boldsymbol{r})$ 表示对应的瞬时

场 $\boldsymbol{E}(\boldsymbol{r},t)$。瞬时场和矢量场表达式之间的关系是

$$\boldsymbol{E}(\boldsymbol{r},t)=\Re\mathrm{e}[\widetilde{\boldsymbol{E}}(\boldsymbol{r})\ \mathrm{e}^{\mathrm{j}\omega t}] \tag{3.17}$$

通常矢量表达式为

$$\widetilde{\boldsymbol{E}}(\boldsymbol{r})=\hat{x}\,\widetilde{E}_x(\boldsymbol{r})\exp[\mathrm{j}\phi_x(\boldsymbol{r})]+\hat{y}\,\widetilde{E}_y(\boldsymbol{r})\exp[\mathrm{j}\phi_y(\boldsymbol{r})]+\hat{z}\,\widetilde{E}_z(\boldsymbol{r})\exp[\mathrm{j}\phi_z(\boldsymbol{r})]$$

瞬时场的时间导数 $\dfrac{\partial}{\partial t}$ 等于矢量场的 jω 倍，利用瞬时场和矢量场之间的关系，可以得出电磁场矢量形式的麦克斯韦方程组，即

$$\nabla\times\widetilde{\boldsymbol{E}}=-\widetilde{\boldsymbol{M}}_i-\overline{\overline{\sigma}}_m\widetilde{\boldsymbol{H}}-\mathrm{j}\omega\overline{\overline{\mu}}\widetilde{\boldsymbol{H}} \tag{3.18}$$

$$\nabla\times\widetilde{\boldsymbol{H}}=-\widetilde{\boldsymbol{J}}_i-\overline{\overline{\sigma}}_e\widetilde{\boldsymbol{E}}-\mathrm{j}\omega\overline{\overline{\varepsilon}}\widetilde{\boldsymbol{E}} \tag{3.19}$$

$$\nabla\cdot\varepsilon\widetilde{\boldsymbol{E}}=\widetilde{\rho}_{ei}+\widetilde{\rho}_{ec} \tag{3.20}$$

$$\nabla\cdot\mu\widetilde{\boldsymbol{H}}=\widetilde{\rho}_{mi}+\widetilde{\rho}_{mc} \tag{3.21}$$

连续性方程如下

$$\nabla\cdot\sigma_e\widetilde{\boldsymbol{E}}=-\mathrm{j}\omega\widetilde{\rho}_{ec} \tag{3.22}$$

$$\nabla\cdot\sigma_m\widetilde{\boldsymbol{H}}=-\mathrm{j}\omega\,\widetilde{\rho}_{mc} \tag{3.23}$$

引入复介电常数和复磁导率，即

$$\overset{\cong}{\boldsymbol{\varepsilon}}=\overline{\overline{\boldsymbol{\varepsilon}}}-\frac{\mathrm{j}\overline{\overline{\boldsymbol{\sigma}}}_e}{\omega} \tag{3.24}$$

$$\overset{\cong}{\boldsymbol{\mu}}=\overline{\overline{\boldsymbol{\mu}}}-\frac{\mathrm{j}\overline{\overline{\boldsymbol{\sigma}}}_m}{\omega} \tag{3.25}$$

方程式(3.18)～(3.23)可以改写为

$$\nabla\times\widetilde{\boldsymbol{E}}=-\mathrm{j}\omega\overset{\cong}{\boldsymbol{\mu}}\widetilde{\boldsymbol{H}}-\widetilde{\boldsymbol{M}}_i \tag{3.26}$$

$$\nabla\times\widetilde{\boldsymbol{H}}=\mathrm{j}\omega\overset{\cong}{\varepsilon}\widetilde{\boldsymbol{E}}+\widetilde{\boldsymbol{J}}_i \tag{3.27}$$

$$\nabla\cdot\overset{\cong}{\varepsilon}\widetilde{\boldsymbol{E}}=\widetilde{\rho}_{ei} \tag{3.28}$$

$$\nabla\cdot\overset{\cong}{\mu}\widetilde{\boldsymbol{H}}=\widetilde{\rho}_{mi} \tag{3.29}$$

为了简单起见,下文中省略了矢量、复介电常数和复磁导率的符号,但是所有这些量都是复数。

3.3.3 电矢势和磁矢势

依据线性法则,各向同性介质材料的参数 μ_r、ε_r、σ_e 和 σ_m 与场强无关,麦克斯韦方程组为线性方程组。利用线性叠加原理,电磁场是 $\boldsymbol{J}_i$ 产生的场 $(\boldsymbol{E}_A,\boldsymbol{H}_A)$ 和 $\boldsymbol{M}_i$ 产生的场 $(\boldsymbol{E}_F,\boldsymbol{H}_F)$ 的叠加,即

$$\boldsymbol{E}=\boldsymbol{E}_A+\boldsymbol{E}_F,\boldsymbol{H}=\boldsymbol{H}_A+\boldsymbol{H}_F \tag{3.30}$$

可以分别求解 $(\boldsymbol{E}_A,\boldsymbol{H}_A)$ 和 $(\boldsymbol{E}_F,\boldsymbol{H}_F)$,然后相加得到总场。

特别地,由电矢势 $\boldsymbol{A}$ 可以得到 $\boldsymbol{J}_\mathrm{i}$ 产生的场 $(\boldsymbol{E}_A,\boldsymbol{H}_A)$。在均匀介质中,$\boldsymbol{A}$ 符合矢量亥姆霍兹方程,即

$$\nabla^2\boldsymbol{A}+\omega^2\mu\varepsilon\boldsymbol{A}=-\mu\boldsymbol{J}_\mathrm{i} \tag{3.31}$$

受线性条件约束,$\boldsymbol{A}$ 的散度为 1。利用洛伦兹规范条件作为散度条件,有

$$\nabla\cdot\boldsymbol{A}+\mathrm{j}\omega\mu\varepsilon\phi_e=0 \tag{3.32}$$

式中:ϕ_e 为标量电势。也可以选择库仑规范($\nabla\cdot\boldsymbol{A}=0$)作为散度条件。

类似地,由磁矢势 $\boldsymbol{F}$ 可以得到 $\boldsymbol{M}_\mathrm{i}$ 产生的场 $(\boldsymbol{E}_F,\boldsymbol{H}_F)$。$\boldsymbol{F}$ 满足矢量亥姆霍兹方程,即

$$\nabla^2\boldsymbol{F}+k^2\boldsymbol{F}=-\varepsilon\boldsymbol{M}_i \tag{3.33}$$

也满足洛伦兹条件

$$\nabla\cdot\boldsymbol{F}+\mathrm{j}\omega\mu\varepsilon\phi_m=0 \tag{3.34}$$

式中:φ_m 为标量磁位。

根据叠加原理,总场是电源和磁源的叠加,即

$$\boldsymbol{E}=\boldsymbol{E}_A+\boldsymbol{E}_F=-\mathrm{j}\omega\left[\boldsymbol{A}+\frac{1}{k^2}\nabla(\nabla\cdot\boldsymbol{A})\right]-\frac{1}{\varepsilon}\nabla\times\boldsymbol{F} \tag{3.35}$$

$$\boldsymbol{H}=\boldsymbol{H}_A+\boldsymbol{H}_F=-\mathrm{j}\omega\left[\boldsymbol{F}+\frac{1}{k^2}\nabla(\nabla\cdot\boldsymbol{F})\right]+\frac{1}{\mu}\nabla\times\boldsymbol{A}$$

式中:$k^2=\omega^2\mu\varepsilon$。

假设均匀介质中的电流密度为 $\boldsymbol{J}_i(\boldsymbol{r})$,则磁矢势为

$$\boldsymbol{A}(\boldsymbol{r})=\mu\int_V\boldsymbol{J}(\boldsymbol{r}')g(\boldsymbol{r},\boldsymbol{r}')\mathrm{d}\boldsymbol{r}'=\mu\boldsymbol{J}\otimes g \tag{3.36}$$

其中，

$$g(\boldsymbol{r},\boldsymbol{r}')=\frac{\mathrm{e}^{-\mathrm{j}k|\boldsymbol{r}-\boldsymbol{r}'|}}{4\pi|\boldsymbol{r}-\boldsymbol{r}'|} \tag{3.37}$$

为均匀介质的标量格林函数，$\otimes$ 表示三维空间的卷积。类似地，磁电流源$\boldsymbol{M}(\boldsymbol{r})$在任意空间产生的电矢势为

$$\boldsymbol{F}(\boldsymbol{r})=\varepsilon\int_V \boldsymbol{M}(\boldsymbol{r}')g(\boldsymbol{r},\boldsymbol{r}')\mathrm{d}\boldsymbol{r}'=\varepsilon\boldsymbol{M}\otimes g \tag{3.38}$$

是式(3.33)的解。

3.3.4 集总端口和波端口

天线仿真中经常通过集总端口（也称为离散端口）或波端口给天线施加信号。

集总端口由电压（电流）源和内部阻抗组成，作为集总元件与计算网格相连。通常设置内部阻抗作为连接天线的传输线（如同轴电缆）标准特性阻抗（如50Ω）。通过场路耦合，可以计算集总端口的电流（或电压）以及全部计算区域内的电磁场，从而得到输入阻抗和散射参数。

波端口与传输线或波导相连，波端口能够更真实地代替天线源。其输入信号为传输线或波导的一种模式（通常是基模）。波导模式图和对应的传播常数是频率的函数，可以通过在相应的频带上求解无限长波导的特征值问题来获得。当某一个入射波导模（通常是基模）遇到天线，一部分被散射回到波导，另一部分通过天线发射出去，归一化散射场与入射场之比就是散射参数 S_{11} 。

3.3.5 近场计算、远场计算和辐射参数

在天线结构的集总端口或波端口输入激励电磁波信号，产生辐射电磁场。在天线外表面或包围天线的虚拟盒上的场为近场，通过求解麦克斯韦方程组可以得到。

知道了近场可以通过背景格林函数来计算天线外任一点的电磁场。天线工程师需要通过远场来计算辐射图、增益和天线效率。

利用商业天线设计工具中的多种数值方法求解麦克斯韦方程组可以得到近场。下面介绍3种最常用的方法，即矩量法（MOM）、有限元法（FEM）和时域有

限差分法(FDTD),详见 Liu(2015)的文献。

3.4 矩量法求解表面积分方程

3.4.1 表面等效原理

表面等效原理的基础是唯一性定理:有损区域 V 中的场由 V 内的源和在包围 V 的 S 面上的切向电场(或切向磁场或切向电磁场 $\boldsymbol{E}$ 和 $\boldsymbol{H}$ 之和)唯一确定。

图 3.1(a)可以等效为图 3.1(b),在 V 外表面上的等效源为

$$\boldsymbol{J}_s = \hat{n} \times (\boldsymbol{H}_1' - \boldsymbol{H}_2'),\ \boldsymbol{M}_s = -\hat{n} \times (\boldsymbol{E}_1' - \boldsymbol{E}_2') \tag{3.39}$$

注意,在区域 V 内外,只要图 3.1(a)新的源 $(\boldsymbol{J}_1' - \boldsymbol{M}_1')$、$(\boldsymbol{J}_2' - \boldsymbol{M}_2')$ 与介质分别满足麦克斯韦方程组;图 3.1(b)在表面 S 上满足边界条件,介质的属性 (μ_1',ε_1'),(μ_2',ε_2') 和场 $(\boldsymbol{E}_1' - \boldsymbol{H}_1')$,$(\boldsymbol{E}_2' - \boldsymbol{H}_2')$ 都可以任意选择。实际中,选择的场应与求解问题等效;否则等效问题的解无用)。

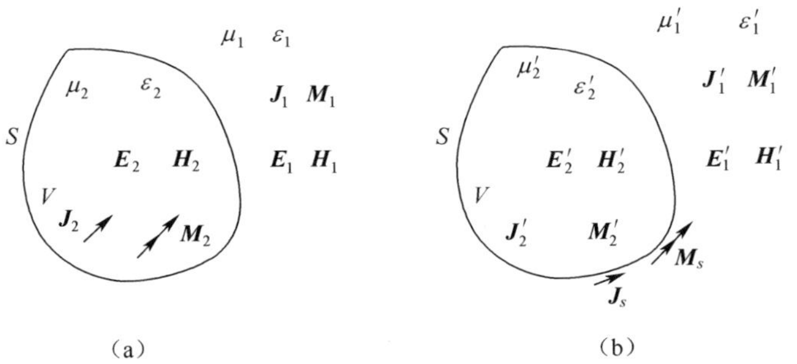

图 3.1 表面等效原理

(a)原问题;(b)等效问题的表面源。

根据表面等效原理,如果求解的场 $(\boldsymbol{E}_1' - \boldsymbol{H}_1')$ 在 V 外部,而在区域 V 外,介质和场可能存在以下几种情况,可以简化为求解图 3.1(b)。

如果 $\mu_1' = \mu_2' = \mu_1$、$\varepsilon_1' = \varepsilon_2' = \varepsilon_1$、$\boldsymbol{E}_2' = 0$、$\boldsymbol{H}_2' = 0$、$\boldsymbol{J}_1' = \boldsymbol{J}_1$、$\boldsymbol{J}_2' = 0$、$\boldsymbol{M}_1' = \boldsymbol{M}_1$、$\boldsymbol{M}_2' = 0$,等效电流为

$$\boldsymbol{J}_s = \hat{n} \times \boldsymbol{H}_1,\ \boldsymbol{M}_s = -\hat{n} \times \boldsymbol{E}_1 \tag{3.40}$$

在均匀介质 (μ_1,ε_1) 中辐射。这些源产生的电矢势可以通过格林函数得到,即

$$\boldsymbol{A}^{\mathrm{SCT}}(\boldsymbol{r})=\mu_1\int_S \boldsymbol{J}_s(\boldsymbol{r}')\,g_1(k_1R)\,\mathrm{d}S' \tag{3.41}$$

$$\boldsymbol{F}^{\mathrm{SCT}}(\boldsymbol{r})=\varepsilon_1\int_S \boldsymbol{M}_s(\boldsymbol{r})\,g_1(k_1R)\,\mathrm{d}S' \tag{3.42}$$

式中：$R=|\boldsymbol{r}-\boldsymbol{r}'|$，$g_1(k_1R)=\dfrac{\mathrm{e}^{-\mathrm{j}k_1R}}{4\pi R}$是介质 1 中的格林函数，式(3.40)中的未知源可以通过积分方程或一些近似来求解，这些表面电流将采用表面积分方程求解。

3.4.2　表面积分方程

为了得到等效的表面电流，需要列出表面积分方程。可以针对外部问题和内部问题分别应用上述的表面等效原理，后面将介绍。

(1) 外部问题。对外部问题应用等效原理，在均匀介质 1 中，S 面上的辐射源 $(\boldsymbol{J}_{s1},\boldsymbol{M}_{s1})$ 在区域外产生散射场，其中

$$\boldsymbol{J}_{s1}=\hat{n}\times\boldsymbol{H}_1=\hat{n}\times\boldsymbol{H}_1^{\mathrm{inc}}+\hat{n}\times\boldsymbol{H}_1^{\mathrm{sct}} \tag{3.43}$$

$$\boldsymbol{M}_{s1}=-\hat{n}\times\boldsymbol{E}_1=-\hat{n}\times\boldsymbol{E}_1^{\mathrm{inc}}-\hat{n}\times\boldsymbol{E}_1^{\mathrm{sct}} \tag{3.44}$$

式中：$\boldsymbol{E}_1^{\mathrm{sct}}$ 和 $\boldsymbol{H}_1^{\mathrm{sct}}$ 分别为均匀介质 1 中的散射电场和散射磁场。

(2) 内部问题。对内部问题应用等效原理，在均匀介质 2 中，S 面上的辐射源 $(\boldsymbol{J}_{s2},\boldsymbol{M}_{s2})$ 在区域内产生散射场，其中

$$-\boldsymbol{J}_{s2}=\hat{n}\times\boldsymbol{H}_2=\hat{n}\times[\boldsymbol{H}_2^{\mathrm{inc}}+\boldsymbol{H}_2^{\mathrm{sct}}] \tag{3.45}$$

$$-\boldsymbol{M}_{s1}=-\hat{n}\times\boldsymbol{E}_2=-\hat{n}\times[\boldsymbol{E}_2^{\mathrm{inc}}+\boldsymbol{E}_2^{\mathrm{sct}}] \tag{3.46}$$

式中：$\boldsymbol{E}_2^{\mathrm{sct}}$和 $\boldsymbol{H}_2^{\mathrm{sct}}$分别为均匀介质 2 中的散射电场和散射磁场。

如果求解对象是电介质，切向电场和切向磁场在 S 面上必须是连续的，有

$$\boldsymbol{J}_{s1}=-\boldsymbol{J}_{s2}\equiv\boldsymbol{J}_s,\boldsymbol{M}_{s1}=-\boldsymbol{M}_{s2}\equiv\boldsymbol{M}_s \tag{3.47}$$

使用散射场公式可以得到表面 EFIF，有

$$\hat{n}\times\boldsymbol{E}_1^{\mathrm{inc}}=-\boldsymbol{M}_s-\hat{n}\times\left\{-\mathrm{j}\omega\mu_1\left[\boldsymbol{J}_s\otimes g_1+\frac{\nabla}{k_1^2}(\nabla_s\cdot\boldsymbol{J}_s\otimes g_1)\right]-\nabla\times[\boldsymbol{M}_s\otimes g_1]\right\}_{S_+}$$

$$\hat{n}\times\boldsymbol{E}_2^{\mathrm{inc}}=-\boldsymbol{M}_s-\hat{n}\times\left\{-\mathrm{j}\omega\mu_2\left[\boldsymbol{J}_s\otimes g_2+\frac{\nabla}{k_2^2}(\nabla_s\cdot\boldsymbol{J}_s\otimes g_2)\right]-\nabla\times[\boldsymbol{M}_s\otimes g_2]\right\}_{S-}$$

和表面 MFIE，有

$$\hat{n}\times\boldsymbol{H}_1^{\mathrm{inc}} = \boldsymbol{J}_s - \hat{n}\times\left\{-\mathrm{j}\omega\varepsilon_1\left[\boldsymbol{M}_s\otimes g_1+\frac{\nabla}{k_1^2}(\nabla_s\cdot\boldsymbol{M}_s\otimes g_1)\right]+\nabla\times[\boldsymbol{J}_s\otimes g_1]\right\}_{S_+}$$

$$-\hat{n}\times\boldsymbol{H}_2^{\mathrm{inc}} = -\boldsymbol{J}_s - \hat{n}\times\left\{-\mathrm{j}\omega\varepsilon_2\left[\boldsymbol{M}_s\otimes g_2+\frac{\nabla}{k_2^2}(\nabla_s\cdot\boldsymbol{M}_s\otimes g_2)\right]-\nabla\times[\boldsymbol{J}_s\otimes g_2]\right\}_{S-}$$

如果区域内有源,$\boldsymbol{E}_2^{\mathrm{inc}}$和$\boldsymbol{H}_2^{\mathrm{inc}}$是介质2的入射场,与介质1的入射场不同,只能是有限源,而不是平面波。

上述等式只适用于$S_\pm$上的观测点,即无限靠近物体表面。如果观测点位于表面S上,格林函数的梯度项会有奇点,表面卷积积分还需考虑局部立体角,EFIE和MFIE改写为

$$\begin{bmatrix}\mu_{\mathrm{r}1}\mathcal{L}_1 & \mathcal{K}_1+\mathcal{I}_1\\ \mu_{\mathrm{r}2}\mathcal{L}_2 & \mathcal{K}_2+\mathcal{I}_2\end{bmatrix}[\widetilde{\boldsymbol{J}}_s\boldsymbol{M}_s] = -\begin{bmatrix}\hat{n}_1\times\boldsymbol{E}_1^{\mathrm{inc}}\\ \hat{n}_2\times\boldsymbol{E}_2^{\mathrm{inc}}\end{bmatrix} \tag{3.48}$$

$$\begin{bmatrix}-(\mathcal{I}_1+\mathcal{K}_1) & \varepsilon_{r1}\mathcal{L}_1\\ -(\mathcal{I}_2+\mathcal{K}_2) & \varepsilon_{r2}\mathcal{L}_2\end{bmatrix}[\widetilde{\boldsymbol{J}}_s\boldsymbol{M}_s] = -\begin{bmatrix}\hat{n}_1\times\widetilde{\boldsymbol{H}}_1^{\mathrm{inc}}\\ \hat{n}_2\times\widetilde{\boldsymbol{H}}_2^{\mathrm{inc}}\end{bmatrix} \tag{3.49}$$

式中:$\hat{n}_1$和$\hat{n}_2=\hat{n}$分别是介质1和介质2向外的单位法线,这里使用归一化的$\widetilde{\boldsymbol{J}}_s=\eta_0\boldsymbol{J}_s$,$\widetilde{\boldsymbol{H}}^{\mathrm{inc}}=\eta_0\boldsymbol{H}^{\mathrm{inc}}$。对于$i=1$、2,有

$$\mathcal{I}_i[\boldsymbol{f}] = (\hat{n}_i\cdot\hat{n})\frac{\Omega_i}{4\pi}[\boldsymbol{f}] \tag{3.50}$$

$$\mathcal{L}_i[\boldsymbol{f}] = \mathrm{j}k_0\hat{n}\times\left[\int_S g_i(\boldsymbol{r},\boldsymbol{r}')\boldsymbol{f}(\boldsymbol{r}')\mathrm{d}s' + \frac{\nabla}{k_i^2}\int_S g_i(\boldsymbol{r},\boldsymbol{r}')\nabla_s'\cdot\boldsymbol{f}(\boldsymbol{r}')\mathrm{d}s'\right] \tag{3.51}$$

$$\mathcal{K}_i[\boldsymbol{f}] = \hat{n}\times\int_s -\nabla g_i(\boldsymbol{r},\boldsymbol{r}')\times\boldsymbol{f}(\boldsymbol{r}')\mathrm{d}s' \tag{3.52}$$

式中:$f=\widetilde{\boldsymbol{J}}_s$、$\boldsymbol{M}_s$,$\hat{n}=\hat{n}_2=-\hat{n}_1$为物体向外的单位法线;$\int$代表柯西主积分;$\Omega_i$为区域$i$内的立体角,$\Omega_2=\Omega$。方程式中的柯西主积分不包括奇点$\boldsymbol{r}=\boldsymbol{r}'$,应避免格林函数求导产生奇点。

对于阻抗边界,由于S面上$\boldsymbol{M}=-\hat{n}\times\widetilde{\eta}_e\widetilde{\boldsymbol{J}}_s$,只需要第一个等式,电阻抗边界条件下的EFIE为

$$[\mu_{ri}\mathcal{L}_i+(\mathcal{I}_i+\mathcal{K}_i)\hat{n}\times\widetilde{\eta}_e][\widetilde{\boldsymbol{J}}_s] = -\hat{n}_i\times\boldsymbol{E}^{\mathrm{inc}} \tag{3.53}$$

MFIE 为

$$[(\mathcal{I}_i + \mathcal{K}_i) - \varepsilon_{ri}\mathcal{L}_i\hat{n} \times \hat{\eta}_e][\widetilde{\boldsymbol{J}}_s] = \hat{n}_i \times \eta_0 \boldsymbol{H}_i^{inc} \tag{3.54}$$

当 $\widetilde{\eta}_e = 0$，对象变为 PEC。需要注意的是，EFIE 对有限大 PEC 对象和 PEC 外壳都适用，但 MFIE 仅适用于有限大 PEC 对象。这是因为 PEC 外壳上的电流密度不是 $\boldsymbol{J}_s = \hat{n} \times \boldsymbol{H}$，而是 $\boldsymbol{J}_s = \hat{n} \times (\boldsymbol{H}_2 - \boldsymbol{H}_1)$，$\boldsymbol{H}_1$ 和 $\boldsymbol{H}_2$ 分别是壳两侧的磁场。

知道了电流密度，可以通过格林函数求解矢量 $\boldsymbol{A}$ 和 $\boldsymbol{F}$

$$\boldsymbol{A}_i^{sct} = \mu_i \int_S ds' \widetilde{\boldsymbol{J}}_s(\boldsymbol{r}') g_i(\boldsymbol{r} - \boldsymbol{r}'), \boldsymbol{F}_i^{sct} = \varepsilon_i \int_S ds' \boldsymbol{M}_s(\boldsymbol{r}') g_i(\boldsymbol{r} - \boldsymbol{r}') \tag{3.55}$$

式中：$g_{1,2}(\boldsymbol{r})$ 分别为外部区域 $(i = 1)$ 和内部区域 $(i = 2)$ 均匀介质的标量格林函数。

在区域 $i(i = 1,2)$ 中，任意位置的场为

$$\begin{aligned} \frac{\Omega_i}{4\pi}\boldsymbol{E}(\boldsymbol{r}) &= \boldsymbol{E}_i^{inc}(\boldsymbol{r}) + \int_S -\nabla_{gi}(\boldsymbol{r},\boldsymbol{r}') \times \boldsymbol{M}_i(\boldsymbol{r}') ds' \\ &+ jk_0\eta_0\mu_{ri}\int_S \left[g_i(\boldsymbol{r},\boldsymbol{r}')\boldsymbol{J}_i(\boldsymbol{r}') + \frac{1}{k_i^2}\nabla g_i(\boldsymbol{r},\boldsymbol{r}')\ \nabla'_s \cdot \boldsymbol{J}_i(\boldsymbol{r}') \right] ds' \end{aligned} \tag{3.56}$$

$$\begin{aligned} \frac{\Omega_i}{4\pi}\boldsymbol{H}(\boldsymbol{r}) &= \boldsymbol{H}_i^{inc}(\boldsymbol{r}) + \int_S -\nabla_{gi}(\boldsymbol{r},\boldsymbol{r}') \times \boldsymbol{J}_i(\boldsymbol{r}') ds' \\ &+ jk_0\eta_0\varepsilon_{ri}\int_S \left[g_i(\boldsymbol{r},\boldsymbol{r}')\boldsymbol{M}_i(\boldsymbol{r}') + \frac{1}{k_i^2}\nabla g_i(\boldsymbol{r},\boldsymbol{r}')\ \nabla'_s \cdot \boldsymbol{M}_i(\boldsymbol{r}') \right] ds' \end{aligned} \tag{3.57}$$

由于内、外区域的法线相反，式中 $\boldsymbol{J}_i = -(\hat{n}_i \cdot \hat{n})\widetilde{\boldsymbol{J}}_s$，$\boldsymbol{M}_i = -(\hat{n}_i \cdot \hat{n})\widetilde{\boldsymbol{M}}_s$。如果观测点远离物体表面，$\Omega_i = 4\pi$；如果观测点在 S 面上，只对切向场的左侧使用 Ω_i，对于 $\boldsymbol{E}$ 和 $\boldsymbol{H}$ 的法向分量 $\Omega_i = 4\pi$。

3.4.3　组合场积分方程

组合积分方程用于求解内部共振问题：当工作频率接近物体本身的共振频率时，物体表面上的切向电场/磁场不唯一，因为解中可以包含本征模式的任意线性组合，依然满足积分方程。这是因为腔体本征模式产生的电流不辐射。

组合场积分方程为方程式(3.48)和式(3.49)的任意线性组合，即

$$\begin{bmatrix} \alpha\mu_{r1}\mathcal{L}_1 - (1-\alpha)(\mathcal{I}_1+\mathcal{K}_1) & \alpha(\mathcal{I}_1+\mathcal{K}_1)+(1-\alpha)\varepsilon_{r1}\mathcal{L}_1 \\ \alpha\mu_{r2}\mathcal{L}_2 - (1-\alpha)(\mathcal{I}_2+\mathcal{K}_2) & \alpha(\mathcal{I}_2+\mathcal{K}_2)+(1-\alpha)\varepsilon_{r2}\mathcal{L}_2 \end{bmatrix}\begin{bmatrix} \widetilde{\boldsymbol{J}}_s \\ \boldsymbol{M}_s \end{bmatrix}$$

$$= -\begin{bmatrix} \hat{n}_1 \times [\alpha\boldsymbol{E}_1^{\text{inc}} + (1-\alpha)\widetilde{\boldsymbol{H}}_1^{\text{inc}}] \\ \hat{n}_2 \times [\alpha\boldsymbol{E}_2^{\text{inc}} + (1-\alpha)\widetilde{\boldsymbol{H}}_2^{\text{inc}}] \end{bmatrix} \tag{3.58}$$

式中：$0 \leqslant \alpha \leqslant 1$ 为 EFIE 的因子。

或者，式(3.48)加上两个方程得到 EFIE，方程式(3.49)加上两个方程为 MFIE，组成以下 CFIE，即

$$\begin{bmatrix} \mu_{r1}\mathcal{L}_1 + \mu_{r2}\mathcal{L}_2 & \mathcal{I}_1+\mathcal{I}_2+\mathcal{K}_1+\mathcal{K}_2 \\ \mathcal{I}_1+\mathcal{I}_2+\mathcal{K}_1+\mathcal{K}_2 & -\varepsilon_{r1}\mathcal{L}_1 - \varepsilon_{r2}\mathcal{L}_2 \end{bmatrix}\begin{bmatrix} \widetilde{\boldsymbol{J}}_s \\ \boldsymbol{M}_s \end{bmatrix}$$

$$= -\begin{bmatrix} \hat{n} \times (\boldsymbol{E}_1^{\text{inc}} - \boldsymbol{E}_2^{\text{inc}}) \\ \hat{n} \times (\widetilde{\boldsymbol{H}}_2^{\text{inc}} - \widetilde{\boldsymbol{H}}_1^{\text{inc}}) \end{bmatrix} \tag{3.59}$$

假设表面光滑，等式中$\mathcal{I}_1-\mathcal{I}_2=-\dfrac{\Omega}{4\pi}$。积分方程式(3.59)也称为 PMCHWT (Poggio-Miller-Chang-Harrington-Wu-Tsai)公式，详见文献(Poggio and Miller, 1973; Chang and Harrington, 1977; Wu and Tsai, 1977)。

3.4.4 矩量法(MOM)

表面积分方程式(3.48)、式(3.49)也称为强形式的 SIEs。$\widetilde{\boldsymbol{J}}_s = \eta_0\boldsymbol{J}_s$。利用散度共形基函数 $\boldsymbol{f}_n^J$ 和 $\boldsymbol{f}_n^W$ 展开 $\widetilde{\boldsymbol{J}}_s$ 和 $\boldsymbol{M}_s$，即

$$\widetilde{\boldsymbol{J}}_s = \sum_{n=1}^{N^J} J_n \boldsymbol{f}_n^J(\boldsymbol{r}), \boldsymbol{M}_s = \sum_{n=1}^{N^M} M_n \boldsymbol{f}_n^M(\boldsymbol{r}) \tag{3.60}$$

代入方程式(3.48)和式(3.49)，$\widetilde{\boldsymbol{J}}_s$ 和 $\boldsymbol{M}_s$ 的测试函数分别为 $\boldsymbol{w}_m^J$ 和 $\boldsymbol{w}_m^M$。利用测试函数 $\hat{n} \times \boldsymbol{w}_m^J$ 和 $\hat{n} \times \boldsymbol{w}_m^M$ 验证方程式(3.48)。

$$\int_S \mathrm{d}s \begin{bmatrix} \hat{n}\times\boldsymbol{w}_m^J & 0 \\ 0 & \hat{n}\times w_m^J \end{bmatrix} \cdot \begin{bmatrix} \mu_{r1}\mathcal{L}_1 & \mathcal{I}_1+\mathcal{K}_1 \\ \mu_{r2}\mathcal{L}_2 & \mathcal{I}_2+\mathcal{K}_2 \end{bmatrix} \begin{bmatrix} \widetilde{\boldsymbol{J}}_s \\ \boldsymbol{M}_s \end{bmatrix}$$

$$= \int_S \mathrm{d}s \begin{bmatrix} \hat{n}\times\boldsymbol{w}_m^J & 0 \\ 0 & \hat{n}\times\boldsymbol{w}_m^J \end{bmatrix} \cdot \begin{bmatrix} \hat{n}\times\boldsymbol{E}_1^{\mathrm{inc}} \\ -\hat{n}\times\boldsymbol{E}_2^{\mathrm{inc}} \end{bmatrix}$$

有

$$\begin{bmatrix} \boldsymbol{Z}_1^J & \boldsymbol{Z}_1^M \\ \boldsymbol{Z}_2^J & \boldsymbol{Z}_2^M \end{bmatrix} \begin{bmatrix} \boldsymbol{J} \\ \boldsymbol{M} \end{bmatrix} = \begin{bmatrix} \boldsymbol{V}_1^E \\ \boldsymbol{V}_2^E \end{bmatrix} \tag{3.61}$$

式中:$\boldsymbol{J}$ 和 $\boldsymbol{M}$ 矢量包含等式(3.60)中的未知展开系数, $i=1,2$,有

$$\begin{aligned} \boldsymbol{Z}_i^J &\equiv \int_S \mathrm{d}s(\hat{n}\times\boldsymbol{w}_m^J)\cdot\mu_{ri}\mathcal{L}_i[\boldsymbol{f}_n^J] \\ &= \mathrm{j}k_0\mu_{ri}\int_S \mathrm{d}s\int_S g_i(\boldsymbol{r},\boldsymbol{r}')\,\boldsymbol{w}_m^J(\boldsymbol{r})\cdot\boldsymbol{f}_n^J(\boldsymbol{r}')\mathrm{d}s' \\ &\quad -\frac{\mathrm{j}k_0\mu_{ri}}{k_i^2}\int_S \mathrm{d}s\int_S g_i(\boldsymbol{r},\boldsymbol{r}')\,\nabla_s\cdot\boldsymbol{w}_m^J(\boldsymbol{r})\,\nabla_s'\cdot\boldsymbol{f}_n^J(\boldsymbol{r}')\mathrm{d}s' \end{aligned} \tag{3.62}$$

$$\begin{aligned} \boldsymbol{Z}_i^M &\equiv \int_S \mathrm{d}s(\hat{n}\times\boldsymbol{w}_m^J)\cdot[\mathcal{K}_i+\mathcal{I}_i][\boldsymbol{f}_n^M] \\ &= (-1)^i\int_S \mathrm{d}s\,\frac{\Omega_i(\boldsymbol{r})}{4\pi}[\hat{n}\times\boldsymbol{w}_m^J(\boldsymbol{r})]\cdot\boldsymbol{f}_n^M(\boldsymbol{r}) \\ &\quad +\int_S \mathrm{d}s - \int w_m^J(\boldsymbol{r})\cdot[\nabla g_i(\boldsymbol{r},\boldsymbol{r}')\times\boldsymbol{f}_n^M(\boldsymbol{r}')]\mathrm{d}s' \end{aligned} \tag{3.63}$$

注意,$\boldsymbol{Z}_1^J$ 和 $\boldsymbol{Z}_2^J$ 的第 2 项为部分积分,激励矢量为

$$\begin{aligned} \boldsymbol{V}_i^E &= -\int_S \mathrm{d}s(\hat{n}\times\boldsymbol{w}_m^M)\cdot(\hat{n}_i\times\boldsymbol{E}_i^{\mathrm{inc}}) \\ &(-1)^{i+1}\int_S \mathrm{d}s\boldsymbol{w}_m^M(\boldsymbol{r})\cdot\boldsymbol{E}_i^{\mathrm{inc}}(\boldsymbol{r}) \end{aligned} \tag{3.64}$$

以上等式中如果 $\hat{n}\cdot\boldsymbol{w}=0$,有 $(\hat{n}\cdot\boldsymbol{w})\cdot(\hat{n}\cdot\boldsymbol{a})=\boldsymbol{a}\cdot\boldsymbol{w}$,方程式(3.61)是一般情况下曲面积分方程矩量法的矩阵形式。

同样地,MFIEs(式(3.49))可以采用 MOM 写成矩阵形式,即

$$\begin{bmatrix} \boldsymbol{Z}_1^J & \boldsymbol{Z}_1^M \\ \boldsymbol{Z}_2^J & \boldsymbol{Z}_1^M \end{bmatrix} \begin{bmatrix} \boldsymbol{J} \\ \boldsymbol{M} \end{bmatrix} = \begin{bmatrix} \boldsymbol{V}_1^H \\ \boldsymbol{V}_2^H \end{bmatrix} \tag{3.65}$$

对于 $i=1,2$,有

$$\begin{aligned} \boldsymbol{Z}_i^M &\equiv \int_S \mathrm{d}s(\hat{n}\times\boldsymbol{w}_m^M)\cdot\varepsilon_{\mathrm{r}i}\mathcal{L}_i[\boldsymbol{f}_n^M] \\ &= \mathrm{j}k_0\varepsilon_{\mathrm{r}i}\int_S \mathrm{d}s\int_S g_i(\boldsymbol{r},\boldsymbol{r}')\,\boldsymbol{w}_m^J(\boldsymbol{r})\cdot\boldsymbol{f}_n^M(\boldsymbol{r}')\mathrm{d}s' \\ &\quad - \frac{\mathrm{j}k_0\varepsilon_{\mathrm{r}i}}{k_i^2}\int_S \mathrm{d}s\int_S g_i(\boldsymbol{r},\boldsymbol{r}')\,\nabla_s\cdot\boldsymbol{w}_m^M(\boldsymbol{r})\,\nabla'_s\cdot\boldsymbol{f}_n^M(\boldsymbol{r}')\mathrm{d}s' \end{aligned} \tag{3.66}$$

$$\begin{aligned} \boldsymbol{Z}_i^J &\equiv \int_S \mathrm{d}s(\hat{n}\times\boldsymbol{w}_m^J)\cdot[\mathcal{I}_i+\mathcal{K}_i][\boldsymbol{f}_n^J] \\ &= (-1)^{i+1}\int_S \mathrm{d}s\,\frac{\Omega_i(\boldsymbol{r})}{4\pi}[\hat{n}\times\boldsymbol{w}_m^M(\boldsymbol{r})]\cdot\boldsymbol{f}_n^J(\boldsymbol{r}) \\ &\quad - \int_S \mathrm{d}s - \int_S w_m^M(\boldsymbol{r})\cdot[\nabla g_i(\boldsymbol{r},\boldsymbol{r}')\times\boldsymbol{f}_n^J(\boldsymbol{r}')]\mathrm{d}s' \end{aligned} \tag{3.67}$$

$\boldsymbol{Z}_1^M$ 和 $\boldsymbol{Z}_2^M$ 的第2项为部分积分,激励矢量为

$$\begin{aligned} \boldsymbol{V}_i^H &= -\int_S \mathrm{d}s(\hat{n}\times\boldsymbol{w}_m^M)\cdot(\hat{n}_i\times\widetilde{\boldsymbol{H}}_i^{\mathrm{inc}}) \\ &= (-1)^{i+1}\int_S \mathrm{d}s\boldsymbol{w}_m^M(\boldsymbol{r})\cdot\widetilde{\boldsymbol{H}}_i^{\mathrm{inc}}(\boldsymbol{r}) \end{aligned} \tag{3.68}$$

3.4.5 散度共形基函数

1. 直角三角形单元

通过表面积分方程求解 $\boldsymbol{J}_s$ 和 $\boldsymbol{M}_s$ 时,法向分量在相邻单元连续。满足该条件的矢量基函数称为散度共形基函数。

对于直角三角形单元,有3个混合阶散度共形基函数,这就是所谓的CN/LT基函数,其法向分量在边缘处连续,而在单元内边缘的切向分量呈线性变化,CN/LT函数也称为屋脊基函数或RWG基函数。

第 i 个发散性奇函数对应 xy 平面上三角形的第 i 条边

$$\boldsymbol{B}_i = \omega_i\hat{z}\times(S_{i+2}\nabla S_{i+1} - S_{i+2}\nabla S_{i+2}) \quad i=0,1,2 \tag{3.69}$$

式中:$S_i(i=0,1,2)$ 是三角形3个顶点的坐标。三角形的散度共形基函数 $\boldsymbol{B}_0$ 如图3.2所示。

2. 正方形参考单元

弯曲的四边形单元可以通过曲线映射为正方形参考单元。在正方形参考单

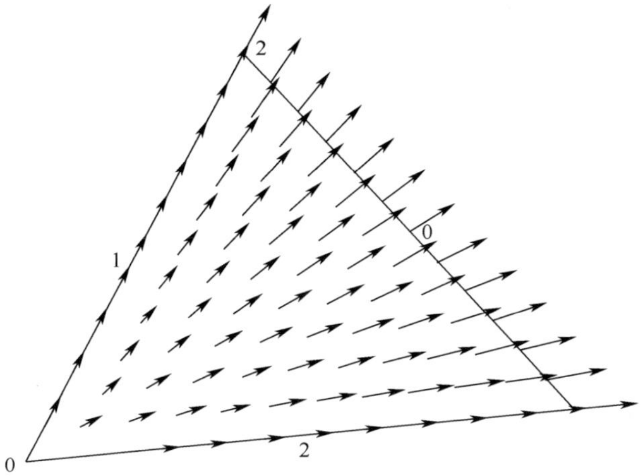

图 3.2　三角形 0 边(点 1、2 之间)上的散度共形基函数为 $\boldsymbol{B}_0$,也称法向恒定/切向线性(CN/LT)基函数,在电磁计算学中也被称为 RWG 函数。三角形其他两个边上的基函数 $\boldsymbol{B}_1$ 和 $\boldsymbol{B}_2$ 与 $\boldsymbol{B}_0$ 类似,此处没有标出

元里,第 M 阶散度共形基函数为

$$\begin{aligned}\boldsymbol{B}^{(\zeta,M)} &= \hat{\xi}\phi_i^{(M)}(\xi)\phi_j^{(M-1)}(\eta),i=0,\cdots,M;j=1,\cdots,M-1\\ \boldsymbol{B}^{(\eta,M)} &= \hat{\eta}\phi_i^{(M-1)}(\xi)\phi_j^{(M)}(\eta),i=0,\cdots,M-1;j=0,\cdots,M\end{aligned} \tag{3.70}$$

式中:$\phi_i^{(M)}(\xi)$ 为第 M 混合阶的标量基函数。例如,一阶混合屋脊基函数为

$$\begin{aligned}\boldsymbol{B}^{(\xi,1)} &= \hat{\xi}p(\eta)t(\xi)\\ \boldsymbol{B}^{(\eta,1)} &= \hat{\eta}t(\eta)p(\xi)\end{aligned} \tag{3.71}$$

式中:$p(\xi)$ 为脉冲基函数;$t(\xi)$ 为三角基函数。图 3.3 所示为第一混合阶的屋顶基函数 $\boldsymbol{B}^{(\xi,1)}$ 。

3. 散度共形基函数的坐标变换

前面介绍了直角三角形单元和正方形单元的散度共形基函数,可以作为参考单元。然而,问题模型可能存在弯曲的三角形和正方形单元,弯曲单元的基函数可以由参考单元的基函数导出。

逆变换:对于矢量积分方程,未知量是电流密度和磁流密度($\boldsymbol{J}_s$ 和 $\boldsymbol{M}_s$),它们的法向分量在相邻单元之间连续,因此使用逆变换,有

$$\boldsymbol{B} = \frac{1}{\det(\boldsymbol{J})}\boldsymbol{J}^{\mathrm{T}}\hat{\boldsymbol{B}} \tag{3.72}$$

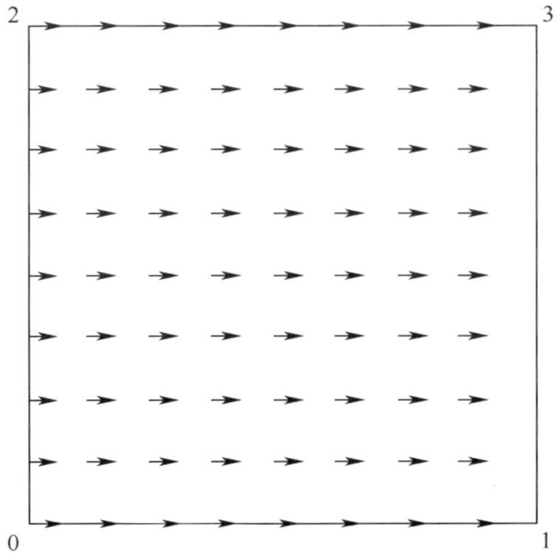

图 3.3　正方形参考单元中的散度共形基函数为(CN/LT 单元) $\boldsymbol{B}_{02}^{(\xi,1)}$，
下标 02 代表顶点 0 和 2 之间的边，与此类似，其他 3 个边的基函数分别为 $\boldsymbol{B}_{01}$、$\boldsymbol{B}_{23}$ 和 $\boldsymbol{B}_{13}$

参考单元中，$\hat{\boldsymbol{B}}$ 法向连续(逆变分量)，等效为

$$\begin{bmatrix} B_x \\ B_y \\ B_z \end{bmatrix} = \frac{1}{\det(\boldsymbol{J})}\boldsymbol{J}^{\mathrm{T}}\begin{bmatrix} \hat{\boldsymbol{B}}_{\xi'} \\ \hat{\boldsymbol{B}}_{\eta'} \\ \hat{\boldsymbol{B}}_{\zeta'} \end{bmatrix} \tag{3.73}$$

在参考区域中的矢量$\hat{\boldsymbol{B}}$写成逆变分量，即

$$\hat{\boldsymbol{B}} = (\hat{\boldsymbol{B}},\hat{\xi})\hat{\xi}+(\hat{\boldsymbol{B}}\cdot\hat{\eta}')\hat{\eta}+(\hat{\boldsymbol{B}},\zeta')\hat{\zeta} = \hat{\boldsymbol{B}}_{\xi'}\hat{\xi}+\hat{\boldsymbol{B}}_{\eta'}\hat{\eta}+\hat{\boldsymbol{B}}_{\zeta'}\hat{\zeta} \tag{3.74}$$

矢量场包含电势移矢量 $\boldsymbol{D}$ 和磁感应强度 $\boldsymbol{B}$。矢量的散度为

$$\nabla\cdot\boldsymbol{B} = \frac{1}{\det(\boldsymbol{J})}\hat{\nabla}\cdot\hat{\boldsymbol{B}} \tag{3.75}$$

式中：$\hat{\nabla}\cdot\hat{\boldsymbol{B}}$ 为参考单元的散度。

表面积分方程通常用于计算曲面，将三维的弯曲单元映射到二维参考单元(三角形或正方形)所在的平面，假设二维参考坐标为 (ξ,n)，映射为

$$\begin{bmatrix} \dfrac{\partial}{\partial\xi} \\ \dfrac{\partial}{\partial\eta} \end{bmatrix} = \boldsymbol{J}\begin{bmatrix} \dfrac{\partial}{\partial x} \\ \dfrac{\partial}{\partial y} \\ \dfrac{\partial}{\partial z} \end{bmatrix},\boldsymbol{J} = \begin{bmatrix} \dfrac{\partial x}{\partial\xi} & \dfrac{\partial y}{\partial\xi} & \dfrac{\partial z}{\partial\xi} \\ \dfrac{\partial x}{\partial\eta} & \dfrac{\partial y}{\partial\eta} & \dfrac{\partial z}{\partial\eta} \end{bmatrix} \tag{3.76}$$

其中雅可比矩阵 $\boldsymbol{J}$ 是 2×3 矩阵,可以通过拉格朗日插值函数(标量基函数) $\phi_n(\xi,n)$ 获得,即

$$
\begin{aligned}
x &= \sum_n x_n \phi_n(\xi,\eta) \\
y &= \sum_n y_n \phi_n(\xi,\eta) \\
z &= \sum_n z_n \phi_n(\xi,\eta)
\end{aligned}
\tag{3.77}
$$

式中:(x_n, y_n, z_n) 为控制点的位置。通过该变换,面微分为

$$
\mathrm{d}s = |\boldsymbol{J}|\mathrm{d}\xi\mathrm{d}\eta \tag{3.78}
$$

该雅可比矩阵不是正方形,$|\boldsymbol{J}|$不是雅可比矩阵的决定因素,即

$$
|\boldsymbol{J}| = \sqrt{\left(\frac{\partial y}{\partial \xi}\frac{\partial z}{\partial \eta} - \frac{\partial z}{\partial \xi}\frac{\partial y}{\partial \eta}\right)^2 + \left(\frac{\partial z}{\partial \xi}\frac{\partial x}{\partial \eta} - \frac{\partial x}{\partial \xi}\frac{\partial z}{\partial \eta}\right)^2 + \left(\frac{\partial x}{\partial \xi}\frac{\partial y}{\partial \eta} - \frac{\partial y}{\partial \xi}\frac{\partial x}{\partial \eta}\right)^2} \tag{3.79}
$$

散度共形矢量的逆变换为

$$
\begin{bmatrix} B_x \\ B_y \\ B_z \end{bmatrix} = \frac{1}{|\boldsymbol{J}|}\boldsymbol{J}^{\mathrm{T}} \begin{bmatrix} \hat{B}_{\xi'} \\ \hat{B}_{\eta'} \end{bmatrix}, \text{或 } \boldsymbol{B} = \frac{1}{|\boldsymbol{J}|}\boldsymbol{J}^{\mathrm{T}}\hat{\boldsymbol{B}} \tag{3.80}
$$

该矢量的散度为

$$
\nabla_s \cdot \boldsymbol{B} = \frac{1}{|\boldsymbol{J}|}\hat{\nabla} \cdot \hat{\boldsymbol{B}} = \frac{1}{|\boldsymbol{J}|}\left(\frac{\partial \hat{B}_{\xi'}}{\partial \xi} + \frac{\partial \hat{B}_{\eta'}}{\partial \eta}\right) \tag{3.81}
$$

将式(3.81)代入式(3.66)和式(3.67),可得 MOM 的阻抗矩阵。

3.4.6　MOM 求解和 MLFMA 加速

传统 MOM 的矩阵方程式(3.61)和式(3.65)也可以写为

$$
\boldsymbol{ZI} = \boldsymbol{V} \tag{3.82}
$$

式中:$\boldsymbol{Z}$ 为阻抗矩阵;$\boldsymbol{I}$ 为含所有未知的展开系数。

传统 MOM 的矩阵方程式(3.82)可以通过高斯消元法或 LU 分解法直接求解,或者通过 Krylov 子空间迭代方法求解(Harrington,1968)。然而这些阻抗矩阵稠密而复杂,求解成本高。假设系统有 N 个未知数,直接求解需要 $O(N^2)$ 内存和 $O(N^3)$ 的 CPU 时间,因此无法求解大型问题。

快速多极子算法(Rokhlin,1983; Coifman et al. ,1993)和多层快速多极子算法(MLFMA 或 MLFMM)(Song and Chew,1995)的发展对求解积分方程做出了突出的贡献,对存储器的需求从迭代求解的 $O(N^2)$ 减少到 $O(N\log N)$,其中 N 是未知数总量,更多有关 MLFMA 的细节可参考(Chew et al. 2001)的文献,FEKO 等设计工具已经采用 MLFMA。

3.5 有限元法

三维天线设计问题可以采用频域有限元法(FEM)的弱形式方程求解。FEM 在利用非结构网格建模方面表现出色,可以处理各向异性材料和色散材料(Jin,1993; Volakis et al. ,1998)。采用 FEM 是为了求解 3D 各向异性介质中的麦克斯韦方程。利用法拉第定律和安培定律,从麦克斯韦卷积方程推导得到的矢量亥姆霍兹方程为

$$-\nabla\times(\overline{\overline{\boldsymbol{\mu}}}_r^{-1}\nabla\times\boldsymbol{E})+k_0^2\overline{\overline{\boldsymbol{\varepsilon}}}_r\boldsymbol{E}=\boldsymbol{S}_e \tag{3.83}$$

其中,源为

$$\boldsymbol{S}_e=\mathrm{j}\omega\mu_0\boldsymbol{J}+\nabla\times(\overline{\overline{\mu}}_r^{-1}\boldsymbol{M})$$

在相对复介电常数和复磁导率张量 $\overline{\overline{\varepsilon}}_r$ 和 $\overline{\overline{\mu}}_r$ 中体现了介质的各向异性和潜在损耗。

3.5.1 弱形式方程

利用矢量测试函数 $\boldsymbol{w}_m$ 验证方程式(3.83),可以得到各向异性介质中麦克斯韦方程的弱形式,即

$$\begin{aligned}&\int_V[-(\nabla\times\boldsymbol{w}_m)\cdot\overline{\overline{\mu}}_r^{-1}(\nabla\times\boldsymbol{E})+k_0^2\boldsymbol{w}_m\cdot\overline{\overline{\varepsilon}}_r\boldsymbol{E}]\times\mathrm{d}v\\&=\int_S\boldsymbol{w}_m\cdot\hat{n}\times\overline{\overline{\mu}}_{\mathrm{r}}^{-1}(\nabla\times\boldsymbol{E})\times\mathrm{d}s+\int_V\boldsymbol{w}_m\cdot\boldsymbol{S}_e\mathrm{d}v\\&=-\mathrm{j}\omega\mu_0\int_S\boldsymbol{w}_m\cdot(\hat{n}\times\boldsymbol{H})\times\mathrm{d}s+\int_V\boldsymbol{w}_m\cdot\boldsymbol{S}_e\mathrm{d}v\end{aligned} \tag{3.84}$$

求解这些方程必须考虑外边界条件。

对于 PEC 和 PMC 外边界条件,上述等式中的两个表面积分项等于零。

对于无界问题,可以在外边界使用精确或近似的边界条件来模拟辐射边界条件,近年来,完美匹配层(PML)已成为强大的吸收边界条件。如果使用 PML 作为外部吸收介质(Teixeira and Chew,1998),介电常数和磁导率张量分别为

$$\bar{\bar{\boldsymbol{\varepsilon}}}_r^t = |\det(\boldsymbol{S})|^{-1}\boldsymbol{S}\bar{\bar{\boldsymbol{\varepsilon}}}_r\boldsymbol{S},\bar{\bar{\boldsymbol{\mu}}}_r^t = [\det(\boldsymbol{S})]^{-1}\boldsymbol{S}\bar{\bar{\boldsymbol{\mu}}}_r\boldsymbol{S} \tag{3.85}$$

其中

$$\boldsymbol{S} = \mathrm{diag}\left[\frac{1}{e_x},\frac{1}{e_y},\frac{1}{e_z}\right] \tag{3.86}$$

式中:$e_\eta = a_\eta - \mathrm{j}\omega_\eta/\omega$ 为 $\boldsymbol{\eta}$ 方向 ($\boldsymbol{\eta} = x,y,z$) 的复拉伸因子; a_η 为比例因子; ω 为衰减因子。对于各向同性介质的 PML,有

$$\bar{\bar{\boldsymbol{\varepsilon}}}_r' = \varepsilon_r\Lambda,\bar{\bar{\boldsymbol{\mu}}}_r^t = \mu_r\Lambda,\Lambda = \mathrm{Diag}\left(\frac{e_ye_z}{e_x},\frac{e_xe_z}{e_y},\frac{e_xe_y}{e_z}\right) \tag{3.87}$$

外边界 PML 为理想电导体或理想磁导体,因此弱形式方程中的边界积分项消失。

3.5.2　旋度共形矢量基函数

正四面体的棱单元

对于矢量电磁问题,如果采用标量基函数展开上述的未知电场 $\boldsymbol{E}$ 会产生寄生模式,必须采用旋度共形矢量基函数。Nedelec 在 1980 年提出的混合阶旋度共形矢量基函数是 FEM 求解三维电磁问题最常用的基函数(也称为棱单元),以单元的棱为基础,切向分量比法向分量低一阶。

CT/LN(切向连续/法向线性)棱单元是三维四面体的最小混合阶棱单元(Peterson et al. ,1997)。每个四面体有 6 个基函数,每个基函数对应四面体的一个棱。棱 ij (顶点 i 到顶点 j)的基函数为

$$\boldsymbol{B}_{ij} = w_{ij}(s_i\nabla_{s_j} - s_j\nabla s_i) \tag{3.88}$$

式中: w_{ij} 为节点 i 和 j 之间的棱长; s_i 和 s_j 为四面体节点的单纯形坐标。在单元内基函数的旋度 $\nabla\times\boldsymbol{B}_{ij}$ = 常数;单元内基函数的散度 $\nabla\cdot\boldsymbol{B}_{ij} = 0$, 因为棱上的法向分量不连续,导致棱上的散度不等于零。

四面体的 CT/LN 棱单元如图 3.4 所示。

LT/QN(切向线性/法向二次)棱单元是四面体的另一个混合高阶基函数。在单元内切向分量线性变化,法向分量二次变化。一个四面体有 20 个这样的棱

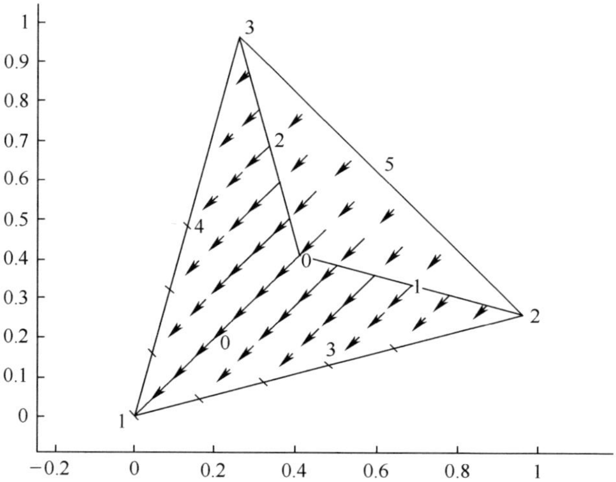

图 3.4　四面体的 CT/LN 棱单元$\boldsymbol{B}_{ij}$

单元。用1、2、3、4标记四面体的4个顶点,20个LT/QN棱单元包括以下函数。

(1) 12个线性切向函数(每个棱上有2个),即

$$\boldsymbol{B}_{ij}^{(1)} = s_i \nabla s_j, i \neq j \tag{3.89}$$

式中: ij = 12、21、13、31、14、41、23、32、24、42、34、43。

(2) 8个二次法向函数(每个面上有2个),即

$$\boldsymbol{B}_{ijk}^{(2)} = s_i s_j \nabla s_k - s_i s_k \nabla s_j, i \neq j \neq k \tag{3.90}$$

面123上有 $(i,j,k) = (1,2,3)$ 和$(2,3,1)$, 面124上有 $(i,j,k) = (1,2,4)$ 和$(2,4,1)$, 面234上有 $(i,j,k) = (2,3,4)$ 和$(3,4,2)$, 面134上有 $(i,j,k) = (1,3,4)$ 和$(3,4,1)$。注意,这些基函数没有归一化,在对应的棱上函数的切向分量不等于1。

3.5.3　立方体的棱单元

参考立方体中的M混合阶旋度共形基函数为

$$\begin{aligned}
\boldsymbol{B}_{\xi,ijk}^{(M)} &= \hat{\xi}\phi_i^{(M-1)}(\xi)\phi_j^{(M)}(\eta)\phi_k^{(M)}(\zeta), i = 0,\cdots,M-1;(j,k) = 0,\cdots,M \\
\boldsymbol{B}_{\eta,ijk}^{(M)} &= \hat{\eta}\phi_i^{(M)}(\xi)\phi_j^{(M-1)}(\eta)\phi_k^{(M)}(\zeta), j = 0,\cdots,M-1;(i,k) = 0,\cdots,M \\
\boldsymbol{B}_{\zeta,ijk}^{(M)} &= \hat{\zeta}\phi_i^{(M)}(\xi)\phi_j^{(M)}(\eta)\phi_k^{(M-1)}(\zeta), k = 0,\cdots,M-1;(i,j) = 0,\cdots,M
\end{aligned} \tag{3.91}$$

立方体的棱单元如图 3.5 所示。

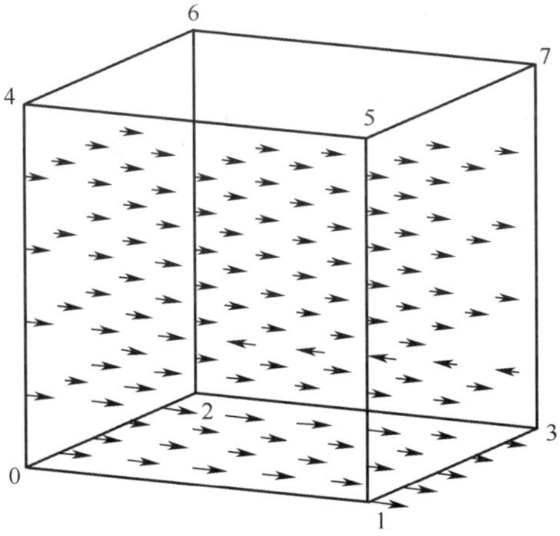

图 3.5　参考立方体中的 CT/LN 棱单元 $\boldsymbol{B}_{\xi,000}$

（其中 $\hat{\xi}$ 的方向沿棱 01）

3.5.4　将旋度共形基函数映射到非标准单元

棱单元适用于标准的正四面体和立方体单元。实际在弯曲的四面体、正六面体和弯曲的六面体中都要使用这些单元。不仅几何形状需要适当的映射，基函数也要满足切向分量连续。

定义从 (x,y,z) 坐标到 (ξ,η,ζ) 坐标的映射为

$$\begin{bmatrix}\dfrac{\partial}{\partial\xi}\\ \dfrac{\partial}{\partial\eta}\\ \dfrac{\partial}{\partial\zeta}\end{bmatrix}=\boldsymbol{J}\begin{bmatrix}\dfrac{\partial}{\partial x}\\ \dfrac{\partial}{\partial y}\\ \dfrac{\partial}{\partial z}\end{bmatrix},\boldsymbol{J}=\begin{bmatrix}\dfrac{\partial x}{\partial\xi} & \dfrac{\partial y}{\partial\xi} & \dfrac{\partial z}{\partial\xi}\\ \dfrac{\partial x}{\partial\eta} & \dfrac{\partial y}{\partial\eta} & \dfrac{\partial z}{\partial\eta}\\ \dfrac{\partial x}{\partial\zeta} & \dfrac{\partial y}{\partial\zeta} & \dfrac{\partial z}{\partial\zeta}\end{bmatrix} \tag{3.92}$$

式中：$\boldsymbol{J}$ 为雅可比矩阵，定义 (ξ,η,ζ) 坐标中的基矢量为

$$\begin{bmatrix}\hat{\xi}\\ \hat{\eta}\\ \hat{\zeta}\end{bmatrix}=\boldsymbol{J}\begin{bmatrix}\hat{x}\\ \hat{y}\\ \hat{z}\end{bmatrix} \tag{3.93}$$

另外,也可以定义倒基矢量为

$$\begin{bmatrix}\hat{\xi}'\\ \hat{\eta}'\\ \hat{\xi}'\end{bmatrix}=\begin{bmatrix}\nabla\zeta\\ \nabla\eta\\ \nabla\zeta\end{bmatrix}=\begin{bmatrix}\frac{\partial\xi}{\partial x} & \frac{\partial\xi}{\partial y} & \frac{\partial\xi}{\partial z}\\ \frac{\partial\eta}{\partial x} & \frac{\partial\eta}{\partial y} & \frac{\partial\eta}{\partial z}\\ \frac{\partial\zeta}{\partial x} & \frac{\partial\zeta}{\partial y} & \frac{\partial\zeta}{\partial z}\end{bmatrix}\begin{bmatrix}\hat{x}\\ \hat{y}\\ \hat{z}\end{bmatrix}=\frac{1}{\det(\boldsymbol{J})}\begin{bmatrix}\hat{\eta}\times\hat{\zeta}\\ \hat{\zeta}\times\hat{\xi}\\ \hat{\xi}\times\hat{\eta}\end{bmatrix} \tag{3.94}$$

也可以写为

$$\begin{bmatrix}\hat{\xi}\\ \hat{\eta}\\ \hat{\zeta}\end{bmatrix}=\det(\boldsymbol{J})\begin{bmatrix}\hat{\eta}'\times\hat{\zeta}'\\ \hat{\zeta}'\times\hat{\xi}'\\ \hat{\xi}\times\hat{\eta}\end{bmatrix} \tag{3.95}$$

正、倒基矢量相互正交,有

$$\hat{\xi},\hat{\xi}'=\hat{\eta}\cdot\hat{\eta}'=\hat{\zeta}\cdot\hat{\zeta}'=1 \tag{3.96}$$

$$\hat{\xi}\cdot\hat{\eta}'=\hat{\xi}\cdot\hat{\zeta}'=\hat{\eta}\cdot\hat{\zeta}'=0 \tag{3.97}$$

有

$$\hat{\xi}\cdot(\hat{\eta}\times\hat{\zeta})=\frac{1}{\hat{\xi}'\cdot(\hat{\eta}\times\hat{\zeta}')}=\det(\boldsymbol{J}) \tag{3.98}$$

在上述坐标变换下,矢量 $\boldsymbol{V}$ 可以用其协变分量表示,即

$$\boldsymbol{V}=(\boldsymbol{V}\cdot\hat{\xi})\hat{\xi}'+(\boldsymbol{V}\cdot\hat{\eta})\hat{\eta}'+(\boldsymbol{V}\cdot\hat{\zeta})\hat{\zeta}'=\boldsymbol{V}_{\zeta}\hat{\xi}'+\boldsymbol{V}_{\eta}\hat{\eta}'+\boldsymbol{V}_{\zeta}\hat{\zeta}' \tag{3.99}$$

也可用其逆变分量表示,即

$$\boldsymbol{V}=(\boldsymbol{V}\cdot\hat{\xi}')\hat{\xi}+(\boldsymbol{V}\cdot\hat{\eta}')\hat{\eta}+(\boldsymbol{V}\cdot\hat{\zeta}')\hat{\zeta}=\boldsymbol{V}_{\zeta}\hat{\xi}+\boldsymbol{V}_{\eta}\hat{\eta}+\boldsymbol{V}_{\zeta}\hat{\zeta} \tag{3.100}$$

协变映射:为了在坐标映射之后保留矢量 $\boldsymbol{E}$ 的切向连续性,应使用协变映射,即

$$\boldsymbol{E}=J^{-1}\hat{\boldsymbol{E}} \tag{3.101}$$

式中:$\hat{\boldsymbol{E}}$ 为在参考单元中的形式,具有切向连续性,方程式(3.101)可以写为

$$\begin{bmatrix}E_x\\ E_y\\ E_z\end{bmatrix}=\boldsymbol{J}^{-1}\begin{bmatrix}E_{\xi}\\ E_{\eta}\\ E_{\zeta}\end{bmatrix} \tag{3.102}$$

这种类型的场矢量有电场 $\boldsymbol{E}$ 和磁场 $\boldsymbol{H}$。

逆变映射:另外,针对法向分量连续的场矢量 $\boldsymbol{B}$,应使用逆变映射,即

$$\boldsymbol{B}=\frac{1}{\det(\boldsymbol{J})}\boldsymbol{J}^{T}\hat{\boldsymbol{B}} \tag{3.103}$$

式中：$\hat{\boldsymbol{B}}$ 为在参考单元中的形式，具有法向(逆变分量)连续性。式(3.103)等效为

$$\begin{bmatrix} B_x \\ B_y \\ B_z \end{bmatrix}=\frac{1}{\det(\boldsymbol{J})}\boldsymbol{J}^{T}\begin{bmatrix} B_{\xi'} \\ B_{\eta'} \\ B_{\zeta'} \end{bmatrix} \tag{3.104}$$

这种类型的场矢量有电势移矢量 $\boldsymbol{D}$ 和磁感应强度 $\boldsymbol{B}$。

协变矢量的旋度是逆变矢量。因此，协变矢量旋度的变换为

$$\nabla\times\boldsymbol{E}=\frac{1}{\det(\boldsymbol{J})}\boldsymbol{J}^{T}\,\hat{\nabla}\times\hat{\boldsymbol{E}} \tag{3.105}$$

式中：$\hat{\nabla}\times\hat{\boldsymbol{E}}$ 为参考域 (ξ,η,ζ) 中的旋度。所有这些变换都可用于求解弱形式的亥姆霍兹方程，也就是系统矩阵方程。

3.5.5　FEM 矩阵方程的解

假设外部边界是 PEC/PMC 或者基底是 PEC/PMC，这是 PML 截断边界问题。在这种情况下，方程式(3.84)中的表面积分项消失，弱形式方程式为

$$-\int_V(\nabla\times\boldsymbol{w}_m)\overline{\overline{\boldsymbol{\mu}}}_r^{-1}\cdot(\nabla\times\boldsymbol{E})\,\mathrm{d}v+k_0^2\int_V\boldsymbol{w}_m\overline{\overline{\boldsymbol{\varepsilon}}}_r\cdot\boldsymbol{E}\mathrm{d}v=\int_V\boldsymbol{w}_m\cdot\boldsymbol{S}_e\mathrm{d}v \tag{3.106}$$

未知电场可以展开为

$$\boldsymbol{E}(\boldsymbol{r})\approx\sum_{n=1}^{N}e_n\boldsymbol{f}_n(x,y,z) \tag{3.107}$$

式中：$\boldsymbol{f}_n$ 为旋度共形基函数。如果采用伽辽金方法，令 $\boldsymbol{w}_m=\boldsymbol{f}_m$，弱形式方程(3.106)的矩阵形式为

$$\boldsymbol{ZI}=\boldsymbol{V} \tag{3.108}$$

其中

$$Z_{mm}=-\int_V\nabla\times\boldsymbol{f}_m\cdot\overline{\overline{\boldsymbol{\mu}}}_r^{-1}\,\nabla\times\boldsymbol{f}_n\mathrm{d}v+k_0^2\int_V\boldsymbol{f}_m\cdot\overline{\overline{\boldsymbol{\varepsilon}}}_r\boldsymbol{f}_n\mathrm{d}v \tag{3.109}$$

式中：$\boldsymbol{V}$ 为激励矢量；$\boldsymbol{I}$ 包含 $\boldsymbol{E}$ 中所有未知的展开系数。

方程(3.108)中的 FEM 系统方程是稀疏矩阵，因为低阶基函数只与相邻单

元有关。对于小系统,可以通过矩阵反演法直接求解,如 LU 分解的高斯消元法。但是,如果直接求解的自由度数 N 太大,通常会选择预条件迭代求解。最近,区域分解法备受关注(Vouvakis et al. ,2006; Zhao et al. ,2007),HFSS 等商业工具也开始采用区域分解法。

3.6 有限时域差分法

宽带天线仿真首选时域求解,因为一次仿真可以得到带宽内的全部仿真结果。时域方法求解的目标函数是瞬态电场 $\boldsymbol{E}(\boldsymbol{r},t)$ 和瞬态磁场 $\boldsymbol{H}(\boldsymbol{r},t)$ 对空间和时间的函数。

本节介绍时域有限差分(FDTD)法(Yee,1966; Taflove and Hagness,2005),这是计算电磁学中最常用的时域方法。FDTD 方法的核心是在时间域和空间域中交错使用网格,因此中心差分算法可用于空间和时间求导。

用 FDTD 方法求解时域麦克斯韦的旋度方程,即法拉第定律和安培定律。

$$\nabla\times\boldsymbol{E}=-\mu\frac{\partial\boldsymbol{H}}{\partial t}-\sigma_m\boldsymbol{H}-\boldsymbol{M}\tag{3.110}$$

$$\nabla\times\boldsymbol{H}=\varepsilon\frac{\partial\boldsymbol{E}}{\partial t}+\sigma_e\boldsymbol{E}+\boldsymbol{J}\tag{3.111}$$

3.6.1 时域 PML 方程

针对无界介质中电磁波的传播和散射问题,需要对上述方程应用辐射边界条件。近些年常用的辐射边界条件是 Berenger 首先提出的完美匹配层(PML)(Berenger,1994; Chew and Weedon,1994),但 PML 公式是基于分裂场分量,适定性不强。本小节采用 Fan 和 Liu(2003)提出的强适定性 PML 公式。

在强适定性 PML 方程中,法拉第定律和安培定律可以简写为

$$\nabla\times\widetilde{\boldsymbol{E}}=-\mu\frac{\partial\widetilde{\boldsymbol{H}}}{\partial t}-(\sigma_m+\mu\Lambda_1)\widetilde{\boldsymbol{H}}-M-(\sigma_m\Lambda_1+\mu\Lambda_2)\boldsymbol{H}^{(1)}-\sigma_m\boldsymbol{\Lambda}_3\boldsymbol{H}^{(2)}\tag{3.112}$$

$$\nabla\times\widetilde{\boldsymbol{H}}=\varepsilon\frac{\partial\widetilde{\boldsymbol{E}}}{\partial t}+(\sigma_e+\varepsilon\Lambda_1)\widetilde{\boldsymbol{E}}+\boldsymbol{J}+(\sigma_e\Lambda_1+\varepsilon\Lambda_2)\boldsymbol{E}^{(1)}+\sigma_e\Lambda_3\boldsymbol{E}^{(2)}\tag{3.113}$$

式中：$\widetilde{\boldsymbol{E}}$ 和 $\widetilde{\boldsymbol{H}}$ 为 PML 内的修正电场和磁场；上标(1)和(2)分别表示场的一次积分和二次积分。在物理域(非 PML)中，$\widetilde{\boldsymbol{E}}$和$\widetilde{\boldsymbol{H}}$分别减至 $\boldsymbol{E}$ 和 $\boldsymbol{H}$，不需要辅助场。此外，假设源 $\boldsymbol{J}$ 和 $\boldsymbol{M}$ 只存在于物理域中，PML 辅助时间积分场由以下普通偏微分方程给出，即

$$\frac{\partial \boldsymbol{E}^{(1)}}{\partial t} = \widetilde{\boldsymbol{E}} - \boldsymbol{\Lambda}_0 \boldsymbol{E}^{(1)} \tag{3.114}$$

$$\frac{\partial \boldsymbol{E}^{(2)}}{\partial t} = \boldsymbol{E}^{(1)} \tag{3.115}$$

$$\frac{\partial \boldsymbol{H}^{(1)}}{\partial t} = \widetilde{\boldsymbol{H}} - \Lambda_0 \boldsymbol{H}^{(1)} \tag{3.116}$$

$$\frac{\partial \boldsymbol{H}^{(2)}}{\partial t} = \boldsymbol{H}^{(1)} \tag{3.117}$$

其中，

$$\boldsymbol{\Lambda}_0 = \mathrm{Diag}[\omega_x, \omega_y, \omega_z] \tag{3.118}$$

$$\boldsymbol{\Lambda}_1 = \mathrm{Diag}[\omega_y + \omega_z - \omega_x, \omega_x + \omega_z - \omega_y, \omega_x + \omega_y - \omega_z] \tag{3.119}$$

$$\boldsymbol{\Lambda}_2 = \mathrm{Diag}[(\omega_x - \omega_y)(\omega_x - \omega_z), (\omega_y - \omega_x)(\omega_y - \omega_z), (\omega_z - \omega_x)(\omega_z - \omega_y)] \tag{3.120}$$

$$\boldsymbol{\Lambda}_3 = \mathrm{Diag}[\omega_y\omega_z, \omega_z\omega_x, \omega_x\omega_y] \tag{3.121}$$

方程式(3.112)~(3.117)和一些辅助常微分方程 $\boldsymbol{E}^{(1)}$、$\boldsymbol{E}^{(2)}$、$\boldsymbol{H}^{(1)}$ 和 $\boldsymbol{H}^{(2)}$，组成了非分裂场，强适定 PML 方程组。除低阶项外，方程式(3.112)和式(3.113)与最初的三维麦克斯韦方程组相同，低阶项可由常微分方程得到，因此只需额外增加一点计算量。

上述公式中，ω_x，ω_y 和 ω_z 是沿 x、y、z 方向的 PML 衰减系数，通常认为从 PML 内边界到外边界呈二次线型增加(Liu，1997、1999)。

3.6.2　有限差分时间离散

三维 FDTD 方法在时间和空间维度上以交错网格对场进行离散。例如，在时间维度上，以整数时间步长定义电场和磁化强度，有

$$\widetilde{\boldsymbol{E}}^n = \boldsymbol{E}(\boldsymbol{r}, t = n\Delta t), \boldsymbol{M}^n = \boldsymbol{M}(\boldsymbol{r}, t = n\Delta t) \tag{3.122}$$

以半整数时间步长定义磁场和电流密度，有

$$\boldsymbol{H}^{n+1/2}=\boldsymbol{H}(\boldsymbol{r},t=(n+\frac{1}{2})\Delta t),\boldsymbol{J}^{n+1/2}=\boldsymbol{J}(\boldsymbol{r},t=(n+\frac{1}{2})\Delta t) \tag{3.123}$$

有限差分的时间中心近似为

$$\frac{\partial f(\boldsymbol{r},t)}{\partial t}=\frac{f(\boldsymbol{r},t+\frac{\Delta t}{2})-f(\boldsymbol{r},t-\frac{\Delta t}{2})}{\Delta t}+O(\Delta t^2) \tag{3.124}$$

式中：$O(\Delta t^2)$ 为 Δt 的2阶误差项，由泰勒展开可以得到。类似地，如果使用前向或后向有限差分方法，误差仅为1阶。将等式(3.124)代入方程式(3.111)和方程式(3.110)中，在 $t=\left(n+\frac{1}{2}\right)\Delta t$ 时刻有

$$\varepsilon(\boldsymbol{r})\frac{\boldsymbol{E}^{n+1}-\boldsymbol{E}^{n}}{\Delta t}+\sigma_{\mathrm{e}}(\boldsymbol{r})\frac{\boldsymbol{E}^{n+1}-\boldsymbol{E}^{n}}{2}\approx(\nabla\times\boldsymbol{H}^{n+1/2}-\boldsymbol{J}^{n+1/2}) \tag{3.125}$$

类似地，在 $t=n\Delta t$ 时刻，有

$$\mu(\boldsymbol{r})\frac{\boldsymbol{H}^{n+1/2}-\boldsymbol{H}^{n-1/2}}{\Delta t}+\sigma_{\mathrm{m}}(\boldsymbol{r})\frac{\boldsymbol{H}^{n+1/2}-\boldsymbol{H}^{n-1/2}}{2}\approx(\nabla\times\boldsymbol{E}^{n}-\boldsymbol{M}^{n}) \tag{3.126}$$

因此

$$\boldsymbol{H}^{n+\frac{1}{2}}=\frac{\mu-\dfrac{\Delta t\sigma_m}{2}}{\varepsilon+\dfrac{\Delta t\sigma_m}{2}}\boldsymbol{H}^{n-\frac{1}{2}}-\frac{\Delta t}{\mu+\dfrac{\Delta t\sigma_m}{2}}[\nabla\times\boldsymbol{E}^{n}+\boldsymbol{M}^{n}] \tag{3.127}$$

$$\boldsymbol{E}^{n+1}=\frac{\varepsilon-\dfrac{\Delta t\sigma_e}{2}}{\varepsilon+\dfrac{\Delta t\sigma_e}{2}}\boldsymbol{E}^{n}+\frac{\Delta t}{\varepsilon+\dfrac{\Delta t\sigma_e}{2}}[\nabla\times\boldsymbol{H}^{n+1/2}+\boldsymbol{J}^{n+1/2}] \tag{3.128}$$

这是一个蛙跳系统，即

$$(\boldsymbol{H}^{-12},\boldsymbol{E}^{0})\rightarrow\boldsymbol{H}^{1/2}\rightarrow\boldsymbol{E}^{1}\rightarrow\boldsymbol{H}^{3/2}\rightarrow\boldsymbol{E}^{2}\rightarrow\boldsymbol{H}^{5/2}\cdots \tag{3.129}$$

通过时间步长，可以得到所有时间步长的 $\boldsymbol{H}^{\left(n+\frac{1}{2}\right)}$ 和 $\boldsymbol{E}^{(n+1)}$，由前一时刻可以得到 $\nabla\times\boldsymbol{E}$ 和 $\nabla\times\boldsymbol{H}$。通过空间中心差分法计算旋度。

3.6.3 有限差分空间离散

类似以上时间交错网格，$\boldsymbol{E}$ 和 $\boldsymbol{H}$ 交错了半个时间步长，采用 Yee 网格进行

空间离散应用中心差分方法。$L_x \cdot L_y \cdot L_z$ ($x \in [x_{\min}, x_{\max} = x_{\min} + L_x]$, $y \in [y_{\min}, y_{\max} = y_{\min} + L_y]$, $z \in [z_{\min}, z_{\max} = z_{\min} + L_z]$)范围内的计算区域被离散为相同的 $N_x \cdot N_y \cdot N_z$ 个单元,每个单元尺寸为 $\Delta x \cdot \Delta y \cdot \Delta z$,其中 $\Delta x = \dfrac{L_x}{N_x}$、$\Delta y = \dfrac{L_y}{N_y}$、$\Delta z = \dfrac{L_z}{N_z}$ 是每个单元沿 x、y 和 z 方向的尺寸。整数网格点的位置为

$$\begin{aligned} x_i &= x_{\min} + (i-1)\Delta x, i = 1, \cdots, N_x + 1 \\ y_i &= y_{\min} + (j-1)\Delta y, j = 1, \cdots, N_y + 1 \\ z_k &= z_{\min} + (k-1)\Delta z, k = 1, \cdots, N_z + 1 \end{aligned} \tag{3.130}$$

半整数网格点位于

$$\begin{aligned} x_{i+\frac{1}{2}} &= x_{\min} + \left(i - \frac{1}{2}\right)\Delta x, i = 1, \cdots, N_x \\ y_{j+\frac{1}{2}} &= y_{\min} + \left(j - \frac{1}{2}\right)\Delta y, j = 1, \cdots, N_y \\ z_{k+\frac{1}{2}} &= z_{\min} + \left(k - \frac{1}{2}\right)\Delta z, k = 1, \cdots, N_z \end{aligned} \tag{3.131}$$

此外,时间网格也交错,整数时间网格点为

$$t_n = n\Delta t, n = 1, \cdots, Nt \tag{3.132}$$

半整数时间网格点为

$$t_{n+\frac{1}{2}} = \left(n + \frac{1}{2}\right)\Delta t, n = -1, \cdots, Nt \tag{3.133}$$

电磁场的不同分量在 Yee 网格中的位置如图 3.6 所示。

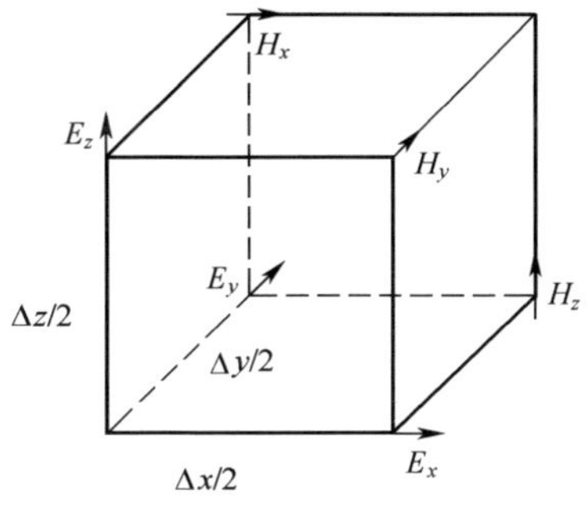

图 3.6　场分量在交错 Yee 网格的 1/8 单元中的相对位置

具体地说,在单元中切向电场分量位于棱的中心,即

$$E^n_{x,i+1/2,j,k}=E_x(x_{i+\frac{1}{2}},y_j,z_k;t_n)$$
$$E^n_{y,i,j+1/2,k}=E_y(x_i,y_{j+\frac{1}{2}},z_k;t_n)\tag{3.134}$$
$$E^n_{z,i,j,k+1/2}=E_z(x_i,y_j,z_{k+\frac{1}{2}};t_n)$$

$\boldsymbol{J}$ 的位置相同,有

$$J^{n+\frac{1}{2}}_{x,i+1/2,j,k}=J_x(x_{i+\frac{1}{2}},y_j,z_k;t_{n+\frac{1}{2}})$$
$$J^{n+\frac{1}{2}}_{y,i,j+1/2,k}=J_y(x_i,y_{j+\frac{1}{2}},z_k;t_{n+\frac{1}{2}})\tag{3.135}$$
$$J^{n+\frac{1}{2}}_{z,i,j,k+1/2}=J_z(x_i,y_j,z_{k+\frac{1}{2}};t_{n+\frac{1}{2}})$$

在单元中法向磁场分量位于面的中心,即

$$H^{n+\frac{1}{2}}_{x,i,j+\frac{1}{2},k+\frac{1}{2}}=H_x(x_i,y_{j+\frac{1}{2}},z_{k+\frac{1}{2}};t_{n+\frac{1}{2}})$$
$$H^{n+\frac{1}{2}}_{y,i+\frac{1}{2},j,k+\frac{1}{2}}=H_y(x_{i+\frac{1}{2}},y_j,z_{k+\frac{1}{2}};t_{n+\frac{1}{2}})\tag{3.136}$$
$$H^{n+\frac{1}{2}}_{z,i+\frac{1}{2},j+\frac{1}{2},k}=H_z(x_{i+\frac{1}{2}},y_{j+\frac{1}{2}},z_k;t_{n+\frac{1}{2}})$$

$\boldsymbol{M}$ 的位置相同,有

$$M^n_{x,i,j+\frac{1}{2},k+\frac{1}{2}}=M_x(x_i,y_{j+\frac{1}{2}},z_{k+\frac{1}{2}};t_n)$$
$$M^n_{y,i+\frac{1}{2},j,k+\frac{1}{2}}=M_y(x_{i+\frac{1}{2}},y_j,z_{k+\frac{1}{2}};t_n)\tag{3.137}$$
$$M^n_{z,i+\frac{1}{2},j+\frac{1}{2},k}=M_z(x_{i+\frac{1}{2}},y_{j+\frac{1}{2}},z_k;t_n)$$

根据时间导数的中心差分方法,上标用于表示时间位置。

例如,使用中心差分方法式(3.124),有

$$\left.\frac{\partial H_z^{n+\frac{1}{2}}}{\partial y}\right|_{i+\frac{1}{2},j,k}\approx\frac{1}{\Delta y}\left[H_z^{n+\frac{1}{2}}\left(i+\frac{1}{2},j+\frac{1}{2},k\right)-H_z^{n+\frac{1}{2}}\left(i+\frac{1}{2},j-\frac{1}{2},k\right)\right]$$
$$\equiv\frac{1}{\Delta y}Dy[H_z^{n+\frac{1}{2}}]\left(i+\frac{1}{2},j,k\right)\tag{3.138}$$

其中,在空间-时间网格点 d 处对函数 $f_n^d\left(\eta=x、y、z;d=n\text{ 或 }n+\dfrac{1}{2}\right)$ 进行运算的差分算子 $D_\xi(\xi=x,y,z)$ 在空间网格点(a,b,c)外定义为

$$D_\xi[f^d_\eta]_{a,b,c}=f^d_{\eta,(a,b,c)+\hat{\eta}\frac{1}{2}}-f^d_{\eta,(a,b,c)-\hat{\eta}\frac{1}{2}},\qquad \xi、\eta=x、y、z\tag{3.139}$$

式中，d、a、b、c 为整数还是半整数是由场分量决定的。

3.6.4　外边界条件

在上述网格更新过程中需要边界条件。如果 $L_x \cdot L_y \cdot L_z$ 的求解区域均匀划分为 $N_x \cdot N_y \cdot N_z$ 个单元，$\Delta x = \frac{L_x}{N_x}$，$\Delta y = \frac{L_y}{N_y}$，$\Delta z = \frac{L_z}{N_z}$，整个区域中场分量的数量为

$$
\begin{aligned}
&E_x : N_x(N_y+1)(N_z+1)\\
&E_y : (N_x+1)N_y(N_z+1)\\
&E_z : (N_x+1)(N_y+1)N_z\\
&H_x : (N_x+1)N_yN_z\\
&H_y : N_x(N_y+1)N_z\\
&H_z : N_xN_y(N_z+1)
\end{aligned}
$$

假设外边界具有切向 $\boldsymbol{E}$ 分量和法向 $\boldsymbol{H}$ 分量，上述时间步长公式无法获得边界场分量，需要通过边界条件确定。

1. PEC 边界条件

当外边界为 PEC 时，可以将切向电场分量置于外边界上，切向电场分量位于每个单元棱的中点。

例如，可以通过以下设置将 $x = x_{\min}$ 和 $x = x_{\max}$ 平面设置为 PEC，有

$$
\begin{aligned}
&E_{y,1,j,k} = E_{y,N_x+1,j,k} = E_{z,1,j,k} = E_{z,N_x+1,j,k} = 0\\
&H_{x,1,j,k} = H_{x,N_x+1,j,k} = 0
\end{aligned}
\tag{3.140}
$$

如果在程序开始时将这些场分量设置为零则不需要迭代。

或者将一个或所有外边界设置为阻抗边界。

2. PMC 边界条件

对于 PMC 边界条件，可以将切向磁场分量置于外边界上。这需要移动半个单元，或者将以上场位置中的 $\boldsymbol{E}$ 和 $\boldsymbol{H}$ 对调。可以通过以下设置实现，即

$$
\begin{aligned}
&H_{y,1,j,k} = H_{y,N_x+1,j,k} = H_{z,1,j,k} = H_{z,N_x+1,j,k} = 0\\
&E_{x,1,j,k} = E_{x,N_x+1,j,k} = 0
\end{aligned}
\tag{3.141}
$$

3. 辐射边界条件

对于无界介质,必须使用辐射条件来模拟散射场,在计算区域边缘处由截断边界产生的反射可以忽略不计。几种常用的近似辐射边界条件有以下几个。

(1) 传输边界条件:通过使用各种传输边界条件进行场外推,如 Liao、Lindman 和 Mur 吸收边界条件。

(2) 吸波边界条件:在计算域外放置锥形吸波器,在计算区域外由一层一定厚度的损耗材料层组成,该吸波器的外边界条件通常为 PEC 或 PMC,也称为吸波边界条件。

(3) PML 吸波器:采用理想匹配层作为吸波器,实现出射波的高效衰减,不会产生明显的反射波。

在后面将以 FDTD 方法的递推公式讲述 PML 吸收边界条件。

3.6.5 PML 递推公式

本节采用 Fan 和 Liu(2003)提出的三维有损介质的适定性 PML 公式,式(3.112)~(3.117)的离散与常规麦克斯韦方程类似,唯一的区别是式(3.114)~(3.117)为补充的常微分方程。对交错离散的网格分别进行时间和空间求导,可以得到磁场的递推公式,即

$$\begin{aligned}\widetilde{H}^{n+\frac{1}{2}}_{x,i,j+\frac{1}{2},k+\frac{1}{2}} = {} & B_{x1}\widetilde{H}^{n-\frac{1}{2}}_{x,i,j+\frac{1}{2},k+\frac{1}{2}} - B_{x2}D_y[\widetilde{E}^n_z]_{i,j+\frac{1}{2},k+\frac{1}{2}} \\ & + B_{x3}D_z[\widetilde{E}^n_y]_{i,j+\frac{1}{2},k+\frac{1}{2}} - B_{x4}H^{(1),n}_{x,i,j+\frac{1}{2},k+\frac{1}{2}} \\ & - B_{x5}H^{(2),n}_{x,i,j+\frac{1}{2},k+\frac{1}{2}} - B_{x0}M^n_{x,i,j+\frac{1}{2},k+\frac{1}{2}}\end{aligned} \tag{3.142}$$

$$\begin{aligned}\widetilde{H}^{n+\frac{1}{2}}_{y,i+\frac{1}{2},j,k+\frac{1}{2}} = {} & B_{y1}\widetilde{H}^{n-\frac{1}{2}}_{y,i+\frac{1}{2},j,k+\frac{1}{2}} - B_{y2}D_z[\widetilde{E}^n_x]_{i+\frac{1}{2},j,k+\frac{1}{2}} \\ & + B_{y3}D_x[\widetilde{E}^n_z]_{i+\frac{1}{2},j,k+\frac{1}{2}} - B_{y4}H^{(1),n}_{y,i+\frac{1}{2},j,k+\frac{1}{2}} \\ & - B_{y5}H^{(2),n}_{y,i+\frac{1}{2},j,k+\frac{1}{2}} - B_{y0}M^n_{y,i+\frac{1}{2},j,k+\frac{1}{2}}\end{aligned} \tag{3.143}$$

$$\begin{aligned}\widetilde{H}^{n+\frac{1}{2}}_{z,i+\frac{1}{2},j+\frac{1}{2},k} = {} & B_{z1}\widetilde{H}^{n-\frac{1}{2}}_{z,i+\frac{1}{2},j+\frac{1}{2},k} - B_{z2}D_x[\widetilde{E}^n_y]_{i+\frac{1}{2},j+\frac{1}{2},k} \\ & + B_{z3}D_y[\widetilde{E}^n_x]_{i+\frac{1}{2},j+\frac{1}{2},k} - B_{z4}H^{(1),n}_{z,i+\frac{1}{2},j+\frac{1}{2},k} \\ & - B_{z5}H^{(2),n}_{z,i+\frac{1}{2},j+\frac{1}{2},k} - B_{z0}M^n_{z,i+\frac{1}{2},j+\frac{1}{2},k}\end{aligned} \tag{3.144}$$

有限差分的系数分别为

$$B_{x0} = \left.\frac{2\Delta t}{2\mu + \Delta t(\sigma_{\mathrm{m}} + \omega_{yzx}\mu)}\right|_{i,j+\frac{1}{2},k+\frac{1}{2}} \tag{3.145}$$

$$B_{x1} = \left.\frac{2\mu - \Delta t(\sigma_{\mathrm{m}} + \omega_{yxz}\mu)}{2\mu + \Delta t(\sigma_{\mathrm{m}} + \omega_{yzx}\mu)}\right|_{i,j+\frac{1}{2},k+\frac{1}{2}} \tag{3.146}$$

$$B_{x2} = B_{x0}/\Delta y, B_{x3} = B_{x0}/\Delta z \tag{3.147}$$

$$B_{x4} = \left.\frac{2\Delta t(\sigma_{\mathrm{m}}\omega_{yzx} + \phi_{xy}\phi_{xz}\mu)}{2\mu + \Delta t(\sigma_{\mathrm{m}} + \omega_{yzx}\mu)}\right|_{i,j+\frac{1}{2},k+\frac{1}{2}} \tag{3.148}$$

$$B_{x5} = \left.\frac{2\Delta t\sigma_{\mathrm{m}}\omega_{y}\omega_{z}}{2\mu + \Delta t(\sigma_{\mathrm{m}} + \omega_{yzx}\mu)}\right|_{i,j+\frac{1}{2},k+\frac{1}{2}} \tag{3.149}$$

$$B_{y0} = \left.\frac{2\Delta t}{2\mu + \Delta t(\sigma_{\mathrm{m}} + \omega_{xzy}\mu)}\right|_{i+\frac{1}{2},j,k+\frac{1}{2}} \tag{3.150}$$

$$B_{y1} = \left.\frac{2\mu - \Delta t(\sigma_{\mathrm{m}} + \omega_{xzy}\mu)}{2\mu + \Delta t(\sigma_{\mathrm{m}} + \omega_{xzy}\mu)}\right|_{i+\frac{1}{2},j,k+\frac{1}{2}} \tag{3.151}$$

$$B_{y2} = B_{y0}/\Delta z, B_{y3} = B_{y0}/\Delta x \tag{3.152}$$

$$B_{y4} = \left.\frac{2\Delta t(\sigma_{\mathrm{m}}\omega_{xzy} + \phi_{yx}\phi_{yz}\mu)}{2\mu + \Delta t(\sigma_{\mathrm{m}} + \omega_{xzy}\mu)}\right|_{i+\frac{1}{2},j,k+\frac{1}{2}} \tag{3.153}$$

$$B_{y5} = \left.\frac{2\Delta t\sigma_{\mathrm{m}}\omega_{x}\omega_{z}}{2\mu + \Delta t(\sigma_{\mathrm{m}} + \omega_{xzy}\mu)}\right|_{i+\frac{1}{2},j,k+\frac{1}{2}} \tag{3.154}$$

$$B_{z0} = \left.\frac{2\Delta t}{2\mu + \Delta t(\sigma_{\mathrm{m}} + \omega_{xzy}\mu)}\right|_{i+\frac{1}{2},j+\frac{1}{2},k} \tag{3.155}$$

$$B_{z1} = \left.\frac{2\mu - \Delta t(\sigma_{\mathrm{m}} + \omega_{xyz}\mu)}{2\mu + \Delta t(\sigma_{\mathrm{m}} + \omega_{xyz}\mu)}\right|_{i+\frac{1}{2},j+\frac{1}{2},k} \tag{3.156}$$

$$B_{z2} = B_{x0}/\Delta x, B_{z3} = B_{z0}/\Delta y \tag{3.157}$$

$$B_{z4} = \left.\frac{2\Delta t(\sigma_{\mathrm{m}}\omega_{xyz} + \phi_{zx}\phi_{zy}\mu)}{2\mu + \Delta t(\sigma_{\mathrm{m}} + \omega_{xyz}\mu)}\right|_{i+\frac{1}{2},j+\frac{1}{2},k} \tag{3.158}$$

$$B_{z5} = \left.\frac{2\Delta t\sigma_{\mathrm{m}}\omega_{x}\omega_{y}}{2\mu + \Delta t(\sigma_{\mathrm{m}} + \omega_{xyz}\mu)}\right|_{i+\frac{1}{2},j+\frac{1}{2},k} \tag{3.159}$$

类似地,电场分量的递推公式为

$$\widetilde{E}^{n+1}_{x,i+\frac{1}{2},j,k} = A_{x1}\widetilde{E}^{n}_{x,i+\frac{1}{2},j,k} + A_{x2}D_y[\widetilde{H}^{n+\frac{1}{2}}_z]_{i+\frac{1}{2},j,k} - A_{x3}D_z[\widetilde{H}^{n+\frac{1}{2}}_y]_{i+\frac{1}{2},j,k} - A_{x4}E^{(1),n+\frac{1}{2}}_{x,i+\frac{1}{2},j,k} - A_{x5}E^{(2),n+\frac{1}{2}}_{x,i+\frac{1}{2},j,k} - A_{x0}J^{n+\frac{1}{2}}_{x,i+\frac{1}{2},j,k} \tag{3.160}$$

$$\widetilde{E}^{n+1}_{y,i,j+\frac{1}{2},k} = A_{y1}\widetilde{E}^{n}_{y,i,j+\frac{1}{2},k} + A_{y2}D_z[\widetilde{H}^{n+\frac{1}{2}}_x]_{i,j+\frac{1}{2},k} - A_{y3}D_x[\widetilde{H}^{n+\frac{1}{2}}_z]_{i,j+\frac{1}{2},k} - A_{y4}E^{(1),n+\frac{1}{2}}_{y,i,j+\frac{1}{2},k} - A_{y5}E^{(2),n+\frac{1}{2}}_{y,i,j+\frac{1}{2},k} - A_{y0}J^{n+\frac{1}{2}}_{y,i,j+\frac{1}{2},k} \tag{3.161}$$

$$\widetilde{E}^{n+1}_{z,i,j,k+\frac{1}{2}} = A_{z1}\widetilde{E}^{n}_{z,i,j,k+\frac{1}{2}} + A_{z2}D_x[\widetilde{H}^{n+\frac{1}{2}}_y]_{i,j,k+\frac{1}{2}} - A_{z3}D_y[\widetilde{H}^{n+\frac{1}{2}}_x]_{i,j,k+\frac{1}{2}} - A_{z4}E^{(1),n+\frac{1}{2}}_{z,i,j,k+\frac{1}{2}} - A_{z5}E^{(2),n+\frac{1}{2}}_{z,i,j,k+\frac{1}{2}} - A_{z0}J^{n+\frac{1}{2}}_{z,i,j,k+\frac{1}{2}} \tag{3.162}$$

有限差分系数分别为

$$A_{x0} = \left.\frac{2\Delta t}{2\varepsilon + \Delta t(\sigma_{\mathrm{e}} + \omega_{yzx}\varepsilon)}\right|_{i+\frac{1}{2},j,k} \tag{3.163}$$

$$A_{x1} = \left.\frac{2\varepsilon - \Delta t(\sigma_{\mathrm{e}} + \omega_{yzx}\varepsilon)}{2\varepsilon + \Delta t(\sigma_{\mathrm{e}} + \omega_{yzx}\varepsilon)}\right|_{i+\frac{1}{2},j,k} \tag{3.164}$$

$$A_{x2} = \frac{A_{x0}}{\Delta y}, A_{x3} = \frac{A_{x0}}{\Delta z} \tag{3.165}$$

$$A_{x4} = \left.\frac{2\Delta t(\sigma_{\mathrm{e}}\omega_{yzx} + \phi_{xy}\phi_{xz}\varepsilon)}{2\varepsilon + \Delta t(\sigma_{\mathrm{e}} + \omega_{yzx}\varepsilon)}\right|_{i+\frac{1}{2},j,k} \tag{3.166}$$

$$A_{x5} = \left.\frac{2\Delta t\sigma_{\mathrm{e}}\omega_y\omega_z}{2\varepsilon + \Delta t(\sigma_{\mathrm{e}} + \omega_{yzx}\varepsilon)}\right|_{i+\frac{1}{2},j,k} \tag{3.167}$$

$$A_{y0} = \left.\frac{2\Delta t}{2\varepsilon + \Delta t(\sigma_{\mathrm{e}} + \omega_{xzy}\varepsilon)}\right|_{i,j+\frac{1}{2},k} \tag{3.168}$$

$$A_{y1} = \left.\frac{2\varepsilon - \Delta t(\sigma_{\mathrm{e}} + \omega_{xzy}\varepsilon)}{2\varepsilon + \Delta t(\sigma_{\mathrm{e}} + \omega_{xzy}\varepsilon)}\right|_{i,j+\frac{1}{2},k} \tag{3.169}$$

$$A_{y2} = \frac{A_{y0}}{\Delta z}, A_{y3} = \frac{A_{y0}}{\Delta x} \tag{3.170}$$

$$A_{y4}=\left.\frac{2\Delta t(\sigma_{\mathrm{e}}\omega_{xzy}+\phi_{yx}\phi_{yz}\varepsilon)}{2\varepsilon+\Delta t(\sigma_{\mathrm{e}}+\omega_{xzy}\varepsilon)}\right|_{i,j+\frac{1}{2},k} \tag{3.171}$$

$$A_{y5}=\left.\frac{2\Delta t\sigma_{\mathrm{e}}\omega_{x}\omega_{z}}{2\varepsilon+\Delta t(\sigma_{\mathrm{e}}+\omega_{xzy}\varepsilon)}\right|_{i,j+\frac{1}{2},k} \tag{3.172}$$

$$A_{z0}=\left.\frac{2\Delta t}{2\varepsilon+\Delta t(\sigma_{\mathrm{e}}+\omega_{xyz}\varepsilon)}\right|_{i,j,k+\frac{1}{2}} \tag{3.173}$$

$$A_{z1}=\left.\frac{2\varepsilon-\Delta t(\sigma_{\mathrm{e}}+\omega_{xyz}\varepsilon)}{2\varepsilon+\Delta t(\sigma_{\mathrm{e}}+\omega_{xyz}\varepsilon)}\right|_{i,j,k+\frac{1}{2}} \tag{3.174}$$

$$A_{z2}=\frac{A_{z0}}{\Delta x},A_{z3}=\frac{A_{z0}}{\Delta y} \tag{3.175}$$

$$A_{z4}=\left.\frac{2\Delta t(\sigma_{\mathrm{e}}\omega_{xyz}+\phi_{zx}\phi_{zy}\varepsilon)}{2\varepsilon+\Delta t(\sigma_{\mathrm{e}}+\omega_{xyz}\varepsilon)}\right|_{i,j,k+\frac{1}{2}} \tag{3.176}$$

$$A_{z5}=\left.\frac{2\Delta t\sigma_{\mathrm{e}}\omega_{x}\omega_{y}}{2\varepsilon+\Delta t(\sigma_{\mathrm{e}}+\omega_{xyz}\varepsilon)}\right|_{i,j,k+\frac{1}{2}} \tag{3.177}$$

上述等式中如果场分量在 PML 区域，PML 方程需要对电场分量进行时间积分，即

$$\begin{aligned}E_x^{(2),n+\frac{1}{2}}&=E_x^{(2),n-\frac{1}{2}}+\Delta tE_x^{(1),n}=E_x^{(2),n-\frac{1}{2}}+\frac{\Delta t}{2}[E_x^{(1),n+\frac{1}{2}}+E_x^{(1),n-\frac{1}{2}}]\\&=E_x^{(2),n-\frac{1}{2}}+\Delta t\left[\frac{2}{2+\omega_x\Delta t}E_x^{(1),n-\frac{1}{2}}+\frac{\Delta t}{2+\omega_x\Delta t}\widetilde{E}_x^{n}\right]\end{aligned} \tag{3.178}$$

$$\begin{aligned}E_y^{(2),n+\frac{1}{2}}&=E_y^{(2),n-\frac{1}{2}}+\Delta tE_y^{(1),n}=E_y^{(2),n-\frac{1}{2}}+\frac{\Delta t}{2}[E_y^{(1),n+\frac{1}{2}}+E_y^{(1),n-\frac{1}{2}}]\\&=E_y^{(2),n-\frac{1}{2}}+\Delta t\left[\frac{2}{2+\omega_y\Delta t}E_y^{(1),n-\frac{1}{2}}+\frac{\Delta t}{2+\omega_y\Delta t}\widetilde{E}_y^{n}\right]\end{aligned} \tag{3.179}$$

$$\begin{aligned}E_z^{(2),n+\frac{1}{2}}&=E_z^{(2),n-\frac{1}{2}}+\Delta tE_z^{(1),n}=E_z^{(2),n-\frac{1}{2}}+\frac{\Delta t}{2}[E_z^{(1),n+\frac{1}{2}}+E_z^{(1),n-\frac{1}{2}}]\\&=E_z^{(2),n-\frac{1}{2}}+\Delta t\left[\frac{2}{2+\omega_z\Delta t}E_z^{(1),n-\frac{1}{2}}+\frac{\Delta t}{2+\omega_z\Delta t}\widetilde{E}_z^{n}\right]\end{aligned} \tag{3.180}$$

$$E_x^{(1),n+\frac{1}{2}} = \frac{2-\omega_x\Delta t}{2+\omega_x\Delta t}E_x^{(1),n-\frac{1}{2}} + \frac{2\Delta t}{2+\omega_x\Delta t}\widetilde{E}_x^n \tag{3.181}$$

$$E_y^{(1),n+\frac{1}{2}} = \frac{2-\omega_y\Delta t}{2+\omega_y\Delta t}E_y^{(1),n-\frac{1}{2}} + \frac{2\Delta t}{2+\omega_y\Delta t}\widetilde{E}_y^n \tag{3.182}$$

$$E_z^{(1),n+\frac{1}{2}} = \frac{2-\omega_z\Delta t}{2+\omega_z\Delta t}E_z^{(1),n-\frac{1}{2}} + \frac{2\Delta t}{2+\omega_z\Delta t}\widetilde{E}_z^n \tag{3.183}$$

首先求出2阶时间积分场,可以避免存储1阶时间积分场的两个步长。

类似地,对磁场分量进行时间积分,分别有

$$\begin{aligned} H_x^{(2),n} &= H_x^{(2),n-1} + \Delta t H_x^{(1),n-\frac{1}{2}} = H_x^{(2),n-1} + \frac{\Delta t}{2}\left[H_x^{(1),n} + H_x^{(1),n-1}\right] \\ &= H_x^{(2),n-1} + \Delta t\left[\frac{2}{2+\omega_x\Delta t}H_x^{(1),n-1} + \frac{\Delta t}{2+\omega_x\Delta t}\widetilde{H}_x^{n-\frac{1}{2}}\right] \end{aligned} \tag{3.184}$$

$$\begin{aligned} H_y^{(2),n} &= H_y^{(2),n-1} + \Delta t H_y^{(1),n-\frac{1}{2}} = H_y^{(2),n-1} + \frac{\Delta t}{2}\left[H_y^{(1),n} + H_y^{(1),n-1)}\right] \\ &= H_y^{(2),n-1} + \Delta t\left[\frac{2}{2+\omega_y\Delta t}H_y^{(1),n-1} + \frac{\Delta t}{2+\omega_y\Delta t}\widetilde{H}_y^{n-\frac{1}{2}}\right] \end{aligned} \tag{3.185}$$

$$\begin{aligned} H_z^{(2),n} &= H_z^{(2),n-1} + \Delta t H_z^{(1),n-\frac{1}{2}} = H_z^{(2),n-1} + \frac{\Delta t}{2}\left[H_z^{(1),n} + H_z^{(1),n-1}\right] \\ &= H_z^{(2),n-1} + \Delta t\left[\frac{2}{2+\omega_z\Delta t}H_z^{(1),n-1} + \frac{\Delta t}{2+\omega_z\Delta t}\widetilde{H}_z^{n-\frac{1}{2}}\right] \end{aligned} \tag{3.186}$$

$$H_x^{(1),n} = \frac{2-\omega_x\Delta t}{2+\omega_x\Delta t}H_x^{(1),n-1} + \frac{2\Delta t}{2+\omega_x\Delta t}\widetilde{H}_x^{n-\frac{1}{2}} \tag{3.187}$$

$$H_y^{(1),n} = \frac{2-\omega_y\Delta t}{2+\omega_y\Delta t}H_y^{(1),n-1} + \frac{2\Delta t}{2+\omega_y\Delta t}\widetilde{H}_y^{n-\frac{1}{2}} \tag{3.188}$$

$$H_z^{(1),n} = \frac{2-\omega_z\Delta t}{2+\omega_z\Delta t}H_z^{(1),n-1} + \frac{2\Delta t}{2+\omega_z\Delta t}\widetilde{H}_z^{n-\frac{1}{2}} \tag{3.189}$$

如果外边界条件已知(通常在PML以外是PEC边界条件),上述等式给出了所有时间步长的场分量。三维FDTD方法流程如下。

步骤 0：在时间步长 $n=0$ 时初始化所有场分量，使其满足初始条件 $\widetilde{\boldsymbol{H}}^{-\frac{1}{2}}$、$\widetilde{\boldsymbol{E}}^{0}$、$\widetilde{\boldsymbol{H}}^{(2),-1}$、$\boldsymbol{H}^{(1),-1}$、$\boldsymbol{E}^{(2),\frac{1}{2}}$ 和 $\boldsymbol{E}^{(1),\frac{1}{2}}$。对于非 PML 区域（即物理域），不需要时间积分场（多数情况下这些量在 $t=0$ 之前为零）。对于所需的时间窗口 $t_{\max}$，求出 $N_t=\mathrm{ceil}\left(\frac{t_{\max}}{\Delta t}()\right)$，$\Delta t$ 应该小于 CFL 稳定条件允许的最大时间步长。

步骤 1：迭代 PML 内的时间积分磁场 $\boldsymbol{H}^{(2),n}$ 和 $\boldsymbol{H}^{(1),n}$。

步骤 2：迭代 PML 内的磁场分量 $\widetilde{\boldsymbol{H}}^{n+\frac{1}{2}}$ 和外边界旁物理域内的磁场分量 $\widetilde{\boldsymbol{H}}^{n+\frac{1}{2}}$（可以使用相同的阵列）。对外边界的磁场分量应用边界条件；假设 PML 加 PEC 外边界条件，由于初始条件已经设置 PEC 的法向磁场为零，因此不需要设置。

步骤 3：迭代 PML 内的时间积分电场 $\boldsymbol{E}^{(2),n+\frac{1}{2}}$ 和 $\boldsymbol{E}^{(1),n+\frac{1}{2}}$。

步骤 4：迭代除外边界以外的所有电场分量 $\boldsymbol{E}^{n+1}$。对外边界的电场分量应用边界条件；假设 PML 加 PEC 外边界条件，由于初始条件已经设置切向电场为零，因此不需要设置。

步骤 5：时间步长指数 n 加 1。如果 $n>N_t$，则退出；否则，返回步骤 1。

在非 PML（物理）区域中不需要计算时间积分的场分量。

3.6.6　准确性和稳定性条件

FDTD 方法使用规则（结构化）网格，网格线平行于坐标轴。对于曲面物体阶梯近似将产生所谓的阶梯近似误差。因此，在几何方面 FDTD 的精度低于有限元法。通常，可以使用以下准则来选择离散步长，即

$$\Delta x \leqslant \frac{\lambda_{\min}}{N_{\mathrm{PPW}}} \tag{3.190}$$

式中：$\lambda_{\min}$ 为整个区域的最小波长，对应关注的最高频率；N_{PPW} 为采样密度，单位为点数每最小波长。通常，为了保证准确性选择 $N_{\mathrm{PPW}}=10\sim20$。但数值色散误差随着时间步长的数量线性增加，这只是一个粗略的准则。

对于固定的空间离散，最大时间步长增加必须满足以下条件，即

$$\Delta t \leqslant \frac{\Delta x}{\sqrt{D}\,c_{\max}} \tag{3.191}$$

才能使 FDTD 方法稳定,式中 $c_{\max}$ 是最大光速 $c_{\max} = \frac{c}{\sqrt{\min(\mu_r \varepsilon_r)}}_{\max}$,$D$ 是维度,如 $D = 3$ 代表三维问题。

3.6.7 FDTD 方法改进技术

在均匀介质或光滑介质中,材料特性在空间连续变化,所有场分量都是连续的。因此,FDTD 方法采用的中心有限差分法具有 2 阶精度。

相反,如果材料在计算区域内不连续,FDTD 方法只有 1 阶精度。对于曲面物体,FDTD 方法将引入阶梯近似误差,进一步降低精度。

尽管 FDTD 方法简单又强大,但低精度大大限制了其应用。多年来,已有许多技术,如消除 1 阶精度和阶梯近似。可以改进 FDTD 方法,下面介绍单元扩展技术改进 FDTD 的方法。

Dey 和 Mittra 提出了共形时域有限差分(CFDTD)方法(Dey and Mittra,1997; Yu and Mittra,2000),能够对曲面理想导电体准确建模。该方法通过局部形变以适应 PEC 表面的曲率,避免了传统 FDTD 方法在近似边界中的阶梯误差。

然而在 CFDTD 方法中,存在一些小面积单元,变形的网格可能导致数值不稳定。为了解决这一问题,假设它们完全位于导电体内部或减小时间步长来消除有问题的小单元(Dey and Mittra,1997),从而得到稳定的解。但这样会降低精度,增加运行时间。

Xiao 和 Liu(2004、2008)提出的 ECT 可以保证 CFDTD 方法的精度,也不影响 FDTD 方法的效率。ECT 中最重要的一步是将不稳定的小单元扩大到相邻的单元,使流程保持稳定,不影响局部精度,使电动势守恒。

ECT 的最大优点在于它不需要时间步长递减就可以得到稳定解,比传统 CFDTD 方法更有效。FDTD 方法通常在较大时间步长中有较小的色散误差,ECT 的另一个优点是比传统 CFDTD 方法更准确,可以计算较大的时间步长。商业工具 Wavenology 已经采用 ECT 方法。

3.6.8 面向多尺度 DGTD 方法

大部分时域商业工具采用 FDTD(或 FIT)方法,只能求解单一尺度问题。为了求解电粗糙、大区域及电精细的多尺度问题,期望能够在不同区域采用不同方法。

不连续伽辽金时域(DGTD)方法提供了这种可能性。采用不连续的伽辽金方法,不同的区域可以有不同的非共形网格,可以使用不同方法扬长避短。DGTD 框架中集合了时域有限元方法(FETD)、时域有限元差分方法(FDTD)和时域光谱元方法(SETD)解决多尺度问题(Chen and Liu,2013)。此外,DGTD 方法还集合了基于 SPICE 的非线性电路求解器,以便在一些商业工具(如 Wavenology)中计算实际的场路相互作用。

3.7　结论

商业天线设计软件在过去 20 年中发展迅速。虽然大多数软件使用传统的有限元法、矩量法和时域有限差分法,通过开发新方法实现多个求解器的集成是求解多尺度问题的趋势。这将极大地影响天线设计优化和天线与传感器网络的集成。

交叉参考:

►第 1 章　麦克斯韦及其电磁理论的提出与演变

►第 4 章　天线工程中的数值建模

►第 8 章　天线设计优化方法

参考文献

Berenger J-P (1994) A perfectly matched layer for the absorption of electromagnetic waves. J Comput Phy 114:185-200

Chang Y, Harrington R (1977) A surface formulation for characteristic modes of material bodies. IEEE Trans Antennas Propag 25:789-795

Chen J, Liu QH (2013) Discontinuous Galerkin time-domain methods for multiscale electromagnetic simulations: a review. Proc IEEE 101:242-254

Chew WC, Weedon WH (1994) A 3D perfectly matched medium from modified Maxwell's equations with stretched coordinates. Microwave Opt Tech Letters 7:599-604

Chew WC, Michielssen E, Song JM, Jin JM (2001) Fast and efficient algorithms in computational electromagnetics. Artech House Inc, Boston

Coifman R, Rokhlin V, Wandzura S (1993) The fast multipole method for the wave equation: a pedestrian prescription. IEEE Antennas Propag Mag 35:7-12

Dey S, Mittra R (1997) A locally conformal finite-difference time-domain (FDTD) algorithm for modeling three-dimensional perfectly conducting objects. IEEE Microwave Guided Wave Letters 7:273-275

Fan GX, Liu QH (2003) A strongly well-posed PML in lossy media. IEEE Antennas Wireless Propag Letters 2:97-100

Harrington RF (1968) Field Computation by moment methods. MacMillan, New York

Jin J (1993) The finite element method in electromagnetics. Wiley, New York

Liu QH (1997) A FDTD algorithm with perfectly matched layers for conductive media. Microw Opt Technol Lett 14:134-137

Liu QH (1999) PML and PSTD algorithm for arbitrary lossy anisotropic media. IEEE Microw Guid Wave Lett 9:48-50

Liu QH (2014) Electromagnetics theory. Class notes for ECE 571, Duke University

Liu QH (2015) Computational electromagnetics. Class notes for ECE 577, Duke University

NEC (2015) www. nec2. org. Accessed on 04 Feb 2015

Peterson AF, Ray SL, Mittra R (1997) Computational methods for electromagnetics. IEEE Press, New York

Poggio AJ, Miller EK (1973) Integral equations solutions in three dimensional scattering problems. In: Mittra R (ed) Computer techniques for electromagnetics. Pergamon, New York

Rokhlin V (1983) Rapid solution of integral equations of classical potential theory. J Comput Phy 60:187-207

Song JM, Chew WC (1995) Multilevel fast-multipole algorithm for solving combined field integral equations of electromagnetic scattering. Microw Opt Technol Lett 10:14-19

Taflove A, Hagness SC (2005) Computational electrodynamics: the finite-difference time-domain method, 3rd edn. Artech House, Boston

Teixeira FL, Chew WC (1998) General closed-form PML constitutive tensors to match arbitrary bi-anisotropic and dispersive linear media. IEEE Microw Guid Wave Lett 8:223-225

Volakis JL, Chatterjee A, Kempel LC (1998) Finite element method for electromagnetics. IEEE Press

Vouvakis MN, Cendes Z, Lee JF (2006) A FEM domain decomposition method for photonic and electromagnetic band gap structures. IEEE Trans Antennas Propag 54:721-733

Wu TK, Tsai LL (1977) Scattering from arbitrarily-shaped lossy dielectric bodies of revolution. Radio Sci 12:709-718

Xiao T, Liu QH (2004) Enlarged cells for the conformal FDTD method to avoid the time step reduction. IEEE Microw Wireless Compon Lett 14:551-553

Xiao T, Liu QH (2008) A 3-D enlarged cell technique (ECT) for the conformal FDTD method. IEEE Trans Antennas Propag 56:765-773

Yee K (1966) Numerical solutions of initial boundary value problems involving Maxwell's equations in isotropic media. IEEE Trans Antennas Propag 14:302-307

Yu W, Mittra R (2000) A conformal FDTD algorithm for modeling perfectly conducting objects with curve-shaped surfaces and edges. Microw Opt Technol Lett 27:136-138

Zhao K, Rawat V, Lee SC, Lee JF (2007) A domain decomposition method with nonconformal meshes for finite periodic and semi-periodic structures. IEEE Trans Antennas Propag 55:2559-2570

第 4 章

天线工程中的数值建模

Weng Cho Chew, Li Jun Jiang, Sheng Sun, Wei E. I. Sha, Qi Dai,
Mojtaba Fallahpour, and Yu Mao Wu

摘要

本章首先回顾了用于解决天线问题的主要计算电磁技术,介绍了解决天线问题的历程,对精确求解的需求使人们深入研究计算电磁学中的数值方法,简要

W. C. Chew(✉) · M. Fallahpour
伊利诺伊大学厄巴纳-香槟分校电子与计算机工程系,美国
e-mail:w-chew@ uiuc. edu;mfallah@ ieee. org
L. J. Jiang · S. Sun · W. E. I. Sha
香港大学电气及电子工程系,中国
e-mail:ljiang@ eee. hku. hk;sunsheng@ hku. hk;shawei@ hku. hk;wsha@ eee. hku. hk
Q. Dai
伊利诺伊大学厄巴纳-香槟分校电气和计算机工程系,美国
e-mail:daiqi@ illinois. edu
Y. M. Wu
复旦大学电磁波信息科学重点实验室、信息科学与技术学院,中国
e-mail:yumaowu@ fudan. edu. cn

介绍了天线问题的微分解和积分解,介绍了格林函数概念以便于构造积分方程,并讨论了求解这些方程的数值方法和快速算法。

第二,系统阐述了电磁理论与电路理论的关系,为解决更复杂的问题引入部分元等效电路概念。在天线技术中,综合理解波动理论和电路理论很重要。

第三,讨论了电路理论符合波动理论“半阴影区”中的电磁求解计算问题。波动物理体制中的有效求解方法在处理低频问题时经常不稳定。由于纳米制造技术的进步,制造光学频率天线成为可能,但实现的充分条件是完全求解麦克斯韦方程。此外,许多在微波频段下有效的模型,如理想电导体,在光频段无效。因此,在光学体系下许多天线概念需要重新考虑。

第四,讨论了天线设计中使用本征分析方法的一个新兴领域,属于特征模分析或主模分析,同时提供了传统数值方法无法提供的新的物理视角。

第五,讨论了采用域分解法求解高度复杂、多尺度天线结构。由于天线需要与电路理论对接,结构尺寸范围通常为 $\lambda/100\sim\lambda/10$($\lambda$ 为波长),这带来了新的计算挑战,可以通过域分解法来解决。

在高频光学频率范围内的许多天线设计离不开射线物理学和毗连数学。因为射线光学所带来的丰富物理原理,所涉及的数学技术往往非常复杂,本章讨论了采用这些新数学技术以减少计算工作量并提供新的物理视角。

最后,结论对本章进行了总结,并指出未来发展方向。

关键词

计算电磁学;天线建模;快速算法;电路理论;波动理论;部分元等效电路(PEEC);低频击穿;Calderón 预处理;纳米天线;设计准则;增益;方向性;特征模分析;主模展开;区域分解;等效原理算法;高频渐近;数值最速下降路径

4.1　引言

麦克斯韦方程组由 James Clerk Maxwell 于 1864 年完成,引领电磁理论已经 150 多年了(Maxwell,1865)。求解麦克斯韦方程组为包括天线设计在内的无数电磁技术提供了物理视角和指导,初始时使用的是解析解,如辐射赫兹偶极子的解析求解,从物理上解释了辐射方向图、偶极子的近场和远场、辐射电阻和增益,这些物理量对于天线设计非常关键。

由于天线形状复杂,很多封闭形状的解不收敛,可以通过求近似解确定天线设计的物理思路。例如,半波偶极子的解不收敛,但是物理常识表明,该结构的电流分布接近于正弦曲线,因此可以采用近似模型计算出半波偶极子的最优化指标。

近似方法在天线设计中的另一个优势领域是高频天线或反射天线设计。由于天线的曲率半径较大,可以采用诸如物理光学近似等准光学技术来确定天线的辐射场,通过射线光学法了解其物理过程。索墨菲半平面的标准解(Sommerfeld,1896)可用于估计抛物面反射器的边缘衍射。一致性渐近理论和一致性绕射理论都可用于优化解(Keller,1962; Kouyoumjian and Pathak,1974; Lee and Deschamps,1976; Hansen,1981)。即使对于微带天线设计,采用近似法描述物理过程的方法可以追溯到20世纪70年代末和80年代初(Lo et al.,1979; Chew and Kong,1981)。

虽然建模和模拟很重要,但是物理本质同样重要。最著名的例子是八木—宇田天线的设计,该天线由八木教授和他的学生宇田于1926年提出(Yagi and Uda,2014)。他们从物理上认为偶极子阵列可以像波导一样工作,由一定长度的直线制成的简单偶极子也被称为线性天线,当这种线性天线长度略小于半波长时呈电容性,并且偶极子阵列可以像波导一样工作。因此,放置在半波偶极子前面的偶极子阵列能够引导前向辐射能量,增强半波偶极子在该方向上的辐射,即提高方向性。当线性天线长度稍大于半波长时,天线呈电感性,则不再是波导,这样的线性天线在八木—宇田阵列中作为反射器。

当数值方法流行时,可设计积分方程法来更准确地求解线性天线,如Hallén积分方程和Pocklington积分方程(Balanis,2012b)。因为当时的计算机计算速度缓慢,半解析方法比较流行,所以使用近似数值方法和半解析方法来求解这些积分方程(King,1956)。

随着电子计算机的发展,计算机的计算速度变得非常迅速,相继开发了微分方程求解器和积分方程求解器来求解麦克斯韦方程。在微分方程求解器中,未知数是场,故未知数扩展到体积为L^3的空间,其中L是求解区域的典型长度。

而且，为了模拟无限区域，其边界处需要设置为吸收边界条件。

在积分方程求解器中，未知数是天线的源或电流。多数情况下未知数因位于天线结构的表面，故它们处于二维流形。在天线可以通过线结构建模的情况下，未知数处于一维流形。因此，由于未知数可以变得更少，积分方程求解器渐渐流行起来。很快，积分方程可以用矩量法求解并应用于线性天线。因为线性天线的未知数是一维变量的函数，且存在于一维空间中，所以线性天线一度很流行，使许多实际问题只用少量的未知数就可解决，仅需小矩阵系统求解器即可满足要求。

随着天线结构越来越复杂，需要求解更多的未知数。早期，复杂的天线结构如同在数值电磁代码（NEC）中一样采用线结构进行建模，很快发展出表面贴片模型（Burke and Poggio，1981；Rao et al.，1982）。

积分方程求解器的缺点是消耗内存。矩阵系统通常是稠密矩阵，因此内存消耗量为 $O(N^2)$。对于可以采用表面贴片建模的天线，内存消耗量为 $N \sim O((kL)^2)$，其中 L 是天线的典型尺寸，即内存使用复杂度为 $(kL)^4$。当用于求解线性天线时，内存消耗量为 $N \sim O(kL)$，内存消耗复杂度为 $(kL)^2$。

同时，尽管未知数更多，但是微分方程求解器更容易实现。此外，与微分方程相关的固有矩阵本质上是稀疏的。因此，当与迭代求解器组合时，矩阵系统可以用 $O(N)$ 内存高效地存储，其中 N 是矩阵的维数，即未知数的数量。此外，每个矩阵矢量积可以在 $O(N)$ 运算中实现，因此迭代求解器可以在每次迭代中实现 $O(N)$ 运算。通常忽略网格色散误差时，内存和 CPU 时间消耗复杂度为 $(kL)^3$，因此它可能比积分方程求解器更有效。

强大的微分方程求解器是由 Yee（1966）提出，并由 Taflove（1995）推广的时域有限差分方法，该方法不需要构建矩阵系统，并且通过一些简单的运算即可实现矩阵矢量积。由于只需要存储不同时间步长的未知场，所以内存和 CPU 时间使用量都是 $O(N)$。即使 FDTD 采用时间步长求解，它也等同于迭代求解器中的迭代过程，迭代求解器通常应用于频域求解。

得益于自身的快速发展，差分方程求解器因其高效率和简单性而变得相当受欢迎，它们可以很容易地解决成千上万未知数的问题，因此可以解决很多实际问题。

近年来开发的快速积分方程求解器（Rokhlin，1990；Coifman et al.，1993；

Chew et al. ,2001)采用迭代方法求解积分方程,而不需要构建矩阵系统,因此不需要存储矩阵,只需要存储矩阵在矢量上的运算。对于动态问题,快速积分方程求解器的内存需求减少到 $O(N \log N)$,而对于静态或低频问题则降低到 $O(N)$,且在 $O(N \log N)$ 运算中即可实现矩阵矢量积。因此,对于可以通过表面电流建模的天线,内存使用复杂度为 $(kL)^2$,并且每次迭代的复杂度为 $(kL)^2 \log kL$,比微分方程求解器大大减少了存储器和 CPU 的使用量。

4.1.1 微分形式的麦克斯韦方程组

麦克斯韦方程组确立的电磁理论和光学理论实际上是同样的理论,两种理论都具有以光速传播的波。光速和天文数是 Roemer(1679)很久以前通过天文观测建立的。

时域麦克斯韦方程组由 4 个方程完全描述,即

$$\nabla \times \boldsymbol{H} = \boldsymbol{J} + \frac{\partial \boldsymbol{D}}{\partial t} \tag{4.1}$$

$$\nabla \times \boldsymbol{E} = -\frac{\partial \boldsymbol{B}}{\partial t} \tag{4.2}$$

$$\nabla \cdot \boldsymbol{D} = e \tag{4.3}$$

$$\nabla \cdot \boldsymbol{B} = 0 \tag{4.4}$$

麦克斯韦方程组由麦克斯韦推导出来时,并不像上面那样优雅和简洁,是奥利弗・海维西德把它们变成上述形式(Heaviside,1888)。

对于时变问题,式(4.3)、式(4.4)是从前两个方程得出的,因此,只有前两个方程是独立的,也只有它们需要解决时变问题。

由于有两个独立方程和 4 个未知数 $\boldsymbol{E}$、$\boldsymbol{H}$、$\boldsymbol{D}$ 和 $\boldsymbol{B}$,本构关系是附加方程,以获得 4 个方程和 4 个未知数,即对于各向同性介质,有

$$\boldsymbol{D} = \varepsilon \boldsymbol{E} \tag{4.5}$$

$$\boldsymbol{B} = \mu \boldsymbol{H} \tag{4.6}$$

上述本构关系足以描述微波频段的大部分材料，对于铁氧体等其他材料须将采用各向异性介质的本构关系替代。

Yee 算法将直接求解上述 1 阶偏微分方程中的前两个，但许多算法首先将上述方程转换为 2 阶偏微分方程。通过假设 $\exp(\mathrm{i}\omega t)$ 相关，可以将上述方程中的 $\partial/\partial t$ 替换成 $-\mathrm{i}\omega$，然后将第一个方程除以 ε 求旋度，再将结果的右侧替换为麦克斯韦方程组中的第二个方程，得到

$$\nabla\times\varepsilon^{-1}\nabla\times\boldsymbol{H}-\omega^2\mu\boldsymbol{H}=\nabla\times\varepsilon^{-1}\boldsymbol{J} \tag{4.7}$$

同样，有

$$\nabla\times\mu^{-1}\nabla\times\boldsymbol{E}-\omega^2\varepsilon\boldsymbol{E}=\mathrm{i}\omega\boldsymbol{J} \tag{4.8}$$

因为上述两个方程可以相互推导，所以只需求解其中任意一个即可。在采用数值方法求解上述方程时，将场 $\boldsymbol{H}$ 或 $\boldsymbol{E}$ 视为未知且假设源已知。

4.1.2　标量和并矢 Green 函数

格林函数非常有用，因为它不仅表示系统的场和源的关系，而且是偏微分方程的点源响应或由点源产生的场。当介质均匀时，可以很容易地获得这样的响应或格林函数。众所周知，当亥姆霍兹方程由点源激励时响应是标量格林函数，即

$$\nabla^2 g(\boldsymbol{r},\boldsymbol{r}')+k^2 g(\boldsymbol{r},\boldsymbol{r}')=-\delta(\boldsymbol{r}-\boldsymbol{r}') \tag{4.9}$$

且 $g(\boldsymbol{r},\boldsymbol{r}')=\exp(\mathrm{i}k|\boldsymbol{r}-\boldsymbol{r}'|/(4\pi\boldsymbol{r}-\boldsymbol{r}'|)$ 和 $k=\omega\sqrt{\mu\varepsilon}=\omega/c$。因此，当介质是均匀的，上述矢量波动方程可以写为

$$\nabla\nabla\cdot\boldsymbol{E}-\nabla\cdot\nabla\boldsymbol{E}-k^2\boldsymbol{E}=\mathrm{i}\omega\mu\boldsymbol{J} \tag{4.10}$$

这里采用了恒等式 $\nabla\times\nabla\times\boldsymbol{E}=\nabla\nabla\cdot\boldsymbol{E}-\nabla\cdot\nabla\boldsymbol{E}$。此外，由式 $\nabla\cdot\boldsymbol{E}=\rho/\varepsilon$，式(4.10)可以变为

$$\nabla^2\boldsymbol{E}+k^2\boldsymbol{E}=-\mathrm{i}\omega\mu\boldsymbol{J}+\frac{\nabla\rho}{\varepsilon} \tag{4.11}$$

通过使用线性叠加原理和式(4.9)的解，式(4.11)的解可以写为

$$\boldsymbol{E}(\boldsymbol{r})=\mathrm{i}\omega\mu\int_V \mathrm{d}\boldsymbol{r}'g(\boldsymbol{r},\boldsymbol{r}')\boldsymbol{J}(\boldsymbol{r}')-\frac{\int_V \mathrm{d}\boldsymbol{r}'g(\boldsymbol{r},\boldsymbol{r}')\nabla'\rho(\boldsymbol{r}')}{\varepsilon} \tag{4.12}$$

$$=\mathrm{i}\omega\mu\int_V \mathrm{d}\boldsymbol{r}'g(\boldsymbol{r},\boldsymbol{r}')\boldsymbol{J}(\boldsymbol{r}')-\frac{1}{\mathrm{i}\omega\varepsilon}\nabla\int_V \mathrm{d}\boldsymbol{r}'g(\boldsymbol{r},\boldsymbol{r}')\nabla'\cdot\boldsymbol{J}(\boldsymbol{r}') \tag{4.13}$$

由式(4.12)和式(4.13)联想得到

$$\boldsymbol{E} = \mathrm{i}\omega\boldsymbol{A} - \nabla\phi \tag{4.14}$$

可以写成

$$\boldsymbol{E}(\boldsymbol{r}) = \mathrm{i}\omega\mu\int_V \mathrm{d}\boldsymbol{r}'\overline{\boldsymbol{G}}(\boldsymbol{r},\boldsymbol{r}')\cdot\boldsymbol{J}(\boldsymbol{r}') \tag{4.15}$$

其中二元格林函数对电流 $\boldsymbol{J}$ 的积分与式(4.12)中的积分效果相同。

4.1.3 激励的积分方程

天线通常由金属制成,并由源激发。源在天线上产生入射场。在微波频段,金属结构可以近似为电场切向分量为零的完美电导体(PEC);否则 PEC 上将存在无限的表面电流。

因此,天线上感应出表面电流,如同产生一个消除天线结构表面入射场的场,这个物理概念可以用以下积分方程表示,即

$$-\boldsymbol{t}\cdot\boldsymbol{E}_{\mathrm{inc}}(\boldsymbol{r}) = \mathrm{i}\omega\mu\boldsymbol{t}\cdot\int_S \mathrm{d}S'\overline{\boldsymbol{G}}(\boldsymbol{r},\boldsymbol{r}')\cdot\boldsymbol{J}(\boldsymbol{r}'),\boldsymbol{r}\in S \tag{4.16}$$

4.1.4 源激励方式

反射器天线通常由喇叭天线作为馈源,可以通过等效原理完成馈源建模。对于低频小天线,通常由其终端上的电流源或电压源激励。在近似前需要求解的等效问题采用等效原理获得。

4.1.5 等效原理

标量波的格林定理或电磁波的矢量格林定理经过数学推导可以得到等效原理,它还可以用物理或思维实验来阐述。创建一组源在可用空间中生成 $\boldsymbol{E}$ 和 $\boldsymbol{H}$ 域。定义表面 S,其表面电流为 $\boldsymbol{J}_s=\boldsymbol{n}\cdot\boldsymbol{H}$,表面磁流为 $\boldsymbol{M}_s=\boldsymbol{E}\cdot\boldsymbol{n}$。假设 S 内部的场 $\boldsymbol{E}=\boldsymbol{H}=0$,$S$ 外部原有的场不变,在表面上这些场满足由 $\boldsymbol{J}_s$ 和 $\boldsymbol{M}_s$ 引起的跃变条件。此外,外部场在表面 S 满足边界条件(包括无限远的边界条件),因此,根据唯一性定理,它们仅有唯一解(图4.1至图4.5)。

由于 S 内的场为0,可以在 S 中插入 PEC,而不改变外部的场。当 PEC 填满 S 内的整个体积后,表面电流 $\boldsymbol{J}_s$ 不能辐射,因为它将产生为其负值的镜像电流。因此,磁流 $\boldsymbol{M}_s$ 单独作用在 PEC 表面时,会向外辐射相同的场。当填充为 PMC

或其混合物时,可以做出类似的论证。

通过建立上述等效原则,可以用它推导出源在间隙处激励的天线等效模型。首先,将表面 S 紧贴在天线上,根据上述讨论可以得到天线外部的电场 $\boldsymbol{J}_s$ 和 $\boldsymbol{M}_s$。在天线的 PEC 表面,由于 $\boldsymbol{M}_s = 0$ 所以 $\boldsymbol{n} \cdot \boldsymbol{E} = 0$。$\boldsymbol{J}_s$ 和 $\boldsymbol{M}_s$ 唯一的非零区域为间隙区域。在间隙处填满 PEC, $\boldsymbol{J}_s$ 不辐射。

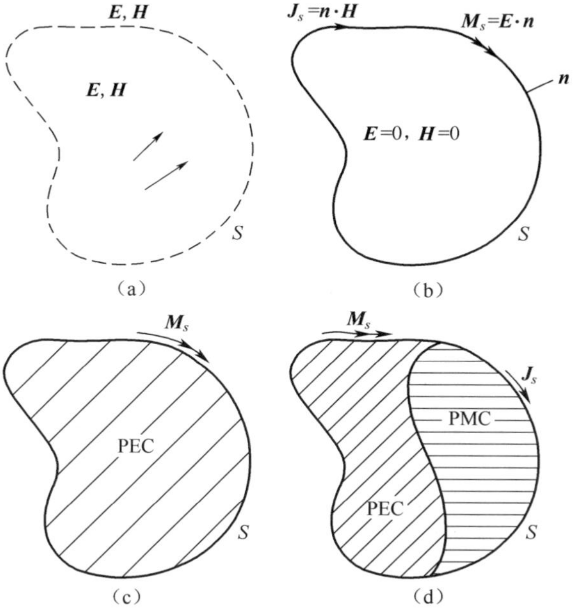

图 4.1　由等效原理获得(a)~(d)4 种情况在表面 S 外产生的等效场

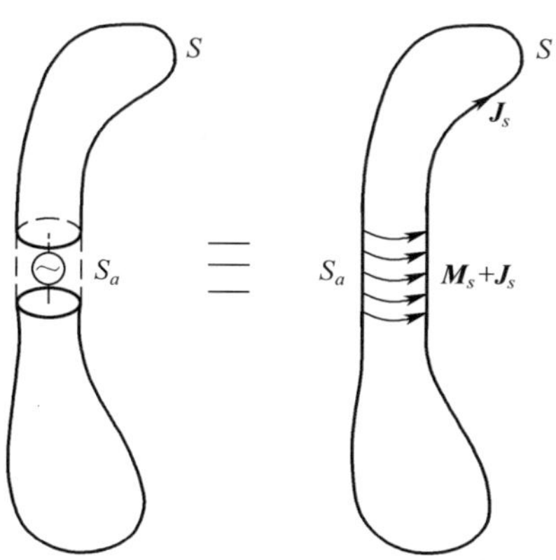

图 4.2　对于在间隙处激励天线的电压源,采用等效原理使等式左右两侧情况相同。当间隙处填满 PEC 时无电流,仅存在磁流。当间隙处填满 PMC 时,磁流可以通过施加在 PMC 表面的电流替代

因此,仅有与间隙区域相连表面上施加的 $\boldsymbol{M}$ 才在天线外产生等效场。

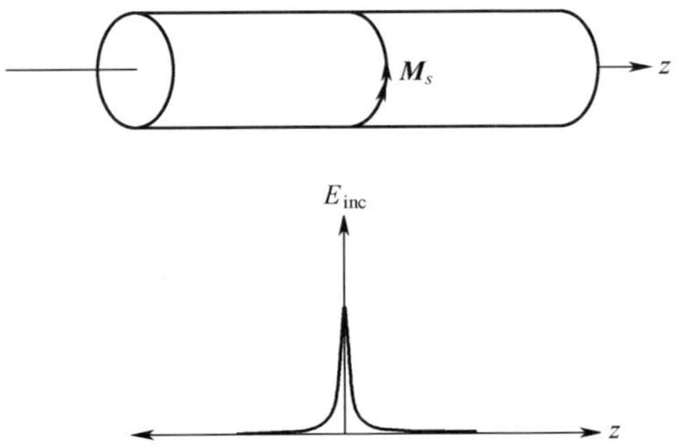

图 4.3　由极薄磁流带激励的天线(磁流带产生的入射场可用 delta 函数近似)

图 4.4　由有限宽度磁流带产生的入射场(该场可以用脉冲函数近似)

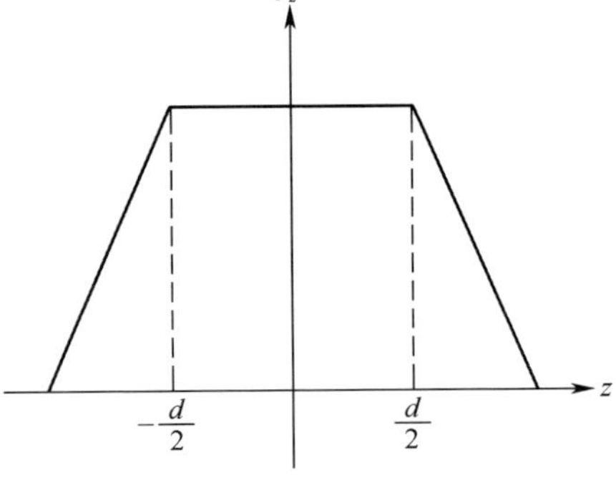

图 4.5　采用电流源激励天线,电流源可以用幅度恒定的基函数表示

外加磁流可以用磁带流来模拟。磁流在天线上产生入射场,从而感应出一

个电流。需要指出的是,磁流的大小与跨越间隙的电压有关。当磁带非常薄时,它会在带的正下方产生一个尖锐的尖峰,这个尖峰函数可以用 delta 函数近似,因此可以将入射场近似为 delta 函数,这是著名的 delta 差距模型。

当磁带的宽度有限时,它产生的入射场具有类似高斯的脉冲形状,这可以用作天线上的入射场。高斯脉冲会在间隙上感应出一个电压,但是为了简单起见,可以用具有相同面积并会引起相同压降(Lo et al. ,2013)的方形脉冲近似高斯脉冲入射场。

可以使用图 4.6 所示的小环形在现实世界中实现磁带源。众所周知,小环形天线就像一个磁偶极子,而环形体可以被认为是一串磁偶极子,形成一个仿真磁流环路的圆。天线上感应电流是变压器作用,天线是变压器的次级绕组。这种环形天线已被用作测井勘探工具(Clark,1985)。

或者采用完美磁导体填充间隙区域,仅仅将电流 $\boldsymbol{J}_s$ 作为间隙表面上的等效电流也可以解决这个激励问题,以获得 PMC 间隙表面上的 $\boldsymbol{n}\cdot\boldsymbol{E}$, 从而得到电压,可以计算天线的输入阻抗。

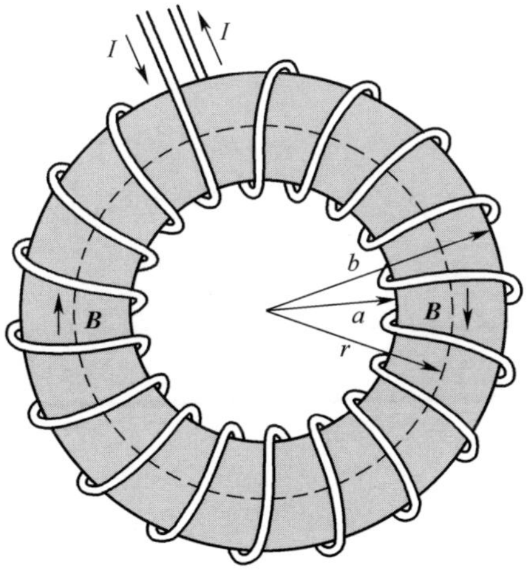

图 4.6　磁带源可以近似为一个小环形

(摘自 yperphysics. phy-astr. gsu. edu/hbase/magnetic/toroid. html)

但是填充 PMC 材料的间隙是开路电流的理想化模型,其中并没有电流流动。作为近似,将间隙替换为自由空间,并在间隙处用电流源激励天线,然后计算间隙处的合成电压以获得输入阻抗,这是电流源激励的天线模型。

4.1.6 子空间投影法

前面推导的积分方程和微分方程可以表示线性算子方程,用线性算子方程描述一般的线性问题,即

$$\mathcal{L} f = h \tag{4.17}$$

式中:L 为线性算子。这个线性算子在微分方程中表示微分算子,在积分方程中表示积分算子。在数学表示法中,经常写作 $L:V \to W$,这意味着它是将矢量空间 V 的元素映射到矢量空间 W 的元素上的线性算子,其中 V 被称为域空间,W 是算子 L 的值域空间。

采用标量方程说明子空间投影法,因为当使用矢量方程时数学概念没有很大差异。对于微分算子,显式形式为

$$(\nabla^2 + k^2) f(\boldsymbol{r}) = h(\boldsymbol{r}) \tag{4.18}$$

这是亥姆霍兹方程或波动方程的频域形式。必须规定边界条件以及辐射条件或损耗条件,以使上述方程的解是唯一的(Chew,1990)。

对于积分方程,可以考虑采用标量积分方程,显式形式为

$$\int \mathrm{d}\boldsymbol{r}' g(\boldsymbol{r},\boldsymbol{r}') f(\boldsymbol{r}') = h(\boldsymbol{r}) \tag{4.19}$$

式中:$g(\boldsymbol{r},\boldsymbol{r}') = \exp(\mathrm{i}k|\boldsymbol{r} - \boldsymbol{r}'|/(4\pi|\boldsymbol{r} - \boldsymbol{r}'|$ 为格林函数,也称为内核。

它们是无穷维 Hilbert 空间中指数不可数无穷的方程。为了使它们具有可计算性,寻找一个子空间,在这个子空间中找到上述方程的一个近似解,然后将这个解投影到该子空间中。这个过程系统描述如下:选择具有 N 个基函数 $f_n(n = 1,\cdots,N)$ 的基组,该基函数的跨度近似为算子域空间。根据这个子空间中的基函数来展开未知的 f,即

$$f(\boldsymbol{r}) \doteq \sum_{n=1}^{N} a_n f_n(\boldsymbol{r}) \tag{4.20}$$

线性算子方程可以写成

$$\sum_{n=1}^{N} a_n \mathcal{L} f_n \doteq h \tag{4.21}$$

由于选择了有限数量的基函数,所以只能近似满足上面的等式,而且式(4.21)的解仍然难以求解。为了解决这个问题,用 $w_m(r)(m = 1,\cdots,N)$ 加权或测试方程将式(4.21)转换成矩阵方程。因此,有

$$\sum_{n=1}^{N} a_n \langle w_m, \mathcal{L} f_n \rangle = \langle w_m, h \rangle, m = 1, \cdots, N \tag{4.22}$$

其中内积定义为

$$\langle u, v \rangle = \int u(\boldsymbol{r}) v(\boldsymbol{r}) \mathrm{d}\boldsymbol{r} \tag{4.23}$$

积分超过函数 u 和 v 的支持范围。当它们被定义在一个体积(面)上时,可以看作体(面)积分。

式(4.22)意味着如果将式(4.21)投影到 $w_m(\boldsymbol{r})$ $(m = 1, \cdots, N)$ 所跨度的子空间上,那么它完全成立。

最近的研究表明,如果测试函数 w_m 是从值域空间的对偶空间中选择的,那么上述等式是原算子方程很恰当的近似或矩阵表示(Cools et al.,2009)。对偶空间可以大于或小于值域空间。

式(4.22)现在构成一个矩阵方程,即

$$\hat{\overline{\boldsymbol{L}}} \cdot \boldsymbol{a} = \boldsymbol{h} \tag{4.24}$$

$$(\overline{\boldsymbol{L}})_{mn} = \langle w_m, \mathcal{L} f_n \rangle \tag{4.25}$$

$$(\boldsymbol{a})_n = a_n \tag{4.26}$$

$$(\boldsymbol{h})_m = \langle w_m, h \rangle \tag{4.27}$$

$$(\boldsymbol{a}) = (\overline{\boldsymbol{L}})^{-1} \cdot \boldsymbol{h} \tag{4.28}$$

矩阵方程可以用很多方法求解。在上文中,测试函数由辅助方程(Chew,1990)确定。测试函数的选择要便于精确求解辅助方程,而扩展函数或基函数的选择要便于精确求解基本方程。在值域空间和域空间交换处辅助方程是原方程的伴随或转置。可以看出,算子的左域空间是值域空间的对偶空间。因此,如果测试函数很好地求解辅助方程,那么它们就很好地逼近原始算子的左域空间,即原方程值域空间的对偶空间,这与最近的发现是一致的。

上述将算子方程转化为矩阵方程的过程是有限元法或矩量法背后的基本方法。它们被称为 Galerkin 方法、Petrov-Galerkin 方法、加权余量法、配点法和点匹配法(Chew,1990,第 5 章),但是它们都可以被看作子空间投影法。

当 L 是微分算子时,矩阵 $\overline{\boldsymbol{L}}$ 是稀疏的,因为微分算子是局部算子。然而,当 L 是积分算子时,矩阵 $\overline{\boldsymbol{L}}$ 是稠密的。在微分方程中,未知量是渗透于所有空间的场。因此,微分方程求解器中的未知量通常很大,但是采用稀疏矩阵系统求解和存储它们成本较低。

对于积分方程,未知量是天线结构上的感应电流,因此未知量较小,因为电流仅存在于有限端口的结构上,但对应的矩阵稠密且难以存储。此外,构成矩阵元素的矩阵繁琐,如式(4.29)所示,因为算子涉及奇异性,必须小心评估。

$$\langle w_m, \mathcal{L} f_n \rangle \tag{4.29}$$

4.1.7 迭代方法

当未知量很大时,不会生成矩阵 $\overline{\boldsymbol{L}}$ 。数值线性代数中的迭代、无矩阵法被用来求解矩阵方程。因为只需要编写代码就可以计算结果,所以迭代方法可以无矩阵。

$$\overline{\boldsymbol{L}} \cdot \boldsymbol{a} \tag{4.30}$$

即矩阵对矢量作用的结果,而不是矩阵本身。对于稀疏矩阵,可以通过 $O(N)$ 运算来实现。对于密集矩阵,需要花费 $O(N^2)$ 来实现这个过程。然而,已经开发了许多快速解算器,能够在 $O(N)$ 或 $O(N\log N)$ 内进行该运算(Chewet et al.,2001)。

迭代求解矩阵方程时,数值线性代数起着重要的作用(Trefethenet al.,1997;Chewet al.,2009)。矩阵系统的条件数和特征值分布决定了迭代方法的收敛速度。Krylov 子空间方法是理解迭代方法收敛速度的常用方法。在这种方法中,通过在 Krylov 子空间中寻找到最佳拟合解,获得矩阵方程的解,即

$$\mathcal{K}^K(\overline{\boldsymbol{L}},\boldsymbol{r}_0) = \{\boldsymbol{r}_0, \overline{\boldsymbol{A}} \cdot \boldsymbol{r}_0, \overline{\boldsymbol{A}}^2 \cdot \boldsymbol{r}_0, \cdots, \overline{\boldsymbol{A}}^{K-1} \cdot \boldsymbol{r}_0\} \tag{4.31}$$

式中:$\boldsymbol{r}_0 = h - \overline{\boldsymbol{L}} \cdot a_0$,$a_0$ 是初始猜解。Krylov 子空间可以通过矩阵 $\overline{\boldsymbol{L}}$ 在矢量 $\boldsymbol{r}_0$ 上进行 $K-1$ 矩阵–矢量乘积获得。令 $\boldsymbol{a}_K = \boldsymbol{a}_0 + z_K$,使得 $z_K \in \kappa^K(\overline{\boldsymbol{L}},\boldsymbol{r}_0)$,该方法在第 K 次迭代中找到最优解 $\boldsymbol{a}_K$。这样第 K 次迭代的余量为

$$\begin{aligned} \boldsymbol{r}_K &= \boldsymbol{h} - \overline{\boldsymbol{L}} \cdot \boldsymbol{a}_K \\ &= \boldsymbol{r}_0 - \overline{\boldsymbol{L}} \cdot z_K \in \{\boldsymbol{r}_0, \overline{L} \cdot \boldsymbol{r}_0, \overline{\boldsymbol{L}}^2 \cdot \boldsymbol{r}_0, \cdots, \overline{\boldsymbol{L}}^K \cdot \boldsymbol{r}_0\} \\ &\in \mathcal{K}^{K+1}(\overline{\boldsymbol{L}},\boldsymbol{r}_0) \end{aligned} \tag{4.32}$$

换句话说,最小化的残差可以写成

$$\begin{aligned}\boldsymbol{r}_K &= \boldsymbol{r}_0 + \alpha_1 \overline{\boldsymbol{L}} \cdot \boldsymbol{r}_0 + \alpha_2 \overline{\boldsymbol{L}}^2 \cdot \boldsymbol{r}_0 + \cdots + \alpha_K \overline{\boldsymbol{L}}^K \cdot \boldsymbol{r}_0 \\ &= \sum_{k=0}^{K} \alpha_k \overline{\boldsymbol{L}}^k \cdot \boldsymbol{r}_0 = P_K^o(\overline{\boldsymbol{L}}) \cdot \boldsymbol{r}_0 \end{aligned} \tag{4.33}$$

式中：$P_K^o(x) = 1 + \alpha_1 x + \alpha_2 x^2 + \cdots + \alpha_K x^K$ 是 $\alpha_0 = 1$ 的最佳多项式，系数 $\alpha_1, \cdots, \alpha_K$ 为使 $\boldsymbol{r}_K$ 最小化的系数。

为了理解上述矩阵多项式的收敛性，根据 $\overline{\boldsymbol{L}}$ 的左右特征矢量扩展 $\boldsymbol{r}_0$（Chew et al，2009）

$$\boldsymbol{r}_0 = \sum_{n=1}^{N} \boldsymbol{v}_n (\boldsymbol{w}_n^t \cdot \boldsymbol{r}_0) \tag{4.34}$$

式中：$\boldsymbol{v}_n$ 为右特征矢量；$\boldsymbol{w}_n$ 为左特征矢量。它们共享相同的一组特征值并且相互正交，即 $\boldsymbol{w}_n \cdot \boldsymbol{v}_{n'} = \delta_{nn'}$，因此

$$\overline{\boldsymbol{L}} \cdot \boldsymbol{v}_n = \lambda_n \boldsymbol{v}_n \tag{4.35}$$

$$\boldsymbol{w}_n^t \cdot \overline{\boldsymbol{L}} = \lambda_n \boldsymbol{w}_n^t \tag{4.36}$$

式中：λ_n 为复数。显然

$$\overline{\boldsymbol{L}}^k \cdot \boldsymbol{r}_0 = \sum_{n=1}^{N} \lambda_n^k \boldsymbol{v}_n (\boldsymbol{w}_n^t \cdot \boldsymbol{r}_0) \tag{4.37}$$

将式(4.37)代入式(4.33)，可以得到

$$\boldsymbol{r}_K = \sum_{n=1}^{N} \sum_{k=0}^{K} \alpha_k \lambda^n \boldsymbol{v}_n (\boldsymbol{w}_n^t \cdot \boldsymbol{r}_0) = \sum_{n=1}^{N} P_K^o(\lambda_n) \boldsymbol{v}_n (\boldsymbol{w}_n^t \cdot \boldsymbol{r}_0) \tag{4.38}$$

$$\boldsymbol{r}_K = \sum_{k=0}^{K} \overline{\boldsymbol{L}}^k \cdot \boldsymbol{r}_0 = \sum_{n=1}^{N} P_K^o(\lambda_n) \boldsymbol{v}_n (\boldsymbol{w}_n^t \cdot \boldsymbol{r}_0) \tag{4.39}$$

$$\boldsymbol{r}_0 = g - \overline{\boldsymbol{L}} \cdot \boldsymbol{a}_0 \tag{4.40}$$

$$\boldsymbol{r}_1 = \boldsymbol{r}_0 + \alpha'_1 \overline{\boldsymbol{L}} \cdot \boldsymbol{r}_0 \tag{4.41}$$

可以看出，第 K 次迭代中的残差与第 N 个特征值 λ_n 处的最优多项式 $P_K^o(\lambda_n)$ 的值成正比。如果 $K = N$，则可以找到一个多项式，使得在所有这些特征值上 $P_K^o(\lambda_n)$ 恰好为零，这意味着残差是零。当 $K<N$ 时，如果特征值在复平面上聚集在一起，则残差仍然可以变小。由于多项式具有 $P_K^o(0) = 1$ 的值，所以如果在原点附近有很多特征值，那么很难拟合多项式，使其接近原点。因此，具有接近原点的特征值对于收敛是不利的，因为很难找到拟合多项式。同样，如果特征

值在复平面上广泛分布,也很难找到拟合的多项式。所有这些情况都会产生矩阵系统的不良条件数,定义为$|\lambda_{max}|/|\lambda_{min}|$,即最大特征值与最小特征值之比。因此,用迭代求解器求解时,一个病态矩阵收敛性很差。

4.1.8 积分方程的快速算法

由于在天线结构变得电大(与波长相比较大)时数值方法的工作量增加,因此求解由麦克斯韦方程组得出的矩阵方程的快速求解算法引起了人们的兴趣。

微分方程求解器自然会产生稀疏矩阵,求解过程可以轻松实现无矩阵。缺点是存在网格离散误差,其有害效应随着问题的规模而增加(Leeandangellaris,1992)。在这种情况下,研究者一直在努力减少未知数,因为未知数是渗透所有空间的场。此外,精度的提高对减轻网格色散误差也是必要的。使用更高阶的方法来减少未知量,但是会降低矩阵的稀疏性。此外,微分方程求解器中的未知量随着模拟区域的体积而增加,因此受到维数的严重影响。

直接反演有限元矩阵的方法已被广泛研究。由于微分方程的FEM矩阵的稀疏性,它可以通过嵌套剖分排序法(Axelsson and Barker,1984)在$N^{1.5}$中以二维和N^2中以三维直接求逆。此外,对于形状为长方形的区域,常用波前法求逆有限元矩阵。

微分方程求解器的另一热门研究领域是吸收边界条件(ABC)的设计(Chew,1990,第4章)。完美匹配层(PML)(Berenger,1994)和坐标拉伸PML(Chew and Weedon,1994)在这一领域的数值计算中非常流行。坐标拉伸PML从匹配渐近领域汲取灵感,坐标拉伸用于强调问题的某种物理特性。此外,还开发了各向异性介质PML(Sackset et al.,1995)。这个研究主题引起了许多研究人员的兴趣。

大多数吸收边界条件不完美,一个严格而完美的吸收边界条件实际上是由FEM或FDM求解的微分方程解域的边界积分方程截断(Jin,2002; Volakis et al.,1998; Zhu and Cangellaris,2006)。这在过去已经避免,因为边界积分方程会产生需要高代价求解和存储的稠密矩阵。但是快速算法的出现改变了这种局面(Chew et al.,2001; Peng et al.,2011)。快速算法加速的边界积分方程由于充当了严格的吸收边界条件,用来减小有限元方法的域尺寸。

计算复杂性的残酷表现为:积分方程在过去很难解决而且代价高昂,它们通常会产生密集的矩阵系统，需要 $O(N^3)$ 计算机时间求解以及 $O(N^2)$ 存储器需求，这些计算复杂性对于大型问题来说过于笨拙，快速方法的进步通过在这些计算复杂度标度中减小 N^α 中指数的 α 的大小来消除这个瓶颈。

对于迭代求解器，快速方法可以将计算时间复杂度降低到 $O(N \log N)$。而且，这些方法中的许多种都可以实现无矩阵，从而只需要存储未知矢量和相邻互作用对应矩阵的对角线部分。因此，内存需求可以减少到 $O(N)$。基本上有 3 种常用方法来加速积分方程的求解。

（1）基于快速傅里叶变换（FFT）的技术。在这种技术中，积分算子尽可能构造成类似于卷积积分的形式，然后使用 FFT 加速卷积，使其能够在 $O(N \log N)$ 运算中评估矩阵矢量积。对于表面结构或稀疏填充结构，在 FFT 中需要大量的零填充，复杂度更差，并不是最优的（Borup and Gandhi，1984）。

（2）基于矩阵压缩的技术。求解积分方程后得到的 MOM 矩阵为低秩。低秩的原因有两种，即网格密度的过度离散化和物体上电流之间的远距离相互作用。奈奎斯特采样定理需要每个波长至少有两个点的离散化，以捕获物体上电流的振荡特性。但是通常情况下，使用远高于奈奎斯特采样率的离散化。在这种情况下，在未知计数中会产生冗余，并且随后的矩阵系统的排名比未知计数更低。这样的矩阵系统可以使用矩阵压缩技术（如小波（Wagneret et al.，1993）、自适应交叉近似及简单快速多极等）（Zhaoet et al.，2004）容易地压缩。由于远距离交互而具有低秩的交互矩阵更难以压缩。它们不能被压缩到奈奎斯特屏障之外（Wagner et al.，1993），但采用物理射线方法可将它们进一步压缩到奈奎斯特屏障之外。当涉及波物理学时，为了有效地进行远距离相互作用而压缩矩阵的唯一可行方法是基于多极子的方法（Chew et al.，2001）。

（3）基于多极子的方法。简单的快速多极子方法可以很容易地加快涉及电路物理或拉普拉斯解的求解。已经提出了将这种算法推广到波物理的情况，但是它的逐字使用对于波物理并不起作用。加速波物理情况的唯一可行方法是多层快速多极子算法（Chew et al.，2001），其中增加了层间的插值和反插值。该算法是基于树的算法，远距离相互作用的矩阵在纸上进行分析对角化，而不是通过代数或数值方法。所需对角线元素的数量与矩阵的秩是成比例的，原因是矩阵秩与群相对于波长的尺寸而增加，在倒置树的上层附近，矩阵的秩较高，而在较低秩附近，它们的秩较低。

对于这些矩阵的不同秩,即使它们是对角化的,其尺寸对于不同维度也是不同的。因此,由于它们的秩不同,在层之间需要进行插值和反插值,这非常符合多层多重网格方法的精神。通过这种增强,多层快速多极子算法给出了执行具有 $O(N\log N)$ 复杂度的矩阵矢量乘积的最佳复杂度。正是通过这种算法,解决了数千万至数亿乃至超过30亿个未知数的物理问题(Michiels et al. ,2014)。

多层快速多极子算法的关键在于当元素 i 和 j 相隔很远时,矩阵元素 $\boldsymbol{L}_{ij}$ 的因式分解。则可以表示为(Chew et al. ,2001)

$$\boldsymbol{L}_{ij}=\widetilde{\boldsymbol{V}}^{t}_{f,i,i_1}\cdot\bar{\boldsymbol{I}}^{t}_{1}\cdot\tilde{\bar{\beta}}_{i_1,i_2}\cdot\bar{\boldsymbol{I}}^{t}_{2}\cdots\tilde{\bar{\beta}}_{i_N,L}\cdot\tilde{\bar{\alpha}}_{LL'}\cdot\tilde{\bar{\beta}}_{L',j_N}\cdots\bar{\boldsymbol{I}}_{2}\cdot\tilde{\bar{\beta}}_{j_2,j_1}\cdot\bar{\boldsymbol{I}}_{1}\cdot\widetilde{\boldsymbol{V}}_{s,j_1,j} \tag{4.42}$$

分解使得矩阵矢量积可以仿真图4.7所示的电话多级网络连接,这里与电话直接连接相比,网络连接电话线路的数量大大减少。在式(4.42)中,$\boldsymbol{\alpha}$ 和 $\boldsymbol{\beta}$ 是对角线矩阵,而 $\bar{\boldsymbol{I}}$ 矩阵是非平方的准对角线插值和反插值矩阵。因此,分解矩阵的存储需求很小,可以在树算法中复用。在这个多层算法中有 $\log N$ 层,每层都需要 $O(N)$ 的工作负载以及内存要求。因此,CPU和内存复杂度都是 $O(N\log N)$,其他因素不会导致 $O(N\log N)$ 的复杂性。

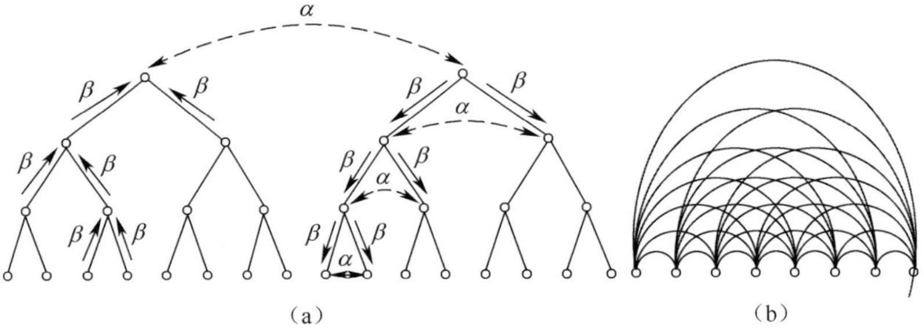

图4.7 式(4.42)中矩阵 $\boldsymbol{L}_{ij}$ 的因式分解使得矩阵矢量乘积模拟电话多级
(a)网络连接(Chew et al. ,2001);(b)电话的直接线路连接需要大量线路。

4.2 电磁结构的电路模型

当通过诸如同轴线、带状线或其他类型波导的连通在电子器件间传导电磁波就形成了电路(Pozar,2011; Celik et al. ,2002)。电路系统是电动力学的静态或准静态近似,基本电路原理,如基尔霍夫电流定律(KCL)和基尔霍夫电压定律(KVL)都可以从麦克斯韦方程推导出来(Pillegi et al. ,1995; Balanis,2012a)。天线被认为是电路系统的终端设备,用于在特定频带内使电路与传播信道阻抗匹配。然而,与大多数准静态或静态电路元件不同,天线的工作原理必须依赖于动态场。由于存在位移电流,电场和磁场相互耦合,从而使波传播(Chew,1990),这意味着可靠的天线建模方法必须基于全波分析。但是,建立辐射结构的电路模型有助于将其与其他电路子系统集成设计以表征和优化系统性能,因此输入阻抗和回波损耗等参数被广泛使用。在实践中,由于许多天线可表现为低 Q 谐振槽,则天线设计多采用电路理论来优化性能,因此,分布式电磁结构的电路建模方法是本部分的重点。

4.2.1　源自麦克斯韦方程的基本电路法

1. 电阻

对于具有有限电导率 σ 的一段金属线中的电流细丝,如果内部电场 $\boldsymbol{E}$ 是均匀的,则由于 $\boldsymbol{E}$ 导致的传导电流为

$$\boldsymbol{J} = \sigma \boldsymbol{E} \tag{4.43}$$

对于各向同性介质,电流密度和场都是相同方向的矢量。对于在笛卡儿坐标系中沿 x 方向流动的电流分量,它只与 $\boldsymbol{E}$ 的 x 分量有关,即

$$J_x = \sigma E_x \tag{4.44}$$

对于静态场,电场等于电势的负梯度。如果与 x 方向正交的导体横截面面积为 ΔS,并且假定 J_x 在非常小的长度 ΔL_x 上是恒定的,则可以从式(4.44)中导出沿 x 方向穿过导体的电流为

$$I_x = \frac{\Delta V_x}{R_x} \tag{4.45}$$

式中:ΔV_x 为沿 x 方向的势能(电压)下降,R_x 为

$$R_x = \frac{\Delta L_x}{\sigma \Delta S} = \frac{\rho \Delta L_x}{\Delta S} \tag{4.46}$$

式中:ρ 为常规电阻率。因此,在静态近似下,式(4.44)是在 x 方向上的电路欧姆定律,而式(4.43)是各个方向上的电路欧姆定律。对于电动力学,电场不是简单的标量势能梯度,电流分布可能随空间而很快变化。因此,欧姆的电路定律

只能应用于电小部件,对于电大电路系统,真正基于电动力学的全电路模型非常复杂。

2. 电感

电感表征了导体通过流经它的电流在自身或其他导体中产生电压的能力。基于法拉第定律,这个定义通常与环形导体有关(Pozar,2011; Balanis,2012a)。但是,在辅助电势的帮助下,部分电感与常规电感可以定义一致。感应电压 u,电流 i 和电感 L 之间的关系定义为

$$u = L\frac{\partial i}{\partial t} \tag{4.47}$$

如果在电流回路自身测量到时变电压 u,则称 L 为自感。如果在另一个电流环路上测量到电压 u,则称为互感。当电路系统的尺寸较小时,可以通过磁通来定义电感。如果 ψ 是由电流 i 产生的通过环路的总磁通量,则有

$$\psi = Li \tag{4.48}$$

假设回路由完美导体构成,其横截面为零。如果工作频率太低以至于回路是电小尺寸,则回路上的电流几乎为零。然而,对于高频情况,电流变化很快,常规基于环路的电感的物理解释和建模将变得不适用。

3. 电容

电容是导体充电容量的度量,它通常是相对于某个参考电压或电势而言的。如果它相对无穷大,就是自电容。如果它与另一个导体相关,则是与该导体的互电容。电容的典型定义为

$$C = \frac{Q}{U} \tag{4.49}$$

式中:Q 为导体上的净电荷;U 为导体相对于其基准的偏置 DC 电压(其基准电势通常被认为是 0)。这个定义与式(4.48)是对偶关系。类似于式(4.47),另一种定义形式可以写成(Balanis,2012a)

$$i = C\frac{\partial u}{\partial t} \tag{4.50}$$

因此,电容会导致导体与其基准之间的分支电流。在动态情况下,导体不同位置处的电压变化可能会呈现很大差异,而且势能本身在描述动态场时是有限的,因此,全波情况下实际电容的定义比静态情况更复杂。

通常，电容对频率的敏感性较低，因为大多数使用的导体具有高电导率，因此，基于式(4.49)的近似静态电容，可以很好地应用于许多实际建模方法中。

4. KVL

基于法拉第定律的积分形式，沿着闭环的总压降可写为

$$\sum_{c} u_{c} = \oint_{C} \mathrm{d}\boldsymbol{l} \cdot \boldsymbol{E} = - \frac{\partial \psi}{\partial t} \tag{4.51}$$

其中总磁通量是 $\psi = \int_{s} \mathrm{d}\boldsymbol{s} \cdot \boldsymbol{B}$，下标 c 可以是 R、L 或 C，u_R表示环路中电阻引起的压降，u_L表示环路中电感引起的压降，u_C表示由于回路中的电容引起的压降。使用式(4.48)，有

$$\sum_{c} u_{c} = - L_{\mathrm{s}} \frac{\partial_{i}}{\partial t} \tag{4.52}$$

或者

$$\sum_{c} u_{c} + L_{\mathrm{s}} \frac{\partial_{i}}{\partial t} \tag{4.53}$$

式中：L_{s}为所有集总元件短路时的寄生环路自感，有时它也被称为杂散电感(Balanis，2012a)。当电路尺寸很小时，L_{s}是一个非常小的值。例如，半径为1cm，线径为1mm的圆形环路的自感为 2.99×10^{-8} H，而它已经是一个非常大的环路了，因此，如果在低频假设下忽略由 L_{s}引入的寄生电压，则式(4.53)为标准的基尔霍夫电压定律(KVL)，即

$$\sum_{c} v_{c} = 0 \tag{4.54}$$

但是，如果频率非常高，自感引入的电压不容忽视，传统的 KVL 将不再准确，必须使用式(4.53)来考虑 L_{s}的影响。

5. KCL

根据连续性方程，封闭小体积 V 的电路节点满足

$$\oint_{S} \mathrm{d}\boldsymbol{s} \cdot \boldsymbol{J} + \frac{\partial}{\partial t} \int_{V} \mathrm{d}r\rho = 0 \tag{4.55}$$

式中：ρ 为体电荷密度；$\boldsymbol{J}$ 为电流密度。在低频近似下，电流仅流过金属线，电流密度在封闭表面积分为分支电流的总和。进一步，由式(4.49)和式(4.50)得出

$$\sum_{b} I_{b} + C_{n} \frac{\partial v_{n}}{\partial t} = 0 \tag{4.56}$$

这个等式也适用于低频率(Balanis,2012a)。下标 b 表示所有分支。这里,u_n是节点电压,而 C_n是连接到节点的所有分支相对于无限远处零电势地的总寄生自电容,可以通过去除 V 内的所有集总元件并计算所有导体的总自电容来计算。在低频时,C_n非常小,可以近似为零,则可以得到标准的基尔霍夫电流定律(KCL),即

$$\sum_b I_b = 0 \tag{4.57}$$

高频时,由自电容引入的寄生电流不能被忽略,基于纯电路理论的 KCL 将不再准确。

4.2.2 部分元等效电路方法

部分元等效电路(PEEC)方法由 Albert Ruehli 研制,基于积分方程(Ruehli,1972、1974; Ruehli and Brennan,1973)建立等效电路以解决寄生耦合问题,最开始它仅针对静态或准静态应用,没有考虑延迟,后来它扩展到包括延迟的全波情况。PEEC 是电磁学和电路理论之间非常方便的桥接方法,被许多电子设计自动化(EDA)软件广泛使用,也非常有助于天线等谐振结构的建模。尽管 PEEC 方法解决了电路求解中的问题,但它的公式实际上是从积分方程出发的(Chew,1990)。改进的节点分析(MNA)电路求解器(Ho et al. , 1975)基本上考虑了在低频率状态下电场和磁场的解耦效应,因此在它的制定过程中涉及 KCL 和 KVL。研究人员还开发了一些基于相同物理概念的低频全波积分方程模拟方法,如增广矩量方程法(A-EFIE)(Qian and Chew,2009)。

1. 部分电感

假设有两个回路 i 和 j,电流 I_i 和 I_j(Ruehli,1972)。对于低频率,I_i 和 I_j 在每个环路上近似为常数,则两个回路之间的互感 L_{ij}为

$$L_{ij} = \frac{\psi_{ij}}{I_j} \tag{4.58}$$

式中:ψ_{ij}为由回路 j 中电流引起的通过回路 i 的磁通量。它可以被进一步写为

$$\psi_{ij} = \int_{\boldsymbol{S}_i} \mathrm{d}S_i \cdot \boldsymbol{B}_{ij} = \frac{1}{a_i}\int_{a_i} \mathrm{d}a_i \int_i \mathrm{d}\boldsymbol{I}_i \cdot \boldsymbol{A}_{ij} \tag{4.59}$$

式中:$\boldsymbol{s}_i$ 为环路 i 的环路表面;$\boldsymbol{B}_{ij}$ 为磁通密度;$\boldsymbol{A}_{ij}$ 为环路 j 中的电流在环路 i 中

产生的磁矢量电势;a_i是环路 i 围成的横截面积。矢量势 $\boldsymbol{A}_{ij}$ 采用积分核为均匀介质 Green 函数的积分来表示,即

$$\boldsymbol{A}_{ij} = \oint_{\text{loop}_j} \mathbf{d}\boldsymbol{r}' \frac{\mathrm{e}^{-\mathrm{j}k|\boldsymbol{r}_i - \boldsymbol{r}'|}}{4\pi|\boldsymbol{r}_i - \boldsymbol{r}'|} \mu \boldsymbol{J}_j(\boldsymbol{r}') \tag{4.60}$$

假定工作频率较低并且导线的横截面总是很小,那么沿着环路和横截面的电流几乎是均匀的。因此,有

$$\boldsymbol{A}_{ij} = \frac{\mu}{4\pi} \frac{I_j}{a_j} \int_{a_j} \mathrm{d}a_j \oint_j \mathrm{d}\boldsymbol{l}_j \left[\frac{1}{r_{ij}}\right] \tag{4.61}$$

式中:I_j 为从公共电路角度看的环路 j 的电流。使用式(4.58)和式(4.59),有 L_{ij},即

$$L_{ij} = \frac{1}{a_i a_j} \frac{\mu}{4\pi} \oint_i \oint_j \int_{a_i} \int_{a_j} \left[\mathrm{d}\boldsymbol{l}_i \cdot \mathrm{d}\boldsymbol{l}_j \mathrm{d}a_i \mathrm{d}a_j \frac{1}{r_{ij}}\right] \tag{4.62}$$

如果 a_i 和 a_j 很小(丝状电流),则可以进一步简化为与横截面无关的形式,即

$$L_{ij} = \frac{\mu}{4\pi} \oint_i \oint_j \left[\mathrm{d}\boldsymbol{l}_i \cdot \mathrm{d}\boldsymbol{l}_j \frac{1}{r_{ij}}\right] \tag{4.63}$$

如果导线横截面不够小,则导线必须沿着纵向分成许多电流细丝,假定每个电流细丝在其横截面上具有恒定电流,则式(4.63)描述了一组以并联方式连接的电感的结果。

通过细线和短线的假设,如果将每个环分成小段,互感就是部分电感贡献的总和。例如,如果循环 i 被分割成 K 个片段,而循环 j 被分成 M 个片段,则

$$L_{ij} = \sum_{k=1}^{K} \sum_{m=1}^{M} \frac{\mu}{4\pi} \frac{1}{a_{ik} a_{jm}} \int_{l_{ik}} \int_{a_{ik}} \int_{l_{jm}} \int_{a_{jm}} \mathrm{d}a_{ik} \mathrm{d}a_{jm} \frac{\mathrm{d}\boldsymbol{l}_{ik} \cdot \mathrm{d}\boldsymbol{l}_{jm}}{r_{km}} \tag{4.64}$$

式中:下标 ik 为回路 i 上的第 k 个电流细丝;jm 为回路 j 上的第 m 个电流细丝;而且 p 表示部分;a_{ik}为环路 i 上第 k 个电流灯丝的横截面积;l_{ik}为环路 i 的第 k 个电流细丝;其他符号以类似的方式定义。如果将式(4.64)中双加和的核函数定义为部分电感 $L_{p_{ij}}^{km}$,得到

$$L_{p_{ij}}^{km} = \frac{\mu}{4\pi} \frac{1}{a_{ik} a_{jm}} \int_{l_{ik}} \int_{a_{ik}} \int_{l_{jm}} \int_{a_{jm}} \mathrm{d}a_{ik} \mathrm{d}a_{jm} \frac{|\mathrm{d}\boldsymbol{l}_{ik} \cdot \mathrm{d}\boldsymbol{l}_{jm}|}{r_{km}} \tag{4.65}$$

那么总电感就是部分电感的总和,即

$$L_{ij} = \sum_{k} \sum_{m} S_{ij}^{km} L_{p_{ij}}^{km} \tag{4.66}$$

式中:S_{ij}^{km} 为 $\mathrm{d}\boldsymbol{l}_{ik} \cdot \mathrm{d}\boldsymbol{l}_{jm}$ 点乘积的符号。因此,它不是+1 就是-1。如果忽略横截面上的积分,则部分电感被简化为

$$L_{p_{ij}}^{km} = \frac{\mu}{4\pi}\int_{l_{ik}}\int_{l_{jm}} \frac{|\mathrm{d}\boldsymbol{l}_{ik} \cdot \mathrm{d}\boldsymbol{l}_{jm}|}{r_{km}} \tag{4.67}$$

$L_{p_{ij}}^{km}$ 的物理意义非常有趣,如果将两个电流细丝 l_{ik} 和 l_{jm} 放置在同一平面上,如图4.8所示,从电流 ik 到 jm 终点的投影线将形成具有电流 ik 和无穷大的无限大环。由于积分核(静态格林函数)在无穷远处为零,因此 l_{jm} 与两条投影线都是正交的,并且 $\int_{l_{ik}}$ 可以写成部分电感定义(式(4.62))中的环路积分(如果忽略核中的1.1运算)。因此,有

$$L_{p_{ij}}^{km} = \frac{\mu}{4\pi}\oint_{l_{ik}} \mathrm{d}\boldsymbol{l}_{ik} \cdot \int_{l_{jm}} \frac{\mathrm{d}\boldsymbol{l}_{jm}}{\boldsymbol{r}_{km}} = \oint_{l_{ik}} \mathrm{d}\boldsymbol{l}_{ik} \cdot \frac{\boldsymbol{A}_{i,km}}{\boldsymbol{I}_{jm}} = \frac{1}{\boldsymbol{I}_{jm}}\int_{S_{ik}} \mathrm{d}\boldsymbol{S} \cdot \boldsymbol{B}_{i,km} \tag{4.68}$$

式中:$\boldsymbol{A}_{i,km}$ 为电流细丝 l_{jm} 在无限环内部产生的如式(4.60)所定义的磁矢量势。因此,即使部分电感的公式没有完整的环路,它实际上可以采用通过电流投影线形成的无穷大环路,即

$$L_{p_{ij}}^{km} = \frac{\psi_{ik,jm}}{I_{jm}} \tag{4.69}$$

上述定义和性质也适用于当 $i=j$ 和 $k=m$ 时的情况,这意味着它们对于自感也是有效的。使用互部分电感作为参考,可以理解自部分电感相当于通过无穷大、两条正交投影线和电流细丝本身形成环路的磁通量。

如果两条电流细丝都在同一个矩形环上并且相互平行,它们将具有相反的电流方向,如图4.9所示。在式(4.66)中 $S_{ii}^{km}=-1$ 是针对互感部分电感 L_{pii}^{km},而 $S_{ii}^{km}=+1$ 是针对自感部分电感 L_{pii}^{km}。从 l_{ik} 到无穷大的磁通区域在 l_{im} 到无穷大的区域完全消除,因此仅保留两个电流细丝之间的通量区域。当该区域被另一对垂直电流细丝封闭时,将形成一个完整的环路,并且环路区域将直接决定总电感,这与常规电路概念是一致的。

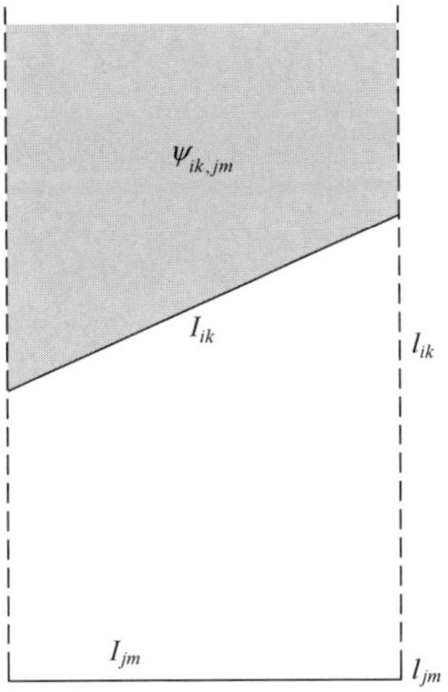

图 4.8　部分电感的磁通环路

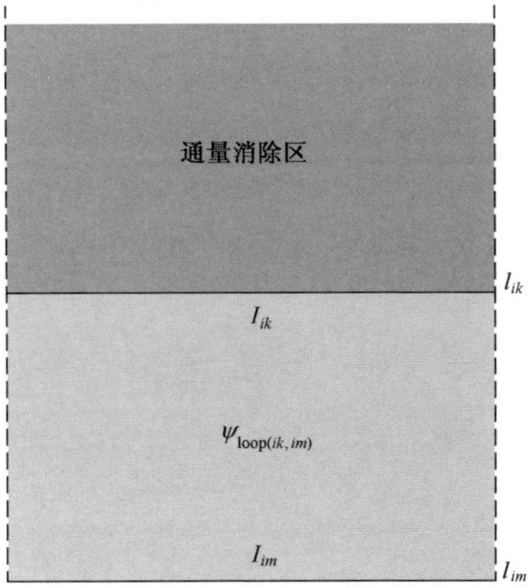

图 4.9　基于部分电感的磁通环路

2. PEEC 公式

假设传导互连的电路被分成 N_1 个电流丝（Ruehli et al.，2003，2013；Rong and Cangellaris，2001）。如果电导率是有限的，那么它对于一个导线段的时域电场为

$$\boldsymbol{E}(\boldsymbol{r},t)=\frac{\boldsymbol{J}(\boldsymbol{r},t)}{\sigma}+\frac{\partial \boldsymbol{A}(\boldsymbol{r},t)}{\partial t}+\nabla_{\phi}(\boldsymbol{r},t) \tag{4.70}$$

矢量电势 $\boldsymbol{A}$ 由包括其自身在内的所有电流丝贡献。因此，它可以写成

$$\boldsymbol{A}(\boldsymbol{r},t)=\sum_{n_l=1}^{N_L}\frac{\mu}{4\pi}\int_{V_{n_l}}\mathrm{d}r' G(\boldsymbol{r},\boldsymbol{r}'),\boldsymbol{J}_{n_l}(\boldsymbol{r}',t') \tag{4.71}$$

式中：$\boldsymbol{J}_{nl}$ 为第 n_l 个电流丝上的电流密度矢量；$G(\boldsymbol{r},\boldsymbol{r}')$ 为格林函数，有

$$G(\boldsymbol{r},\boldsymbol{r}')=\frac{1}{|\boldsymbol{r}-\boldsymbol{r}'|} \tag{4.72}$$

t' 为迟滞的源时间，有

$$t'=t-\frac{|\boldsymbol{r}-\boldsymbol{r}'|}{c/\sqrt{\mu_r\epsilon_r}} \tag{4.73}$$

标量势能 ϕ 由电荷分布贡献。由于设计中通常使用良导体，因此导体内几乎没有电荷，所有损耗都在导体表面上。假设所有曲面都被划分为 N_C 非重叠

片,并且每个片上的电荷密度通常定义为 ρ, 则标量电势写为

$$\phi(\boldsymbol{r},t)=\sum_{n_c=1}^{N_C}\frac{1}{4\pi\epsilon}\int_{S_{n_c}}\mathrm{d}\boldsymbol{r}'g(\boldsymbol{r},\boldsymbol{r}')\rho_{n_c}(\boldsymbol{r}',t') \tag{4.74}$$

因此,式(4.70)可以写成

$$\boldsymbol{E}(\boldsymbol{r},t)=\frac{J(\boldsymbol{r},t)}{\sigma}+\sum_{n_l=1}^{N_L}\frac{\mu}{4\pi}\int_{V_{n_l}}\mathrm{d}\boldsymbol{r}'G(\boldsymbol{r},\boldsymbol{r}')\frac{\lambda\,\partial\boldsymbol{J}_{\boldsymbol{n}_l}(\boldsymbol{r}',t')}{\partial t}+$$

$$\sum_{n_c=1}^{N_C}\frac{1}{4\pi\epsilon}\nabla\int_{S_{n_c}}\mathrm{d}S'G(\boldsymbol{r},\boldsymbol{r}')\rho_{n_c}(\boldsymbol{r}',t') \tag{4.75}$$

对于第 m 个电流丝,它不是在导体的内部就是在表面上。如果沿着电流丝进行 Galerkin 测试,沿电流丝方向的电场总是为零。因此,可以有

$$\frac{1}{\sigma}\int_{V_m}\mathrm{d}\boldsymbol{r}_mJ_m(\boldsymbol{r},t)+\sum_{n_i=1}^{N_L}\frac{\mu}{4\pi}\int_{V_m}\int_{U_{n_l}}\mathrm{d}\boldsymbol{r}_m\mathrm{d}\boldsymbol{r}'_{n_l}G(\boldsymbol{r},\boldsymbol{r}')\frac{\partial\boldsymbol{J}_{n_l}(t'_m)}{\partial t}S_{m,n_l}+$$

$$\sum_{n_c=1}^{N_C}\frac{1}{4\pi\varepsilon}\int_{V_m}\mathrm{d}\boldsymbol{r}_m\boldsymbol{u}_m\cdot\nabla\int_{S_{n_c}}\mathrm{d}s'_{n_c}G(\boldsymbol{r},\boldsymbol{r}')\rho_{n_c}(\boldsymbol{r}',t')=0 \tag{4.76}$$

其第一项对应于电阻压降,即

$$V_{R_m}=\frac{1}{\sigma}\int_{V_m}\mathrm{d}\boldsymbol{r}_m\boldsymbol{J}_m(\boldsymbol{r},t)=\frac{\boldsymbol{I}_m}{\sigma}\int_{l_m}\mathrm{d}l_m=\frac{l_m}{\sigma}I_m=R_mI_m \tag{4.77}$$

式中:l_m 为第 m 个电流丝的纵向长度。因此,第一项显示了由损耗导体引起的欧姆电压降。

第二项对应于电感效应。这里, S_{m,n_l} 是测试电流方向和源电流方向之间的矢量点。如果假定所有电流丝都沿着笛卡儿坐标轴, $S_{m,n_l}=+1$、-1 或 0,这取决于它们的相对方向。采用上前文介绍的部分电感概念,有

$$V_{L_m}=\sum_{n_l=1}^{N_L}\frac{\mu}{4\pi}\frac{1}{a_ma_{n_l}}\int_{V_m}\int_{V_{n_l}}\mathrm{d}\boldsymbol{r}_m\mathrm{d}\boldsymbol{r}'_{n_l}G(\boldsymbol{r},\boldsymbol{r}')\frac{\partial J_{n_l}(t'_m)}{\partial t}S_{m,n_l} \tag{4.78}$$

$$=\sum_{n_l=1}^{N_L}L_p^{mh_l}\frac{\mathrm{d}}{\mathrm{d}t}I_{n_r}(t'_m) \tag{4.79}$$

因此,第二项是由于部分电感引起的电压降。应该注意的是,存在两种类型的电感对 U_{LM} 有贡献:一种是自偏电感;另一种是互偏电感。由于现实中有很多电流丝,互偏电感比自偏电感复杂得多。

第三项对应于电容耦合,可以用电势或电容表示。它使用中心差分来逼近

梯度,其中 $\boldsymbol{u}_m$ 是第 m 个电流的单位矢量方向。假设 $\boldsymbol{u}_m$ 代表 x、y 或 z 方向,那么

$$
\begin{aligned}
U_{C_m} &= \sum_{n_c=1}^{N_C} \frac{a_m}{4\pi\epsilon}\left[\int_{S_{n_c}} \mathrm{d}S' G(\boldsymbol{r}_{m+},\boldsymbol{r}')\rho_{n_c}(\boldsymbol{r}',t') - \int_{S_{n_c}} \mathrm{d}S' G(\boldsymbol{r}_{m-},\boldsymbol{r}')\rho_{n_c}(\boldsymbol{r}',t')\right] \\
&= \sum_{n_c=1}^{N_C} \frac{1}{4\pi\varepsilon}\rho_{n_c}\left[\int_{S_{n_c}} \mathrm{d}S' G(\boldsymbol{r}_{m+},\boldsymbol{r}') - \int_{S_{n_c}} \mathrm{d}S' G(\boldsymbol{r}_{m-},\boldsymbol{r}')\right] \\
&= \sum_{n_c=1}^{N_C} Q_{n_c}\left[pp^{+}_{i(m,n_c)} - pp^{-}_{i(m,n_c)}\right]
\end{aligned}
\tag{4.80}
$$

其中

$$
pp^{\pm}_{i(m,n_c)} = \frac{1}{4\pi\epsilon}\frac{1}{a_{n_c}}\int_{S_{n_c}} \mathrm{d}S' G(\boldsymbol{r}_{m\pm},\boldsymbol{r}') \tag{4.81}
$$

这里,位置 $\boldsymbol{r}_{m+}$ 和 $\boldsymbol{r}_{m-}$ 是第 m 个当前电流丝的两端,电流丝的终端节点位于分段恒定电荷密度片的中心。这与 FDTD 算法中的单元结构非常相似(Chew,1990),因此第三项被解释为等效电路中的电荷控制电压源(CCVC)。考虑所有这 3 项及其与系统其他部分的关系,可以轻松构建等效电路,如图 4.10 所示。

L_{self}是自偏电感,R_m是由于有限导电率导致的欧姆损耗,V_i是由其他位置的电流通过互偏电感产生的电压。这里,$V_{p,\text{mutual}}$是由来自其他位置的支路电流通过局部互电势产生的电压,$V_{p,\text{self}}$是由自电容耦合或局部自电势系数产生的电压。

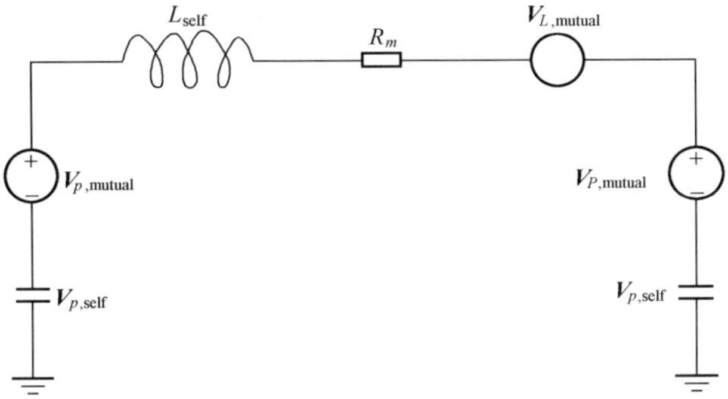

图 4.10　PEEC 模型的等效电路

通过这种方法,可以使用电路对分布式结构进行建模。由于每个小电片可能导致自偏电感和电容耦合电势,所以得到的电路是紧密耦合的。如果这个电路由电路求解器 SPICE(Nagel and Pederson,1973; Warwick,2009)求解,将得到

一个稠密的数字矩阵,其解决过程将耗费非常大的代价。可以采用许多方法来进一步解决该问题。应当指出,传统的 SPICE 解算器不能处理延迟,这意味着真正的全波电路模型不能直接由 SPICE 求解。因此,为了处理基于 PEEC 方法的电路模型,必须对 SPICE 求解器的方法进行某些修改。

4.3 低频计算电磁学

可以通过采用强制边界条件求解波动方程获得电磁场。由于这是一个线性问题,所以可以通过对时间方程进行傅里叶变换在频域中求解,理论上该方法涵盖从静态到光学的频率范围。一般来说,求解频域波动方程的问题可以分为 3 种模式,即低频模式、中频模式和高频模式(Chew et al. ,2008)。对于低频,典型电尺寸(L)远小于波长(λ),即 $L \ll \lambda$。在低频时,电磁场物理学与静态场物理学相近,磁场和电场彼此解耦。因此,电磁波方程简化为静电方程和静磁方程,它们彼此完全解耦(Zhao and Chew,2000)。此外,静电方程或泊松方程表征电容电路物理,而静磁方程或拉普拉斯方程表征电感电路物理。在中频范围内,波长与物体尺寸相当,即 $L \approx \lambda$。在这种情况下,电场和磁场紧密耦合。因此,电磁场变成波并且像典型的波物理学一样是振荡的。在高频范围内,波长远小于物体尺寸,$L \gg \lambda$,因此射线物理学的平面波成为主导。本节讨论将集中在低频计算电磁学,这在近期交叉学科的研究中变得越来越重要。

4.3.1 低频区域介绍

低频计算电磁学已研究多年(Chew et al. ,2008; Zhao and Chew,2000)。理论上,处于静态极限的电流或电荷不会辐射,但会产生与距电源距离的平方成反比的场。对于芯片级天线设计,互连和器件的典型尺寸通常比波长(标准 CMOS 工艺中的纳米到微米级)要小得多。

这意味着周围的场主要是准静态的,这就是为什么电路设计人员选取集总电路模型而非分布电路模型用于无源器件(如互连器、电感器和电容器)设计的原因。因此,为了用通用求解器捕捉电路物理,必须重新研究完善的全波求解器,并在低频极限下进行校正。

当 $\omega<0$ 时,4 个麦克斯韦方程可以分解为两部分:静磁部分,即

$$\nabla \times \boldsymbol{H} = \boldsymbol{J} \tag{4.82}$$

$$\nabla \cdot \boldsymbol{B} = 0 \tag{4.83}$$

和静电部分,即

$$\nabla \times \boldsymbol{E} = 0 \tag{4.84}$$

$$\nabla \cdot \boldsymbol{D} = \rho = \lim \frac{\nabla \cdot \boldsymbol{J}}{i\omega} \tag{4.85}$$

应注意,静电部分中的电流 $\boldsymbol{J}$ 必须为 ω 的数量级,以保持右侧有界。根据亥姆霍兹分解(Collins,1966),总电流 $\boldsymbol{J}$ 自然分解成螺线管(无散度)部分和非旋转(无旋度)部分,如

$$\boldsymbol{J} = \boldsymbol{J}_{\text{sol}} + \boldsymbol{J}_{\text{irr}} \tag{4.86}$$

式中:螺线管部分 $\boldsymbol{J}_{\text{sol}}$ 为主要产生磁场的涡流;而非旋转部分 $\boldsymbol{J}_{\text{irr}}$ 为主要在低频处产生电场的充电电流,它们在捕获电感和电容电路物理方面同样重要。当 $\omega \to 0, \boldsymbol{J}_{\text{irr}} \ll \boldsymbol{J}_{\text{sol}}$。因此,由于计算机精度的限制,前者通常无法在数值计算中正确获得,这也被称为低频不准确问题(Chew et al. ,2008)。以下各节中将讨论电场积分方程(EFIE)及其求解方案中的问题。另外,在时域 EFIE(TD-EFIE)中也发生了类似的低频问题(Andriulli et al. ,2009),而在磁场积分方程(MFIE)中也发生了低频不准确问题(Zhang et al. ,2003)。

4.3.2　电场积分方程(EFIE)中的低频问题

由于电场和磁场之间的解耦合,EFIE 方程中存在低频失效问题。这种故障的原因可以分为两类,即频率失效和网格密度失效。发生频率失效是因为在低频时矢量电势的贡献被标量电势的贡献所淹没。而且,它会引起标量电势项中散度算子的零空间,使 MoM 矩阵变得病态极重。基本上,传统的 EFIE 运算符可以用其混合势形式表示为

$$\mathcal{T}(\boldsymbol{J}) = \mathcal{T}_s(\boldsymbol{J}) + \mathcal{T}_h(\boldsymbol{J}) \tag{4.87}$$

其中平滑项 ($\mathcal{T}_s$) 和超奇异项 ($\mathcal{T}_h$) 定义为

$$\mathcal{T}_s(\boldsymbol{J}) = \mathrm{i}\omega\mu \boldsymbol{n}_r \times \int_{S'} \mathrm{d}S' g(\boldsymbol{r},\boldsymbol{r}')\boldsymbol{J} \tag{4.88}$$

$$\mathcal{T}_h(\boldsymbol{J}) = -\frac{1}{\mathrm{i}\omega\varepsilon}\boldsymbol{n}_r \times \nabla \int_{S'} \mathrm{d}S' g(\boldsymbol{r},\boldsymbol{r}') \nabla' \cdot \boldsymbol{J} \tag{4.89}$$

式中:

$$g(\boldsymbol{r},\boldsymbol{r}') = \frac{\mathrm{e}^{\mathrm{i}k_0 |\boldsymbol{r}-\boldsymbol{r}'|}}{4\pi |\boldsymbol{r}-\boldsymbol{r}'|} \tag{4.90}$$

为自由空间格林函数;k_0 为自由空间中的波数;ε 和 μ 为相对磁导率和介电常数;$\boldsymbol{J}$ 为任意形状的 PEC 表面 S' 上的表面电流,其在 $\boldsymbol{r}$ 处的向外单元法矢量由 $\boldsymbol{n}_r$ 表示;T_{s} 和 T_{h} 的域都是表面 S' 。这里,T_{s} 被称为平滑算子,因为算子的范围空间相对于其域的 1 阶是平滑的,而超奇异算子 T_{h} 降低了域空间的平滑度。

当时 $\omega \to 0$,超奇异项 T_{h} 为 $O(\omega^{-1})$,平滑项 T_{s} 为 $O(\omega^{1})$,且 $O(\omega^{-1})$ 优于 $O(\omega^{1})$ 。如上所述,由于式(4.89)中存在散度算子,并且 $\nabla' \cdot \boldsymbol{J}_{\mathrm{sol}} = 0$,所以 T_{h} 具有零空间。因此,病态 T 就像螺线管空间和非旋转子空间之间的第一类算子一样(Adams,2004)。这使阻抗矩阵在低频处几乎是奇异的且不可解(Zhao and Chew,2000)。对于 EFIE 算子而言,这就是所谓的低频失效问题。

4.3.3 低频补偿措施

在过去的几十年中,为了避免传统 EFIE 算子固有的不平衡,开展了许多研究工作。最常见的是环-树或环-星分解,它可以将低频静电和静磁物理学分开(Zhao and Chew,2000; Vecchi,1999; Lee et al. ,2003)。通过在未知列表中引入电荷并执行当前的连续性约束,提出了增广矩量方程法,称为 A-EFIE(Qian and Chew,2008)。以平衡的方式对频率缩放进行归一化,从而解决了低频失效问题。此外,成熟的 Calderón 乘法预处理 EFIE(CMP-EFIE)方法(Hsiao and Kleinman,1997; Adams,2004)的成功也使原始 EFIE 成为第二类 Fredholm 积分方程算子,即所谓的 T 算子正则化性,且不受网格密度失效的影响。不幸的是,虽然 A-EFIE和 CMP-EFIE 在低频下稳定,但都受到求解电流的低频不准确问题的困扰。微扰法作为一种补救措施,常用于捕获不同频率下的准确电流(Qian and Chew,2010; Sun et al. ,2013b)。

1. 环-树分解

不使用流行的 Rao-Wilton-Glisson(RWG)基函数,而是将 RWG 基函数分解为元素具有零散度的环基函数和具有非零散度的树基(或星基)函数,如图 4.11 所示。这里,$\boldsymbol{\rho}^{\pm}(\boldsymbol{r})$ 是从 $\boldsymbol{r}$ 点到各三角形顶点的矢量,±是各个三角形的支持,这被称为环-树或环-星分解,是一个准 Helmholtz 分解,因为树或星展开函数不是无旋的。在一些基于有限元方法的工作中,这也被称为树-余树分解(Manges and Cendes,1995)。在这里,应该将由 RWG 基函数跨越的空间称为 RWG 空间,由树(或星)基函数跨越的子空间称为树(或星)空间,并将由环基函数跨越的子空间称为环空间。因此,总表面电流可以扩展为

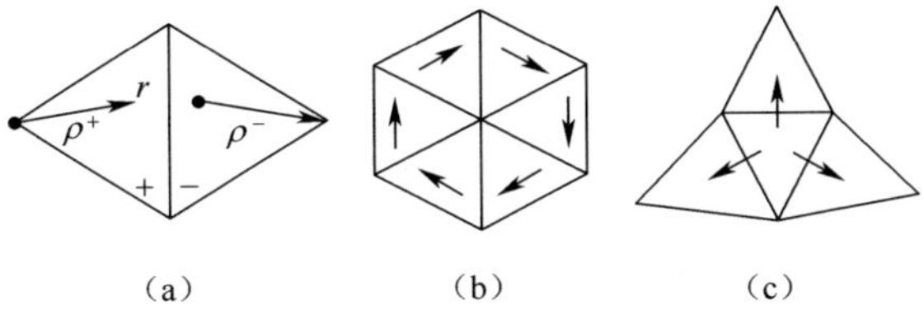

图 4.11　RWG、环和星基函数的表示形式

(a)RWG;(b)环;(c)星。

$$\boldsymbol{J}(r')=\sum_{n=1}^{N_L} I_{Ln}\boldsymbol{J}_{Ln}(\boldsymbol{r}')+\sum_{n=1}^{N_C} I_{Cn}\boldsymbol{J}_{Cn}(r') \tag{4.91}$$

式中:$\boldsymbol{J}_{Ln}(r')$ 为无散度的循环基函数,使得 $\nabla\cdot\boldsymbol{J}_{Ln}(r')=0$;$\boldsymbol{J}_{Cn}(r')$ 为非无散度的树(或星)基函数,使得 $\nabla\cdot\boldsymbol{J}_{Cn}(\boldsymbol{r}')\neq 0$,且用于对系统中的电荷进行建模。以上可以用矩阵形式写成

$$\boldsymbol{J}(r')=\boldsymbol{J}_L^l(r')\cdot\boldsymbol{I}_l+\boldsymbol{J}_C^t(r')\cdot\boldsymbol{I}_C \tag{4.92}$$

其中右边的4个列矢量包含式(4.91)中的展开和系数元素。通过将上述内容代入 EFIE 并采用与 Galerkin 方法相同的函数集测试结果,可以得到矩阵方程为

$$\begin{bmatrix}\overline{\boldsymbol{Z}}_{LL} & \overline{\boldsymbol{Z}}_{LC}\\ \overline{\boldsymbol{Z}}_{CL} & \overline{\boldsymbol{Z}}_{CC}\end{bmatrix}\cdot\begin{bmatrix}\boldsymbol{I}_L\\ \boldsymbol{I}_C\end{bmatrix}=\begin{bmatrix}\boldsymbol{N}_L\\ \boldsymbol{N}_C\end{bmatrix} \tag{4.93}$$

其中

$$\boldsymbol{V}_L=-\langle\boldsymbol{J}_L(r),\boldsymbol{E}^{\mathrm{inc}}(r)\rangle \tag{4.94}$$

$$\boldsymbol{V}_C=-\langle\boldsymbol{J}_C(r),\boldsymbol{E}^{\mathrm{inc}}(r)\rangle \tag{4.95}$$

$$\overline{\boldsymbol{Z}}_{LL}=\mathrm{i}\omega\mu\langle\boldsymbol{J}_L(r),g(r,r'),\boldsymbol{J}_L^t(r')\rangle \tag{4.96}$$

$$\overline{\boldsymbol{Z}}_{LC}=\mathrm{i}\omega\mu\langle\boldsymbol{J}_L(r),g(r,r'),\boldsymbol{J}_C^t(r')\rangle \tag{4.97}$$

$$\overline{\boldsymbol{Z}}_{CL}=\mathrm{i}\omega\mu\langle\boldsymbol{J}_C(r),g(r,r'),\boldsymbol{J}_L^t(r')\rangle=\overline{\boldsymbol{Z}}_{LC}^t \tag{4.98}$$

$$\overline{\boldsymbol{Z}}_{CC}=\mathrm{i}\omega\mu\langle\boldsymbol{J}_C(r),g(r,r'),\boldsymbol{J}_C^t(r')\rangle-\frac{\mathrm{i}}{\omega\varepsilon}\langle\nabla\cdot\boldsymbol{J}_C(r),g(\boldsymbol{r},\boldsymbol{r}'),\nabla'\cdot\boldsymbol{J}_C^t(r')\rangle \tag{4.99}$$

为了求解 $\omega \to 0$ 时的系统方程,频率归一化应该按照(Zhao and Chew,2000)的详细描述来实现。这意味着即使在环—树分解之后,由于矩阵元素的不平衡,即所谓的频率缩放行为,矩阵系统仍然处于不良状态。最近 Andriulli(2012)还研究了用磁场和 Calderón 预处理电场积分算子进行环—星和环—树分解的应用。

2. A-EFIE

另一种解决低频失效问题的方法是 A-EFIE,它通过引入电荷作为额外的未知数,避免了传统 EFIE 固有的不平衡。这里使用的符号与(Qian and Chew,2008)中使用的符号相同。通过引入电流连续性条件,可以得到 A-EFIE 系统为

$$\begin{bmatrix} \overline{\boldsymbol{V}} & \overline{\boldsymbol{D}}^{\mathrm{T}} \cdot \overline{\boldsymbol{P}} \\ \overline{\boldsymbol{D}} & k_0^2 \overline{\boldsymbol{I}} \end{bmatrix} \cdot \begin{bmatrix} \mathrm{i} k_0 j \\ c_0 \boldsymbol{\rho} \end{bmatrix} = \begin{bmatrix} \eta_0^{-1} & \boldsymbol{b} \\ & 0 \end{bmatrix} \tag{4.100}$$

式中:$\overline{\boldsymbol{V}}$和$\overline{\boldsymbol{P}}$分别为矢量势和标量电荷矩阵;$\overline{\boldsymbol{I}} \in \boldsymbol{R}^{p\times e}$ 为单位矩阵;$\boldsymbol{j} \in \boldsymbol{C}^{e\times l}$ 为电流系数矢量;$\boldsymbol{\rho} \in \boldsymbol{C}^{p\times l}$ 为电荷系数矢量;$\boldsymbol{b} \in \boldsymbol{C}^{e\times l}$ 表示激励;上标 p 和 e 分别为片和边的数量。从数学上讲,它具有广义的鞍点形式,在低频状态下可以简化为标准鞍点形式。从物理上讲,这个新的方程组也可以理解为完整的基尔霍夫电路定律,该定律对于低频电路物理学是可解且稳定的。这意味着式(4.100)中的第一个方程式表示基尔霍夫电压定律,而第二个方程式表示基尔霍夫电流定律。

在非常低的频率下,电荷中性仍然会导致方程式(4.100)中 A-EFIE 系统秩亏。已经提出了一种简单的方法,通过为每个生成树丢弃一个未知电荷来解决这个问题,这导致 A-EFIE 系统成为

$$\begin{bmatrix} \overline{\boldsymbol{V}} & \overline{\boldsymbol{D}}^{\mathrm{T}} \cdot \overline{\boldsymbol{P}} \cdot \overline{\boldsymbol{B}} \\ \overline{\boldsymbol{F}} \cdot \overline{\boldsymbol{D}} & k_0^2 \boldsymbol{I}_r \end{bmatrix} \cdot \begin{bmatrix} \boldsymbol{i} k_0 \boldsymbol{j} \\ c_0 \boldsymbol{\rho}_r \end{bmatrix} = \begin{bmatrix} \boldsymbol{b} \\ 0 \end{bmatrix} \tag{4.101}$$

其中映射后向和前向电荷未知数分别定义为后向矩阵 $\overline{\boldsymbol{B}}$ 和前向矩阵 $\overline{\boldsymbol{F}}$;$\rho_r$ 为未知矢量的电荷。则有

$$\rho_r = \overline{\boldsymbol{F}} \cdot \rho, \rho = \overline{\boldsymbol{B}} \cdot \rho_r \tag{4.102}$$

然而,由于对角线块为零,鞍点问题始终受到光谱性能差的困扰。因此,通常需要约束预处理器来正则化鞍点矩阵以解决这个问题。由于这个预处理矩阵应该

先求逆,因此首选高度稀疏矩阵,例如

$$\overline{M} = \begin{bmatrix} \overline{\boldsymbol{V}}_d & \overline{\boldsymbol{D}}_r^{\mathrm{T}} \cdot \overline{\boldsymbol{P}}_{rd} \\ \overline{\boldsymbol{D}}_r & k_0^2 \boldsymbol{I}_r \end{bmatrix} \tag{4.103}$$

这可以通过多波前方法之类的快速求解器来求解。这意味着与传统的 EFIE 系统相比,除了更多的未知数外,还将导致更高的计算成本。关于这种约束预处理技术的更多细节可以在 Benzi 等(2005)的文章中找到。或者,可以在 A-EFIE 上进一步实现 Calderón 乘法预处理器,它不需要逆预处理,也可以避免鞍点问题(Sun et al. ,2013a)。

3. Calderón 预处理

另一个常见的补救措施是利用 Calderón 恒等,其表示为(Adams,2004)。

$$\mathcal{T}^2(\boldsymbol{J}) = -\frac{\boldsymbol{J}}{4} + \mathcal{K}^2(\boldsymbol{J}) \tag{4.104}$$

通过将式(4.87)的算子 $\mathcal{T}$ 投影到自身中,可以得到新的算子。式(4.104)中$\mathcal{K}$是磁场积分方程(MFIE)算子(Chew et al. ,2008),即

$$\mathcal{K}(\boldsymbol{J}) = \boldsymbol{n}_r \times \nabla \times \int_{S'} \mathrm{d}S' g(\boldsymbol{r},\boldsymbol{r}')\boldsymbol{J} \tag{4.105}$$

从式(4.104)可以注意到,复合算子$\mathcal{T}^2$ 实际上是第二类积分算子,其频谱累积为 0.25。换句话说,可以采用$\mathcal{T}$算子对自身进行预处理,即所谓的"自正则性"。

基于散共形基函数和准旋共形基函数开发了 Calderón 乘法预处理器(CMP)的乘法形式(Andriulli et al. ,2008),称为 Buffa-Christiansen(BC)基函数(Buffa and Christiansen,2007)。这种预处理非常容易实现,并且可以轻松地集成到基于 RWG 基函数的现有 MoM 代码中。对于复合算子$\mathcal{T}^2$ 的离散化,内部$\mathcal{T}$算子通过使用散度共形 RWG 基函数(源)和 $\boldsymbol{n}_r$ × RWG 基函数来离散化,而外部$\mathcal{T}$算子通过使用散共形 BC 基函数和准旋共形 BC 基函数(源)和 $\boldsymbol{n}$ × BC 基函数来离散化。因此,得到的 Gram 矩阵是高度稀疏且可逆的混合旋和准旋共形矩阵。随后,将 CMP 应用于以 PEC 为对象的组合场积分方程(CFIE)(Bağci et al. ,2009)以及单源积分方程(Valdés et al. ,2011)。

还应注意,BC 基函数表示 Chen 和 Wilton(1990)提出的函数的子集,该函数

称为对偶基。换句话说,这两个基函数的思想是相同的。这两个基函数都是RWG基函数在多边形对中重心细化的三角形上的线性组合,并且具有相同的对偶基本属性,即近似正交于原始RWG基本函数(Tong et al.,2009)。BC基函数之所以在电磁学领域受到更多关注,是因为它在CMP中的成功应用(Andriulli et al.,2008),Gram矩阵的良态性确保将BC基函数与$\boldsymbol{n}_r \times$RWG相联系。因此,应该把它们称为Chen-Wilton-Buffa-Christiansen(CWBC)基函数。

根据式(4.87)的分解,复合算子$\mathcal{T}^2$可以进一步扩展为

$$\mathcal{T}^2 = \mathcal{T}_s^2 + \mathcal{T}_s\mathcal{T}_h + \mathcal{T}_h\mathcal{T}_s + \mathcal{T}_h^2 \tag{4.106}$$

其中,

$$\mathcal{T}_s^2(\boldsymbol{J}) = -\omega^2\mu^2\boldsymbol{n}_r \cdot \int_{S'} \mathrm{d}S' g(\boldsymbol{r},\boldsymbol{r}')\left[\boldsymbol{n}_r' \cdot \int_{S''} \mathrm{d}S'' g(\boldsymbol{r}',\boldsymbol{r}'')\boldsymbol{J}\right] \tag{4.107}$$

$$\mathcal{T}_s\mathcal{T}_h(\boldsymbol{J}) = -\boldsymbol{n}_r \cdot \int_{S'} \mathrm{d}S' g(\boldsymbol{r},\boldsymbol{r}')\left[\boldsymbol{n}_r' \cdot \nabla' \int_{S''} \mathrm{d}S'' g(\boldsymbol{r}',\boldsymbol{r}'')\ \nabla'' \cdot \boldsymbol{J}\right] \tag{4.108}$$

$$\mathcal{T}_h\mathcal{T}_s(\boldsymbol{J}) = -\boldsymbol{n}_r \cdot \nabla \int_{S'} \mathrm{d}S' g(\boldsymbol{r},\boldsymbol{r}')\ \nabla' \cdot \left[\boldsymbol{n}_r' \cdot \int_{S''} \mathrm{d}S'' g(\boldsymbol{r}',\boldsymbol{r}'')\boldsymbol{J}\right] \tag{4.109}$$

$$\mathcal{T}_h^2(\boldsymbol{J}) = -\frac{1}{\omega^2\varepsilon^2}\boldsymbol{n}_r \cdot \nabla \int_{S'} \mathrm{d}S' g(\boldsymbol{r},\boldsymbol{r}')\ \nabla' \cdot \left[\boldsymbol{n}'_r \cdot \nabla' \int_{S''} \mathrm{d}S'' g(\boldsymbol{r}',\boldsymbol{r}'')\ \nabla'' \cdot \boldsymbol{J}\right] \tag{4.110}$$

回顾表面电流$\boldsymbol{J}$的表面亥姆霍兹分解(Hsiao and Kleinman,1997),即

$$\boldsymbol{J} = \nabla_S\phi + \boldsymbol{n}_r \cdot \nabla_S\psi \tag{4.111}$$

式中ϕ和ψ是S上定义的标量函数。式(4.111)的第一项是纯无旋的(无旋度),而第二项是纯螺线的(无散度)。很容易证明(Adams,2004)

$$\nabla_S \cdot \mathcal{T}_h(\boldsymbol{J})) = \nabla_S \cdot (\boldsymbol{n}_r\ \nabla\Phi) = 0 \tag{4.112}$$

式中:∇_S为表面散度算子。结果式(4.110)中超奇异项($\mathcal{T}_h^2$)的平方为零。因此,式(4.106)中的分解算子$\mathcal{T}^2$可以改写为

$$\mathcal{T}^2 = \mathcal{T}_S^2 + \mathcal{T}_h\mathcal{T}_S + \mathcal{T}_S\mathcal{T}_S \tag{4.113}$$

应注意,当$\omega \to 0$时,从式(4.107)到式(4.109),$T_S^2 \sim O(\omega^2)$,而$T_ST_h + T_hT_s \sim O(\omega^0)$。换句话说,$T_ST_h$和$T_hT_s$是频率不变的,所以这两项就像恒等算子一样。同时,$T_S^2$表现得像紧算子,当$\omega \to 0$时接近零。因此,总算子$T^2$可以看作一个恒等算子加上一个紧算子,使其成为良态的第二类Fredholm积分算子,避免了低频失效。同时,$T_h^2 \sim O(\omega^{-2})$表示必须将超奇异项的平方设为零;否则

它会在低频下淹没其他 3 项的贡献。然而,如果 $\boldsymbol{J}$ 的阶数小于 ω^0,且高阶电流对于某些问题也很重要,则分解后的 T^2(无 T_h^2)仍然随频率降低。它不会导致 MoM 崩溃,但会导致低频电流不准确。

4. 微扰法

低频不准确问题发生在许多公式中,如 EFIE、MFIE 和 CMP-EFIE。正如 Zhang 等,2003 以及 Qian 和 Chew(2010)详述的,尽管公式在极低频率下稳定,但不能准确计算当前未知量。为了解决这个不准确问题,将基于式(4.113)中扩展的 CMP-EFIE 公式讨论本节中介绍的微扰法(Sun et al.,2013b)。

通过泰勒级数展开格林函数,有

$$g(\boldsymbol{r},\boldsymbol{r}') \approx \frac{1}{4\pi R}\left[1 + \mathrm{i}k_0 R + \frac{1}{2}(\mathrm{i}k_0 R)^2\right] \tag{4.114}$$

子矩阵可以相对于小参数 $\delta = \mathrm{i}k_0$ 进行展开,则有

$$[\overline{\boldsymbol{Z}}_p^q] = [\overline{\boldsymbol{Z}}_p^{q(0)}] + \delta[\overline{\boldsymbol{Z}}^{q(1)}{}_p] + \delta^2[\overline{\boldsymbol{Z}}_p^{q(2)}] + o(\delta^3) \tag{4.115}$$

平滑项的阻抗矩阵为

$$[\overline{\boldsymbol{Z}}_p^{s(0)}]_{mn} = \frac{\mu}{4\pi}\int_{S_m} \mathrm{d}S\boldsymbol{f}_{pm}(\boldsymbol{r}) \cdot \int_{S_n} \mathrm{d}S' \frac{1}{|\boldsymbol{r}-\boldsymbol{r}'|}\boldsymbol{f}_{pn}(\boldsymbol{r}') \tag{4.116}$$

$$[\overline{\boldsymbol{Z}}_p^{s(1)}]_{mn} = \frac{\mu}{4\pi}\int_{S_m} \mathrm{d}S\boldsymbol{f}_{pm}(\boldsymbol{r}) \cdot \int_{S_n} \mathrm{d}S'\boldsymbol{f}_{pn}(\boldsymbol{r}') \tag{4.117}$$

$$[\overline{\boldsymbol{Z}}_p^{s(2)}]_{mn} = \frac{\mu}{8\pi}\int_{S_m} \mathrm{d}S\boldsymbol{f}_{pm}(\boldsymbol{r}) \cdot \int_{S_n} \mathrm{d}S' |\boldsymbol{r}-\boldsymbol{r}'| \boldsymbol{f}_{pn}(\boldsymbol{r}') \tag{4.118}$$

而超奇异项的阻抗矩阵为

$$[\overline{\boldsymbol{Z}}_p^{h(0)}]_{mn} = \frac{1}{4\pi\varepsilon}\nabla\int_{S_m} \mathrm{d}S\boldsymbol{f}_{pm}(\boldsymbol{r}) \cdot \int_{S_n} \mathrm{d}S' \frac{1}{|\boldsymbol{r}-\boldsymbol{r}'|}\nabla'\boldsymbol{f}_{pn}(\boldsymbol{r}') \tag{4.119}$$

$$[\overline{\boldsymbol{Z}}_p^{h(1)}]_{mn} = \frac{1}{4\pi\varepsilon}\nabla\int_{S_m} \mathrm{d}S\boldsymbol{f}_{pm}(\boldsymbol{r}) \cdot \int_{S_n} \mathrm{d}S'\, \nabla'\boldsymbol{f}_{pn}(\boldsymbol{r}') \tag{4.120}$$

$$[\overline{\boldsymbol{Z}}_p^{h(2)}]_{mn} = \frac{1}{8\pi\varepsilon}\nabla\int_{S_m} \mathrm{d}S\boldsymbol{f}_{pm}(\boldsymbol{r}) \cdot \int_{S_n} \mathrm{d}S' |\boldsymbol{r}-\boldsymbol{r}'| \nabla'\boldsymbol{f}_{pn}(\boldsymbol{r}') \tag{4.121}$$

在低频下,$Z_p^q \approx Z_p^{q(0)}$,因为式(4.114)中的格林函数的零阶等于其原始形式(式(4.90))。

对于电流和激励矢量,使用与 Qian 和 Chew(2010)提出的相同的符号,即

$$\mathrm{i}k_0\boldsymbol{j} = \boldsymbol{j}^{(0)} + \delta\boldsymbol{j}^{(1)} + \delta^2\boldsymbol{j}^{(2)} + O(\delta^3) \tag{4.122}$$

$$\boldsymbol{b} = \boldsymbol{b}^{(0)} + \delta \boldsymbol{b}^{(1)} + \delta^2 \boldsymbol{b}^{(2)} + O(\delta^3) \tag{4.123}$$

其中,

$$[\boldsymbol{b}^{(0)}]_m = -\eta^{-1}\int_{S_m} \mathrm{d}S \boldsymbol{f}_{\mathrm{RWG}m}(\boldsymbol{r}) \cdot \boldsymbol{E}_0 \tag{4.124}$$

$$[\boldsymbol{b}^{(1)}]_m = -\eta^{-1}\int_{S_m} \mathrm{d}S \boldsymbol{f}_{\mathrm{RWG}m}(\boldsymbol{r}) \cdot \boldsymbol{E}_0(\boldsymbol{k}_{\mathrm{inc}} \cdot \boldsymbol{r}) \tag{4.125}$$

$$[\boldsymbol{b}^{(2)}]_m = -\frac{1}{2}\eta^{-1}\int_{S_m} \mathrm{d}S \boldsymbol{f}_{\mathrm{RWG}m}(\boldsymbol{r}) \cdot \boldsymbol{E}_0(\boldsymbol{k}_{\mathrm{inc}} \cdot \boldsymbol{r})^2 \tag{4.126}$$

式中:$\boldsymbol{k}_{\mathrm{inc}}$ 为入射方向的单位矢量;$\boldsymbol{r}$ 上方的波浪符号表示通过 l 进行归一化,其中 l 是典型的长度尺度。

将它们代入式(4.113)并匹配 δ 的幂次方系数,可获得电流函数 $\boldsymbol{j}$ 的递归方程组。首先,匹配 δ 的零阶给出最低阶方程,为

$$[\overline{\boldsymbol{Z}}_{\mathrm{CWBC}}^{(0)}\overline{\boldsymbol{G}}_m^{-1}\overline{\boldsymbol{Z}}_{\mathrm{RWG}}^{h(0)} + \overline{\boldsymbol{Z}}_{\mathrm{CWBC}}^{h(0)}\boldsymbol{G}_m^{-1}\overline{\boldsymbol{Z}}_{\mathrm{RWG}}^{s(0)}] \cdot \boldsymbol{j}^{(0)} = \overline{\boldsymbol{Z}}_{\mathrm{CWBC}}^{h(0)}\overline{\boldsymbol{G}}_m^{-1}\boldsymbol{b}^{(0)} \tag{4.127}$$

可以注意到,在静态情况下,式(4.113)中的阻抗矩阵等于 CMP-EFIE 不带 T_h^2 的其余3项,此时 $O(\omega^2)$ 的 T_h^2 不再发挥作用。这意味着结果矩阵类似于上述分析中的恒等算子形式。因此,它在低频下具有良好的频谱特性,并且其迭代解收敛良好。对于电感电路问题,环路电流与频率成反比,所以电流的主导项为 ω^{-1} 。根据式(4.122),感应电流 $ik_0\boldsymbol{j}$ 将是这个零阶解。

对于平面波散射问题,电流 $\boldsymbol{j}$ 的主导项为 ω^0。因此,$\boldsymbol{j}^{(0)}=0$,可以通过将 δ 的1阶和2阶匹配来获得1阶和2阶方程为

$$\begin{aligned}&[\overline{\boldsymbol{Z}}_{\mathrm{CWBC}}^{s(0)}\overline{\boldsymbol{G}}_m^{-1}\overline{\boldsymbol{Z}}_{\mathrm{RWG}}^{h(0)} + \overline{\boldsymbol{Z}}_{\mathrm{CWBC}}^{h(0)}\overline{\boldsymbol{G}}_m^{-1}\overline{\boldsymbol{Z}}_{\mathrm{RWG}}^{s(0)}] \cdot \boldsymbol{j}^{(1)}\\ &= \overline{\boldsymbol{Z}}_{\mathrm{CWBC}}^{h(1)}\boldsymbol{G}_m^{-1}\boldsymbol{b}^{(0)} + \overline{\boldsymbol{Z}}_{\mathrm{CWBC}}^{h(0)}\overline{\boldsymbol{G}}_m^{-1}\boldsymbol{b}^{(1)}\end{aligned} \tag{4.128}$$

其中

$$\begin{aligned}&[\overline{\boldsymbol{Z}}_{\mathrm{CWBC}}^{(0)}\overline{\boldsymbol{G}}_m^{-1}\overline{\boldsymbol{Z}}_{\mathrm{RWG}}^{h(0)} + \boldsymbol{Z}_{\mathrm{CWBC}}^{h(0)}\overline{\boldsymbol{G}}_m^{-1}\overline{\boldsymbol{Z}}_{\mathrm{RWG}}^{s(0)}] \cdot \boldsymbol{j}^{(2)}\\ &= \overline{\boldsymbol{Z}}_{\mathrm{CWBC}}^{s(0)}\overline{\boldsymbol{G}}_m^{-1}\boldsymbol{b}^{(0)} + \overline{\boldsymbol{Z}}_{\mathrm{CWBC}}^{h(1)}\overline{\boldsymbol{G}}_m^{-1}\boldsymbol{b}^{(1)} + \overline{\boldsymbol{Z}}_{\mathrm{CWBC}}^{h(0)}\overline{\boldsymbol{G}}_m^{-1}\boldsymbol{b}^{(2)}\\ &\quad - [\overline{\boldsymbol{Z}}_{\mathrm{CWBC}}^{(0)}\overline{\boldsymbol{G}}_m^{-1}\overline{\boldsymbol{Z}}_{\mathrm{RWG}}^{h(1)} + \overline{\boldsymbol{Z}}_{\mathrm{CWBC}}^{h(0)}\overline{\boldsymbol{G}}_m^{-1}\overline{\boldsymbol{Z}}_{\mathrm{RWG}}^{s(1)}] \cdot \boldsymbol{j}^{(1)}\\ &\quad - [\overline{\boldsymbol{Z}}_{\mathrm{CWBC}}^{(1)}\overline{\boldsymbol{G}}_m^{-1}\overline{\boldsymbol{Z}}_{\mathrm{RWG}}^{h(1)} + \overline{\boldsymbol{Z}}_{\mathrm{CWBC}}^{h(1)}\overline{\boldsymbol{G}}_m^{-1}\overline{\boldsymbol{Z}}_{\mathrm{RWG}}^{s(0)}] \cdot \boldsymbol{j}^{(1)}\end{aligned} \tag{4.129}$$

一旦通过求解(式(4.127)、式(4.128)和式(4.129))获得前3个阶次的电流后,就可以准确获得非常低频率的远场结果。

需要注意的是，式(4.127)、式(4.128)和式(4.129)左侧的阻抗矩阵都具有平滑项和超奇异项的贡献，因此避免了零空间问题和低频失效。类似于增强的EFIE 公式，在设置 $T_h^2 = 0$ 之后，分解后的 CMP-EFIE 算子在低频下仍保持平衡。

特别地，可以观察到，对于电容性或差分电路问题，电流 $\boldsymbol{j}$ 的主导项与 ω^1 同阶。这意味着 $ik_0\boldsymbol{j}$ 的主导项与 ω^2 同阶。因此，与式(4.122)中 ω^0 同阶的零阶电流 $\boldsymbol{j}^{(0)}$ 以及一阶电流 $\boldsymbol{j}^{(1)}$ 应为零。对于单位间隙电压源激励，系统右侧仅剩零阶 $\boldsymbol{b}^{(0)}$。通过利用这种自然特性，可以显著降低式(4.127)、式(4.128)和式(4.129)中矩阵系统的解的复杂度，即

$$[\overline{\boldsymbol{Z}}_{\text{CWBC}}^{s(0)}\overline{\boldsymbol{G}}_m^{-1}\overline{\boldsymbol{Z}}_{\text{RWG}}^{h(0)} + \overline{\boldsymbol{Z}}_{\text{CWBC}}^{h(0)}\overline{\boldsymbol{G}}_m^{-1}\overline{\boldsymbol{Z}}_{\text{RWG}}^{s(0)}] \cdot \boldsymbol{j}^{(2)} = \overline{\boldsymbol{Z}}_{\text{CWBC}}^{s(0)}\boldsymbol{G}_m^{-1}\boldsymbol{b}^{(0)} \tag{4.130}$$

其中左侧的第二项通常比第一项小得多，从而得到了电容问题的简化公式(Liu et al.，2014)。

4.4　光学纳米天线

微波或无线电波天线是将电能转换成无线电波的电气设备；反之亦然。与微波和无线电波天线类似，光学纳米天线(参见彩图 4.12)将自由传播的光辐射转换为局部电磁能；反之亦然(Novotny and Hulst，2011)。它们是在亚波长范围内操纵和控制光与物质相互作用必不可少的组成部分。纳米天线广泛应用于光电检测、太阳能、光发射、传感、显微镜和(表面增强拉曼)光谱学中(参见彩图 4.13)(Bharadwaj et al.，2009；Giannini et al.，2011；Biagioni et al.，2012；Krasnok et al.，2013)。目前，纳米科学与技术采用的工具，如聚焦离子束铣削(Muhlschlegel et al.，2005)、电子束光刻(Kinkhabwala et al.，2009)和自组装方案(Kalkbrenner et al.，2005)使得纳米级纳米天线的制造成为可能。

4.4.1　理论模型

计算电磁学(Chew et al.，2000；Jin，2014；Taflove and Hagness，2005)用于模拟电磁场与物理物体及周围环境的相互作用，在表征和优化纳米天线的光学设计中起着重要作用。麦克斯韦方程的严谨、快速和高效的求解方法有助于理解基本的工作原理，降低实验成本，并加快研发周期。借助最先进的方法，可以

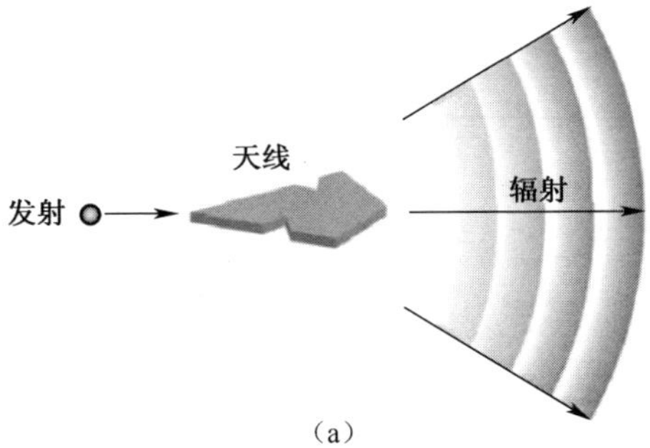

(a)

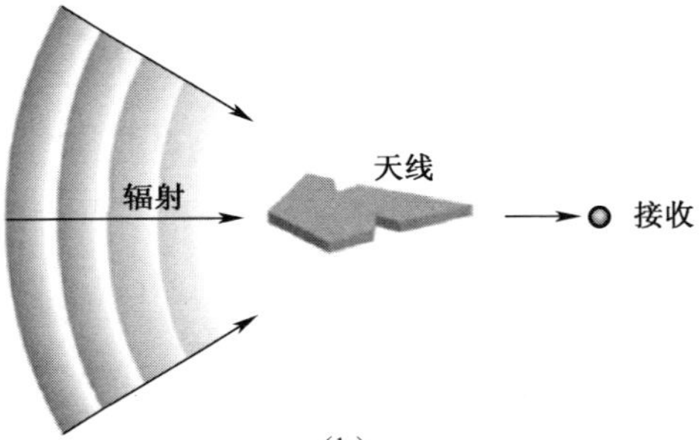

(b)

图4.12　纳米天线的示意图
箭头指示能量流动的方向,这两种配置通过互易原理相关联(该图取自 Novotny and Hulst,2011)
(a)传输纳米天线;(b)接收纳米天线。(彩图见书末)

说明纳米天线设计中的关键物理参数,用于优化时的观察和分析。了解纳米天线建模时各种理论方法的优、缺点非常有必要。与经典天线不同,对纳米天线进行严格的全波模拟面临以下新挑战:①准确的近场计算;②数值计算非均匀电磁环境中的并矢格林函数;③复杂的多层、周期性、随机或复合结构;④高度分散且有损耗的材料(非理想电导体);⑤强倏逝波耦合与模式杂交;⑥多尺度、非线性和多物理场效应。

1. 时域方法与频域方法

大多数光学材料是色散的,因此,时域方法必须采用递归卷积方法(Luebbers et al.,1990)或分段线性递归卷积方法(Kelley and Luebbers,1996)。对于在可见光范围内具有等离子效应的贵金属,如银和金,复折射率必须用 Lorentz-Drude 模型中的大量求和项来描述,从而导致计算时间长。但对于频域方法可直接引入色散材料折射率的实验值。时域方法的另一个困难是周期性边

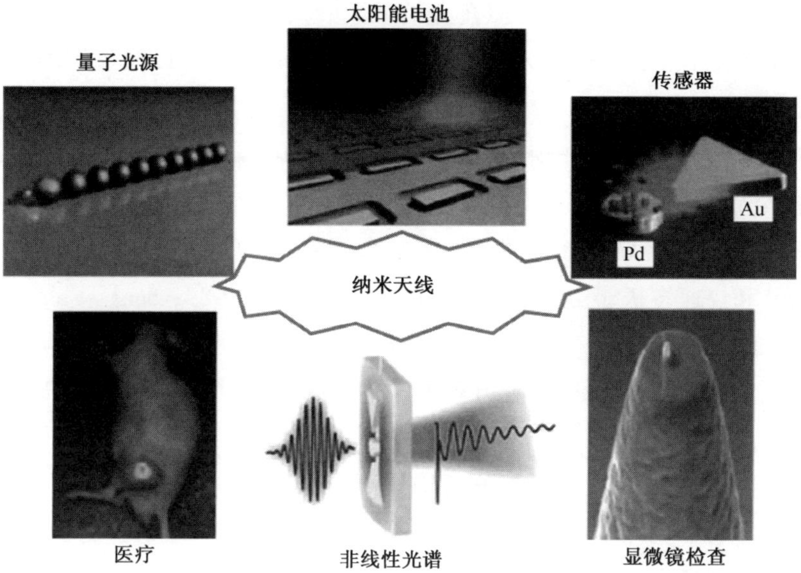

图 4.13　纳米天线在现代社会中的应用(取自 Krasnok et al.,2013 的文献)(彩图见书末)

界条件的处理,尤其是对于由 Floquet 定理的反因果性质引起的斜入射。因此,在处理斜入射时,频域方法显然比时域方法更具有优势(Veysoglu et al.,1993)。而且与频域方法相比,时域方法还受数值频散和稳定性问题的困扰。如果研究三维大规模纳米天线结构,则该缺点变得更加严重。时域方法相关的重要优点是可以在需要的频率上进行宽带模拟。频域方法可以采用并行计算技术来规避该问题。与频域方法相比,时域方法无法获得准确的特征值解,但可节省大量的计算机资源。此外,时域方法能够更容易和更方便地模拟纳米天线中的非线性和多物理场效应。

2. 积分方程方法与微分方程方法

涉及有限差分和有限元算法的微分方程方法(Jin,2014; Taflove and Hagness,2005)可以方便地处理各种非均匀边界条件,这些方法具有模拟复杂纳米天线结构的强大能力。由于麦克斯韦方程或波动方程微分算子的"局部"性质,由微分方程方法得到的矩阵是稀疏的。该方法在 Krylov 子空间采用迭代算法计算每个矩阵-矢量乘法(Vandervorst,1992)消耗了 $O(N)$ 的存储成本和 $O(N)$ 的复杂度。此外,多波前或多重网格方法(Davis and Duff,1997)可以加快微分方程的求解过程。为了模拟光和纳米天线之间的相互作用,必须采用有效的吸收边界条件(Berenger,1994; Chew and Weedon,1994)以及包围纳米天线的附加体积网格。

与微分方程方法相比,积分方程方法(Chew,1999、2008)通过并矢格林函数表示的“全局”积分算子将场分量与等效电流相联系。结果,积分方程法始终保证较高的精度,但会导致矩阵完全稠密。幸运的是,快速傅里叶变换(Catedra et al. ,1989)和快速多极子方法(Greengard and Rokhlin,1987; Song et al. ,1997)等无矩阵快速算法(Chew et al. ,2000)可以通过求解稠密矩阵显著减少所需的计算机资源。由于格林张量、积分方程方法自动满足辐射边界条件,但需要奇异性处理。特别地,具有表面三角剖分独特特征的表面积分方程法产生的未知数要小得多。但是,该方法只能用于分析均质或分段均质的结构。对于分析纳米天线时遇到的任意不均匀或复杂环境,难以通过表面积分方程法进行近场计算。

3. 模式匹配方法

模式匹配方法(Chew,1999; Bienstman and Baets,2001)是解决光学问题的常用技术,特别是对于由两个或多个分离区域组成的结构。它的基础是展开场并在不同区域的边界处进行匹配,因此很自然地适用于一些纳米天线结构的分析。最典型的模式匹配方法包括严格的耦合波分析(Moharam et al. ,1995)、散射矩阵法(Yonekura et al. ,1999)、平面波展开法(Johnson and Joannopoulos,2001)和 ***T*** 矩阵法(Mishchenko et al. ,2010)。使用廉价的计算机资源,这些方法在表征周期性或多层纳米天线、Yagi-Uda 纳米天线和纳米天线阵列的光学响应时特别有用。纳米天线的吸收和辐射(散射)特性可以通过程序获得。然而,模式匹配方法不适用于表征等离子体激元效应,因为描述等离子体激元耦合和杂化需要大量的模式。

4.4.2 光学纳米天线与经典天线

本小节介绍了控制纳米天线操作的基本原理和物理参数,总结了经典天线与光学纳米天线之间的区别。

1. 源和接收器

经典天线分别使用电流(电压)和电负载作为源和接收器。但是,纳米天线的源和接收器变成了量子对象,如分子、原子、离子或量子点。在这种长度量级上,光与物质的相互作用被量子化了(Novotny and Hulst,2011)。

2. 谐振传感器

经典天线的设计与入射或辐射电磁波的波长 λ 有关(Novotny and Hulst,2011)。例如,半波天线的长度 L 为 $\lambda/2$,八木天线元件之间的间隔为 λ 的分数。在微波和无线电波范围内,金属可以被视为理想电导体(PEC),因此,采用标度律来设计不同频率的天线。但是,标度在光频段会失效。在该频率下,金属(金、银等)是高度损耗和色散的材料,金属的趋肤深度可与纳米天线尺寸媲美。金属在光学情况下的介电常数可以用 Lorentz-Drude 模型的叠加表示(Maier,2007)。尽管已采用有效波长(Novotny and Hulst,2011)或低频电路理论(Alu and Engheta,2008)简化了纳米天线的设计,但仍必须严格求解麦克斯韦方程组,才能获得纳米天线与源/接收器之间波的相互作用。特别地,谐振纳米天线的尺寸远小于辐射的波长,这打破了半波长限制。

3. 吸收、散射和消光截面

经典天线采用的远场辐射模式对于描述纳米天线辐射或散射的角响应仍然非常有用。但是,对于优化设计,纳米天线的总吸收和散射特性更易于测量和计算。

给定一个平面波激发(在纳米天线实验中激光激发可以很好地近似为平面波激发),散射横截面定义为(Tsang et al. ,2000)

$$\sigma_s = \frac{\int_S \Re e\left[\frac{1}{2}\boldsymbol{E}_{\text{sca}} \cdot \boldsymbol{H}_{\text{sca}}^*\right] \cdot \mathrm{d}\boldsymbol{S}}{|\boldsymbol{S}_{\text{inc}}|} \tag{4.131}$$

式中:* 表示复共轭;S 为包围纳米天线的任意表面;$S_{\text{inc}} = \frac{1}{2}[E_{\text{inc}} \cdot (H_{\text{inc}}^*)]$ 为入射能量通量;$\boldsymbol{E}_{\text{sca}}$ 和 $\boldsymbol{H}_{\text{sca}}$ 分别为散射电场和磁场。考虑纳米天线吸收的总功率,吸收截面的形式为(Tsang et al. ,2000)

$$\sigma_a = -\frac{\int_S \frac{1}{2}\Re e[\boldsymbol{E} \cdot \boldsymbol{H}^*] \cdot \mathrm{d}\boldsymbol{S}}{|\boldsymbol{S}_{\text{inc}}|} = \frac{\int_V k'' \varepsilon_r(\boldsymbol{r}) |\boldsymbol{E}(\boldsymbol{r})|^2 \mathrm{d}V}{|\boldsymbol{E}_{\text{inc}}|^2} \tag{4.132}$$

式中:ε_r'' 为相对介电常数的虚部;k_0 为自由空间(背景介质)的波数。消光截面描述纳米天线系统的固有损耗,包括吸收损耗和散射(或泄漏)损耗。因此,散射截面和吸收截面之和就是消光截面 σ_e,即

$$\sigma_e = \sigma_a + \sigma_s \tag{4.133}$$

此外,消光截面的另一个数学表达式是在远场极限处采用光学定理(Tsang et al. ,2000),即

$$\sigma_{\mathrm{e}} = \frac{4\pi}{k_0}\mathfrak{Im}[\boldsymbol{e}_{\mathrm{inc}} \cdot \overline{\boldsymbol{F}} \cdot \boldsymbol{e}_{\mathrm{in}}] \tag{4.134}$$

且

$$\boldsymbol{E}_{\mathrm{sca}} = \frac{\exp(ik_0 r)}{r}\overline{\boldsymbol{F}} \cdot \boldsymbol{E}_{\mathrm{inc}}, r \to \infty \tag{4.135}$$

式中:i 为虚数单位;$\boldsymbol{e}_{\mathrm{inc}}$ 为入射电场 $\boldsymbol{E}_{\mathrm{inc}}$ 的极化单位矢量。在严格求解麦克斯韦方程组之后,可以通过后处理程序获得吸收、散射和消光截面(He et al. ,2012)。

4. 方向性、增益和互易性

纳米天线增益是辐射效率 η_r 和方向性 D 的乘积,即 $G = \eta_r D$,与经典天线相同。辐射效率被定义为纳米天线发射器辐射的远场功率 P_r 与总输送功率的比值,即 $\eta_r = P_r/(P_r + P_1)$,其中 P_1 是纳米天线吸收的总欧姆损耗,这也与经典天线相同。但是,考虑到发射器本身的内部损耗,内部效率定义为(Krasnok et al. ,2013)

$$\eta_{\mathrm{in}} = \frac{P_0}{P_0 + P_{0l}} \tag{4.136}$$

式中:P_{0l} 和 P_0 分别为不存在纳米天线时发射器的内部损耗和辐射功率。最后,辐射效率表示为

$$\eta_{\mathrm{r}} = \frac{P_r}{P_r + P_1 + \dfrac{P_0(1 - \eta_{\mathrm{in}})}{\eta_{\mathrm{in}}}} \tag{4.137}$$

从上面的公式可以看出,引入纳米天线可以显著提高不良发射器($\eta_{\mathrm{in}} \ll 1$)的发射效率。由于共振增强,纳米天线的辐射功率 P_r 远大于没有纳米天线的辐射功率 P_0。与经典天线类似,如果介质是互易介质($\overline{\varepsilon}_r = \overline{\varepsilon}_r^t, \overline{\mu}_r = \overline{\mu}_r^t$),则纳米天线也具有互易性。两个具有不同源 $\boldsymbol{J}_1$ 和 $\boldsymbol{J}_2$ 的纳米天线系统,它们分别产生场 $\boldsymbol{E}_1$ 和 $\boldsymbol{E}_2$,则$\int_V \boldsymbol{E}_1 \cdot \boldsymbol{J}_2 \mathrm{d}V = \int_V \boldsymbol{E}_2 \cdot \boldsymbol{J}_1 \mathrm{d}V$ 。

5. 输入阻抗与状态的局部密度

对于经典天线,采用导波结构(传输线、共面波导、微带线等)来控制馈电源的幅度和相位。天线的输入阻抗应与导波结构的特征阻抗相匹配,以尽量减少反射。然而,如果源是位于纳米天线的馈电间隙(元素)周围的量子发射器或其簇,则纳米天线不需要导波结构。在这种情况下,阻抗匹配的概念不适用于纳米天线设计。通常,采用聚焦的激光束来激发或馈入纳米天线。纳米天线增强了量子发射器的激发场,同时,纳米天线再次增强了来自量子发射器的辐射场。对于表面增强拉曼散射(SERS),增强因子写为(Giannini et al. ,2011)

$$G_{\mathrm{SERS}}=\frac{|\boldsymbol{E}^{p}(\boldsymbol{r}_0,\omega_{\mathrm{i}})|^2}{|\boldsymbol{E}_{\mathrm{inc}}^{p}(\boldsymbol{r}_0,\omega_{\mathrm{i}})|^2}\cdot\frac{|\boldsymbol{E}^{d}(\boldsymbol{r}_0,\omega_{r})|^2}{|\boldsymbol{E}_{\mathrm{inc}}^{d}(\boldsymbol{r}_0,\omega_{r})|^2} \tag{4.138}$$

式中:$\boldsymbol{r}_0$ 为发射点;$|\boldsymbol{E}^2|/|\boldsymbol{E}_{\mathrm{inc}}|^2$ 为由于局部场而增强。$\boldsymbol{\omega}_i$ 和 $\boldsymbol{\omega}_r$ 分别是入射(泵浦)激光束和拉曼位移辐射场的角频率。通过纳米天线的近场模拟可以轻易获得增强因子。需要指出的是,$\boldsymbol{E}_{\mathrm{inc}}^{p}(\boldsymbol{r}_0,\boldsymbol{\omega}_i)$ 是来自激光束的入射电场(可以认为是平面波),而 $\boldsymbol{E}_{\mathrm{inc}}^{d}(r_0,\omega_i)$ 是来自发射器的入射电场(可以被视为赫兹偶极子)。

为了使量子发射器高效地辐射电磁波,应该增强发射器处的光子局域态密度(LDOS)或发射器的自发辐射(衰减)速率。自发辐射速率计算每单位时间自发发射的光子数量,LDOS 计算发射点处的电磁模式数量,每种电磁模式都可以视为衰减通道。衰减通道越多,被激发的原子越容易返回其发射光子的基态(Novotny and Hulst,2011)。因此,更多的衰减通道意味着更大的自发辐射速率。由于等离子体激元效应引起的高度局域性近场增强,纳米天线可以显著增强自发辐射(被称为 Purcell 效应)。例如,金属蝶形天线支持的间隙等离子体激元模式增强了单分子荧光(Kinkhabwala et al. ,2009)。

互易、无损、非均匀和各向异性介质中的 LDOS 可以用并矢格林函数或格林张量表示,即

$$\begin{aligned}\rho(\boldsymbol{r}_0,\omega_0)=\frac{k_0^2}{\pi\omega_0}Tr\{&\bar{\varepsilon}_r^{1/2}\cdot\mathfrak{Im}[\overline{\boldsymbol{G}}^{e}(\boldsymbol{r}_0,\boldsymbol{r}_0;\omega_0)]\cdot\bar{\varepsilon}_r^{-1/2}\\&+\bar{\mu}_r^{1/2}\cdot\mathfrak{Im}[\overline{\boldsymbol{G}}^{\mathrm{m}}(\boldsymbol{r}_0,\boldsymbol{r}_0;\omega_0)]\cdot\bar{\mu}_r^{1/2}\}\end{aligned} \tag{4.139}$$

式中:$\overline{\boldsymbol{G}}^{e}$ 和 $\overline{\boldsymbol{G}}^{m}$ 为非均匀介质中的电场和磁场并矢格林函数;$\bar{\boldsymbol{\varepsilon}}_r$ 和 $\bar{\boldsymbol{\mu}}_r$ 为相对介

电常数和相对磁导率张量。对于无损、各向同性、非均匀和非磁介质,式(4.139)可以简化为(Novotny and Hecht,2006)

$$\rho(\boldsymbol{r}_0,\omega_0)=\sum_k |u_k(\boldsymbol{r}_0)|^2\delta(\omega_k-\omega_0)$$
$$=\frac{2\omega_0}{\pi c^2}Tr\{\mathfrak{Im}[\overline{\boldsymbol{G}}^{e}(\boldsymbol{r}_0\cdot\boldsymbol{r}_0;\omega_0)]\} \quad (4.140)$$

式中:$c=1/\sqrt{\mu\varepsilon}$ 为介质中的光速;$\boldsymbol{u}_k$ 为满足正交关系 $\int_v \boldsymbol{u}_k^{\dagger\prime}(\boldsymbol{r})\varepsilon_r(\boldsymbol{r})\boldsymbol{u}_k(\boldsymbol{r})\mathrm{d}\boldsymbol{r}=\delta_{k',k}$ 的非均匀介质中电场的本征模。LDOS 可以分为辐射部分和非辐射部分,它们与式(4.137)中的辐射效率相关。根据费米黄金法则(Novotny and Hecht,2006),自发辐射率 γ_{se} 与 LDOS 成正比,即

$$\gamma_{se}=\frac{\pi\omega_0}{3\hbar\varepsilon_0}|\boldsymbol{p}|^2\rho(\boldsymbol{r}_0,\omega_0) \quad (4.141)$$

式中:$\boldsymbol{p}$ 为原子(分子)跃迁的电偶极矩。

计算电磁学在获得任意非均匀环境中的格林张量发挥着重要作用,通过求解下面的矢量波方程,可以找到非均匀介质中的格林张量,即

$$\nabla\times\overline{\mu}^{-1}\cdot\nabla\times\overline{\boldsymbol{G}}^{e}-\omega_0^2\overline{\varepsilon}\cdot\overline{\boldsymbol{G}}^{e}=\overline{\boldsymbol{I}}\delta(\boldsymbol{r}-\boldsymbol{r}') \quad (4.142)$$

$$\nabla\times\overline{\varepsilon}^{-1}\cdot\nabla\times\overline{\boldsymbol{G}}^{m}-\omega_0^2\overline{\mu}\cdot\overline{\boldsymbol{G}}^{m}=\nabla\times[\overline{\varepsilon}^{-1}\cdot\overline{\boldsymbol{I}}\delta(\boldsymbol{r}-\boldsymbol{r}')] \quad (4.143)$$

已经开发出一种有限差分法来离散 δ 函数(单极源)和 δ 函数的导数(偶极源)(Qiao,2011)。以二维线源为例,有

$$\delta(x-m'\Delta_x,y-n'\Delta_y)|_{x=m'\Delta_x,y=n'\Delta_y}\approx\frac{1}{\Delta_x\Delta_y} \quad (4.144)$$

$$\frac{\partial\delta(x-m'\Delta_x,y-n'\Delta_y)}{\partial y}\approx-\frac{\delta(x-m'\Delta_x,y-(n'+0.5)\Delta_y)}{\Delta_y}+\frac{\delta(x-m'\Delta_x,y-(n'+0.5)\Delta_y)}{\Delta_y} \quad (4.145)$$

式中:Δ_x 和 Δ_y 为沿 x 和 y 方向的空间步长;(m',n') 为对应于线源点的网格索引。使用上述技术和有限差分法,可以相应地获得数值并矢格林函数。最近,采用多层格林函数和积分方程方法,计算得到了沉积在多层结构上的任意形状纳米结构的数值格林张量(Chen et al.,2012b)。

6. 弱耦合和强耦合机制

考虑以单个谐振模式 $\boldsymbol{u}_k$ 运行的纳米天线，如金属偶极子天线，在这种情况下，式(4.141)中的自发辐射率可以改写为(Andreani et al.,1999)

$$\gamma_{\mathrm{se}} = \frac{2}{3\hbar\varepsilon_0}|\boldsymbol{p}|^2\frac{Q}{V} \tag{4.146}$$

式中：Q 为谐振天线的品质因数；$V = 1/|\boldsymbol{u}_k(\boldsymbol{r}_0)|^2$ 为模体积。根据 Jaynes-Cummings 模型，可以通过使用原子场耦合常数来区分强耦合和弱耦合状态(Andreani et al.,1999)，即

$$\frac{\kappa = \sqrt{|\boldsymbol{p}|^2}\,\omega}{2\hbar\varepsilon_0 V} \tag{4.147}$$

弱耦合服从条件 $\kappa \ll \gamma_{\mathrm{se}}$，在这种不可逆状态下，真空波动场对发射器的影响可以视为扰动。由于较大的辐射和吸收损耗，自发辐射的光子不能反作用于发射器。强耦合服从条件 $\kappa \gg \gamma_{\mathrm{se}}$，在这种可逆状态下，光子长时间停留在腔内，被多次吸收和重新发射，这就是所谓的真空 Rabi 振荡。强耦合使电子和光子纠缠成为极化子，即准粒子。强耦合机制对腔量子电动力学和量子计算非常重要，在式(4.146)和式(4.147)中，可以通过特征值分析精确计算重要的特征参数 Q 和 V。如果已经获得了纳米天线(谐振)工作频率 ω 的本征模 $\boldsymbol{u}_k$，则将轻易计算得到模体积 V。通过方程 $Q = \Re\mathrm{e}(\omega_k)/[2\,\Im\,m(\omega_k)]$。可以从对应的复特征频率中提取品质因子。针对任意电磁系统开发了几种快速通用的特征值求解器(Dai et al.,2012、2013、2014；Sha et al.,2014)。

4.4.3　光学纳米天线设计规则

1. 宽带纳米天线

宽带纳米天线可以是捕光的吸收器，也可以是光增强的(近场)聚光器(Atwater and Polman, 2010)，还可以是用于光陷阱的远场反射器(Yu et al.,2010)。锥形非谐振结构(Maksymov et al.,2011)支持行波(而非驻波)，从而支持宽带响应。或者，多尺寸的纳米天线(Cui et al.,2011)是另一种获得宽带吸收或散射的方法。各个谐振器之间的模式耦合(杂交)会引起本征模式之间的频谱重叠(Ye and He,2010)。同时，通过强模式耦合或对称性破缺可以激发高阶模式(Giannini et al.,2011)。根据耦合模理论，如果辐射损耗与吸收损耗平衡，则单

模谐振器将在临界耦合状态下工作(Yu et al.,2010),这类似于电气工程中的最大功率传输条件。在这种情况下,可以实现最大吸收,但带宽较窄。另外,宽带反射器可以通过在过耦合状态下工作的谐振器来实现(Yu et al.,2010),其中辐射损耗远大于吸收(欧姆)损耗。

2. 波长选择纳米天线

纳米天线的波长选择性用于解析和匹配靶分子的振动模式,这样可以减少辐射和欧姆损耗,以构建具有高品质因数的窄带谐振器。周期性结构中的缺陷也会导致波长选择性(Joannopoulos et al.,2008)。波长选择性已通过单个介电球实现,其中宽偶极子本征模(Mie级数中球谐函数的第一项)和窄四极子本征模(Mie级数中球谐函数的第二项)之间的相长干涉和相消干涉将以不对称和窄谱线引起非同寻常的Fano共振(Liu et al.,2012),Fano谱线与单模谐振器实现的Lorentz谱线完全不同。

3. 定向纳米天线

定向纳米天线可用于远场探测和传感。可以通过以下方法获得高方向性:①通过使用天线阵列进行远场干扰(Liu et al.,2011);②使用八木天线等反射器进行近场干扰(Taminiau et al.,2008);③使用光耦合器,如光栅、Fabry-Perot定向天线等(Martin-Moreno et al.,2003);④使用高阶模式和模式干扰,如单球面天线、回音壁天线等(Gerard et al.,2009;Liu et al.,2012;Staude et al.,2013)。

4. 金属纳米天线与电介质纳米天线

金属纳米天线具有前所未有的在深亚波长范围内集中和限制电磁场的能力。电介质纳米天线(Pellegrini et al.,2009)具有较大的几何尺寸,但欧姆损耗较低。电介质纳米天线很容易激发高阶本征模或表现出电场和磁场共振(Gerard et al.,2009; Staude et al.,2013),因此显示出很强的散射能力。同样,它们本身也可以是半导体材料,并且与光电器件更兼容(Chen et al.,2012a)。电介质纳米天线可以与金属纳米天线集成以获得更好的性能(Devilez et al.,2010)。

5. 非线性纳米光学天线

在光学频段金属具有非线性极化率。等离子体纳米天线中的强电磁场显著增强了非线性过程,包括二次谐波的产生、Kerr效应、四波混频等(Kauranen and Zayats,2012)。高阶谐波实现的远场检测取决于:①基模频率下的泵浦场强度;

②基本征模与高阶谐波本征模之间的空间重叠;③外耦合(远场辐射)高阶谐波本征模的强度。文献中有许多设计可以增强纳米天线的非线性效应(Kauranen and Zayats,2012)。Corvi 和 Schaich(1986)采用耦合麦克斯韦方程组和流体动力学方程的自洽解模拟纳米天线的非线性响应。Makitalo 等(2011)和 Xiong 等(2014)提出了一种使用表面极化张量的表面积分方程方法来模拟对称金属物体产生的二次谐波,其中对称金属物体的表面贡献远大于整体。值得一提的是,对称性破缺是增强等离子体纳米天线二次谐波产生的有效方法(Pu et al.,2010)。

6. 纳米天线对光角动量的控制

类似于电子,光子具有自旋和轨道角动量,它们分别被定义为(Bliokh et al.,2013)

$$\boldsymbol{P}_s = \frac{1}{8\omega}\nabla\times \mathfrak{Im}\left[\frac{\varepsilon_0}{\mu_r}(\boldsymbol{E}^* \times \boldsymbol{E}) + \frac{\mu_0}{\varepsilon_r}(\boldsymbol{H}^* \times \boldsymbol{H})\right] \tag{4.148}$$

$$\boldsymbol{P}_o = \frac{1}{4\omega}\mathfrak{Im}\left[\frac{\varepsilon_0}{\mu_r}(\boldsymbol{E}^* \cdot \nabla\boldsymbol{E}) + \frac{\mu_0}{\varepsilon_r}(\boldsymbol{H}^* \cdot \nabla\boldsymbol{H})\right] \tag{4.149}$$

自旋和轨道角动量的总和等于电磁力矩密度,即

$$\boldsymbol{P} = \boldsymbol{P}_s + \boldsymbol{P}_o = \frac{\mathrm{Re}(\boldsymbol{E}^* \times \boldsymbol{H})}{2c^2} \tag{4.150}$$

此外,表征右旋和左旋圆极化光子数量之间差异的时均螺旋度密度定义为(Bliokh et al.,2013)

$$h = \frac{-1}{2\omega c_0}\mathfrak{Im}(\boldsymbol{E}^* \cdot \boldsymbol{H}) \tag{4.151}$$

从式(4.148)和式(4.151)可以看出,线性偏振光的自旋角动量为零、螺旋度为零。左旋和右旋圆极化具有不同的自旋角动量和螺旋度。从式(4.149)可以看出,光束的轨道角动量取决于场的空间分布(而不是偏振)。它可以分为内部和外部轨道角动量。内部轨道角动量是与光束原点无关的角动量,它与螺旋或扭曲波前相关联。外部轨道角动量与原点有关(光束相关的中心)。如果光通过旋转对称的纳米结构,则总角动量保持不变。为了旋转圆偏振光,已经通过镜面对称性破缺构建手性超材料作为构造单元(Kwon et al.,2008; Ye and He,2010; Ye et al.,2010)。因此,如果由手性超材料构成的旋转对称纳米天线将右

旋圆偏振光转换为左旋圆偏振光,则光的自旋和轨道角动量将基于总角动量守恒而改变。另外,所有上述物理量,包括自旋和轨道角动量及螺旋度密度,都可以通过经典的计算电磁学来计算。

7. 可调谐有源纳米天线

纳米天线的光学响应涉及共振频率、带宽、辐射方向图、近场分布等,可以通过使用光学、电气和机械方式进行动态调整和切换。等离子体效应可能会产生强大的光学力,以重构纳米天线的几何形状(Bonakdar et al. ,2012)或增强非线性效应(Kerr),改变天线或负载的折射率(Chen and Alu,2010)。液晶(Berthelot et al. ,2009)和石墨烯(Yao et al. ,2013; Ren et al. ,2013)的介电常数可以通过静电场调节,因此,已将它们引入纳米天线的光学响应静电调谐中。在文献(Merlein et al. ,2008)中也报道了光学天线的纳米机械控制。

4.5 天线设计模态分析

模态分析作为许多研究人员的研究重点,已成功地用于研究不同频段的导体外壳,如波导和谐振器(Collin,1991;Van Bladel,1985)。近年来,特征模式分析在天线工程师中越来越受欢迎,因为它提供了一种不再基于经验或直觉的天线系统设计方法。特征模式理论由 Garbacz 提出,并由 Harrington 和 Mautz 进行了完善(Garbacz and Turpin,1971;Harrington and Mautz,1971),在过去 10 年间,Cabedo-Fabres 的工作推广了特征模式理论(Cabedo-Fabres et al. ,2007)。另外,有关固有模态分析的文献资料主要集中在有界或者半有界系统(甚至介质谐振器天线在寻求模态时通常被不可穿透的边界包围)。最近的工作使用基于固定模式扩展的通用框架解决了有界和无界问题,该框架为天线的运行提供了有用的物理见解,并为模态设计和工程提供了特征模分析(CMA)替代方案(Dai et al. ,2012、2014)。

4.5.1 特征模分析

考虑到理想电导体(PEC)的电场积分方程(EFIE),在矩量法(MoM)基础上制定的 CMA 旨在通过求解广义特征值方程获得 PEC 表面 S 上的特征电流模式 $\boldsymbol{J}_n$,即

$$\overline{\boldsymbol{Z}} \cdot \boldsymbol{J}_n = \nu_n \overline{\boldsymbol{R}} \cdot \boldsymbol{J}_n \tag{4.152}$$

或者

$$\overline{\boldsymbol{X}} \cdot \boldsymbol{J}_n = \lambda_n \overline{\boldsymbol{R}} \cdot \boldsymbol{J}_n \tag{4.153}$$

式中：$\overline{\boldsymbol{Z}} = \overline{\boldsymbol{R}} + \mathrm{i}\overline{\boldsymbol{X}}$；$\nu_n = 1 + \mathrm{i}\lambda_n$。同时，$\overline{\boldsymbol{Z}}$ 是给定频率的阻抗矩阵，其计算式为

$$\begin{aligned}(\overline{\boldsymbol{Z}})_{mm} &= \mathrm{i}\omega\mu\langle \boldsymbol{f}_m, \overline{\boldsymbol{G}}, \boldsymbol{f}_n\rangle_S \\ &= \mathrm{i}\omega\mu\int_S \mathrm{d}\boldsymbol{r}\boldsymbol{f}_m(\boldsymbol{r}) \cdot \int_S \overline{\boldsymbol{G}},(\boldsymbol{r},\boldsymbol{r}') \cdot \boldsymbol{f}_n(\boldsymbol{r}')\mathrm{d}\boldsymbol{r}'\end{aligned} \tag{4.154}$$

式中：$\overline{\boldsymbol{G}}(\boldsymbol{r},\boldsymbol{r}')$ 为并矢格林函数；$\boldsymbol{f}_n(\boldsymbol{r})$ 为 RWG 基函数。

由于 $\overline{\boldsymbol{R}}$ 和 $\overline{\boldsymbol{X}}$ 是稠密矩阵，为了迭代求解 λ_n 和 $\boldsymbol{J}_n$，必须采用快速的全矩阵矢量积求解算法；否则，CMA 仅可用于分析小物体。特征值 λ_n 很重要，因为它的大小与物体的无功功率成正比。当 $\lambda_n = 0$ 时，对应的特征模式 $\boldsymbol{J}_n$ 处于谐振状态，可以有效地接收或辐射能量。当 $\lambda_n > 0$（$\lambda_n < 0$）时，模式 $\boldsymbol{J}_n$ 存储电（磁）能。特征角可以计算为 $\phi = 180° - \arctan(\lambda_n)$。因此，当 $\phi = 180°$ 时，模式 $\boldsymbol{J}_n$ 处于谐振状态，并且仅当 $\phi = 90°$ 或 270°时才存储能量。

当存在入射场 E_{inc} 时，PEC 物体上的感应电流可以通过求解下式得到，即

$$\overline{\boldsymbol{Z}} \cdot \boldsymbol{I}_{\mathrm{ind}} = \boldsymbol{V} \tag{4.155}$$

其中，

$$(\boldsymbol{V})_n = -\langle \boldsymbol{f}_n, \boldsymbol{E}_{\mathrm{inc}}\rangle_S \tag{4.156}$$

由于特征模的正交性对于 $\lambda_m \neq \lambda_n$ 时成立，则

$$\boldsymbol{J}_m^{\mathrm{T}} \cdot \overline{\boldsymbol{R}} \cdot \boldsymbol{J}_n = 0 \tag{4.157}$$

可以根据 $\boldsymbol{J}_n$ 扩展 $\boldsymbol{I}_{\mathrm{ind}}$，有

$$\boldsymbol{I}_{\mathrm{ind}} = \sum_n \alpha_n \boldsymbol{J}_n \tag{4.158}$$

其中模态膨胀系数为

$$\alpha_n = \frac{1}{1 + \mathrm{i}\lambda_n} \frac{\boldsymbol{J}_n^{\mathrm{T}} \cdot \boldsymbol{V}}{\boldsymbol{J}^{\mathrm{T}} \cdot \overline{\boldsymbol{R}} \cdot \boldsymbol{J}_n} \tag{4.159}$$

4.5.2 固有模态扩展

用积分方程式表示时，固有模态分析与 CMA 的不同之处在于，它与寻求使

得 $\overline{\boldsymbol{Z}} \cdot \boldsymbol{J} = 0$ 的 $\boldsymbol{J}$ 的问题密切相关。这需要找到一个开放系统的自然共振,或者等效地求出复平面上 $[\overline{\boldsymbol{Z}} - (\omega_n)] = 0$ 的根。另外,CMA 始终根据实轴上给定频率的函数产生实数 λ_n ,而对应的 $\boldsymbol{J}_n$ 永远能满足 $\overline{\boldsymbol{Z}} \cdot \boldsymbol{J}_n = 0$。

使用积分方程求解器来查找固有模态非常具有挑战性,因为计算 det[$\overline{\boldsymbol{Z}}$] 的复杂度为 $O(N^3)$,其中 N 是未知量。在基于奇点展开的研究中,固有模态是从实测数据中提取,而非直接计算获得(Baum et al. ,1991)。但是,如果固有模态分析是根据微分方程开展的,则可以轻松进行。

4.5.3 有界情况

考虑区域 V 中由不可穿透的表面 S 围成的任意不均匀性边界(其中 $\overline{\varepsilon}$ 和 $\overline{\mu}$ 是张量),固有模态的电场 $\boldsymbol{E}_n$ 和磁场 $\boldsymbol{H}_n$ 由以下两个线性特征值方程分别给出,即

$$\nabla \times \overline{\mu}^{-1} \cdot \nabla \times \boldsymbol{E}_n = \omega_n^2 \overline{\epsilon} \cdot \boldsymbol{E}_n \tag{4.160}$$

$$\nabla \times \overline{\varepsilon}^{-1} \cdot \nabla \times \boldsymbol{H}_n = \omega_n^2 \overline{\mu} \cdot \boldsymbol{H}_n \tag{4.161}$$

在表面 S 上,对于 PEC 或 PMC 边界,场分别满足 $n \times E_n = 0$ 或 $n \times H_n = 0$,其中 $\hat{\boldsymbol{n}}$ 是 S 的单位法向矢量。

以 $\boldsymbol{E}_n$ 的情况为例,类似的分析适用于 $\boldsymbol{H}_n$ 的情况。当介质是无损的,即 $\overline{\epsilon} = \overline{\epsilon}^{\dagger}$ 和 $\overline{\mu} = \overline{\mu}^{\dagger}$,或互易,即 $\overline{\epsilon} = \overline{\epsilon}^{\mathrm{T}}$ 和 $\overline{\mu} = \overline{\mu}^{\mathrm{T}}$,可以证明对于 $\omega_m^2 \neq \omega_n^2$,

$$\langle \boldsymbol{E}_m^{\gamma}, \overline{\epsilon} \cdot \boldsymbol{E}_n \rangle_V = \int_V \boldsymbol{E}_m^{\gamma}(\boldsymbol{r}) \cdot \overline{\epsilon} \cdot \boldsymbol{E}_n(r)\,\mathrm{d}r = 0 \tag{4.162}$$

其中对于无损情况 $\gamma = *$,对于互易情况则省略。满足 $\omega_m^2 = \omega_n^2 \neq 0$ 的非平凡简并模可以通过应用 Gram-Schmidt 过程正交化。

算子 $(\nabla \times \overline{\mu}^{-1} \cdot \nabla \times)$ 具有零空间,该零空间由与零特征值相关且可数无穷的无旋本征模 $\boldsymbol{E}_q$ 张成。它们与非平凡模式 $\boldsymbol{E}_n$ 正交,并表示为 $\boldsymbol{E}_q = \nabla \psi_q$,其中 ψ_q 是特征值式(4.163)的解,与特征值 k_q^2 相关联,即

$$\nabla \cdot \overline{\epsilon} \cdot \nabla \psi_q(\boldsymbol{r}) = k_q^2 \psi_q(\boldsymbol{r}) \tag{4.163}$$

在有界 V 的特定边界条件(Dirichlet 或 Neumann)下,对于 $k_p^2 \neq k_q^2$,正交性 $\langle \psi_p^{\gamma}, \psi_p \rangle_V = 0$ 或者 $\langle \boldsymbol{E}_p^{\gamma}, \overline{\epsilon} \cdot \boldsymbol{E}_q \rangle_V = 0$ 成立,其中 γ 相应地定义为无损情况和倒

数情况。

通过使用包括 $\boldsymbol{E}_q$ 的本征基 $\boldsymbol{E}_n$，可以将等式(4.8)的解扩展为

$$\boldsymbol{E}(\boldsymbol{r}) = \sum_{n}^{\infty} \alpha_n \boldsymbol{E}_n(\boldsymbol{r}) \tag{4.164}$$

其中，模态扩展系数 α_n 由模态正交性获得，即

$$\boldsymbol{a}_n = \frac{1}{\omega_n^2 - \omega^2} \frac{\langle \boldsymbol{E}_n^{\gamma}, \mathrm{i}\omega \boldsymbol{J} \rangle_V}{\langle \boldsymbol{E}_n^{\gamma}, \bar{\varepsilon} \cdot \boldsymbol{E}_n \rangle_V} \tag{4.165}$$

在低频应用中，$\boldsymbol{E}_q$ 对于扩展该场至关重要。如果源 $\boldsymbol{J}$ 不是无散度的，则 $\boldsymbol{E}_q$ 可能需要包含在模态扩展求解中。

当非均匀性是有损的，即 $\bar{\varepsilon} \neq \bar{\varepsilon}^{\dagger}$ 或 $\bar{\mu} \neq \bar{\mu}^{\dagger}$，或非互易，即 $\bar{\varepsilon} \neq \bar{\varepsilon}^{\mathrm{T}}$ 或 $\bar{\mu} \neq \bar{\mu}^{\mathrm{T}}$，式(4.162)不再有效。构造正交本征模的一种方法是将一种辅助系统引入原始系统(Chen and Lien，1980)，即

$$\Delta \times [\bar{\mu}^{-1}]^{\nu} \cdot \nabla \times \boldsymbol{E}_n^a = (\omega_n^2)_{\varepsilon}^{\gamma-\nu} \cdot \boldsymbol{E}_n^a \tag{4.166}$$

其中 $\nu = \dagger$ 和 $\nu = T$ 分别对应有损和非互易的情况，并且 γ 的定义与之前相同。式(4.166)应在与式(4.160)相同的域 V 中构造，并且辅助场 $\boldsymbol{E}_n^a$ 应满足与式(4.160)相同的边界条件，但具有不同的材料介质。因此，可以得到非简并正交性，即

$$\langle \boldsymbol{E}_m^{\alpha\gamma}, \bar{\varepsilon} \cdot \boldsymbol{E}_n \rangle_V = 0 \tag{4.167}$$

类似于原始问题，辅助系统的简并无旋模式满足 $\boldsymbol{E}_q^a = \nabla \psi_q^a$，其中 ψ_q^a 是式(4.168)的特征解。

$$\nabla \cdot \bar{\varepsilon} \cdot \nabla \psi_q^a(\boldsymbol{r}) = (k_q^2)^{\gamma} \psi_q^a(\boldsymbol{r}) \tag{4.168}$$

再次，对于 $k_p^2 \neq k_q^2$，存在 $\langle \boldsymbol{E}_p^{\alpha\gamma}, \bar{\varepsilon} \cdot \boldsymbol{E}_q \rangle_V = 0$。因此，由任何电流 $\boldsymbol{J}$ 激发的场可以根据特征值 $\boldsymbol{E}_n$ 的完备集(假设为)来扩展，其中下式是 α_n 的简单形式，即

$$\alpha_n = \frac{1}{\omega_n^2 - \omega^2} \frac{\langle \boldsymbol{E}_n^{\alpha\gamma}, \mathrm{i}\omega \boldsymbol{J} \rangle_V}{\langle \boldsymbol{E}_n^{\alpha\gamma}, \bar{\varepsilon} \cdot \boldsymbol{E}_n \rangle_V} \tag{4.169}$$

4.5.4　无界情况

让 S 趋于无穷大可以将固定模态扩展(NME)直接扩展为无界问题。V 中的介质引入较小的损失，等效于要求波在无限远处传出。由于源是给定的，小损耗也保证了场求解的唯一性(Chew，1990)。

基于模态行为,固定模态可以大致分为陷波模和外在模。前者由于不均匀性产生谐振而能量受到限制,后者则在不均匀性和远处边界之间产生谐振。应注意,除非不均匀性是一个完全封闭的空腔或具有无限高折射率的电介质;否则在三维问题中对陷波模的能量限制永远不会是完美的。在某些几何形状中,某些陷波模耦合到外部辐射,也被认为是泄漏模。

当 S 接近无穷大时,陷波模的频谱略微加宽,而模态形状几乎保持不变。另外,外在模不能"抵抗"外部变化。当边界扩展时,复数 ω 平面上外在模的分布变得越来越密,最终产生连续。因此,可以直观地写出无界域的模态展开解,即

$$\boldsymbol{E}(\boldsymbol{r}) = \sum_{n=1}^{N} \alpha_n \boldsymbol{E}_n(\boldsymbol{r}) + \int \mathrm{d}\omega' \alpha(\omega') \boldsymbol{E}(\omega' \boldsymbol{r}) \tag{4.170}$$

式(4.170)中的离散求和对应于陷波模,而积分对应于连续的外在模,其中 $\alpha(\omega')$ 应包括状态密度。

$$Q = \left| \frac{\Re\mathrm{e}[\omega_n]}{2\,\Im m[\omega_n]} \right| \tag{4.171}$$

在数值研究中,可以用 PML 代替 PEC/PMC 边界(Berenger,1994; Chew and Weedon,1994)以模拟无限介质。当实现 PMLs 时,由于前者的品质因数(式(4.171))明显较大,因此特征光谱变得离散,可以轻松地将其与外在模区分开。此外,在这种情况下,外在模包括 PML 内部的谐振,该谐振具有较大的 $\Im m[\omega_n]$。使用 PML 可以正确捕获陷波模的物理特性,这对于表征激励系统的场特性非常重要。因此,通过 NME 仅使用几个重要的模态就可以大大减少模态阶数。

可用传统的微分方程求解器(如 FDM 和 FEM)离散控制方程式(4.160)和式(4.161)。所得的广义特征值方程仅具有稀疏矩阵,因此可以使用迭代特征求解器轻松求解,如 Lanczos 和 Arnoldi 方法(Lehoucq and Sorensen,1996)。位移-求逆技术可用于计算系统的内部频谱,从中可以提取物理上重要的捕获模式。例如,复合左/右手(CRLH)波导槽的第-1 阶、第 0 阶和第+1 阶模式。例如,彩图 4.14(a)~(c)所示为复合左/右手(CRLH)波导缝隙的-1 阶、零阶和+1 阶模。考虑开放式 CRLH 波导缝隙天线(图 4.15(a))(Dong and Itoh,2010),其中基板的厚度为 $h=1.27$ mm,相对介电常数为等式(4.44)。图 4.15(a)中的参数被设置为 $\omega_1=0.3$mm,$\omega_2=0.45$mm,$\omega_3=9.6$mm,并且 $\omega_s=3.9$mm。图 4.15(b)显示了在 11GHz 附近的 50 个固有频率。由于 $\Im m[f_n]$ 很小,可以很容易地识别

出 5 个陷波模,其中Ⅰ、Ⅱ和Ⅲ分别为-1 阶、0 阶和+1 阶谐振。$\Im m[f_n]$其余大部分是外在模,由于存在 PML,它们很容易与陷波模分离。

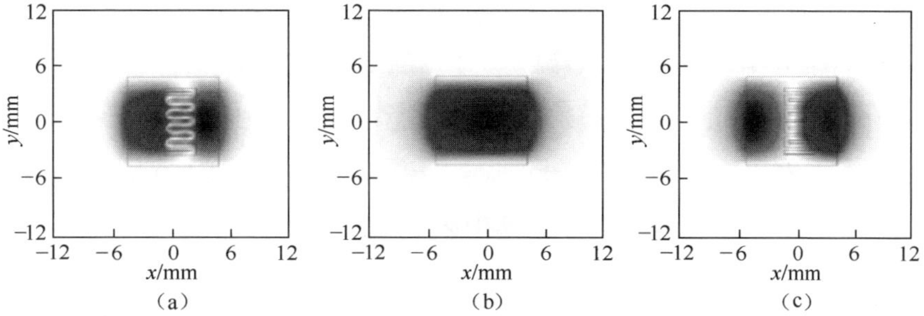

图 4.14　在 xy 平面上模拟几种陷波模的模态形状(彩图见书末)

(a)-1 阶模式;(b)0 阶模式;(c)+1 阶模式。

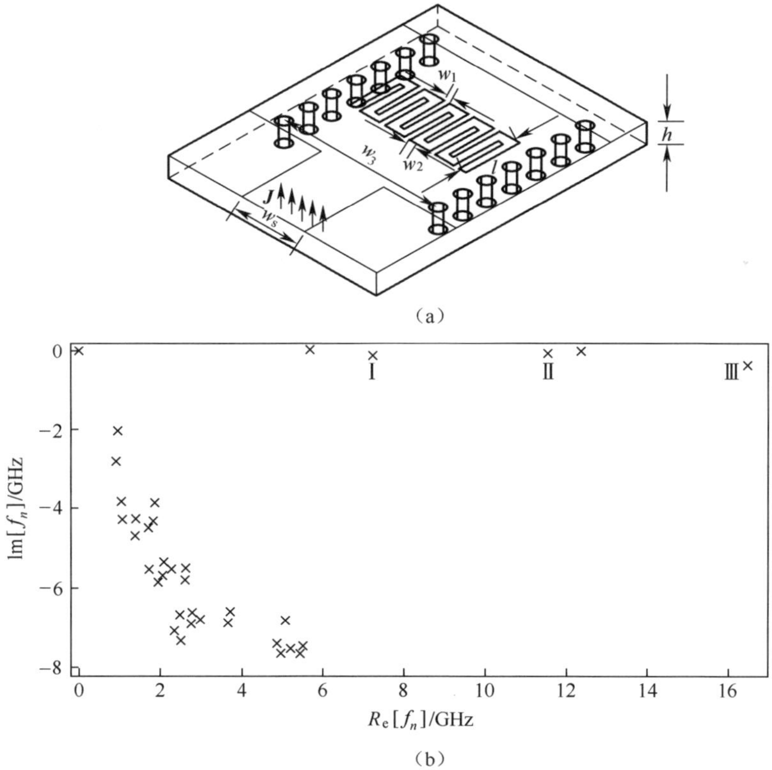

图 4.15　天线及其特征频率计算结果

(a)开放式 CRLH-SIW 缝隙天线;(b)11GHz 左右复特征频率的计算结果。

当天线被工作在5.9GHz的z极化电流片激励时,可以使用5个陷波模扩展激励场$\mathfrak{Im}[E_z^{\mathrm{dir}}]$可以使用5个陷波模近似展开,因为在彩图4.16(a)和图4.16(b)可以看到良好的一致性。更定量地,图4.16(c)中给出了直接计算的场与沿$y=0.36$mm具有不同数量陷波模展开场间的比较。直接计算场和展开场与沿图4.16(c)中给出的沿$y=0.36$的不同数量陷波模的比较。用于展开场模式数量与相对误差关系如图4.16(d)所示。由于辐射源不是无散度的,可以通过考虑无散度模来减小辐射源附近的微小误差(图4.16(c))。由于只有少数陷波模决定展开解,因此在正常工作的天线中,可以实现降低激励场的模态近似。假设可以通过预处理阶段中的移位-求逆技术解决陷波模式,则NME非常适合于宽带场快速近似和不同源配置的问题,因为使用少数模进行场重构仅占用很少的CPU时间。

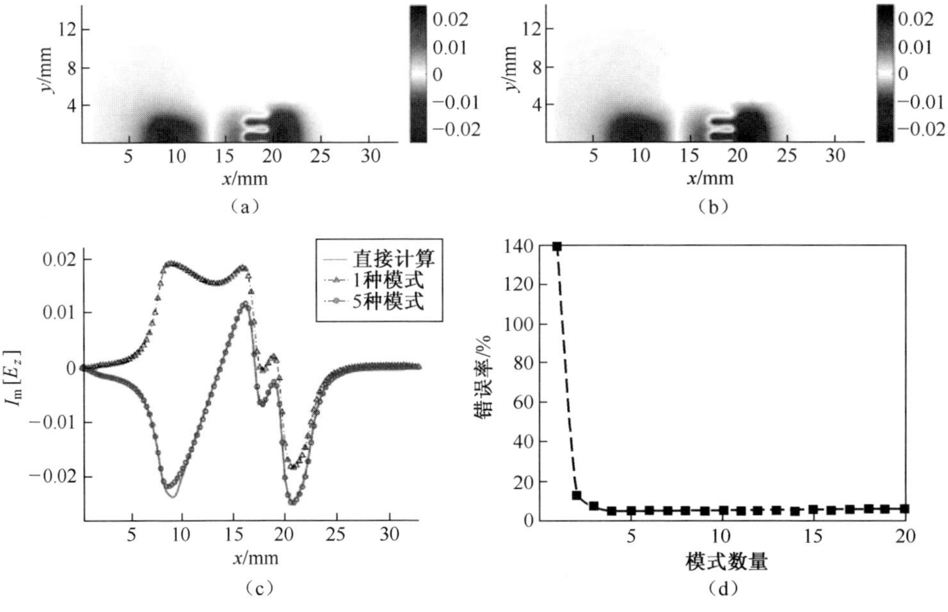

图4.16 将工作频率5.9GHz的电流片引入CRLH波导缝隙天线(彩图见书末)

(a)$z=0.635$mm处的xy平面上直接计算的场的$\mathfrak{Im}[E_z]$;

(b)在同一平面上使用陷波模式展开场;(c)沿观察线$y=0.36$mm直接计算

和展开$\mathfrak{Im}[E_z]$的比较;(d)与用于展开场的模式数量相关的相对误差。

在固定模态分析中引入PML会导致线性特征值问题,因为PML充当电磁波的宽带吸收器,其工作频率始终可以预先确定。这极大简化了自然模式的计算,并使 NME 的表达比 Baum 等(1991)更简单。除了通过模态质量因子表征模态辐射能力外,固定模态分析还将指导激发所需模态的源的放置。此外,与包含电介质部件的 CMA 相比,NME 为复杂天线建模提供了更大的灵活性。

4.6　天线的等效原理算法

在闭合形式算式或近似的渐近表达式方面缺乏分析方法一直是天线工程师调用计算电磁方法来分析和设计天线的真正动机。尽管目前可用的数值方法可以解决天线结构建模中的许多问题,但还存在其他主要与多尺度有关的问题,这些方法无法正确解决这些难题(Li and Chew,2007)。

4.6.1　多尺度问题

一般来说,传统的建模技术主要集中在一个尺度上(如宏观尺度或微观尺度),并且在这些尺度上发生着显著的物理变化。例如,当使用宏观尺度(或大尺度)时,只有较大尺度(尺寸)的影响是有意义的,较小尺度的影响则通过一些本构关系建模(Weinan,2012)。众所周知,宏观尺度是高效的,微观尺度是准确的。因此,同时纳入不同规模的模型有助于利用所有这些规模的优势。在过去的 20 年中,这种所谓的多尺度电磁建模概念一直是研究的重点。由于电磁场的性质,可能会引起典型的多尺度电磁问题。实际上,电磁物理学可以分为电路物理学、波物理学和射线物理学。从数值的角度来看,要对低频电路物理和高频波物理同时共存的多尺度问题进行建模,就无法避免完全不同的啮合。这导致大量的未知数降低迭代解算器的收敛速度。例如,考虑一个安装在汽车顶棚上的小型贴片天线,天线尺寸以 cm 为单位,而汽车尺寸以 m 为单位,这就是多尺度问题的例子。为了解决这类问题,已经提出了一些想法,接下来将讨论最流行的区域分解算法(DDM)。

4.6.2　域分解法

区域分解算法的主要思想是将较大的解决求解域划分为较小的非重叠子域。这些单独的子域每一个都可以独立求解,而相邻子域之间的交互通过接口边界条件以确保唯一的解决方案。实际上,每个子域的求解是使用某种传输条件(如Robin型传输条件)和迭代算法结合在一起的,以得出大问题的解决方法(Lu et al.,2008)。以这种方式,每个子域的求解独立于其他子域。因此,可以为每个子域选择最优网格划分策略。选择网格策略的自由度有助于简化求解方法的并行化及其重用,还有助于改善矩阵系统的条件数,这些优点促使DDM与其他电磁求解器(如有限元法和时域有限差分法)相结合。然后,将区域分解算法用于解决三维电大有限周期性问题,如光子或电磁带隙结构和频率选择表面。此外,使用DDM可以分析较大的介质孔径阵列、贴片天线阵列和开槽波导阵列。为了扩展DDM在基于积分方程求解器中的应用,Chew引入了等效原理算法(EPA)(Chew and Lu,1993; Lu and Chew,1995)。

4.6.3 等效原理算法(EPA)

基于EPA,通过定义适当的闭合表面(称为等价面),将整个求解域分解为许多子域。子域由等价面包围,并且仅通过封闭面相互通信。考虑一个简单的场景,其中只有两个目标,即目标1和目标2,它们分别被两个单独的表面即S_1和S_2包围(图4.17)。对于这种情况,整个EPA程序可以分为4个步骤。

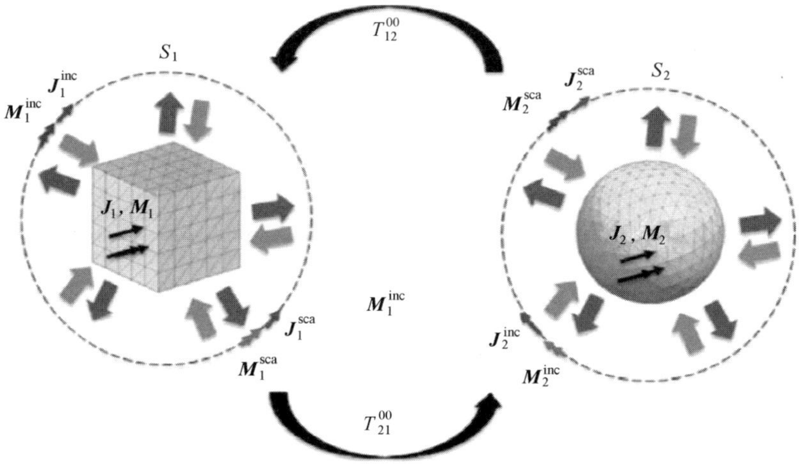

图4.17 简单的两目标场景来解释等效原理算法

1. 外部传播

最初,通过等效表面S_1上的等效磁和/或电流来模拟所有其他外部源的集体效应。这些等效源在 S_1 内部生成原始场，在外部生成零场。这些等效电流称为入射电流，分别表示为 $\boldsymbol{J}_1^{\text{inc}}$ 和 $\boldsymbol{M}_1^{\text{inc}}$。

2. 求解封闭物体上的感应电流

由等效电流在目标 1 上产生入射场，并通过调用求解方法（如 MoM），可以找到目标 1 的感应电流 $\boldsymbol{J}_1$ 和 $\boldsymbol{M}_1$。

3. 内外传播

在目标 1 上找到电流后，可以很容易地计算出 S_1 内部或表面上任何地方的散射场分布。然后，采用等价原理计算表面上的等效电流（通过将感兴趣区域定义为 S_1 之外）。这些等效电流称为散射电流，分别表示为 $\boldsymbol{J}_1^{\text{sca}}$ 和 $\boldsymbol{M}_1^{\text{sca}}$。

将类似的过程以并行方式应用于其他定义的等价曲面和封闭的对象。但是，还需考虑表面之间的相互作用，该方法才能描述整个物理过程。

4. 等值面之间的相互作用

通过引入称为平移算子的算子对 S_1 和其他等价曲面（在这种情况下，即 S_2）之间的相互作用进行建模。它的主要功能是将等效电流的影响从一个等效表面转移到另一个等效表面。与基于微分方程求解器的区域分解算法相比，子域不必彼此接触（允许子域之间的空白）。

双对象双等效面情况的完整 EPA 过程可以通过以下方程来描述，即

$$\begin{bmatrix}\boldsymbol{J}_m^{\text{sca}}\\ \boldsymbol{M}_m^{\text{sca}}\end{bmatrix}=\begin{bmatrix}-\boldsymbol{n}\times\mathcal{K}_H^{\text{s}}\\ -\boldsymbol{n}\times\mathcal{L}_E^{\text{s}}\end{bmatrix}\cdot\left[\mathcal{L}_{\text{solver}}^{-1}\right]\cdot\left[-\mathcal{L}_E^{\text{s}}\quad -\mathcal{K}_H^{\text{s}}\right]\cdot\begin{bmatrix}\boldsymbol{J}_m^{\text{inc}}\\ \boldsymbol{M}_m^{\text{inc}}\end{bmatrix}$$

$$=S_{mm}\cdot\begin{bmatrix}\boldsymbol{J}_m^{\text{inc}}\\ \boldsymbol{M}_m^{\text{inc}}\end{bmatrix}\tag{4.172}$$

$$\begin{bmatrix}\boldsymbol{J}_m^{\text{sca}}\\ \boldsymbol{M}_m^{\text{sca}}\end{bmatrix}=\begin{bmatrix}-\boldsymbol{n}\times\mathcal{K}_H^{\text{s}} & -\boldsymbol{n}\times\mathcal{L}_H^{\text{s}}\\ -\boldsymbol{n}\times\mathcal{L}_E^{\text{s}} & -\boldsymbol{n}\times\mathcal{K}_E^{\text{s}}\end{bmatrix}\cdot\begin{bmatrix}\boldsymbol{J}_n^{\text{sca}}\\ \boldsymbol{M}_n^{\text{sca}}\end{bmatrix}=T_{mm}^{\text{oo}}\cdot\begin{bmatrix}\boldsymbol{J}_n^{\text{sca}}\\ \boldsymbol{M}_n^{\text{sca}}\end{bmatrix}\tag{4.173}$$

$\mathcal{L}_E$、$\mathcal{K}_E$、$\mathcal{L}_H$ 和 $\mathcal{K}_H$ 是积分算子（Li and Chew，2007），L_{solver}^{-1} 代表电流求解器部分。此外，S_{mm} 表示等价面 S_m 的散射算子，T_{mn}^{oo} 表示曲面 m 面与 n 面之间的平移算子，其中 m、$n=\{1,2\}$。这两个方程的组合产生了一个方程组，即

$$\begin{bmatrix}\boldsymbol{J}_1^{\text{sca}}\\ \boldsymbol{M}_1^{\text{sca}}\end{bmatrix}-S_{11}\cdot T_{12}^{\text{oo}}\cdot\begin{bmatrix}\boldsymbol{J}_2^{\text{sca}}\\ \boldsymbol{M}_2^{\text{sca}}\end{bmatrix}=S_{11}\cdot\begin{bmatrix}\boldsymbol{J}_1^{\text{inc}}\\ \boldsymbol{M}_1^{\text{inc}}\end{bmatrix}\tag{4.174}$$

$$-S_{22}\cdot T_{21}^{\mathrm{oo}}\cdot\begin{bmatrix}\boldsymbol{J}_1^{\mathrm{sca}}\\ \boldsymbol{M}_1^{\mathrm{sca}}\end{bmatrix}+\begin{bmatrix}\boldsymbol{J}_2^{\mathrm{sca}}\\ \boldsymbol{M}_2^{\mathrm{sca}}\end{bmatrix}=S_{22}\cdot\begin{bmatrix}\boldsymbol{J}_2^{\mathrm{inc}}\\ \boldsymbol{M}_2^{\mathrm{inc}}\end{bmatrix}\tag{4.175}$$

通过求解这个方程组,可以计算等效面上的未知散射等效电流。对于具有更多等值曲面的目标,可以推导出类似的方程。

4.6.4 相连区域的EPA

EPA程序适用于未被等效面截取的目标。然而,在天线应用和许多其他电磁问题中,很少使用非连接(隔离)区域模型,一个区域可能通过导线、集总元件、开关和接地层与其他一些区域连接。在这种情况下,原始的连续电流将被等效面切断,从而导致连接处两侧的电荷累积。这种电荷积累和电流不连续性会产生奇异场,这将在截取等效面上引起奇异等效电流并影响结果的准确性。而且,目标在非常接近等效面处需要耗费巨大计算量计算奇点除法和近场处理。文献中已提出了3种方法,即奇点匹配方法、虚拟节点法和连接基函数法,以保持电流连续性并避免产生奇异。连接基函数法已被证明可以精确地模拟连续电流,并且不会涉及奇异积分(Li and Chew,2007、2008)。

4.6.5 连接基函数法

对于由等效面包围的目标与其他等效面包围的目标连接的情况,在Li和Chew(2007、2008)提出的方法中引入了连接基函数法,以保持电流平稳地流入和流出等效面。假设通过定义两个等效面将金属条分为两部分(图4.18(a)),然后通过定义过渡区域或连接基准区域将条带分成3个区域(图4.18(b))。为了说明连接基函数,将方程式(4.174)和式(4.175)修改为

$$\begin{bmatrix}\boldsymbol{J}_1^{\mathrm{sca}}\\ \boldsymbol{M}_1^{\mathrm{sca}}\\ \boldsymbol{t}_{t1}\end{bmatrix}-S_{11}\cdot\begin{bmatrix}T_{12}^{\mathrm{oo}}\cdot\begin{bmatrix}\boldsymbol{J}_2^{\mathrm{sca}}\\ \boldsymbol{M}_2^{\mathrm{sca}}\end{bmatrix}\\ -\mathcal{L}_{tt}^{-1}t\cdot(\boldsymbol{t}_{t1}+\boldsymbol{t}_{t2})\end{bmatrix}=S_{11}\cdot\begin{bmatrix}\boldsymbol{J}_1^{\mathrm{inc}}\\ \boldsymbol{M}_1^{\mathrm{inc}}\\ -\mathcal{L}_{tt}\cdot\boldsymbol{E}_t^i\end{bmatrix}\tag{4.176}$$

$$\begin{bmatrix}\boldsymbol{J}_2^{\mathrm{sca}}\\ \boldsymbol{M}_2^{\mathrm{sca}}\\ \boldsymbol{t}_{t2}\end{bmatrix}-S_{22}\cdot\begin{bmatrix}T_{21}^{\mathrm{oo}}\cdot\begin{bmatrix}\boldsymbol{J}_1^{\mathrm{sca}}\\ \boldsymbol{M}_1^{\mathrm{sca}}\end{bmatrix}\\ -\mathcal{L}_{tt}^{-1}t\cdot(\boldsymbol{t}_{t1}+\boldsymbol{t}_{t2})\end{bmatrix}=S_{22}\cdot\begin{bmatrix}\boldsymbol{J}_2^{\mathrm{inc}}\\ \boldsymbol{M}_2^{\mathrm{inc}}\\ -\mathcal{L}_{tt}\cdot\boldsymbol{E}_t^i\end{bmatrix}\tag{4.177}$$

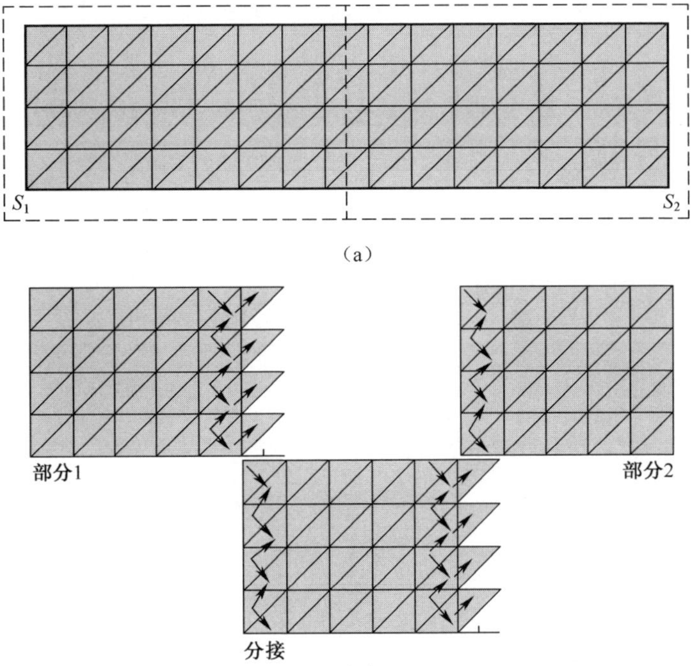

图 4.18　金属条

(a)由两个等效面划分为两部分;(b)引入连接基函数法以保持电流的连续性。

式中：$\mathcal{L}_{tt}^{-1}$ 和 $\boldsymbol{E}_t^i$ 分别为电流求解算子和连接基部分的入射场。而且，$\boldsymbol{t}_{ii}=\mathcal{L}_{ti}\cdot\boldsymbol{J}_i$ 代表连接区域上第 i 个金属物体($\boldsymbol{J}_i$)上的电流感应场。式(4.176)和式(4.177)构成了 6 组未知数的 6 个方程 $[\boldsymbol{J}_1^{\text{sca}},\boldsymbol{M}_1^{\text{sca}},\boldsymbol{t}_{t1},\boldsymbol{J}_2^{\text{sca}},\boldsymbol{M}_2^{\text{sca}},\boldsymbol{t}_{t2}]$，可以针对 N 个目标的情况设置表达式。如果该目标没有涉及连接基函数,则表达式中的底行将消失,并且还原为普通的 EPA(方程式(4.174)和式(4.175))。

4.6.6　文献中使用 EPA 的天线建模

在过去的 20 年中,等效原理算法已成功应用于解决包括天线问题在内的多尺度电磁问题。彩表 4.1 和彩表 4.2 总结了一些文献中使用 EPA 分析天线的文献报道。表 4.1 列出了 EPA 在分析阵列天线中的应用。单极子天线阵列、U 形缝隙微带和八木天线已通过 EPA 成功建模并求解。在表 4.2 中,列出了 EPA 在其他一些特殊情况下的应用,如分析安装在汽车顶棚上的天线、可重构像素天线和领结形天线。总体而言,EPA 的应用极大地减轻了计算量并加快了计算速度。

表 4.1 EPA 在模拟阵列天线中的应用(彩表见书末)

(Li and Chew,2007; Shao et al. ,2011、2012、2013)

<table>
<tr><th>天线类型</th><th>期望输出</th></tr>
<tr><td>地平面上两个单极子
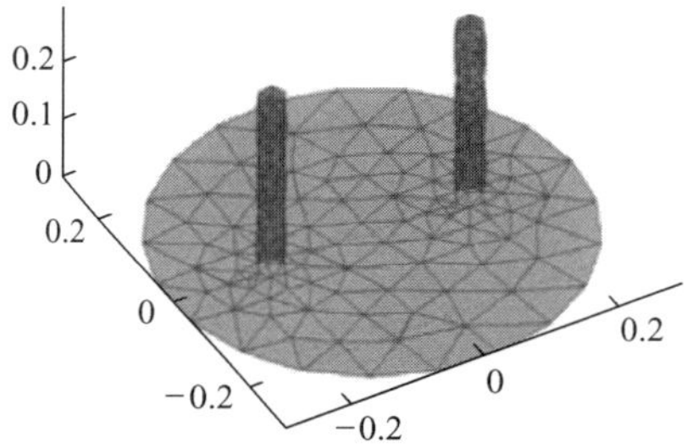
</td><td>电流分布
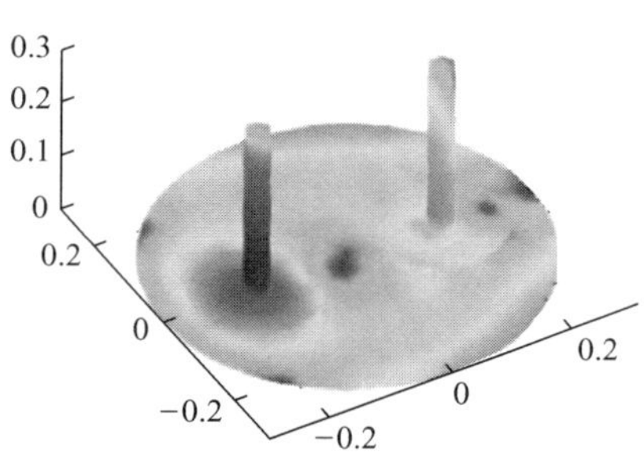
</td></tr>
<tr><td>微带天线阵
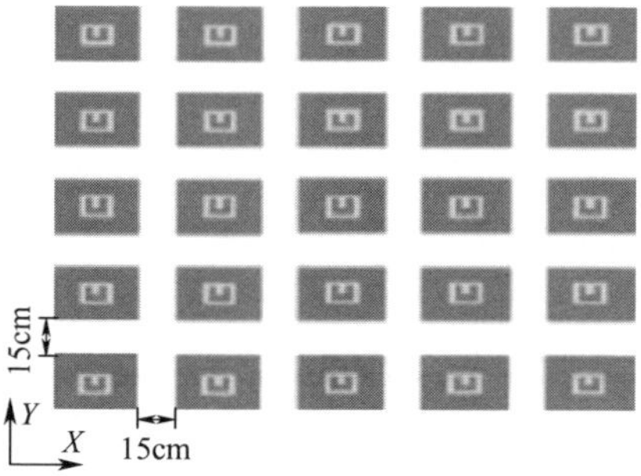
</td><td>双站雷达散射截面(RCS)
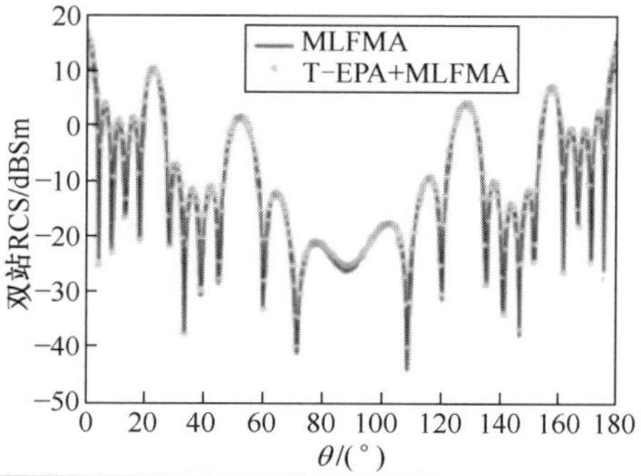
</td></tr>
<tr><td>天线阵列
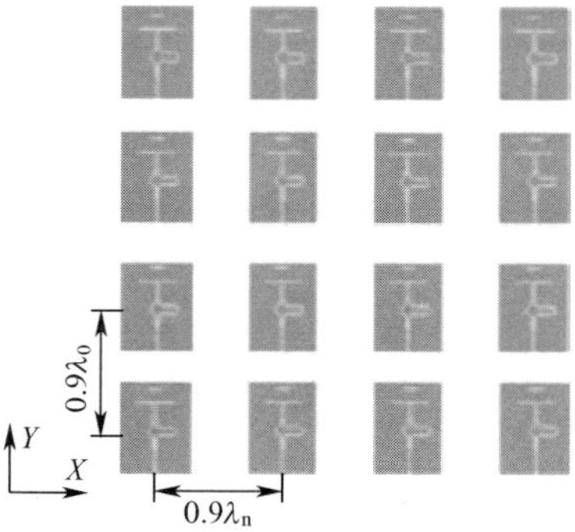
</td><td>双站RCS
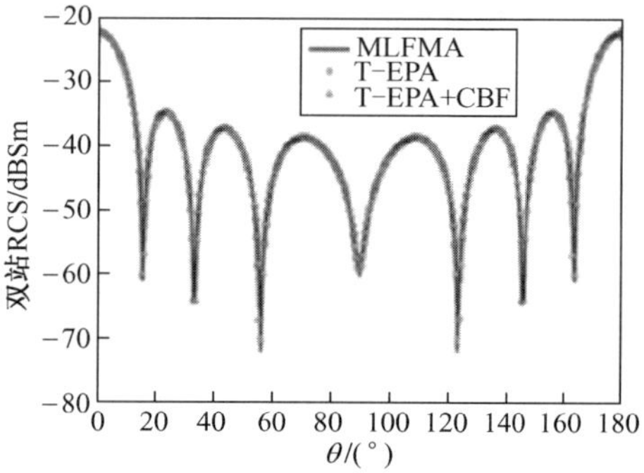
</td></tr>
</table>

表 4.2　应用 EPA 的解决天线问题(彩表见书末)

(Li and Chew,2008; Fallahpour et al. ,2014; Shao et al. ,2014)

<table>
<tr><th>天线类型</th><th>期望输出</th></tr>
<tr><td>天线安装在车顶上
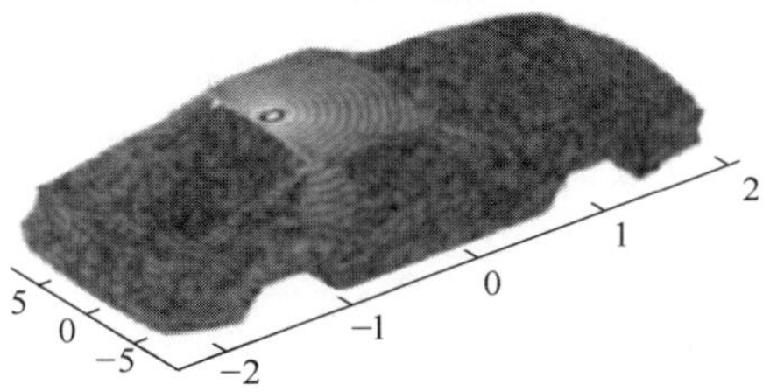
</td><td>辐射方向图
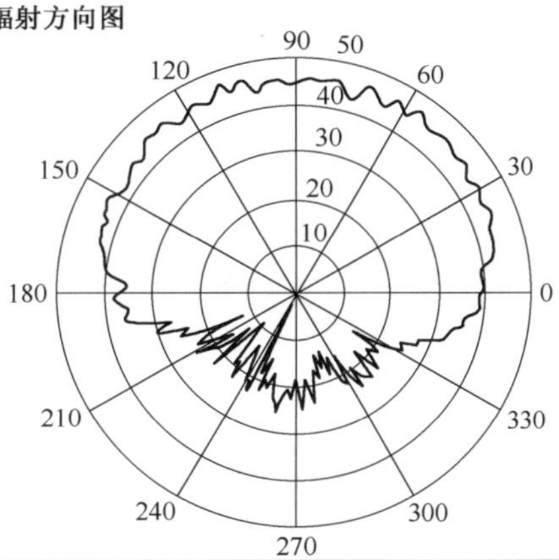
</td></tr>
<tr><td>可重构像素天线
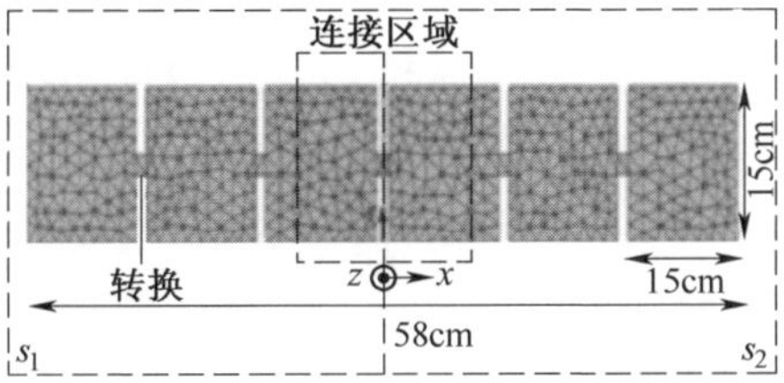
</td><td>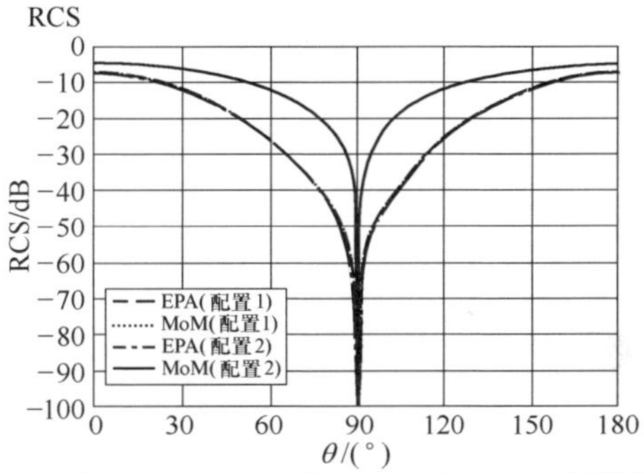
</td></tr>
<tr><td>在PEC板上领结形天线
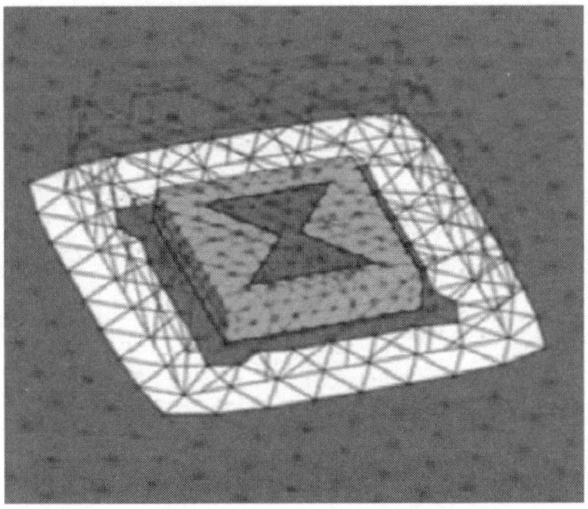</td><td>辐射方向图
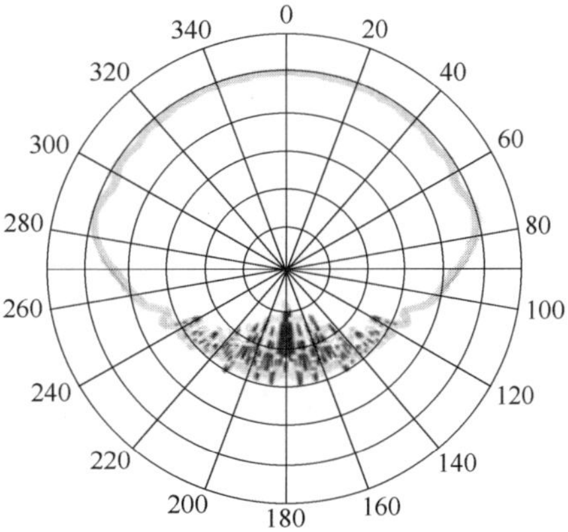
</td></tr>
</table>

最近,已经提出了一些想法来提高 EPA 的准确性和收敛速度,这些工作大多数试图解决与等效面有关的问题。应用多级快速多极子算法来计算等效面之间的相互作用可显著加快整个 EPA 流程。此外,在 Shao 等(2014)中,提出了利用栅格鲁棒高阶矢量基(GRHOVB)代替曲线 RWG 函数的等效面,以提高 EAP 的准确性。在 Shao 等(2012)中,不是求解等效面上的电磁电流,而是利用广义阻抗边界条件(GIBC)的概念来定义这些电流之间的关系并减少未知数。尽管付出了这些努力,但 EPA 仍然是一个有待进一步研究的开放领域。未来工作的目标是提高准确性和收敛速度,并针对太阳能电池、可植入设备和纳米级结构等新兴应用改进 EPA。

4.7 天线高频技术

对于具有大于波长的反射器或平台的天线,可以使用高频技术非常有效地模拟电磁散射场。它们在 3 个方面很重要(Samii and Israel, 1980; Yaghjian, 1984; Chou et al., 2005)。首先,从电大天线计算电磁散射场时,高频方法比全波方法快得多。其次,高频方法可以从物理角度理解天线的辐射机制。典型的高频角度会导致波物理的临界点,即阴影和反射边界以及天线表面的焦散线等。最后,对于复杂的天线结构,高频方法有可能与全波方法很好地结合解决辐射问题。具体而言,电大部件中的波场表现出高频射线物理现象。而在电中或电小部分,波场分别具有电路和波物理行为。因此,一旦开发了基于高频方法和全波求解器的混合求解器,将会极大提高电磁波模拟的效率。

当波频率 k 与天线的直径 a 的乘积变为数十至数千时,电磁波呈现高频定位现象。从这个意义上讲,高频散射场有高频波物理现象和射线物理现象。因此,高频波场像射线一样传播。借助高频射线物理理论,在 20 世纪开发了各种高频方法。例如,为了计算反射波和透射波场,高频方法包含几何光学(GO)方法(Ling et al., 1989)和物理光学(PO)方法(Macdonald, 1913)。在计算图 4.19(a)中的衍射波场时,这些方法对应于几何绕射理论(GTD)(Keller, 1962; Hansen, 1981)、一致性绕射理论(UTD)(Kouyoumjian and Pathak, 1974)、一致性近似绕射理论(UAT)(Lee and Deschamps, 1976)、物理绕射理论(PTD)(Ufimtsev, 2005)和增量长度绕射系数(ILDC)(Yaghjian et al., 1996)。下文将详细介绍这些高频方法。此外,还研究了高频散射场的快速求解方法,包括高频近似方法(HFA)(Conde et al. ,2001; Carluccio et al. ,2010)和数值最速下降路径方法(NSDP)(Wu et al. ,2012a、b,2013a、b、c,2014)。

4.7.1　天线的辐射

对于具有图 4.19(a)所示的馈电势置的反射器天线系统,电散射远场可以表示为

$$\boldsymbol{E}^{(s)}(\boldsymbol{r}) \approx \frac{\mathrm{i}k\mathrm{e}^{\mathrm{i}kr}}{4\pi r}\sqrt{\frac{\mu}{\varepsilon}}(\bar{\boldsymbol{I}} - \hat{r}\hat{r}) \cdot \int_S \mathrm{d}r' \mathrm{e}^{-\mathrm{i}k\hat{r}\cdot\boldsymbol{r}'}\boldsymbol{J}(\boldsymbol{r}') \tag{4.178}$$

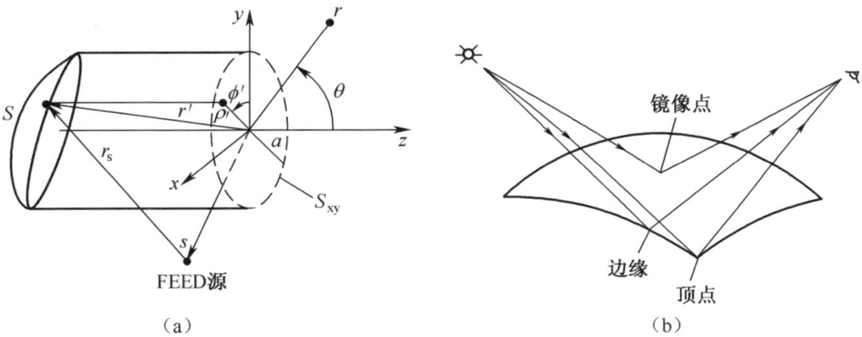

图 4.19　天线系统及其射线场

(a)反射器天线系统;(b)来自散射体的高频射线场。

(包括来自镜像点的反射场与来自边缘和顶点的绕射场)

式中:$\boldsymbol{J}(\boldsymbol{r}')$ 为天线表面的感应电流;S、$\boldsymbol{r}$ 和 $\boldsymbol{r}'$ 为观测和积分源点。S 在 xy 平面上的投影孔径为圆形区域 S_{xy},半径为 a,如图 4.19(a)所示。然后,辐射积分 $F(\boldsymbol{r})$ 由式(4.178)得出

$$\boldsymbol{F}(\boldsymbol{r}) = \int_S \mathrm{d}\boldsymbol{r}' \mathrm{e}^{\mathrm{i}k\hat{r}\cdot\boldsymbol{r}'}\boldsymbol{J}(\boldsymbol{r}') = \int_0^a\int_0^{2\pi} \mathrm{e}^{-\mathrm{i}k\hat{r}\cdot\boldsymbol{r}'}\boldsymbol{J}(\boldsymbol{r}')\rho' T(\rho',\phi')\,\mathrm{d}\rho'\mathrm{d}\phi' \tag{4.179}$$

式中:$T(\rho',\phi')$ 为 (x,y,z) 和 (ρ,ϕ,z) 坐标系之间天线表面的雅可比变换函数。

式(4.179)中的矢量表面积分 $\boldsymbol{F}(\boldsymbol{r})$ 称为辐射积分。此外,表面积分还包含远场区域中的并矢格林函数的相位信息、感应电流以及来自 S 的曲率积分。

4.7.2 高频技术

1. 几何光学方法

三维空间中任意两点 $\boldsymbol{p}_1$ 和 $\boldsymbol{p}_2$ 之间的射线路径遵循费马原理,即

$$\delta\int_{\boldsymbol{p}_1}^{\boldsymbol{p}_2} n(s)\,\mathrm{d}s = 0 \tag{4.180}$$

式中:$n(s)$ 为介质的折射率;δ 为变分法中的变异算子。式(4.180)表示射线沿 $\boldsymbol{p}_1$ 和 $\boldsymbol{p}_2$ 之间的光距离最小的路径传播。利用式(4.180)中的费马原理,可以从入射场中确定反射光线,这种方法称为几何光学(GO)方法。此外,根据射线管理论和光强的能量通量守恒,在距离散射器反射点 $\boldsymbol{p}_{\mathrm{r}}$ 的距离 s 处的反射场 $\boldsymbol{E}^{(r)}(\boldsymbol{r})$ 可以表示为

$$\boldsymbol{E}^{(r)}(\boldsymbol{r}) = \boldsymbol{E}^{(i)}(\boldsymbol{p}_r)\cdot\overline{\boldsymbol{R}}\sqrt{\frac{\rho_1(\boldsymbol{p}_r)\rho_2(\boldsymbol{p}_r)}{(\rho_1(\boldsymbol{p}_r)+s)(\rho_2(\boldsymbol{p}_r)+s)}}\mathrm{e}^{iks} \tag{4.181}$$

式中:$\overline{\boldsymbol{R}}$为并矢反射系数;$\rho_1(\boldsymbol{p}_r)$ 和$\rho_2(\boldsymbol{p}_r)$ 为 S 在反射点$\boldsymbol{p}_r$处的原理半径,s 为沿着反射场方向从$\boldsymbol{p}_r$ 到$\boldsymbol{r}$ 的距离。对于具有可穿透材料的天线,也存在发射波场。对于复杂腔体结构的波场计算方法,典型的 GO 方法是射弹射线法(SBR)(Ling et al.,1989)。实际上,采用 SBR 方法,可以高效地捕获到多个散射波场并进行计算。

计算散射场的 GO 方法与式(4.178)中的散射场有密切的联系。在后续"从麦克斯韦方程得到的基本电路定律"一节中,对式(4.178)的高频渐进法进行调用,可以得到式(4.178)中的主导项对应于镜面反射点的 GO 射线场。

2. 几何衍射理论

当光线到达楔形物时,出现衍射波场以及反射和阴影边界。在这种情况下,对于观测点位于过渡区和深阴影区的情况,GO 方法无法很好地捕获散射波场。为了弥补上述失败,索默菲尔德从完美的导体半平面(Sommerfeld,1896)中解决了早期的高频散射问题。散射场以菲涅耳积分表示。通过进行菲涅耳积分的渐近展开,可以容易地评估散射远场。在像条纹电流那样的高频衍射波电流中,阴影和反射边界清楚地被证明。而且,位于反射和阴影边界周围的观察点区域被称为过渡区域。

凯勒(Keller,1962)提出了从理想导电曲线楔形衍射射线场的计算。这种

方法被称为衍射几何理论(GTD)。从点 $\boldsymbol{p}_d$ 沿弯曲楔形的衍射波场具有与式(4.181)相似的公式,即

$$\boldsymbol{E}^{(d)}(\boldsymbol{r}) = \boldsymbol{E}^{(i)}(\boldsymbol{p}_d) \cdot \overline{\boldsymbol{D}} \sqrt{\frac{\rho_d(\boldsymbol{p}_d)}{s(\rho_d(\boldsymbol{p}_d) + s)}} \mathrm{e}^{\mathrm{i}ks} \tag{4.182}$$

式中:$\overline{\boldsymbol{D}}$ 为 Keller(1962)提出的二元衍射系数;$\rho_d(\boldsymbol{p}_d)$ 为反射点 $\boldsymbol{p}_d$ 处弯曲楔的主半径;s 为沿着反射场方向的 $\boldsymbol{p}_d$ 与 r 之间的距离。

此外,衍射系数 $\overline{\boldsymbol{D}}$ 可以通过 Sommerfeld 半平面衍射问题的辐射积分的渐近展开来获得。因此,来自 GTD 方法的场包含来自 GO 方法的反射波和透射波场以及衍射波场。因此,与 GO 方法相比,GTD 方法为计算高频波场提供了相对成熟的方法。

同样,对于式(4.178),在调用“基于麦克斯韦方程的基本电路定律”一节中的高频渐近方法中,高阶项对应于衍射射线场。而且,这些获得的衍射光场与 GTD 方法产生的结果非常吻合。但是,在过渡区域,这些 GTD 衍射系数变得无限大,使 GTD 衍射波场变得奇异。因此,当观测点位于过渡区域周围时,GTD 方法会失效。

3. 一致性绕射理论

为了弥补过渡区 GTD 方法的失败,人们开发了高效的一致性绕射理论(UTD)(Kouyoumjian and Pathak,1974)和均匀渐近衍射(UAT)方法(Lee and Deschamps,1976)。在高频波物理方面,利用渐近技术,楔形体绕射波场的辐射积分可以表示为高频临界点贡献的叠加。这种临界点贡献的叠加也可以被视为具有射线物理学方面的衍射射线。但是,当观测点位于过渡地区时,这些关键点将会合并。在这种情况下,辐射积分不能很好地逼近这些积分。

为了说明高频临界点的耦合,可以采用辐射积分的均匀渐近逼近来弥补 GTD 方法在转折处的故障。这种方法称为 UTD 方法,它根据 UTD 转换函数提供 UTD 衍射系数。所涉及的菲涅耳函数的 UTD 转换函数用于补偿 GTD 击穿,并使波场在过渡区域周围连续。同时,由于观测点远离过渡区,UTD 和 GTD 方法得到的波场相互吻合良好。一旦以统一的渐近方式推导出式(4.178),则衍射波场的更高准确度将导致近过渡区域。UTD 方法遵循辐射积分的渐近。因此,用 UTD 方法可以很好地解决过渡区周围 GTD 方法的故障问题。

4. 物理光学方法

物理光学(PO)近似用作分析散射电磁场的有效方法。早在1913年,Macdonald通过近似考虑散射体表面的感应电流(Macdonald,1913)引入了PO近似概念。表面PO感应电流近似为局部切平面近似,即在外部高频条件下,沿电大物体的积分小表面贴片被假定为局部平坦和平滑(Ufimtsev,2008)。从这个意义上说,对于电大型现实世界物体中的高频电磁波,PO近似表明它是计算散射场的有效方法(Lee and Mittra,1983)。然而,PO电流在阴影边界附近是不正确的(Ufimtsev,2005),这导致物理光学方法不能满足互易定理。

随着ka从几十到几千,通过利用式(4.179)的局部切平面近似,所考虑的散射体的照亮区域中的感应电流可近似为

$$\boldsymbol{J}_{\mathrm{PO}}(\boldsymbol{r}) = 2\hat{n}(\boldsymbol{r}) \times \boldsymbol{H}^{(i)}(\boldsymbol{r}) \tag{4.183}$$

式(4.183)被称为PO电流。在这里,$n(\boldsymbol{r})$为与表面垂直的外部单位;$\boldsymbol{H}^{(i)}(\boldsymbol{r})$为反射器天线从馈电源入射的场。在这里,式(4.183)中的$\boldsymbol{H}^{(i)}(\boldsymbol{r})$是由位置$\boldsymbol{r}$处的馈源产生的直接入射场,有

$$\boldsymbol{H}^{(i)}(\boldsymbol{r}) \simeq C\frac{\mathrm{e}^{\mathrm{i}kr_{\mathrm{s}}}}{\boldsymbol{r}_{\mathrm{s}}}\boldsymbol{g}(\theta,\varphi) \tag{4.184}$$

式中:C为已知的复常数;$\boldsymbol{g}(\theta,\varphi)$为来自馈源的矢量辐射函数,并且假定它是已知的。

在将式(4.183)中的$\boldsymbol{J}_{PO}$代入式(4.178)中的$\boldsymbol{J}$后,可以从反射器天线获得PO散射场。它可以用3个辐射面积分来表示。更具体地说,式(4.178)中的相位函数包含来自二元格林函数的信息,即反射器天线表面的形状函数和来自馈源的入射磁场。由于式(4.179)中辐射积分的高度振荡特性,当ka很大时,用于评估积分的直接数值方案使得计算量大大增加。当有很多观察点时,问题更加严重。因此,需要寻求有效的技术来评估这些PO积分(Burkholder and Lee,2005)。

5. 衍射物理理论

为了弥补PO电流的限制,Ufimtsev引入了边缘波电流来校正PO电流,称为物理衍射理论(PTD)方法(Ufimtsev,2005)。采用$\boldsymbol{J}_{\mathrm{PTD}}$表示的PTD电流为

$$\boldsymbol{J}_{\mathrm{PTD}}(\boldsymbol{r}) = \boldsymbol{J}_{\mathrm{PO}}(\boldsymbol{r}) + \boldsymbol{J}_{U}(\boldsymbol{r}) \tag{4.185}$$

式中:$\boldsymbol{J}_{U}(\boldsymbol{r})$为边缘波电流,用于校正影子边界和阴影区域周围$\boldsymbol{J}_{\mathrm{PO}}(\boldsymbol{r})$的有限

精度。实际上，$\boldsymbol{J}_U(\boldsymbol{r})$ 可以从典型完全导电楔形散射体的散射波解中获得(Ufimtsev,2005)。将式(4.185)中的 $\boldsymbol{J}_{\mathrm{PTD}}(\boldsymbol{r})$ 代入式(4.178)后,可以从 PTD 方法中获得散射场。由此产生的散射场包含了 PO 散射场和边缘衍射波场,也可以看作具有高度振荡积分的辐射积分。与 GTD 和 UTD 方法相比,PTD 方法通过积分公式给出比 GTD 和 UTD 方法更准确的结果。同时,对于这些辐射积分采用直接自适应数值方法的 PTD 方法是费时的。

6. 增量长度绕射系数技术

Shore 和 Yaghjian 提出的增量长度衍射技术(Hansen and Shore,1998;Yaghjian et al.,1996)提供了一种有效的方法来计算来自理想传导散射体的高频衍射波场。非均匀(NU)衍射波场可以通过格林函数与散射体表面周围的 NU 电流积的积分来获得。此外,可以通过简化积分域来捕获 NU 衍射波场 S 变成 $C(\boldsymbol{r}_s,s)$ 和 $\mathrm{d}l$ (Hansen and Shore,1998),其中 $\mathrm{d}l$ 为散射体的阴影边界。在高频范围内，$C(\boldsymbol{r}_s,s)$ 局部符合阴影边界点 $\boldsymbol{r}_s$ 周围散射体的形状。这种测定 NU 衍射波场的技术称为增量长度衍射系数(ILDC)技术(Hansen and Shore,1998;Yaghjian et al.,1996)。

特别是,对于具有凸影边界的散射体,NU 衍射波电流被称为 NU-Fock 电流(Fock,1946)。NU 衍射波场可由自由空间格林函数与 S 上的 NU-Fock 电流的乘积积分获得。然后,所得的电散射场具有式

$$\boldsymbol{E}^{(q)}(\boldsymbol{r}) = \mathrm{i}\omega\mu\left(\bar{\boldsymbol{I}} + \frac{1}{k^2}\nabla\nabla\right)\cdot\int_S \mathrm{d}\boldsymbol{r}'\,\frac{\boldsymbol{J}^{(q)}(\boldsymbol{r}')\,\mathrm{e}^{\mathrm{i}k|\boldsymbol{r}-\boldsymbol{r}'|}}{4\pi|\boldsymbol{r}-\boldsymbol{r}'|} \tag{4.186}$$

指数 q 代表 TE 和 TM 情况(水平和垂直极化)，$\boldsymbol{J}^{(q)}(\boldsymbol{r}')$ 为 NU-Fock 电流。在远场区,式(4.186)可以重新表示为

$$\boldsymbol{E}^{(q)}(\boldsymbol{r}) \approx \frac{\mathrm{i}k e^{\mathrm{i}kr}}{4\pi r}\sqrt{\frac{\mu}{\varepsilon}}(\bar{\boldsymbol{I}} - \hat{r}\hat{r})\cdot\int_S \mathrm{d}\boldsymbol{r}'\mathrm{e}^{-\mathrm{i}k\hat{r}\cdot\boldsymbol{r}'}\boldsymbol{J}^{(q)}(\boldsymbol{r}') \tag{4.187}$$

可以假设图 4.20 中的积分面 S 由 $C(z,s)\times[z_0,z_1]$ 给出。这里,$C(z,s)$ 是积分曲线,$[z_0,z_1]$ 是沿 z 方向的积分域。然后,考虑厚度为 $\mathrm{d}z$ 的条带,远散射场表示为

$$\mathrm{d}\boldsymbol{E}^{(q)}(\boldsymbol{r}) \approx \mathrm{d}z\,\frac{\mathrm{i}k\mathrm{e}^{\mathrm{i}kr}}{4\pi r}\sqrt{\frac{\mu}{\varepsilon}}(\boldsymbol{I} - \hat{r}\hat{r})\cdot\int_{C(z,s)} \mathrm{d}sC'(z,s)\,\mathrm{e}^{-\mathrm{i}k\hat{r}\cdot C(z,s)}\boldsymbol{J}^{(q)}(C(z,s)) \tag{4.188}$$

在照明区域中,上面的 $C(z,s)$ 垂直于阴影边界。也就是说,$C(z,s)$ 是沿着

$\boldsymbol{k}^i$ 方向的线。在阴影区域，$C(z,s)$ 是与 z 轴形成恒定角度为 θ^i 的测地曲线。式(4.188)被称为ILDC公式(Hansen and Shore,1998)。

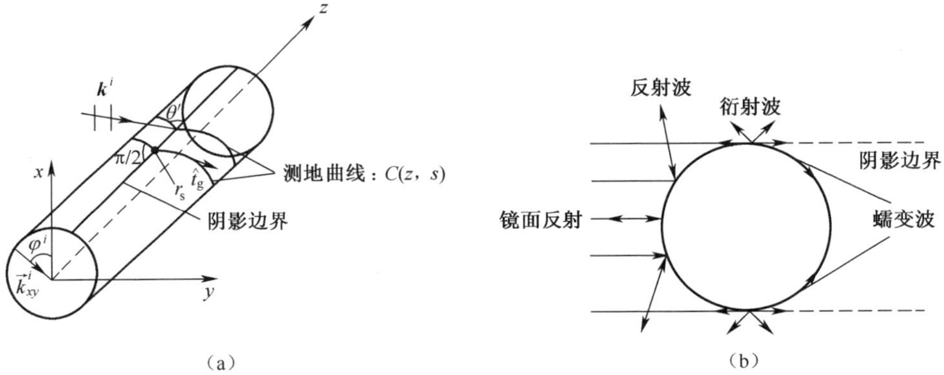

图4.20　凸柱体的几何参数及照射区域的电流

(a)倾斜入射的平面波撞击在有限长度的凸柱体上,阴影边界由柱体上的蓝线表示,阴影区域中的NU-Fock电流遵循测红色曲线 $C(z,s)$ 的方向;

(b)照射区域中的PO电流和NU衍射波和蠕变波在阴影边界和深阴影区域附近的NU-Fock电流。

4.7.3　用于高频散射场的快速求解器

1. 高频渐近方法

为了以优雅的方式呈现高频渐近(HFA)方法,可以研究该类型的轮廓积分,即

$$I(k)=\int_C f(z)\,\mathrm{e}^{\mathrm{i}kg(z)}\,\mathrm{d}z \tag{4.189}$$

式中:C 为实轴上的积分域或复平面上的轮廓。此外,经过一些数学处理后,式(4.189)可以被看作表面辐射积分方程式(4.179)的简化。

由于波频率为 k 或角频率 ω 接近无穷大的高频波场的定位特性,可以得到式(4.189)中辐射积分的渐近近似。这可以通过“固定相法”(或“鞍点法”)完成。也就是说,$I(k)$ 的主要贡献来自满足 $g'(z_s)=0$ 的鞍点 z_s 的邻域。这里,可以假设在 C 内有一个鞍点 z_s。然后,式(4.189)可以通过用泰勒级数展开 $g(z)$,并在二阶项处终止,得到渐近展开式为

$$I(k)\simeq f(z_s)\,\mathrm{e}^{\mathrm{i}kg(z_s)}\left(\frac{2\pi i}{kg''(z_s)}\right)^{1/2} \tag{4.190}$$

此外,如果 $g''(z_s)=0$,扩展式(4.190)将用 $g(z)$ 的泰勒级数展开修正为第三项。从式(4.190)可以看出,I_k 是 $O(k_2^{-1})$,当 k 趋向无穷大时,它变得更加精确。二维中的鞍点称为“固定相点”。详细的讨论见文献(Conde et al.,2001;Carluccio et al.,2010)。同样,式(4.189)中辐射积分的被积函数近似为几个主要项。在高频波物理学方面,式(4.190)中的主要项对应于镜面反射点处的 GO 射线场,如图 4.19(a)所示。从式(4.190)可以很容易地看出,传统的 HFA 方法可以提供频率无关工作量的辐射积分计算。

2. 数值最速下降路径法

由于式(4.179)中 HFA 方法用于辐射积分的渐近过程,所产生的高频散射场结果通常会失去准确性,特别是当参数 ka 不是非常大但处于高频范围时。

在下文中,考虑对 PO 分散字段应用 NSDP 方法。由于 PO 散射场包含空间上具有快速变化的相位项,因此得到的 PO 积分本质上是高度振荡的。为了有效地评估这些地表 PO 积分,提出了数值最速下降路径(NSDP)方法(Vico-Bondia et al.,2010; Zhang et al.,2014;Wu et al.,2012a、b,2013a、b、c)。在调用 NSDP 方法时,原始的 PO 实域整合域在复平面上变形为复杂的 NSDP,这样 PO 的积分在这些复杂的 NSDP 上呈指数衰减,并且可以与不依赖于频率的工作量集成在一起。在 HFA 方法中,NSDP 方法唯一的近似是指数衰减 PO 积分的数值积分,因此提出的 NSDP 方法提高了 PO 散射场的精度。

NSDP 的定义如下,对于给定积分域$[L_1,L_2]$和被积函数 $e^{ikg(x)}$,可以定义满足 3 个条件的路径函数 $x=x_{L_m}(p)$ (Chew,1990):

① $x_{L_m}(0)=L_m$,即路径以 L_m 开始;

② $\Re e(g(x_{L_m}(p)))=\Re e(g(x_{L_m}(0)))\equiv C$,其中 C 是一个常数;

③ $\Im m(g(xL_m(p)))=p$。

然后,将 $x=x_{L_m}(p)$ 代入相位函数 $g(x)$ 后,可以看出当 kp 变大时,$e^{ikg(x_{L_m}(p))}=e^{ikg(L_m)-kp}$ 按指数函数减少为 $O(e^{-kp})$。因此,路径函数 $x=x_{L_m}(p)$称为 NSDP。根据①~③,可以得到端点 L_m 的 NSDPs $x_{L_m}(p)$(Chew,1990; Wu et al.,2012a,2013a、b)。

然而,固定相点 x_s 周围的 $g(x)$ 的相行为与端点周围的相行为不同。相应地,NSDP 也应该改变。注意到 $g(x)-g(x_s)$ 是 x_s 相位函数泰勒展开后 x_s 周围的二次函数(Chew,1990)。因此,可以用 $\Im m(g(x_{L_m}(p)))=p^2$ 改变上述条件③,

并定义相应的 NSDP,$x=x_0(p)$,$p\in(-\infty,\infty)$。

考虑彩图 4.21 所示的来自二次抛物线 PEC 贴片的 PO 散射场的 NSDP 方法的应用。投影的 xy 四边形域是 S_{xy},表示为 $\boldsymbol{V}_1\overline{\boldsymbol{V}}_2\boldsymbol{V}_3\boldsymbol{V}_4$。边缘由 $y=a_mx+b_m$ $(m=1,2,4,5)$控制。为了捕获 PO 散射场的高频临界点现象,可以认为 PO 积分对于相位函数具有二次变化四边形补丁。将 $\boldsymbol{J}_{\mathrm{PO}}$ 代入式(4.178),可以获得 3 个 PO 表面积分。为了简单起见,可以将它们表示为 $\tilde{I}$。在将 PO 表面积分减少到几个线积分 $I_2^{(a_m,b_m)}$ 的过程中,互补误差函数出现在被积函数中(Wu et al.,2012a、b)。在调用互补误差函数的斯托克斯现象时,边上的相位函数为 $g^{(m)}(x)=x^2+(a_mx+b_m)^2$,斯托克斯线为 $y=-x-\dfrac{b_m}{a_m}$。然后,四边形边界上的 NSDP 为(Chew,1990)。

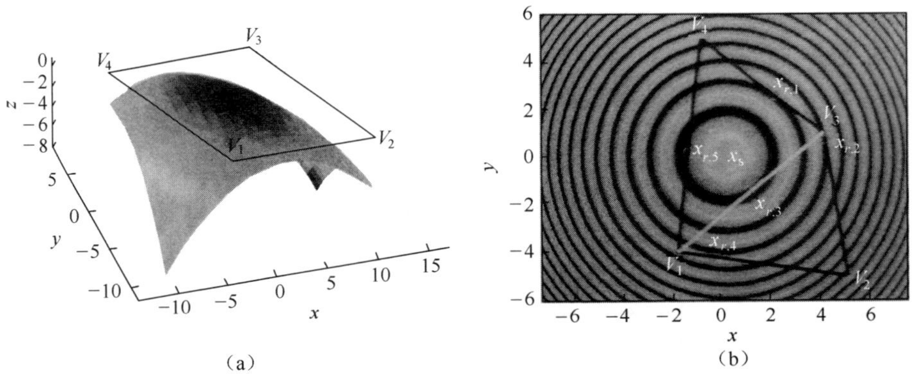

图 4.21 (a)抛物线形 PEC 贴片;(b)抛物线 PEC 补片的投影 x-y 四边形区域 $V_1V_2V_3V_4$。(彩图见书末)

$$x_{L_m}(p)=\frac{\operatorname{sgn}(L'_m)}{\sqrt{1+a_m^2}}\sqrt{L'^2_m+ip}+x_s,p\in[0,\infty) \tag{4.191}$$

$$x_{0,m}(p)=\frac{e^{\left(i\frac{\pi}{4}\right)}p}{\sqrt{1+a_m^2}}+x_s,p\in(-\infty,\infty) \tag{4.192}$$

式中:$x_s=-\dfrac{a_mb_m}{1+a_m^2}$ 为相位函数 $g^{(m)}(x)$ 的固定相位点,定义在边缘和 $L'_m=\sqrt{1+a_m^2}(L_m-x_s)$。这些 NSDP 在图 4.22 中标出。在将原始 PO 积分路径改

变为 NSDP 并且调用柯西积分定理之后，PO 积分 $\tilde{I}$ 可以用 NSDP 表示为

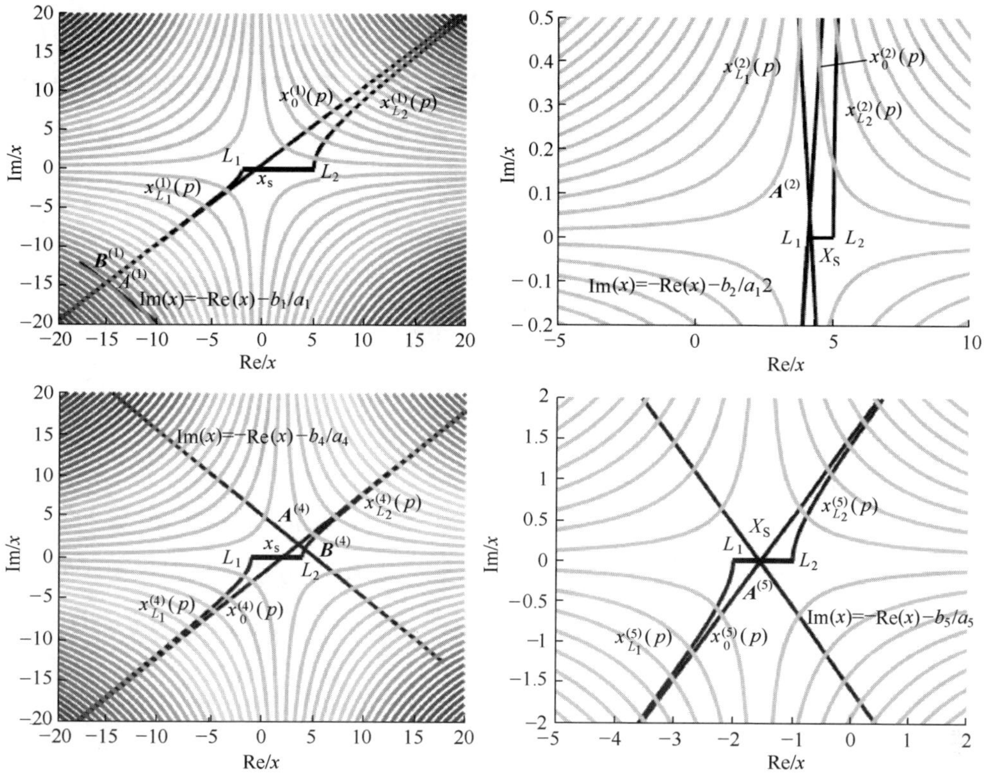

图 4.22　各个子图对应于图 4.21 中四边形区域 $\boldsymbol{V}_1\boldsymbol{V}_2\boldsymbol{V}_3\boldsymbol{V}_4$ 的 4 个边上定义的 $I_2^{(a_m,b_m)}$（$m = 1,2,4,5$）的被积函数的 NSDP

$$\tilde{I} = -I_2^{(a_1,b_1)} + I_2^{(a_2,b_2)} + I_2^{(a_4,b_4)} + I_2^{(a_5,b_5)} \tag{4.193}$$

其中，

$$I_2^{(a_1,b_1)} = I_{L_1}^{(a_1,b_1)} - I_{L_2}^{(a_1,b_1)} + I_{x_s}^{(a_1,b_1)} + \boldsymbol{K}((\boldsymbol{V}_2(1),0)) - \boldsymbol{K}((\boldsymbol{V}_1(1),0)) - \boldsymbol{K}(\boldsymbol{B}^{(1)}) + \boldsymbol{K}(\boldsymbol{A}^{(1)}) \tag{4.194}$$

$$I_2^{(a_2,b_2)} = I_{L_1}^{(a_2,b_2)} + I_{x_s}^{(a_2,b_2)} - I_{L_2}^{(a_2,b_2)} + K((V_2(1),(0)) - K(A^{(2)}) \tag{4.195}$$

$$I_2^{(a_4,b_4)} = I_{L_1}^{(a_4,b_4)} + I_{x_s}^{(a_4,b_4)} - I_{L_2}^{(a_4,b_4)} + \boldsymbol{K}(\boldsymbol{B}^{(4)}) - \boldsymbol{K}(\boldsymbol{A}^{(4)}) \tag{4.196}$$

$$I_2^{(a_5,b_5)} = I_{L_1}^{(a_5,b_5)} + I_{x_s}^{(a_5,b_5)} - I_{L_2}^{(a_5,b_5)} + \boldsymbol{K}(\boldsymbol{A}^{(5)}) - \boldsymbol{K}((\boldsymbol{V}_1(1),0)) \tag{4.197}$$

本来，$I_2^{(a_m,b_m)}(m=1,2,4,5)$是图4.21中4个边$\boldsymbol{V}_1\boldsymbol{V}_2$、$\boldsymbol{V}_2\boldsymbol{V}_3$、$\boldsymbol{V}_3\boldsymbol{V}_4$和$\boldsymbol{V}_1\boldsymbol{V}_4$上定义的高度振荡PO线积分$I_2^{(a,b)}$，在式(4.195)、式(4.196)和式(4.197)中，$K(x)$来自斯托克斯的erfc(z)在不同域上的不同渐近行为的现象，它具有闭式公式。此时，PO积分用指数衰减积分的NSDP表示，可以在频率无关的工作负载中评估。

与HFA方法相比，在研究两种方法的高频临界点贡献之后，可以看到NSDP方法的优点。在射线物理学方面，来自固定相点、共振点和顶点的高频临界点贡献分别对应于来自镜面反射点，边界镜面反射点和顶点的射线场，包括稳定相点、共振点和顶点在内的高频临界点贡献的HFA方法的主要条款(Carluccio et al.,2010)分别为$O(k^{-1})$、$O(k^{-\frac{3}{2}})$、$O(k^{-2})$。另外，这些临界点贡献也可以通过在NSDP上定义的PO积分来严格表示。由于用NSDP方法评估PO积分的过程使用较少的近似，所以这些PO积分结果可从HFA方法产生的结果中获得高精度。同时，实现了与频率无关的计算努力(Wu et al.,2012a、b,2013a、b、c)。

4.8 结论

本章给出了用于解决天线问题的不同计算电磁学(CEM)方法的概述。随着计算机变得越来越强大，这些方法在天线设计中更为普遍。已经开发了许多软件工具来实现更好的天线设计。因此，天线设计人员和工程师应该了解不同CEM方法的工作原理或未来将纳入这些软件工具的方法。随着理解的深入，可以设计更好的天线。

由于天线工程通常涉及电路设计，因此当天线设计师了解电磁原理如何在电路理论中转变为电路理论时，特征尺寸远小于波长。天线结构被设计为波长或更大的顺序，以接收以波形传输的信号。然而，由于天线接收到这些信号，所以它们总是必须使用电路和波导理论的组合来路由通过不同的系统。天线工程师很好地理解电磁和电路理论是有帮助的。

当信号被接收时，信号通过一个系统传递，在这个系统中，波物理变成了电路物理。因此,在电路理论和电磁全波理论之间的“黄昏”区域内进行正确的计算也很重要。

由于纳米加工技术的先进性,现在可以制造即使在光学状态下也具有亚波长的纳米天线。这些纳米天线可以作为前端通信总线在计算机系统的光链路中使用。它们可以提供所需的高数据速率。它们还可用于增强原子和分子给出的光辐射或将光能耦合到材料以增强光电的产生。

许多天线设计人员使用软件来获得对天线工作的物理洞察。软件提供的输出参数对天线的工作提供更深入的了解将变得越来越重要,这一点从天线设计中越来越多地使用特征模式分析就可以看出。未来可以使用自然模式分析来更好地理解和设计天线。

随着系统变得高度复杂,将较大的系统分解为较小系统的总和以便找到解决方案是明智的,所以,区域分解算法很有用。即使需要进行大量的研究工作,等效原理算法(EPA)也可用于实现这种分解。

最后要说明的是,高频散射一直在设计反射天线时非常重要。现有高频技术的精度和速度的提高是一个需要进一步研究的领域。

一般研究方向是用于更好的天线设计和工程的新型数值分析工具。快速 CEM 算法,在广泛的频率范围内稳定且有效,是未来的目标。这些未来的工具应该能够有效且稳健地处理多尺度结构,并最少使用内存和计算机资源。而且,随着天线集成到复杂环境中,耦合到多物理场仿真将变得越来越重要。随着复杂度越来越高,需要制定新的天线设计和性能指标。

参 考 文 献

Adams RJ (2004) Physical and analytical properties of a stabilized electric field integral equation. IEEE Trans Antennas Propag 52(2):362-372

Alu A, Engheta N (2008) Tuning the scattering response of optical nanoantennas with nanocircuit loads. Nat Photonics 2:307-310

Andreani LC, Panzarini G, Gerard JM (1999) Strong-coupling regime for quantum boxes in pillar microcavities: theory. Phys Rev B 60:13276-13279

Andriulli FP (2012) Loop-star and loop-tree decompositions: analysis and efficient algorithms.

IEEE Trans Antennas Propag 60(5):2347–2356

Andriulli FP, Cools K, Bağci H, Olyslager F, Buffa A, Christiansen S, Michielssen E (2008) A multiplicative Calderón preconditioner for the electric field integral equation. IEEE Trans Antennas Propag 56(8):2398–2412

Andriulli FP, Bağci H, Vipiana F, Vecchi G, Michielssen E (2009) Analysis and regularization of the TD-EFIE low-frequency breakdown. IEEE Trans Antennas Propag 57(7):2034–2046

Atwater HA, Polman A (2010) Plasmonics for improved photovoltaic devices. Nat Mater 9:205–213

Axelsson O, Barker VA (1984) Finite element solution of boundary value problems: theory and computation. Academic Press, New York

Bağci H, Andriulli FP, Cools K, Olyslager F, Michielssen E (2009) A Calderón multiplicative preconditioner for the combined field integral equation. IEEE Trans Antennas Propag 57(10):3387–3392

Balanis CA (2012a) Advanced engineering electromagnetics, 2nd edn. Wiley, New York

Balanis CA (2012b) Antenna theory: analysis and design. Wiley, New York

Baum C, Rothwell E, Chen K-M, Nyquist D (1991) The singularity expansion method and its application to target identification. Proc IEEE 79:1481–1492

Benzi M, Golub GH, Liesen J (2005) Numerical solution of saddle point problems. Acta Numer 14:1–137

Berenger JP (1994) A perfectly matched layer for the absorption of electromagnetic waves. J Comput Phys 114:185–200

Berthelot J, Bouhelier A, Huang CJ et al (2009) Tuning of an optical dimer nanoantenna by electrically controlling its load impedance. Nano Lett 9:3914–3921

Bharadwaj P, Deutsch B, Novotny L (2009) Optical antennas. Adv Opt Photon 1:438–483

Biagioni P, Huang JS, Hecht B (2012) Nanoantennas for visible and infrared radiation. Rep Prog Phys 75:024402

Bienstman P, Baets R (2001) Optical modelling of photonic crystals and VCSELs using eigenmode expansion and perfectly matched layers. Opt Quant Electron 33:327–341

Bliokh KY, Bekshaev AY, Nori F (2013) Dual electromagnetism: helicity, spin, momentum and angular momentum. New J Phys 15:033026

Bonakdar A, Kohoutek J, Dey D, Mohseni H (2012) Optomechanical nanoantenna. Opt Lett 37:3258–3260

Borup DT, Gandhi OP (1984) Fast-Fourier transform method for calculation of SAR distributions in finely discretized inhomogeneous models of biological bodies. IEEE Trans Microw Theory Tech 32 (4):355–360

Buffa A, Christiansen S (2007) A dual finite element complex on the barycentric refinement. Math Comput 76(260):1743–1769

Burke GJ, Poggio AJ (1981) "Numerical Electromagnetic Code-2," Ver. 5.7.5, Arie Voors

Burkholder RJ, Lee TH (2005) Adaptive sampling for fast physical optics numerical integration. IEEE Trans Antennas Propag 53(5):1843–1845

Cabedo-Fabres M, Antonino-Daviu E, Valero-Nogueira A, Bataller MF (2007) The theory of characteristic modes revisited: a contribution to the design of antennas for modern applications. IEEE Antennas Propag Mag 49:52–68

Carluccio G, Albani M, Pathak PH (2010) Uniform asymptotic evaluation of surface integrals with polygonal integration domains in terms of UTD transition functions. IEEE Trans Antennas Propag 58(4):1155–1163

Catedra MF, Gago E, Nuno L (1989) A numerical scheme to obtain the RCS of three-dimensional bodies of resonant size using the conjugate gradient method and the fast Fourier transform. IEEE Trans Antennas Propag 37:528–537

Celik M, Pileggi L, Odabasioglu A (2002) IC interconnect analysis. Kluwer Academic, Durdrecht
Chen PY, Alu A (2010) Optical nanoantenna arrays loaded with nonlinear materials. Phys Rev B 82:235405

Chen CH, Lien C-D (1980) The variational principle for non-self-adjoint electromagnetic problems. IEEE Trans Microw Theory Tech 28:878–886

Chen QL, Wilton DR (1990) Electromagnetic scattering by three-dimensional arbitrary complex material/conducting bodies. IEEE Int Symp Antennas Propag 2:590–593

Chen LZ, Sha WEI, Choy WCH (2012a) Light harvesting improvement of organic solar cells with self-enhanced active layer designs. Opt Express 20:8175–8185

Chen YP, Sha WEI, Choy WCH, Jiang LJ, Chew WC (2012b) Study on spontaneous emission in complex multilayered plasmonic system via surface integral equation approach with layered medium Green's function. Opt Express 20:20210–20221

Chew WC (1990) Waves and fields in inhomogeneous media. Van Nostrand Reinhold, New York, Reprinted by Piscataway, NJ: IEEE Press, 1995

Chew WC, Kong JA (1981) Asymptotic formula for the resonant frequencies of a circular microstrip antenna. J Appl Phys 52(8):5365-5369

Chew WC, Lu CC (1993) The use of Huygens equivalence principle for solving the volume integral equation of scattering. IEEE Trans Antennas Propag 41(7):897904

Chew WC, Weedon WH (1994) A 3-D perfectly matched medium from modified Maxwell's equations with stretched coordinates. Microw Opt Technol Lett 7(13):599-604

Chew WC, Jin JM, Michielssen E, Song J (2000) Fast and efficient algorithms in computational electromagnetics. Artech House, London

Chew WC, Jin JM, Michielssen E, Song JM (eds) (2001) Fast and efficient algorithms in computational electromagnetics. Artech House, Boston

Chew WC, Tong MS, Hu B (2008) Integral equation methods for electromagnetic and elastic waves. Morgan Claypool, San Francisco

Chew WC, Tong MS, Hu B (2009) Integral equations methods for electromagnetic and elastic waves. Morgan & Claypool, San Rafael

Chou HT, Ho HK, Chung TY (2005) A discrete-time uniform geometrical theory of diffraction for the fast transient analysis of scattering from curved wedges. IEEE Trans Antennas Propag 53 (11):3633-3643

Clark B (1985) Well logging apparatus and method using transverse magnetic mode. U.S. Patent 4, 553,097

Coifman R, Rokhlin V, Wandzura S (1993) The fast multipole method for the wave equation: a pedestrian prescription. IEEE Antennas Propag Mag 35(3):7-12

Collin RE (1991) Field theory of guided waves. IEEE Press, Piscataway

Collins RE (1966) Foundations for microwave engineering. McGraw-Hill, New York

Conde OM, Pérez J, Cátedra MF (2001) Stationary phase method application for the analysis of radiation of complex 3-D conducting structures. IEEE Trans Antennas Propag 49(5):724-731

Cools K, Andriulli FP, Olyslager F, Michielssen E (2009) Improving the MFIE's accuracy by using a mixed discretization. In: IEEE antennas and propagation society international symposium, pp 1-4, Charleston, SC

Corvi M, Schaich WL (1986) Hydrodynamic-model calculation of second-harmonic generation at a metal surface. Phys Rev B 33:3688

Cui YX, Xu J, Fung KH et al (2011) A thin film broadband absorber based on multi-sized nanoantennas. Appl Phys Lett 99:253101

Dai QI, Chew WC, Lo YH, Liu YG, Jiang LJ (2012) Generalized modal expansion of electromagnetic field in 2-D bounded and unbounded media. IEEE Antennas Wirel Propag Lett 11: 1052–1055

Dai QI, Lo YH, Chew WC, Jiang LJ (2013) An efficiently preconditioned eigenanalysis of inhomogeneously loaded rectangular cavities. IEEE Antennas Wirel Propag Lett 12:58–61

Dai QI, Lo YH, Chew WC, Liu YG, Jiang LJ (2014) Generalized modal expansion and reduced modal representation of 3-D electromagnetic fields. IEEE Trans Antennas Propag 62:783–793

Davis TA, Duff IS (1997) An unsymmetric-pattern multifrontal method for sparse LU factorization. SIAM J Matrix Anal Appl 18:140–158

Devilez A, Stout B, Bonod N (2010) Compact metallo-dielectric optical antenna for ultra directional and enhanced radiative emission. ACS Nano 4:3390–3396

Dong YD, Itoh T (2010) Miniaturized substrate integrated waveguide slot antennas based on negative order resonance. IEEE Trans Antennas Propag 58:3856–3864

Fallahpour M, Ma Z, Li MK, Chew WC (2014) Using equivalence principle algorithm to analyze and design reconfigurable pixelled antennas. In: Allerton antenna applications symposium, IL, USA

Fock VA (1946) The distributions of currents induced by a plane wave on the surface of a conductor. J Phys 10:130–136

Garbacz RJ, Turpin RH (1971) A generalized expansion for radiated and scattered fields. IEEE Trans Antennas Propag 19:348–358

Gerard D, Devilez A, Aouani H et al (2009) Efficient excitation and collection of single-molecule fluorescence close to a dielectric microsphere. J Opt Soc Am B 26:1473–1478

Giannini V, Fernandez-Dominguez AI, Heck SC, Maier SA (2011) Plasmonic nanoantennas: fundamentals and their use in controlling the radiative properties of nanoemitters. Chem Rev 111: 3888–3912

Graglia RD (1993) On the numerical integration of the linear shape functions times the 3D Green's function or its gradient on a plane triangle. IEEE Trans Antennas Propag 41(10):1448–1456

Greengard L, Rokhlin V (1987) A fast algorithm for particle simulations. J Comput Phys 73: 325–348

Hansen RC (ed) (1981) Geometric theory of diffraction. IEEE Press, Piscataway

Hansen TB, Shore RA (1998) Incremental length diffraction coefficients for the shadow boundary of a convex cylinder. IEEE Trans Antennas Propag 46(10):1458–1466

Harrington RF, Mautz JR (1971) Theory of characteristic modes for conducting bodies. IEEE Trans

Antennas Propag 19:622-628

He SQ, Sha WEI, Jiang LJ, Choy WCH, Chew WC, Nie ZP (2012) Finite-element-based generalized impedance boundary condition for modeling plasmonic nanostructures. IEEE Trans Nanotechnol 11:336-345

Heaviside O (1888) On electromagnetic waves, especially in relation to the vorticity of the impressed forces, and the forced vibration of electromagnetic systems. Philos Mag 25: 130-156. Also see Nahin PJ (1990) Oliver Heaviside. Scientific American 122-129

Ho C, Ruehli A, Brennan P (1975) The modified nodal approach to network analysis. IEEE Trans Circ Syst CAS-32:504-509

Hsiao GC, Kleinman RE (1997) Mathematical foundations for error estimation in numerical solutions of integral equations in electromagnetics. IEEE Trans Antennas Propag 45(3): 316-328

Jin JM (2002) The finite element method in electromagnetics, 2nd edn. Wiley-IEEE Press, New York

Jin JM (2014) The finite element method in electromagnetics, 3rd edn.Wiley-IEEE Press, Hoboken

Joannopoulos JD, Johnson SG, Winn JN, Meade RD (2008) Photonic crystals: molding the flow of light. Princeton University Press, Princeton

Johnson SG, Joannopoulos JD (2001) Block-iterative frequency-domain methods for Maxwell's equations in a planewave basis. Opt Express 8:173-190

Kalkbrenner T, Hakanson U, Schadle A et al (2005) Optical microscopy via spectral modifications of a nanoantenna. Phys Rev Lett 95:200801

Kauranen M, Zayats AV (2012) Nonlinear plasmonics. Nat Photonics 6:737-748

Keller JB (1962) Geometrical theory of diffraction. JOSA 52(2):116-130

Kelley DF, Luebbers RJ (1996) Piecewise linear recursive convolution for dispersive media using FDTD. IEEE Trans Antennas Propag 44:792-797

King RWP (1956) The theory of linear antennas. Harvard University Press, Cambridge, MA

Kinkhabwala A, Yu ZF, Fan SH et al (2009) Large single-molecule fluorescence enhancements produced by a bowtie nanoantenna. Nat Photonics 3:654-657

Kouyoumjian RG, Pathak PH (1974) A uniform geometrical theory of diffraction for an edge in a perfectly conducting surface. Proc IEEE 62(11):1448-1461

Krasnok AE, Maksymov IS, Denisyuk AI et al (2013) Optical nanoantennas. Phys Usp 56: 539-564

Kwon DH, Werner PL, Werner DH (2008) Optical planar chiral metamaterial designs for strong circular dichroism and polarization rotation. Opt Express 16:11802–11807

Lee R, Cangellaris AC (1992) A study of discretization error in the finite element approximation of wave solution. IEEE Trans Antennas Propag 40(5):542–549

Lee SW, Deschamps GA (1976) A uniform asymptotic theory of electromagnetic diffraction by a curved wedge. IEEE Trans Antennas Propag 24(1):25–34

Lee SW, Mittra R (1983) Fourier transform of a polygonal shape function and its application in electromagnetics. IEEE Trans Antennas Propag 31(1):99–103

Lee JF, Lee R, Burkholder RJ (2003) Loop star basis functions and a robust preconditioner for EFIE scattering problems. Trans Antennas Propag 51(8):1855–1863

Lehoucq R, Sorensen D (1996) Deflation techniques for an implicitly restarted Arnoldi method. SIAM J Matrix Anal Appl 17:789–821

Li M-K, Chew WC (2007) Wave-field interaction with complex structures using equivalence principle algorithm. IEEE Trans Antennas Propag 55(1):130–138

Li M-K, Chew WC (2008) Multiscale simulation of complex structures using equivalence principle algorithm with high-order field point sampling scheme. IEEE Trans Antennas Propag 56(8): 2389–2397

Ling H, Chou RC, Lee SW (1989) Shooting and bouncing rays: calculating the RCS of an arbitrarily shaped cavity. IEEE Trans Antennas Propag 37(2):194–205

Liu YG, Li Y, Sha WEI (2011) Directional far-field response of a spherical nanoantenna. Opt Lett 36:2146–2148

Liu YG, Choy WCH, Sha WEI, Chew WC (2012) Unidirectional and wavelength-selective photonic sphere-array nanoantennas. Opt Lett 37:2112–2114

Liu QS, Sun S, Chew WC (2014) Convergence of low-frequency EFIE-based systems with weighted right-hand-side effect. IEEE Trans Antennas Propag 62(10):5108–5116

Lo YT, Solomon D, Richards W (1979) Theory and experiment on microstrip antennas. Antennas Propag IEEE Trans 27(2):137–145

Lo YH, Jiang LJ, Chew WC (2013) Finite-width feed and load models. IEEE Trans Antennas Propag 61(1):281–289

Lu CC, Chew WC (1995) The use of Huygens equivalence principle for solving 3-D volume integral equation of scattering. IEEE Trans Antennas Propag 43(5):500–507

Lu Z-Q, An X, HongW(2008) A fast domain decomposition method for solving three dimensional large-scale electromagnetic problems. IEEE Trans Antennas Propag 56(8):22002210

Luebbers R, Hunsberger FP, Kunz KS et al (1990) A frequency-dependent finite-difference time-domain formulation for dispersive materials. IEEE Trans Electromagn Compat 32:222-227

Macdonald HM (1913) The effect produced by an obstacle on a train of electric waves. Philos Trans R Soc Lond A Math Phys Sci 212:299-337

Maier SA (2007) Plasmonics: fundamentals and applications. Springer, New York.

Makitalo J, Suuriniemi S, Kauranen M (2011) Boundary element method for surface nonlinear optics of nanoparticles. Opt Express 19:23386-23399

Maksymov IS, Davoyan AR, Kivshar YS (2011) Enhanced emission and light control with tapered plasmonic nanoantennas. Appl Phys Lett 99:083304

Manges JB, Cendes ZJ (1995) A generalized tree-cotree gauge for magnetic field computation. IEEE Trans Magn 31(3):1342-1347

Martin-Moreno L, Garcia-Vidal FJ, Lezec HJ, Degiron A, Ebbesen TW (2003) Theory of highly directional emission from a single subwavelength aperture surrounded by surface corrugations. Phys Rev Lett 90:167401

Maxwell JC (1865) A dynamical theory of the electromagnetic field. Phil Trans R Soc Lond 155: 459-512

Merlein J, Kahl M, Zuschlag A et al (2008) Nanomechanical control of an optical antenna. Nat Photonics 2:230-233

Michiels B, Bogaert I, Fostier J, Zutter DD (2014) A well-scaling parallel algorithm for the computation of the translation operator in the MLFMA. IEEE Trans Antennas Propag 62(5): 2679-2687

Mishchenko MI, Travis LD, Mackowski DW (2010) T-Matrix computations of light scattering by nonspherical particles: a review. J Quant Spectrosc Radiat Transf 111:1704-1744

Moharam MG, Grann EB, Pommet DA, Gaylord TK (1995) Formulation for stable and efficient implementation of the rigorous coupled-wave analysis of binary gratings. J Opt Soc Am A 12: 1068-1076

Muhlschlegel P, Eisler HJ, Martin OJF et al (2005) Resonant optical antennas. Science 308: 1607-1609

Nagel LW, Pederson DO (1973) SPICE (Simulation Program with Integrated Circuit Emphasis). Memorandum No. ERL-M382, University of California, Berkeley Novotny L, Hecht B (2006) Principles of nano-optics. Cambridge University Press, New York

Novotny L, Hulst NV (2011) Antennas for light. Nat Photonics 5:83-90 Pellegrini G, Mattei G, Mazzoldi P (2009) Light extraction with dielectric nanoantenna arrays. ACS Nano 3:2715-2721

Peng Z, Wang XC, Lee JF (2011) Integral equation based domain decomposition method for solving electromagnetic wave scattering from non-penetrable objects. IEEE Trans Antennas Propag 59(9):3328-3338

Pillegi L, Rohrer R, Visweswariah C (1995) Electronic circuits and system simulation methods. McGraw-Hill, New York

Pozar DM (2011) Microwave engineering, 4th edn. Wiley, New York

Pu Y, Grange R, Hsieh CL, Psaltis D (2010) Nonlinear optical properties of core-shell nanocavities for enhanced second-harmonic generation. Phys Rev Lett 104:207402

Qian ZG, Chew WC (2008) An augmented electric field integral equation for low frequency electromagnetics analysis. In: IEEE international symposium on antennas and propagation, San Diego

Qian Z-G, Chew WC (2009) Fast full-wave surface integral equation solver for multiscale structure modeling. IEEE Trans Antennas Propag 57(11):3594-3601

Qian ZG, Chew WC (2010) Enhanced A-EFIE with perturbation method. IEEE Trans Antennas Propag 58(10):3256-3264

Qiao PF, Sha WEI, Choy WCH, Chew WC (2011) Systematic study of spontaneous emission in a two-dimensional arbitrary inhomogeneous environment. Phys Rev A 83:043824

Rahmat-Samii Y, Galindo-Israel V (1980) Shaped reflector antenna analysis using the Jacobi-Bessei series. IEEE Trans Antennas Propag 28(4):427-432

Rao SM, Wilton GR, Glisson AW (1982) Electromagnetic scattering by surfaces of arbitrary shape. IEEE Trans Antennas Propag 30(3):409-418

Ren XG, Sha WEI, Choy WCH (2013) Tuning optical responses of metallic dipole nanoantenna using graphene. Opt Express 21:31824-31829

Rokhlin V (1990) Rapid solution of integral equations of scattering theory in two dimensions. J Comput Phys 86(2):414-439

Rong A, Cangellaris AC (2001) Generalized PEEC models for three-dimensional interconnect structures and integrated passives of arbitrary shapes. Digest Electr Perf Electron Packag, Boston, MA 10:225-228

Ruehli AE (1972) Inductance calculations in a complex integrated circuit environment. IBM J Res Dev 16(5):470-481

Ruehli AE (1974) Equivalent circuit models for three dimensional multiconductor systems. IEEE

Trans Microw Theory Tech MTT-22(3):216–221

Ruehli AE, Brennan PA (1973) Efficient capacitance calculations for three-dimensional multiconductor systems. IEEE Trans Microw Theory Tech 21(2):76–82

Ruehli AE, Antonini G, Esch J, Ekman J, Mayo A, Orlandi A (2003) Non-orthogonal PEEC formulation for time and frequency domain EM and circuit modeling. IEEE Trans Electromagn Compat 45(2):167–176

Ruehli A, Antonio G, Jiang LJ (2013) Skin-effect loss models for time- and frequency-domain PEEC solver. Proc IEEE 101(2):451–472

Sacks ZS, Kingsland DM, Lee R, Lee JF (1995) A perfectly matched anisotropic absorber for use as an absorbing boundary condition. IEEE Trans Antennas Propag 43(12):1460–1463

Sha WEI, Meng LL, Choy WCH, Chew WC (2014) Observing abnormally large group velocity at the plasmonic band edge via a universal eigenvalue analysis. Opt Lett 39:158–161

Shao H, Hu J, Nie ZP, Han G, He S (2011) Hybrid tangential equivalence principle algorithm with MLFMA for analysis of array structures. Prog Electromagn Res 113:127–141

Shao H, Hu J, Guo H, Ye F, LuW, Nie Z (2012) Fast simulation of array structures using T-EPAwith hierarchical LU decomposition. IEEE Antennas Wirel Propag Lett 11:1556–1559

Shao H, Hu J, Chew WC (2013) Solving array structures using single-source equivalence principle algorithm. In: International Conference on Electromagnetics in Advanced Applications (ICEAA), Torino, pp 774–777

Shao H, Hu J, Nie Z, Jiang L (2014) Simulation of multiscale structures using equivalence principle algorithm with grid-robust higher order vector basis. J Electromagn Waves Appl 28(11): 1333–1346. doi:10.1080/09205071.2014.921123

Sommerfeld A (1896) Mathematische Theorie der Diffraction. Math Ann 47(s319):317–374

Song JM, Lu CC, Chew WC (1997) Multilevel fast multipole algorithm for electromagnetic scattering by large complex objects. IEEE Trans Antennas Propag 45:1488–1493

Staude I, Miroshnichenko AE, Decker M et al (2013) Tailoring directional scattering through magnetic and electric resonances in subwavelength silicon nanodisks. ACS Nano 7:7824–7832

Sun S, Jiang LJ, Chew WC (2013a) Enhanced A-EFIE with Calderón multiplicative preconditioner. In: Symposium on antennas and propagation (IEEE APS13), Orlando, FL

Sun S, Liu YG, Chew WC, Ma ZH (2013b) Calderón multiplicative preconditioned EFIE with perturbation method. IEEE Trans Antennas Propag 61(1):247–255

Taflove A (1995) Computational electrodynamics: the finite difference time domain method. Artech

House, Boston

Taflove A, Hagness SC (2005) Computational electrodynamics: the finite-difference time-domain method, 3rd edn. Artech House, Boston

Taminiau TH, Stefani FD, Hulst NFV (2008) Enhanced directional excitation and emission of single emitters by a nano-optical Yagi-Uda antenna. Opt Express 16:10858–10866

Tong MS, Chew WC, Rubin BJ, Morsey JD, Jiang L (2009) On the dual basis for solving electromagnetic surface integral equations. IEEE Trans Antennas Propag 57(10):3136–3146

Trefethen LN, Bau D (1997) Numerical Linear Algebra, No. 50, SIAM

Tsang L, Kong JA, Ding KH (2000) Scattering of electromagnetic waves: theories and applications. Wiley, New York

Ufimtsev PY (2005) Backscatter. Wiley, New York

Ufimtsev PY (2008) New insight into the classical macdonald physical optics approximation. IEEE Antennas Propag Mag 50:11–20

Valdés F, Andriulli FP, Bağci H, Michielssen E (2011) A Calderón-preconditioned single source combined field integral equation for analyzing scattering from homogeneous penetrable objects. IEEE Trans Antennas Propag 59(6):2315–2328

Van Bladel J (1985) Electromagnetic fields. Hemisphere, New York

Vandervorst HA (1992) Bi-CGSTAB: a fast and smoothly converging variant of Bi-CG for the solution of nonsymmetric linear systems. SIAM J Sci Stat Comput 13:631–644

Vecchi G (1999) Loop-star decomposition of basis functions in the discretization of EFIE. IEEE Trans Antennas Propag 47(2):339–346

Veysoglu ME, Shin RT, Kong JA (1993) A finite-difference time-domain analysis of wave scattering from periodic surfaces-oblique-incidence case. J Electromagn Waves Appl 7:1595–1607

Vico-Bondia F, Ferrando-Bataller M, Valero-Nogueira A (2010) A new fast physical optics for smooth surfaces by means of a numerical theory of diffraction. IEEE Trans Antennas Propag 58(3):773–789

Volakis JL, Chaterjee A, Kempel LC (1998) Finite element method electromagnetics: antennas, microwave circuits, and scattering applications. Wiley-IEEE Press, New York

Wagner RL, Otto GP, Chew WC (1993) Fast waveguide mode computation using wavelet-like basis functions. IEEE Microw Guid Wave Lett 3(7):208–210

Warwick C (2009) Everything you always wanted to know about SPICE * (* But were afraid to ask). EMC J (Nutwood UK Limited) 82:27–29

Weinan E (2012) Principles of multiscale modeling. Cambridge University Press, Cambridge, UK

Wu YM, Jiang LJ, Chew WC (2012a) An efficient method for computing highly oscillatory physical optics integral. In: Symposium on antennas and propagation (IEEE APS12), Chicago, IL

Wu YM, Jiang LJ, Chew WC (2012b) An efficient method for computing highly oscillatory physical optics integral. Prog Electromagn Res PIER 127:211–257

Wu YM, Jiang LJ, Chew WC (2013a) Computing highly oscillatory physical optics integral on the polygonal domain by an efficient numerical steepest descent path method. J Comput Phys 236: 408–425

Wu YM, Jiang LJ, Chew WC (2013b) Reducing computational workload of electromagnetic scattered fields from electrically large quadratic surface at high frequency. In: Symposium on antennas and propagation (IEEE APS13), Orlando, FL

Wu YM, Jiang LJ, Sha WEI, Chew WC (2013c) The numerical steepest descent path method for calculating physical optic integrals on smooth conducting surfaces. IEEE Trans Antennas Propag 61(8):4183–4193

Wu YM, Jiang LJ, Chew WC (2014) The contour deformation method for calculating the high frequency scattered fields by the Fock current on the surface of the 3-D convex cylinder. In: Symposium on antennas and propagation (IEEE APS14)

Xiong XYZ, Jiang LJ, Lo YH, Chew WC (2014) Second-harmonic generation in metal nanoparticles modeling by surface integral equation. In: 2014 I.E. international symposium on antennas and propagation and USNC-URSI radio science meeting, Memphis

Yaghjian AD (1984) Equivalence of surface current and aperture field integrations for reflector antennas. IEEE Trans Antennas Propag 32(12):1355–1358

Yaghjian AD, Shore RA, Woodworth MB (1996) Shadow boundary incremental length diffraction coefficients for perfectly conducting smooth, convex surfaces. Radio Sci 31(12):1681–1695

Yagi H, Uda S (2014) Projector of the sharpest beam of electric waves. Proc Imp Acad Jpn (Imp Acad) 2(2):49–52. Retrieved Sept 11, 2014

Yao Y, Kats MA, Genevet P et al (2013) Broad electrical tuning of graphene-loaded plasmonic antennas. Nano Lett 13:1257–1264

Ye YQ, He SL (2010) 90 degrees polarization rotator using a bilayered chiral metamaterial with giant optical activity. Appl Phys Lett 96:203501

Ye YQ, Jin Y, He SL (2010) Omnidirectional, polarization-insensitive and broadband thin absorber in the terahertz regime. J Opt Soc Am B 27:498–504

Yee KS (1966) Numerical solution of initial boundary value problems involving Maxwell's equation in isotropic media. IEEE Trans Antennas Propag 14:302–307

Yonekura J, Ikeda M, Baba T (1999) Analysis of finite 2-D photonic crystals of columns and lightwave devices using the scattering matrix method. J Light Technol 17:1500–1508

Yu ZF, Raman A, Fan SH (2010) Fundamental limit of nanophotonic light trapping in solar cells. Proc Natl Acad Sci 107:17491–17496

Zhang Y, Cui TJ, Chew WC, Zhao JS (2003) Magnetic field integral equation at very low frequencies. IEEE Trans Antennas Propag 51(8):1864–1871

Zhang J, Xu B, Cui TJ (2014) An alternative treatment of saddle stationary phase points in physical optics for smooth surfaces. IEEE Trans Antennas Propag 62(2):986–991

Zhao JS, Chew WC (2000) Integral equation solution of Maxwell's equations from zero frequency to microwave frequency. IEEE Trans Antennas Propag 48(10):1635–1645

Zhao K, Vouvakis M, Lee JF (2004) Application of the multilevel adaptive cross-approximation on ground plane designs. IEEE Int Symp Electromagn Compat 1:124–127

Zhu Y, Cangellaris AC (2006) Multigrid finite element methods for electromagnetic field modeling. Wiley-IEEE Press, Hoboken

第 5 章

天线仿真设计中的物理边界

Mats Gustafsson, Doruk Tayli 和 Marius Cismasu

摘要

小天线的设计具有挑战性,因为基础物理学限制了天线的性能。物理边界提供了对天线性能的基本限制,这些限制仅仅表现在可用的天线设计上。这些限制为设计者提供了关于天线设计的可行性和不同天线设计优点的先验信息。本章介绍了天线的物理边界以及从外接球体到任意形状区域和嵌入式天线的发展概况。阐述了基于电路模型、模式扩展、前向散射和电流优化方法的基本假设,并讨论了它们的优、缺点,并将物理边界与几个天线的数值数据进行了比较。

关键词

物理边界;限制;存储的能量;Q 因子;小天线;电路模型;模式扩展;前向散射;求和规则;凸优化

M. Gustafsson(✉) · D. Tayli · M. Cismasu

隆德大学电子和信息技术系,瑞典

e-mail: mats.gustafsson@eit.lth.se; doruk.tayli@eit.lth.se; marius.cismasu@eit.lth.se

5.1 引言

物理边界提供关于天线的最大可实现性能的信息(Hansen,1981、2006;Hansen and Collin,2011;Volakis et al. ,2010;Skrivervik and Gustafsson,2012)。一般来说,边界是独立于天线材料和类型而得出的。这使得物理边界成为开发和分析所有类型天线的有力工具。这些边界用描述天线几何形状和电磁特性的参数表示。此外,边界本身及其基础理论为天线设计和天线理论提供了见解。这些边界提供了特定天线的可行性先验信息,它们给出了衡量天线品质因数的标准,并且它们可以作为启发式优化算法中的停止标准,并用于无线终端中天线位置的优化。

天线性能随着电尺寸,即以波长为单位的物理尺寸的减小而恶化(Skrivervik et al. ,2001;Best and Hanna,2010)。因此,边界对电小天线的设计特别重要。天线的电尺寸有几种定义。经典定义是以天线周长为单位的最小球体的半径(Chu,1948;Hansen,1981、2006;Hansen and Collin,2011;Volakis et al. ,2010;Skrivervik and Gustafsson,2012),见图 5.1,这最适用于球形天线(Best,2004)。对于任意形状的天线和嵌入设备中的天线(如移动电话、平板电脑和膝上型电脑)使用广义的电尺寸度量,见彩图 5.1。应该指出的是,对于嵌入在设备中的天线,设备可能电大尺寸,而天线为电小尺寸。

在小天线理论中,匹配带宽和效率是通常被考虑分析的两个性能参数(例如,Wheeler,1947;Chu,1948;Harrington,1961;Collin and Rothschild,1964;Fante,1969;McLean,1996;Foltz and McLean,1999;Sten et al. ,2001;Geyi,2003a;Karlsson,2004;Yaghjian and Best,2005;Gustafsson and Nordebo,2006;Thal,2006;Pozar,2009;Nyberg et al. ,2010;Glazunov et al. ,2011;Hansen et al. ,2012)。辐射图和极化参数在一些研究中也很重要(Gustafsson et al. ,2007a、2009b;Gustafsson and Nordebo,2013)。天线的带宽取决于反射系数(或等效驻波比)的阈值水平(Pozar,1998;Volakis et al. ,2010;Hansen and Collin,2011),通常用相应的 Q 因子表示(或天线 Q)。后一个参数被定义为天线产生的场中存储的能量与由辐射和欧姆加热耗散的能量之比(Pozar,1998;Volakis et al. ,2010)。Q 因子与分数带宽成反比(Yaghjian and Best,2005;Gustafsson and Nordebo,2006)。

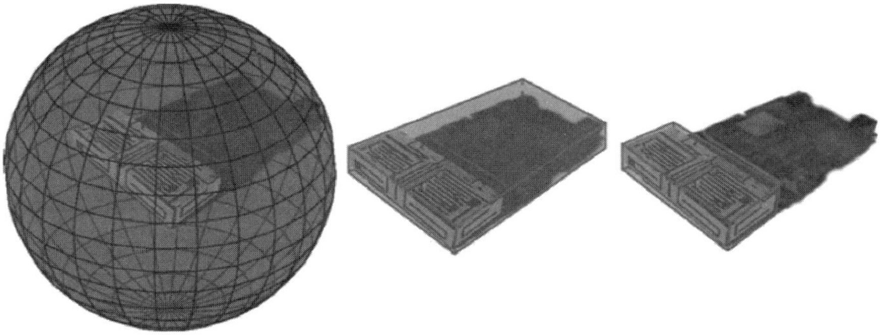

图5.1　用于物理边界的外接几何图示(彩图见书末)

(a)由 Wheeler(1947)和 Chu(1948)介绍的球体,用于球面模式的扩展;(b)框限定了前向散射方法中使用的天线结构(Gustafsson et al.,2007a、2009b、2010);(c)限制用于天线电流优化的天线区域的框(Gustafsson and Nordebo,2013)。

Wheeler(1947)和 Chu(1948)在20世纪40年代末提出了电小天线物理边界的概念。Wheeler 使用两个集总元件电路模型来估计小天线的带宽和实际效率。Chu(1948)的经典结果以天线半径和波数表示天线 Q 因子的下限,见图5.1。虽然这些结果很有用,提供了分析小天线的第一步,但它们低估了非球形天线 Q 因子的下限。最近,Gustafsson 等(2007a、2009b、2010)提出了前向散射求和规则,以天线结构的极化性或任何包围形状表示天线性能和边界,见图5.1。这些边界比球面几何的边界更真实,并且有利于分析许多有效利用圆周几何形状的小天线。另外,前向散射求和规则边界对于嵌入或放置在大型结构附近的天线不太适用。相反,这些情况可以使用天线电流优化来研究(Gustafsson and Nordebo,2013;Gustafsson et al.,2014b)。在这种技术中,结构被分解成具有可控电流的天线区域和具有感应电流的包围结构。

本章的其余部分安排如下:“5.2 背景和概述”一节介绍了物理边界的概况。“5.3 天线的物理边界量”一节回顾了物理边界中使用的天线数量。基于电路模型和模式扩展的小天线的物理极限在“5.4 电路模型和模式展开”一节中讨论,前向散射在“5.5 前向散射求和规则”一节以及“5.6 天线电流优化”一节中的电流优化中讨论。阵列天线的带宽限制在“5.7 周期阵列天线”一节中讨论。最后“5.8 结论”给出本章的总结。

5.2　背景和概述

自 Wheeler(1947)和 Chu(1948)的工作以来,对天线的物理边界有不同的分析方法,其中一些方法在前面已经提到过。尽管可能有遗漏,图 5.2 对物理边界方法进行了分类,按照推导物理边界的方法分成了电路模型、模式展开、前向散射和天线电流优化 4 类。

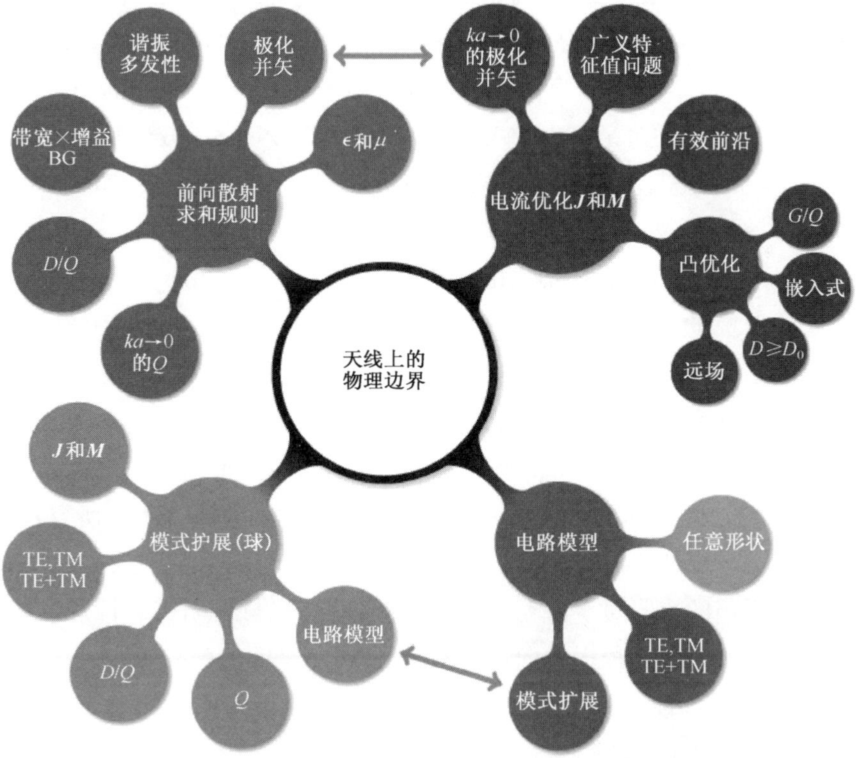

图 5.2　天线上的物理边界回答了根本问题:天线能有多好? 边界可通过电路模型(1947)、模式扩展(1948)、求和规则(2007)、电流优化(2012)确定。天线电流优化是目前最灵活的方法,可以获得适合于许多实际天线设计情况的物理边界

Wheeler(1947)使用由电感或电容和辐射电阻组成的电路模型近似天线的输入阻抗。基于这些电路,他估计了天线的辐射功率因数(与 Q 因数的倒数有

关)和带宽。尽管 Wheeler 所获得的结果是近似的,仍然提供了对性能、天线形状和材料负载依赖性的物理见解。Chu(1948)使用球面模式的电路模型来计算球面几何的储能和 Q 因子。从电路模型获得的结果已被 Thal(2006、2009)推广到混合模式和非磁源。

天线的物理边界可以通过在天线结构的外接球体之外扩展球面模式中的场(也被称为球形矢量波)来获得。Chu(1948)将这种模式扩展与电路模型一起使用来计算最小储能,并导出单球面模式的 Q 和 D/Q 界限,其中 D 是方向性。他指出偶极子模式具有最低的 Q 因子,并且可以通过让天线激发电(横磁 TM)和磁(横电 TE)模式的组合来降低天线的 Q 因子。自 Chu 的工作以来,模式扩展法一直主导着对物理边界的研究(参见 Harrington,1961;Collin and Rothschild,1964;Fante,1969;McLean,1996;Foltz and McLean,1999;Sten et al.,2001;Geyi,2003a;Karlsson,2004;Kwon,2005;Yaghjian and Best,2005;Gustafsson and Nordebo,2006;Thal,2006;Pozar,2009;Nyberg et al.,2010;Glazunov et al. 2011;Davis et al.,2011;Hansen et al.,2012 以及 Volakis et al.,2010)。物理限制的模式扩展法为单模的 Q 因子下限提供了简单的分析公式(Collin and Rothschild,1964;McLean,1996)。另外,该方法呈现了对不同模式组合的物理见解(如 TE+TM)。Thal(2006)通过限制电磁场源于电流密度拓展了模式扩展。

使用 Gustafsson 等(2007a、2009b、2010)的前向散射求和规则将物理范围推广到任意形状。在这种方法中,天线需要在接收模式下进行分析。研究表明,入射电磁平面波与天线之间在所有频率上的相互作用与辐射结构的极化性有关。用这种方法得出的界限对于由互易、线性和时间转换材料制成的任意形状天线是有效的。这些边界是根据方向性和 Q 因子 D/Q 之间的商,以及实现的增益和带宽的乘积来计算的。前向散射求和规则边界已经被验证,适用于电尺寸达到 $ka \approx 1.5$ 的几种天线,其中 k 是波数,a 是外接天线最小球体的半径。Yaghjian 和 Stuart 采用不同的技术在小天线 $ka \ll 1$ 的限制下得到了类似的 Q 因子界限(Yaghjian and Stuart,2010)。Yaghjian 等(2013)将后一种边界推广到电源和磁源。

天线电流优化可用于根据辐射结构上的最佳电流分布导出天线的物理边界(Gustafsson et al.,2012a;Gustafsson and Nordebo,2013)。这种方法广泛适用于实际的天线设计情况,并且有可能包括如性能、尺寸等许多不同的要求。这种方法的挑战之一是用天线上的电流密度表达定义相关参数所涉及的天线参量。例如，这里用 Vandenbosch(2010)引入的自由空间中电流密度的能量表达式(参见 Geyi, 2003b; Gustafsson and Jonsson, 2015b; Gustafsson et al., 2014a; Harrington, 1972)来表示天线的 Q 因子。这些能量表达式进一步用于存储能量的最小化，以确定使固定辐射场的增益-Q 比最大的最佳电流密度。这些以及其他许多天线设计情况都会导致凸优化问题(Gustafsson and Nordebo, 2013)，这些问题很容易通过常用的数值方法解决(Grant and Boyd, 2011)。

还有其他的方法用于分析电小天线或电大天线，下面简要讨论其中的一些方法。Thiele 等(2003)提出了一种基于超指向性以及由天线产生的可见和不可见空间区域概念的物理限制方法(Taylor, 1955)。Nordebo 团队(2006)、Gustafsson 和 Nordebo(2007)介绍了基于自由空间通信信道容量的方法。Kildal 和 Best(2008)介绍了关于天线方向性限制的考虑。Doane 团队(2013)、Jonsson 团队(2013)和 Doane 团队(2014)使用 Rozanov(2000)和 Gustafsson 和 Sjöberg(2011)的结果分析了无限阵列天线的带宽限制，详见 5.7 节“周期性阵列天线”。

5.3　天线的物理边界量

5.3.1　天线参数

小天线研究中常用的天线参数包括带宽、Q 因子、输入阻抗、反射系数等。下面介绍本节中使用的参数。

天线的反射系数 Γ 由其输入阻抗 $Z_a = R_a + \mathrm{j}X_a$ 确定，即

$$\Gamma = \frac{Z_a - Z_0}{Z_a + Z_0} = \frac{R_a - Z_0 + \mathrm{j}X_a}{R_a + Z_0 + \mathrm{j}X_a} \tag{5.1}$$

式中：Z_0 为归一化阻抗，通常是天线馈电传输线的特征阻抗。失配取决于实部与常值实数的归一化阻抗 $R_a Z_0$ 和电抗 X_a 之间的差异。

IEEE(IEEE145—1993)中将天线的带宽定义为“天线在某些特性方面的性能符合指定标准的频率范围”。常用的性能指标有匹配度、效率、辐射方向图、极化方向等。本章重点讨论匹配带宽，定义为反射系数 $|\Gamma|$ 的幅度小于给定阈值

Γ_0 的频率区间$[f_1,f_2]$,见图 5.3。窄带天线的带宽通常用相对带宽 B 表示,其定义为用中心频率$f_0=(f_1+f_2)/2$ 归一化的带宽,即

$$B=\frac{f_2-f_1}{f_0}=\frac{\omega_2-\omega_1}{\omega_0} \tag{5.2}$$

其中,角频率为 $\omega=2\pi f$。

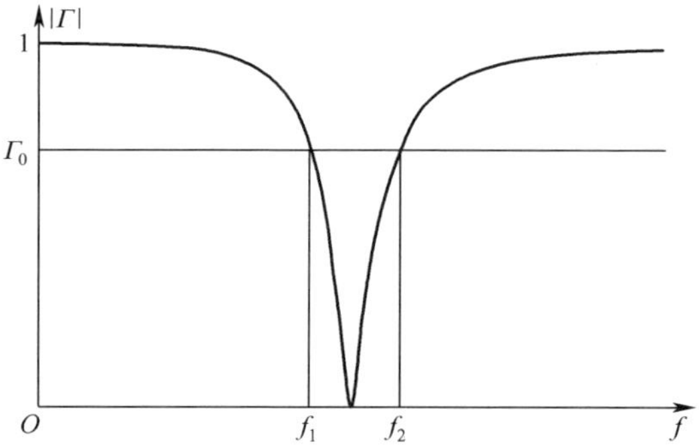

图 5.3　用于定义式(5.2)中带宽和分数带宽的符号反射系数 Γ 的大小作为频率f

天线的 Q 因数被定义为存储的电能 W_e和磁能 W_m的最大值与耗散功率 P_r+P_Ω 之间的比值(Yaghjian and Best,2005),即

$$Q=\max\{Q_e,Q_m\}=\frac{2\omega\max\{W_e,W_m\}}{P_r+P_Q}=\eta\frac{2\omega\max\{W_e,W_m\}}{P_r} \tag{5.3}$$

其中,电和磁 Q 因数分别为 $Q_e=2\omega W_e/(P_r+P_\Omega)$ 和 $Q_m=2\omega W_m/(P_r+P_\Omega)$,效率 $\eta=P_r/(P_r+P_\Omega)$,其中 P_r 表示辐射功率,P_Ω 表示欧姆和介电损耗。电 Q 因数和磁 Q 因数分别对应电容和电感中的储存能量,分别用集总电路网络电阻的耗散功率进行归一化处理,请参见 5.3.2“天线调谐与匹配”小节。

5.3.2　天线调谐与匹配

调谐可以消除式(5.1)中的电抗失配。对于输入阻抗 $Z_a=R_a+jX_a$ 的天线,如果 $X_a<0$,为电容式,如果 $X_a>0$,则天线是电感式。调谐非自谐振天线的最简单方法是通过连接集总元件,如图 5.4 所示。通过选择调谐电容和电感,使调谐后的输入阻抗 Z_a在谐振频率处是纯电阻。

如图 5.5 所示,更复杂的匹配网络可用来增加天线的带宽。带宽潜力给出

了关于双集总元件匹配网络可实现的带宽信息(Rahola,2009)。对于输入阻抗阈值为 $\Gamma_{0,\mathrm{dB}} = 20\lg\Gamma_0$ 的 RLC 天线,无损匹配网络的相对带宽上限由 Bode-Fano 极限(Fano,1950;Hansen,2006;Gustafsson and Nordebo,2006)给出,即

$$B \leqslant \frac{27}{Q|\Gamma_{0,\mathrm{dB}}|} \tag{5.4}$$

带宽与 Q 因数成反比,即高 Q 因数意味着窄带宽。精确的比例是由反射系数的形状决定,即由其对频率的依赖性来决定,通常用谐振的分布来量化。最简单的单谐振情况对应于串联或并联 RLC 电路(图 5.6 右侧插图),其中单个谐振的相对带宽为 $Q=5$、10 和 40 的单谐振 RLC 电路的反射系数,如图 5.6 所示(Yaghjian and Best,2005)。

对于 $\Gamma_0 = 1/\sqrt{2}$,有

$$B \approx \frac{2}{Q}\frac{\Gamma_0}{\sqrt{1-\Gamma_0^2}} = \frac{2}{Q} \tag{5.5}$$

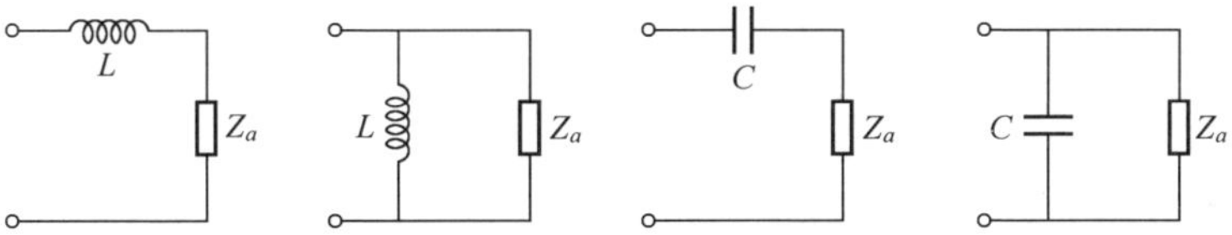

图 5.4　用串联或并联集总电容或电感调谐天线输入阻抗 Z_a

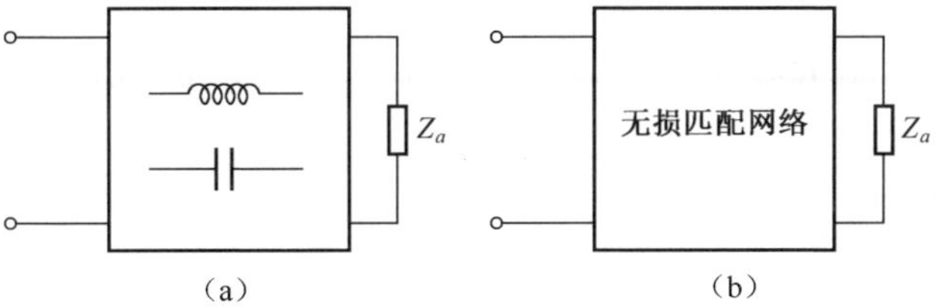

图 5.5　右-包含双集总元件的匹配网络(用于估计带宽潜力)(Rahola,2009)

图 5.5(a)所示为黑盒型匹配网络,即具有任意的复杂度和拓扑结构,可达到一定的设计要求,如达到接近 Bode-Fano 极限(Fano,1950;Hansen,2006;Gustafsson and Nordebo,2006)。

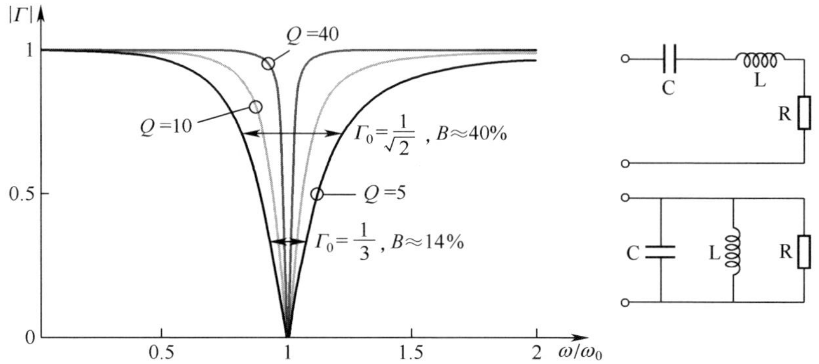

图 5.6　$Q=\{5,10,40\}$ 时 RLC 电路的反射系数 $|\Gamma|$

对于 RLC 电路，$Q\gg2$ 时式(5.5)的估算结果非常精确。半功率带宽 $B\approx2/Q$ 的特殊情况下，$Q=1$ 存在无限带宽。这表明，Q 因数对于 $Q\gg1$ 时最有用。在实践中，对于 $Q>5$ 或 $Q>10$ 时，得到式(5.5)合理的精度。然而，对于式(5.5)而言，单谐振的假设至关重要。采用这个公式描述使用多个谐振来增加带宽(Hansen ,2006)的情况将不太准确。

输入阻抗的差异提供了另一种估算天线 Q 因数的方法(Yaghjian and Best, 2005;Gustafsson and Nordebo,2006;Kajfez and Wheless,1986)，即

$$Q_{z'}=\omega|\Gamma'|=\frac{\omega|Z'_{\mathrm{m}}|}{2R}=\frac{\omega|Z'+\mathrm{j}|X||}{2R}=\frac{\sqrt{(\omega R')^2+(\omega X'+|X|)^2}}{2R} \tag{5.6}$$

式中：Z_{m} 为用串联电容或电感调谐到谐振的输入阻抗，如图 5.4 所示(另见 Gustafsson et al. ,2014a)。式(5.6)对于 RLC 串联电路是精确的，并且对于 $Q\gg1$ 的天线则非常精确。然而，这种表达可能低估了多谐振的 Q 因数(Gustafsson and Nordebo, 2006; Stuart et al. , 2007; Gustafsson and Jonsson, 2015a; Gustafsson et al. ,2014a)。

Q'_z 的估算式(5.6)可以解释为集总元件电路的反射系数(或输入阻抗)的局部 Padé 近似(Gustafsson and Nordebo,2006)，该表达式可用于估计对于 $B\ll1$ 或类似 $\Gamma_0=1$ 的带宽式(5.5)。使用 Q'_z 精确估计相对带宽式(5.5)需要一阶导数 $|Z'_m|$ (线性项)在二阶和高阶导数上占主导地位。这个要求并不总是满足，

当 $|Z'_m| \approx 0$ 时，$Q_{z'}$ 代入式(5.5)将高估相对带宽(Gustafsson and Nordebo, 2006;Gustafsson and Jonsson, 2015a;Gustafsson et al. ,2014a)。

5.3.3 电磁存储能

采用天线周围的电磁场可以推导出天线的物理边界(Harrington, 1961; Collin and Rothschild, 1964; Fante, 1969; McLean, 1996; Foltz and McLean, 1999; Sten et al. ,2001;Geyi,2003a;Karlsson,2004;Yaghjian and Best,2005;Thal,2006; Volakis et al. ,2010)。考虑限制在图5.7所示区域 V 中的天线，天线电流密度表示为 $\boldsymbol{J}(\boldsymbol{r})$，辐射电场为 $\boldsymbol{E}(\boldsymbol{r})$，简化为

$$\boldsymbol{E}(\boldsymbol{r}) = \frac{\mathrm{e}^{-\mathrm{j}kr}}{r}\boldsymbol{F}(\hat{\boldsymbol{r}}) \quad r \to \infty \tag{5.7}$$

式中：$\boldsymbol{F}$ 为电远场，$r = |\boldsymbol{r}|$，且 $\hat{\boldsymbol{r}} = \boldsymbol{r}/r$。在自由空间中的时间平均电能和磁能密度分别为 $w_e = \varepsilon_0 |\boldsymbol{E}|^2/4$ 和 $w_m = \mu_0 |\boldsymbol{H}|^2/4$，其中 $\boldsymbol{H}(\boldsymbol{r})$ 为磁场。这些能量密度类似于存储在电容器和电感器中的时间平均能量，分别为 $W_e = C|V|^2/4$ 和 $W_m = L|I|^2/4$。一个区域的能量是通过整合该区域的能量密度得到的。场的 $1/r$ 衰变，见式(5.7)所示，意味着自由空间中天线的总电磁能量是无限的，因此远离天线的辐射场占主要地位。

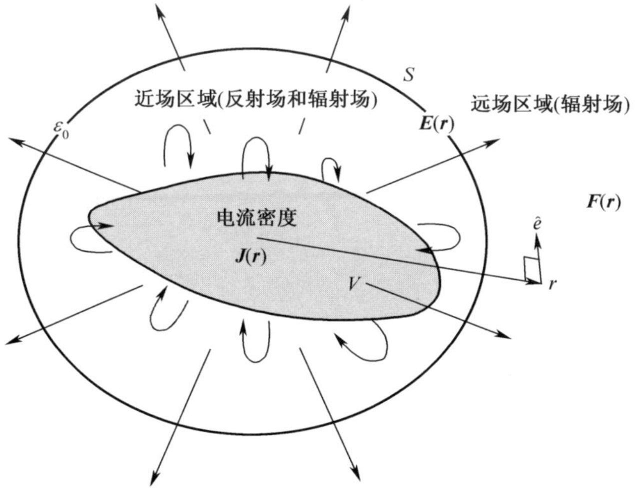

图5.7 体积 V 中的电流密度 $\boldsymbol{J}(\boldsymbol{r})$ 的反射场和辐射场。在远场中，$\hat{e}$ 垂直于 r

存储的电磁能量是未辐射的那部分能量。这种能量被限制在天线周围的近场区域。在天线技术的发展史上,已经用不同方法对储存的能量进行了评估。存储的能量已经通过不同的方法在天线技术的历史上进行了评估。Chu(1948)和 Thal(2006)使用球形矢量波的电路模型来确定球形区域的存储能量。综合集总电路模型给出了另一种根据天线输入阻抗来估计 Q 因子的方法(Gustafsson and Jonsson,2015a)。Collin 和 Rothschild(1964)通过减去功率流的能量密度计算存储的能量,即

$$W_e^{(\mathrm{P})} = \frac{\varepsilon_0}{4}\int_{R_t^3} |\boldsymbol{E}(\boldsymbol{r})|^2 - \eta_0 \mathrm{Re}\{\boldsymbol{E}(\boldsymbol{r}) \times \boldsymbol{H}(\boldsymbol{r}^* \cdot \hat{\boldsymbol{r}}\}\,\mathrm{d}V \tag{5.8}$$

对于电存储能,其中星号 * 表示复共轭,$\mathbb{R}_r^3 = \{\boldsymbol{r}: \lim_{r0\to\infty} |\boldsymbol{r}| \leqslant r_0\}$ 表示无限大的球形体积(另见 Fante,1969;McLean,1996;Geyi,2003a;Karlsson,2004;Yaghjian and Best,2005;Gustafsson and Jonsson,2015b)。磁能用类似于式(5.8)的磁能密度表示。Vandenbosch(2010)的积分表达式以电流密度的二次元形式表示存储的能量。这些表达式特别有用,因为辐射场是由天线结构上的电流密度产生的。此外,这些积分表达式直接适用于天线电流优化(Gustafsson et al.,2012a;Gustafsson and Nordebo,2013)。它们与许多情况下辐射场能量密度的减法相同(Gustafsson and Jonsson,2015b),并在小天线的限制下减少到 Geyi(2003b)和 Carpenter(1989)两篇文献中的储存能量。在此,由积分表达式(Vandenbosch,2010;Gustafsson and Jonsson,2015b)给出存储的电能和磁能分别为

$$W_e = \frac{\eta_0}{4\omega}\iint_{V\,V} \nabla_1 \cdot \boldsymbol{J}(\boldsymbol{r}_1)\, \nabla_2 \cdot \boldsymbol{J}(\boldsymbol{r}_2)^* \frac{\cos(k|\boldsymbol{r}_1 - \boldsymbol{r}_2|)}{4\pi k|\boldsymbol{r}_1 - \boldsymbol{r}_2|}$$
$$- (k^2\boldsymbol{J}(\boldsymbol{r}_1) \cdot \boldsymbol{J}(\boldsymbol{r}_2)^* - \nabla_1 \cdot \boldsymbol{J}(\boldsymbol{r}_1)\, \nabla_2 \cdot \boldsymbol{J}(\boldsymbol{r}_2)^*)\frac{\sin(k|\boldsymbol{r}_1 - \boldsymbol{r}_2|)}{8\pi}\mathrm{d}V_1\mathrm{d}V_2 \tag{5.9}$$

和

$$W_m = \frac{\eta_0}{4\omega}\iint_{V\,V} k^2\boldsymbol{J}(\boldsymbol{r}_1) \cdot \boldsymbol{J}(\boldsymbol{r}_2)^* \frac{\cos(k|\boldsymbol{r}_1 - \boldsymbol{r}_2|)}{4\pi k|\boldsymbol{r}_1 - \boldsymbol{r}_2|}$$
$$- (k^2\boldsymbol{J}(\boldsymbol{r}_1) \cdot \boldsymbol{J}(\boldsymbol{r}_2)^* - \nabla_1 \cdot \boldsymbol{J}(\boldsymbol{r}_1)\, \nabla_2 \cdot \boldsymbol{J}(\boldsymbol{r}_2)^*)\frac{\sin(k|\boldsymbol{r}_1 - \boldsymbol{r}_2|)}{8\pi}\mathrm{d}V_1\mathrm{d}V_2 \tag{5.10}$$

式中：$\eta_0/\omega=\mu_0/k$。相应的辐射功率为(Geyi,2011;Vandenbosch,2010;Gustafsson and Jonsson,2015b)

$$P_r=\frac{\eta_0}{2}\iint\limits_{V_1V_2}(k^2\boldsymbol{J}(\boldsymbol{r}_1)\cdot\boldsymbol{J}(\boldsymbol{r}_2)^*-\nabla_1\cdot\boldsymbol{J}(\boldsymbol{r}_1)\nabla_2\cdot\boldsymbol{J}(\boldsymbol{r}_2)^*)\frac{\sin(k|\boldsymbol{r}_1-\boldsymbol{r}_2|)}{4\pi k|\boldsymbol{r}_1-\boldsymbol{r}_2|}\mathrm{d}V_1\mathrm{d}V_2 \tag{5.11}$$

这些能量表达式类似于从电场积分方程(EFIE)获得的阻抗矩阵(Harrington,1972、1975;Gustafsson et al.,2014a)。存储的能量也被推广到电流、磁流(Jonsson and Gustafsson,2015)和有损介质(Gustafsson et al.,2014a)。

5.3.4 求和规则

求和规则已被用于推导电磁系统的物理边界,如匹配网络(Fano,1950)、雷达接收器和阵列天线(Rozanov,2000;Doane et al.,2013;Jonsson et al.,2013)、天线(Gustafsson et al.,2007、2009b;Gustafsson,2010c)、散射(Sohl et al.,2007;Gustafsson,2010b)、高阻抗表面(Gustafsson and Sjöberg,2011)和超材料(Sohl et al.,2008;Gustafsson and Sjöberg,2010;Gustafsson et al.,2012b)。求和规则是积分恒等式,它通常将所有频率上的积分参数与一些低频量相关联。

这里给出的求和规则是基于 Herglotz 函数(Nussenzveig,1972;Bernland et al.,2011b)或类似正实(PR)函数(Zemanian,1987)的积分恒等式。正实函数 $Z(s)$ 是解析的(Zemanian,1987),且对于 $\mathrm{Re}s>0$, $\mathrm{Re}\{Z(s)\}\geqslant 0$,它们通常存在于线性、被动和因果系统中(Bernland et al.,2011b;Zemanian,1987)。这些恒等式(式(5.12))对所有具有渐近展开式的 PR 函数(式(5.13))都有效。

$$\frac{1}{\pi}\int_{\mathbb{R}}\frac{\mathrm{Re}Z(\mathrm{j}\omega)}{\omega^2}\mathrm{d}\omega\overset{\mathrm{def}}{=\!=}\lim_{\varepsilon\to0^+}\lim_{y\to0^+}\frac{1}{\pi}\int_{-1/\varepsilon}^{1/\varepsilon}\frac{\mathrm{Re}Z(\mathrm{j}\omega+y)}{\omega^2}\mathrm{d}\omega=a_1-b_1\leqslant a_1 \tag{5.12}$$

$$Z(s)=a_1s+o(s)\quad 当\ \hat{s}\to0\quad 和\quad Z(s)=b_1s+o(s)\quad 当\ \hat{s}\to\infty \tag{5.13}$$

其中 $\longrightarrow$ 表示某个扇区 $0<\alpha<|\arg s|<\pi/2-\alpha$ 的极限,主值积分式(5.12)为复数右半平面的极限,有关详细信息可参阅相关文献(Bernland et al.,2011b)。

5.4 电路模型和模式展开

惠勒使用电路模型来分析小型天线(Wheeler,1947)。电天线由与辐射电阻并联的集总电容组成,相应的磁天线由与辐射电阻串联的集总电感构成。这些结果提供了经验法则。

Chu(1948)以3个步骤确定天线周围的最小存储能量。

①用半径为 a 的球体包围成天线,参见图5.7。

②以球面模式展开绕射球外的辐射电磁场(Van Bladel,2007;Harrington,1961;Hansen,1988;Thal,1978),见彩图5.8。

③由球面模式的集总电路表达式计算球外存储的能量(Thal,1978)。

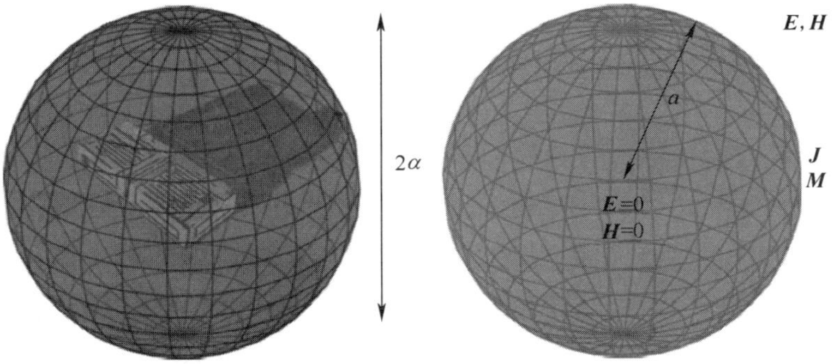

图5.8 以球面模式展开绕射球外的辐射电磁场(彩图见书末)

(a)环绕天线半径为 a 的球体;(b)球体内部有消失场或类似的电 $\boldsymbol{J}$ 和磁 $\boldsymbol{M}$ 表面电流的Chu(1948)模型。

图5.9描述了电偶极子($TM_{m,1}$)和磁偶极子($TE_{m,1}$)模式的集总元件电路模型(Chu,1948;Thal,1978;McLean,1996)。具有相同阶数(n 阶)的电和磁情况是对偶的,使得相应的 Q 因子相同。对于电流源 I,电偶极子存储的电能、磁能和辐射功率分别为

$$W_e = \frac{\eta_0 |I|^2}{4\omega} \frac{1}{ka}, W_m = \frac{\eta_0 |I|^2}{4\omega} \frac{ka}{1 + k^2a^2}, \quad P_r = \frac{\eta_0 |I|^2}{2} \frac{k^2a^2}{1 + k^2a^2} \tag{5.14}$$

电能较于磁能占主导地位,$W_e > W_m$,即电偶极子模式是电容性的。存储的能量

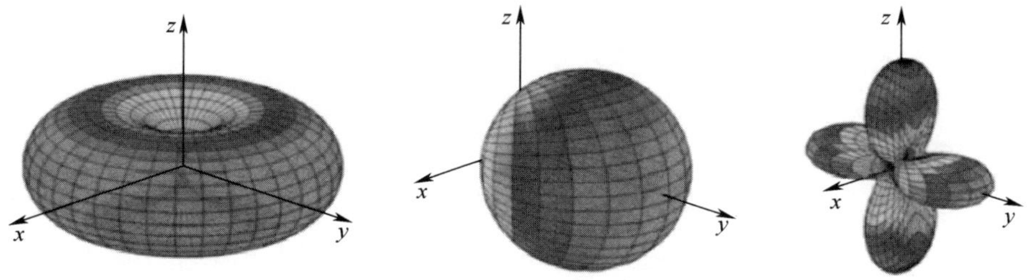

（a）　（b）　（c）

图 5.9　球面模式的辐射模式（彩图见书末）

（a）电偶极子 $TM_{0,1}$ 和磁偶极子 $TE_{0,1}$ 模式；（b）惠更斯源 $TM_{0,1}+TE_{1,1}$；（c）四极模式 $TM_{1,2}$。

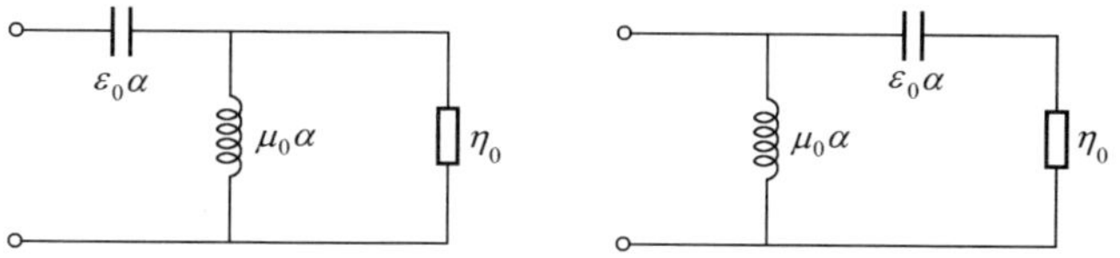

图 5.10　电偶极子（$TM_{m,1}$）和磁偶极子（$TE_{m,1}$）模式（Chu，1948；Harrington，1961；Thal，1978）的集总元件电路模型

和辐射功率给出了单模天线的 Chu 界，表明由半径为 a 的球面限定的单模无损天线的 Q 因子满足

$$Q \geqslant Q_{\text{Chu}} = \frac{2\omega_{\max}\{W_e, W_m\}}{P_r} = \frac{2\omega W_e}{P_r} = \frac{1}{(ka)^3} + \frac{1}{ka} \tag{5.15}$$

不等式 $Q \geqslant Q_{\text{Chu}}$ 可解释为球体体积内储存的能量对 Q 因子的贡献。这意味着达到 Chu 下限的天线设计应该在球体内部具有可忽略的电场（Chu，1948）。

电路模型和闭式表达式对于偶极子模式很方便。然而对于高阶模式，这些方法变得越来越复杂，见图 5.9。对球面模式电路建模得到的输入阻抗提供了 Q 因子的近似值。Chu 通过电抗的微分来近似 Q（Chu，1948），证明对于 n 阶模态，当 $ka \to 0$ 时 $Q_n \sim (Ka)^{-2n-1}$（另见 Gustafsson and Nordebo，2006），对应的结果来自输入阻抗的微分，见式（5.6）。Chu 还讨论了 TM 和 TE 模混合的情况。例如，图 5.9 中的惠更斯源，表明对于 $ka \ll 1$，混合模式可以使 Q 的边界降低 2 倍（Chu，1948；Harrington，1961）。例如，图 5.4 中使用电感 TE 模式代替集总电

感作为调谐元件,得到的 Q 因子对于较大的 ka 是有界的(McLean,1996;Pozar,2009),有

$$Q \geqslant \frac{1}{2(ka)^3} + \frac{1}{ka} \tag{5.16}$$

自 Chu 引入这些展开式以来,模式展开一直主导着天线仿真设计中物理边界的研究(如 Harrington,1961;Collin and Rothschild,1964;Fante,1969;McLean,1996;Foltz and McLean,1999;Sten et. al. ,2001;Geyi,2003a;Karlsson,2004;Thal,2006;Nyberg et. al. ,2010;Yaghjian and Best,2005;Gustafsson and Nordebo,2006;Pozar,2009;Volakis et. al. ,2010)。特别是 Collin 和 Rothschild(1964)使用球面模式展开和方程式(5.8)的分析,导出了任意阶球面模 Q 因子的闭式表达式,例如

$$Q_1 = \frac{1}{(ka)^3} + \frac{1}{ka}, Q_2 = \frac{18}{(ka)^5} + \frac{6}{(ka)^3} + \frac{3}{ka}, \cdots, \quad Q_n \sim \frac{1}{(ka)^{2n+1}} \tag{5.17}$$

其中,对于小天线 $ka \ll 1$ 和高阶模式 $n > 1$ 的 Q 因子迅速增大。

等效(表面)电流提供了物理边界的有力解释(Van Bladel,2007)。方程式(5.15)中的 Chu 边界是在球体内部可忽略储存能量的假设下得出的。这需要表面电流 $\boldsymbol{J}$ 和表面磁流 $\boldsymbol{M}$ 在自由空间中存在于这个球面上,参见图 5.7。没有磁流(或磁性材料)的天线具有内部场,因而具有内部存储的能量。Thal(2006)通过增加存储在球体内部的能量将 Chu 界限扩展到只有表面电流的情况。由此得到电偶极子模式产生的边界为

$$Q \geqslant \frac{3}{2(ka)^3} = \frac{3}{2} Q_{\text{Chu}} \quad 当 \quad ka \ll 1 \tag{5.18}$$

另见 Hansen 和 Collin(2009)以及,Hansen 等(2012)。任意球面模式的闭式表达式为(Gustafsson and Jonsson,2015b)

$$Q_{\tau n,\text{e}}^{(\text{P})}(\boldsymbol{\kappa}) = \boldsymbol{\kappa} - \frac{(\kappa R_{\tau n}^{(1)}(\kappa) R_{\tau n}^{(2)}(\kappa))'}{2(R_{\tau n}^{(1)}(\kappa))^2} \quad 和 \quad Q_{\tau n,\text{m}}^{(\text{P})} = Q_{\tau n,\text{e}}^{(\text{P})}(\boldsymbol{\kappa}) - \frac{\boldsymbol{R}_{\tau n}^{(2)}(\kappa)}{\boldsymbol{R}_{\tau n}^{(1)}(\kappa)} \tag{5.19}$$

对于电和磁 Q 因子,分别用 $\kappa = ka$。这里用径向函数(Hansen,1988)将 TE($\tau=1$)和 TM($\tau=2$)模式的表达式写成相同的形式,见本章附录“A 径向函数”。

将 Chu 边界(式(5.15)、Thal 边界(式(5.18))和混合模式边界与图 5.11 中的几个天线进行比较(另见 Sievenpiper et al.,2012)。正如预期所料,所有天线都具有高于边界的 Q 因子。折叠的球状螺旋天线填充球面并且接近 Thal 边界(式(5.18)),而偶极子天线和平面天线没有球面螺旋天线那样有效地利用球形体积。这意味着前者具有比后者更接近边界的 Q 因子。另外,对于圆柱结构、圆柱螺旋和球状螺旋,天线性能介于球形和平面结构之间。需要指出的是,增加导线和带状天线的厚度会降低它们的 Q 因子。对于接近 Chu 下限的 Q 因子或 TE 和混合模式的相应边界,有几种建议。由 Best(2004)研究的折叠球形螺旋(图 5.11)具有接近 Thal 边界的 Q 因子(Adams et al.,2011)。Kim 等(2012、2010)提出了一些接近物理边界 Q 值的设计(图 5.12 和图 5.13)。

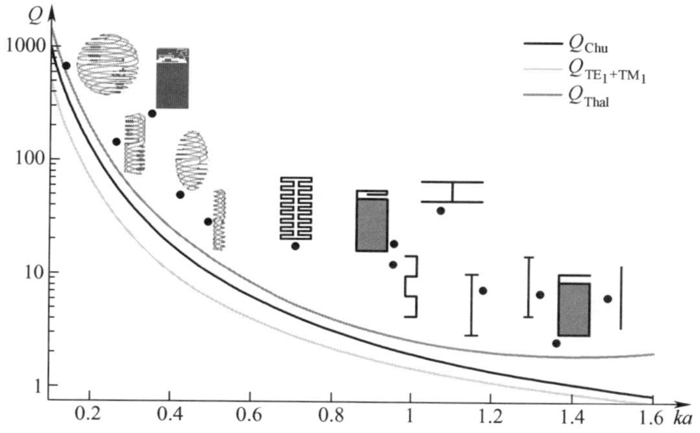

图 5.11　Chu 边界(式(5.15))、Thal 边界(式(5.18))和混合模式边界的 Q 值与使用式(5.6)中的 $Q_{Z'_{in}}$ 数值估算结果相比较(见表 5.1 和表 5.2(Altair Development,2014))。

大多数天线都不是球形的,如图 5.11 所示,它们的 Q 因子远离边界,这促使研究者将模式展开扩展到非球形区域。Collin 和 Rothschild(1964)使用柱面波推导了无限圆柱的边界,Foltz 和 McLean(1999)及 Sten 等(2001)使用球坐标的展开式推导了限定于球体体积内天线的边界。然而,使用模式展开的方法很难将结果从球形区域推广。Bernland 等(2011a、2012)研究了一种基于球面波求和规则的替代方法,其中带宽与极化率有关。Sten 等(2001)分析了在地平面附近存在球形区域的情况,也扩展到嵌入有损耗介质的的天线(Karlsson,2004)。

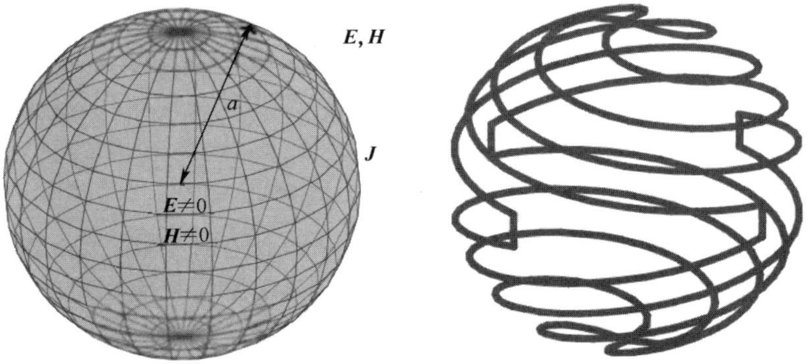

(a)　　　　　　　　　　　　(b)

图 5.12　接近物理边界 Q 值的一种设计

(a)球体内部有电磁场的 Thal 模型(Thal,2006)和表面电流 $\boldsymbol{J}$;

(b)具有表面电流和 Q 因子 $Q\approx1.5Q_{\mathrm{Chu}}$ 的折叠球形螺旋天线(Best,2004)。

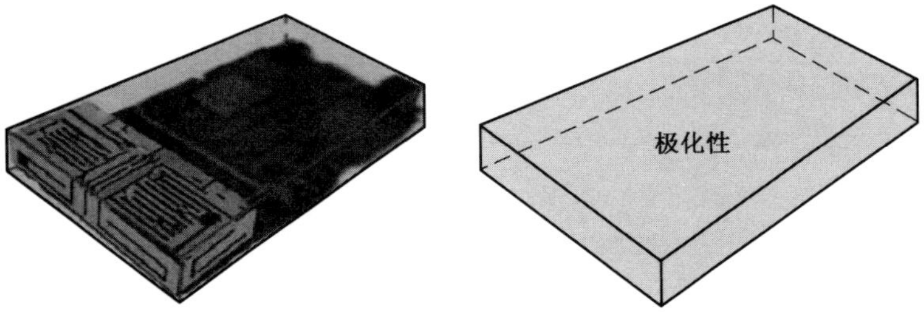

(a)　　　　　　　　　　　　(b)

图 5.13　接近物理边界 Q 值的另一种设计

(a)天线的绕线盒;(b)利用边界结构的极化率来确定物理边界(式(5.23))。

5.5　前向散射求和规则

Gustafsson(2007a、2009b)和 Derneryd 等(2009)的前向散射边界完全基于线性、时间平移不变性、因果关系和互易的假设。这些是天线设计中普遍接受的假设,并且对于多数天线有效,如具有金属和电介质元件的天线、由单条传输线馈电的天线、阻抗与匹配网络匹配的天线等。前向散射边界的主要优点是它们易于使用,通过极化张量的表达式给出了对小天线的物理视角,对于任意封闭几何形状保持不变,并且根据实现的增益(量化系统增益的参数)和带宽或方向性和 Q 因子来获得。

Gustafsson 等(2007a)介绍了任意形状天线的物理边界,并由 Gustafsson(2009b)、Derneryd(2009)、Gustafsson(2010)、Sohl 和 Gustafsson(2008)、Gustafsson 和 Sohl(2009)以及 Gustafsson(2011)等进一步发展。这些结果基于前向散射求和规则(Sohl et al.,2007;Gustafsson,2010b),对于所有由线性、被动和时间平移不变介质组成的物体,物体和电磁场的全谱相互作用与电 γ_e、静磁 γ_m、极化张量成正比(Sohl et al.,2007;Gustafsson and Sohl,2009;Gustafsson,2010b),即

$$\frac{1}{\pi}\int_{\mathbb{R}}\frac{\sigma_a(k)+\sigma_s(k)}{k^2}\mathrm{d}k=\boldsymbol{e}^*\cdot\boldsymbol{\gamma}_e\cdot\boldsymbol{e}+(\boldsymbol{r}\times\boldsymbol{e}^*)\cdot\boldsymbol{\gamma}_m\cdot(\boldsymbol{r}\times\boldsymbol{e}) \quad (5.20)$$

式中:σ_a和σ_s分别为吸收和散射截面。这一恒等式是在介电球体中推导出来(Purcell,1969),并且被推广到任意物体和极化中(Sohl et al.,2007;Gustafsson and Sohl,2009;Gustafsson,2010b),另见公式(5.12)。

利用互易性、无损天线的有效孔径(或吸收截面)与部分方向性之间的关系,由前向散射求和规则得到天线恒等式,即

$$\sigma_a(k,\boldsymbol{r},\boldsymbol{e})=\frac{\pi}{k^2}(1-|\Gamma(k)|^2)D(k,-\boldsymbol{r},\boldsymbol{e}) \quad (5.21)$$

结合等式(5.20)和式(5.21)给出

$$\int_0^{\infty}\frac{(1-|\Gamma(k)|^2)D(k,\boldsymbol{r},\boldsymbol{e})}{k^4}\mathrm{d}k=\frac{\eta}{2}(\boldsymbol{e}\cdot\boldsymbol{\gamma}_e\cdot\boldsymbol{e}+(\boldsymbol{r}\times\boldsymbol{e})\cdot\boldsymbol{\gamma}_m\cdot(\boldsymbol{r}\times\boldsymbol{e})) \quad (5.22)$$

对于线性极化 $\boldsymbol{e}$,其中引入了广义(或全谱)吸收效率 η(Gustafsson et al.,2007a、2009b;Gustafsson,2010b)。这进一步转化为以高对比极化张量表示的 D/Q(指向性带宽积)上的一个边界,$\gamma_\infty \geqslant \gamma_e$ 通过假设共振模型(Gustafsson et al.,2007a、2009b)且

$$\frac{D}{Q}\leqslant\frac{\eta k^3}{2\pi}\boldsymbol{e}\cdot\gamma_\infty\cdot e\leqslant\frac{\eta k^3}{2\pi}\max\ \mathrm{eig}\gamma_\infty \quad (5.23)$$

对于非磁性介质,$\gamma_m=0$(关于电和磁介质的情况,参见 Gustafsson 等(2007a、2009b)的文献。Q 因子的下限是基于小电偶极子具有方向性 $D=3/2$ 和

广义吸收效率 $\eta \leqslant 1/2$ 的条件(Gustafsson et al. ,2012a),即

$$Q \geqslant \frac{6\pi}{k^3 \max \operatorname{eig} \boldsymbol{\gamma}_{\infty}} \tag{5.24}$$

由 Yaghjian 和 Stuart(2010)利用天线电流优化(Gustafsson et al. ,2012a)得到类似于本段介绍的结果(另见 Vandenbosch,2011,Thal,2012,Yaghjian et al. ,2013)。这个边界与 Thal(2006)在式(5.18)中推到的以电流辐射为电偶极子的小型球结构结果一致,即

$$Q \geqslant \frac{3}{2k^3a^3} = \frac{3}{2}Q_{\mathrm{Chu}} \quad 当 \quad ka \ll 1 \tag{5.25}$$

其中,对于半径为 a 的球体,采用的高对比度极化张量 $\boldsymbol{\gamma}_{\infty} = 4\pi a^3 \boldsymbol{I}$。

彩图 5.14 给出了球体(Gustafsson et al. ,2007a)、圆柱体(Gustafsson et al. ,2009b)、平面矩形(Gustafsson et al. ,2009b)和平面椭圆(Gustafsson,2011)的计算边界方程(式(5.23)和式(5.24)),还包括了 $ka \ll 1$ 的 Chu(方程式(5.15))和 Thal(方程式(5.18))边界以供比较,结果说明边界取决于电场的形状和极化。将球体简化为 $\ell_1 = \ell_2$ 的球面,其边界 $D/(Qk^3a^3) = 1$,这与 Thal(2006)在方程式(5.18)和式(5.25)中采用方向性 $D = 3/2$ 的结果一致。将几种天线与图 5.15 中的边界进行比较(另见 Gustafsson et al. ,2009b、2010;Best,2009;Shahpari et al. ,2014),比较表明,许多天线的性能接近边界。

方程式(5.20)中的前向散射特性和方程式(5.23)中的边界表明,天线性能与天线结构的极化率成正比。极化率表征了结构的电荷分离特性,即诱导偶极矩与极化率成正比,$\boldsymbol{p} = \varepsilon_0 \boldsymbol{\gamma}_e \cdot \boldsymbol{E}$。例如,对于天线末端方向的线性极化,天线末端的大金属区域增加了该天线最大可实现的 D/Q 性能。图 5.16 中的平面封顶偶极子结构说明了这一点(另见 Gustafsson et al. ,2009a)。在边长为 l 的平面方形金属矩形在 xy 平面上的极化率为 $\boldsymbol{\gamma}_{\infty} \approx 1.04\,\ell^3(\boldsymbol{xx} + \boldsymbol{yy})$。当去除一些金属时,封顶偶极子的极化率 $\boldsymbol{\gamma}_{\infty} \approx \ell^3(0.51\boldsymbol{xx} + 0.93\boldsymbol{yy})$ 较低。在 y 方向的极化率高于 x 方向的极化率,因为边缘的金属条在 y 方向允许较大的电荷分离。图 5.15的右半部分进一步说明了这一点,其描述了面积为 A 的平面封顶偶极子的极化率。值得注意的是,封顶偶极子的体积为零,极化率减小约 3 倍,而面积减小约 104 倍。因此,电偶极子天线的性能不仅与体积或面积有关,还与结构的电荷分离能力有关。

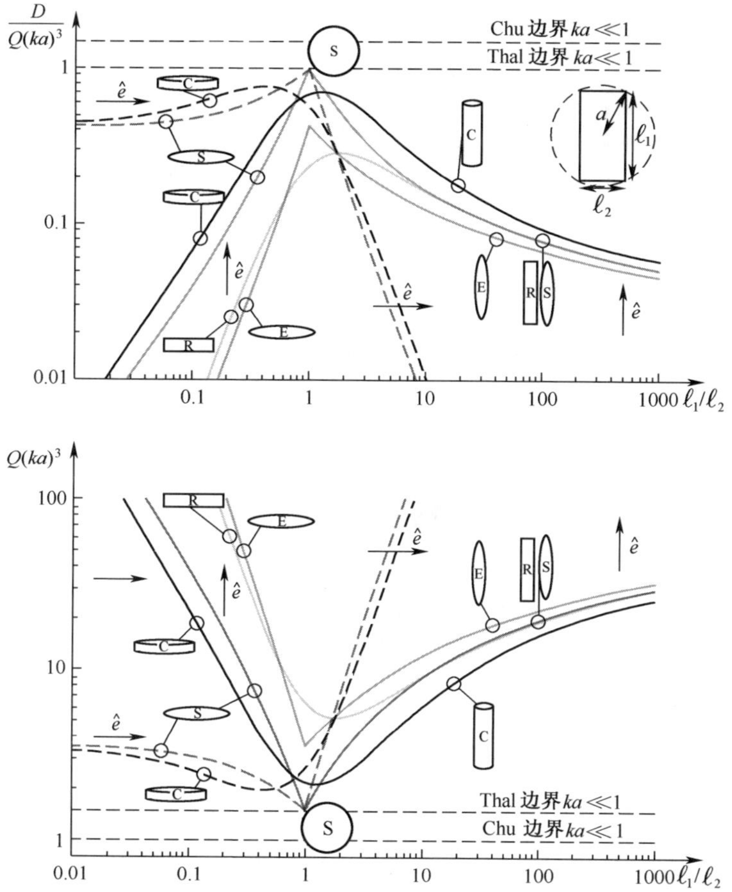

图 5.14　对于非磁性球体、圆柱体、平面矩形和高度为 ℓ_1 、宽度为 ℓ_2 ,(彩图见书末)采用 $\eta = 1/2$ 的平面椭圆(Gustafsson,2011),用 $(ka)^3$ 归一化的 D/Q (上)和 Q(下)上的前向散射边界(实线为垂直极化;虚线为水平极化)

封闭形式表达式适用于球体、平面椭圆、半球等结构的极化性动力学(Jones,1945;Sohl et al. ,2007;Kleinman and Senior,1986;Sihvola et al. ,2004)。一个说明性例子由半径为 a 的介电球的极化率给出(Jackson,1999;Van Bladel,2007;Cheng,1989;Griffiths,1999),即

$$\gamma_e = 4\pi a^3 \frac{\varepsilon_r - 1}{\varepsilon_r + 2}\boldsymbol{I} \leqslant 4\pi a^3\boldsymbol{I} = \boldsymbol{\gamma}_\infty \tag{5.26}$$

这个简单的例子说明极化张量的两个重要性质对天线设计的影响,即极化

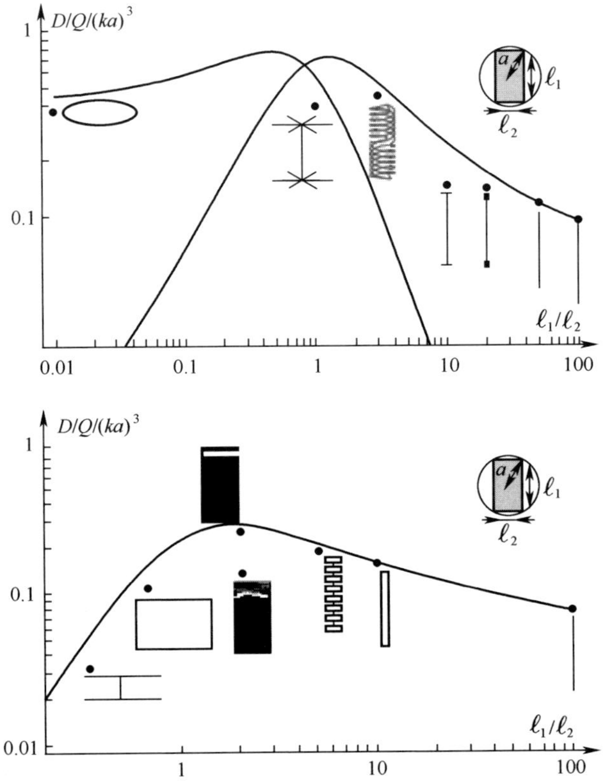

图 5.15　采用 $\eta = 1/2$ 对 $(ka)^3$ 归一化的 D/Q 前向散射边界与 Altair(2014)发展的非磁性圆柱(上)和平面(下)结构的数值结果(表 5.1)的比较

率随相对介电常数 ε_r 和尺寸 a 的增加而增加(Jones,1985;Sjöberg,2009)。对于其他结构,使用矩量法(Gustafsson,2011;Helsing and Perfekt,2013;Shahpari et al.,2013)或有限元方法(Sohl et al.,2007)对极化率进行数值计算。D/Q 上的极化率和相关边界在 Gustafsson(2011)中用圆柱体和平面矩形的有理函数近似;另请参阅 MATLAB 代码(Gustafsson,2010a)。

通过在式(5.23)和式(5.24)中加入磁极化率 γ_m,将前向散射边界推广到电和磁介质中(Gustafsson et al.,2007a、2009b)。Gustafsson 和 Sohl(2009)讨论了椭圆极化的推广,Sohl 和 Gustafsson(2008)以及 Derneryd 等(2009)分析了超宽带和多频带天线,Gustafsson 等(2007a、2009b)前向散射结果的主要缺点是只

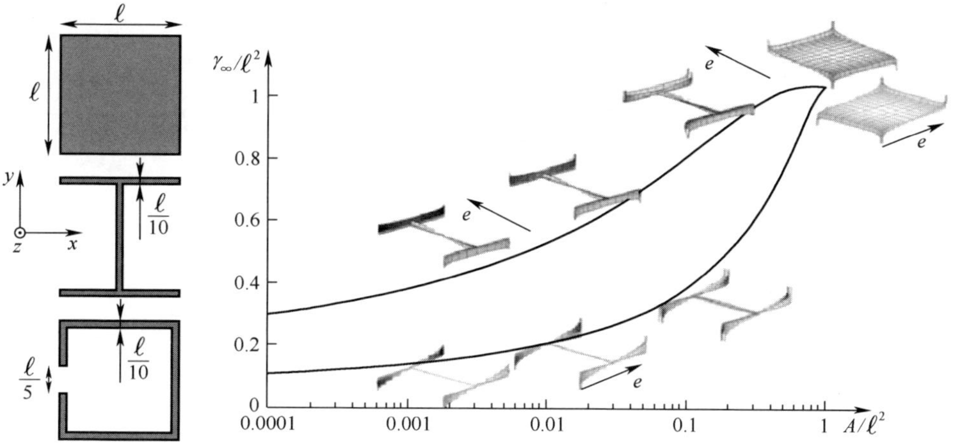

（a）　　　　　　　　　　　　　　（b）

图 5.16　平面封顶偶极子结构

(a)对于矩形，封顶偶极子和环形的平面矩形结构，极化张量分别为 $\gamma_{\infty} \approx 1.04\,\ell^{3}(\boldsymbol{xx}+\boldsymbol{yy})$、$\gamma_{\infty} \approx \ell^{3}(0.51\boldsymbol{xx}+0.93\boldsymbol{yy})$ 和 $\gamma_{\infty} \approx \ell^{3}(0.94\boldsymbol{xx}+0.96\boldsymbol{yy})$；
(b)由边长为 ℓ 面积为 A 的矩形平面封顶偶极子的极化率。
图中还描述了产生的电荷分布(参见 Gustafsson et al. ,2009a)。

有在整个体积可以用于天线设计时才适用，因此，对于集成(或嵌入)到移动电话或笔记本电脑等设备中的天线来说，它们并不适用。

5.6　天线电流优化

优化可以同时满足复杂辐射结构的性能和尺寸要求。这里考虑一种由天线和地平面组成的典型无线设备结构(图 5.17 和图 5.21)。整个结构占据由 V 表示的体积，由用于手机的屏幕、电池、电子设备、射频电路、天线等组成。天线作为该结构的一部分，受限于体积 V_A 的区域。假定天线设计者可以指定金属和电介质在区域 V_A 中的空间分布，并假设剩余区域 $V_G = V - V_A$ 的电磁特性是固定的。讨论仅限于电流密度和存储能量表达式(5.9)和式(5.10)适用。磁流密度在很多情况下可以降低 Q 的边界，并且可以使用 Jonsson 和 Gustafsson(2015)中的存储能量表达式进行分析。

许多天线的设计要求是优化问题,这些问题可以进一步转化为天线电流分布的优化问题。下面介绍一个例子。

(a)

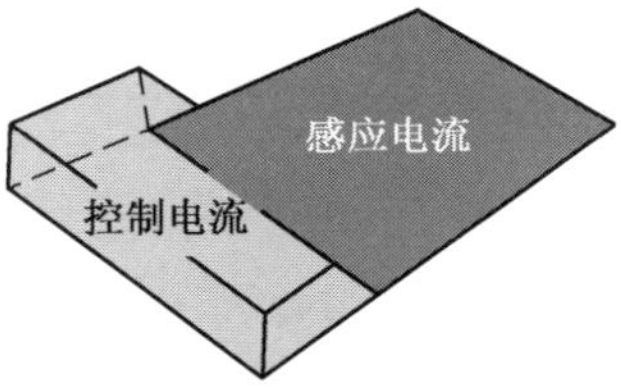

(b)

图 5.17　天线示例

(a)具有接地层天线的绕线盒(对于盒子内部任意形状的天线,在盒子外部存在固定结构的情况下,物理边界是确定的);(b)天线区域(盒子)电流可控、剩余结构(这里是接地层)感应电流的电流优化。

(1) 天线设计。从天线设计的角度来看,优化问题是通过在天线区域中适当地塑形和材料选择来设计天线,以获得最佳性能。一个或多个馈电点的电流和电压决定了天线的匹配特性。整个辐射结构中的电流分布决定了辐射特性。

(2) 电流分配。在电流密度方面,天线优化问题是确定产生最优性能的天线区域内的电流。这些电流是在不考虑馈电结构情况下确定的,从而仅在天线的性能中量化天线的辐射特性。

5.6.1 G/Q 最大化

部分增益 Q 因子商为

$$\frac{G(\boldsymbol{r},\boldsymbol{e})}{Q}=\frac{4\pi P(\boldsymbol{r},\boldsymbol{e})}{2\omega\max\{W_e,W_m\}}=\frac{\pi\,|\boldsymbol{e}^*\cdot\boldsymbol{F}(\boldsymbol{r})|^2}{\omega\eta_0\max\{W_e,W_m\}}\tag{5.27}$$

式中:$P(\boldsymbol{r},\boldsymbol{e})$ 为极化 $\boldsymbol{e}$ 和方向 $\boldsymbol{r}$ 的部分辐射强度;$\boldsymbol{F}(\boldsymbol{r})$ 为远场(式(5.7));W_e 为存储的电能(式(5.9));W_m 为存储的磁能(式(5.10))。用矩量法近似式(5.27)中的量,并根据局部基函数(式(5.40))扩大天线上的电流密度,如:

$\boldsymbol{e}^*\cdot\boldsymbol{F}\approx\boldsymbol{F}\boldsymbol{I}$ 方向 $\boldsymbol{r}$ 和极化 $\boldsymbol{e}$ 上的远场;

$W_e\approx\dfrac{1}{4\omega}\boldsymbol{I}^{\mathrm{H}}\boldsymbol{X}_e\boldsymbol{I}$ 存储的 $\boldsymbol{E}$ 能量,$\boldsymbol{X}_e$ 电抗;

$W_m\approx\dfrac{1}{4\omega}\boldsymbol{I}^{\mathrm{H}}\boldsymbol{X}_m\boldsymbol{I}$ 存储的 $\boldsymbol{M}$ 能量,$\boldsymbol{X}_m$ 磁抗。

假定 MoM 近似对于分析而言足够精确，部分增益 Q 因子比（方程式(5.27)）变为

$$\frac{G(\boldsymbol{r},\boldsymbol{e})}{Q}\approx\frac{4\pi\,|\,\boldsymbol{FI}\,|^{2}}{\eta_0\max\{\boldsymbol{I}^{\mathrm{H}}\boldsymbol{X}_e\boldsymbol{I},\boldsymbol{I}^{\mathrm{H}}\boldsymbol{X}_m\boldsymbol{I}\}} \tag{5.28}$$

在式(5.28)中最大化 G/Q 比的优化问题可以表述为固定部分辐射强度下的存储能量最小化问题，即

$$\begin{aligned}&\text{最小化}\,\boldsymbol{I}\quad \max\{\boldsymbol{I}^{\mathrm{H}}\boldsymbol{X}_e\boldsymbol{I},\boldsymbol{I}^{\mathrm{H}}\boldsymbol{X}_m\boldsymbol{I}\}\\&\text{受制于}\quad |\boldsymbol{FI}|^{2}=1\end{aligned} \tag{5.29}$$

其中使用归一化 $|\boldsymbol{FI}|^2=1$ 或者等同于 $|\boldsymbol{FI}|=1$。由于 G/Q 对当前矩阵 I 具有标度不变性，式(5.29)是成立的，即 G/Q 对复标度 $\boldsymbol{I}\rightarrow\alpha\boldsymbol{I}$ 具有不变性。此外，这种标度不变性表明可以考虑删除绝对值运算的任意相位 $\boldsymbol{FI}=1$(Gustafsson and Nordebo,2013)，得到固定部分远场在一个方向上存储能量最小的凸优化问题(Gustafsson and Nordebo,2013)，即

$$\begin{aligned}&\text{最小化}\,\boldsymbol{I}\quad \max\{\boldsymbol{I}^{\mathrm{H}}\boldsymbol{X}_e\boldsymbol{I},\boldsymbol{I}^{\mathrm{H}}\boldsymbol{X}_m\boldsymbol{I}\}\\&\text{受制于}\quad \boldsymbol{FI}=1\end{aligned} \tag{5.30}$$

设 $\boldsymbol{I}_o$ 为求解方程式(5.30)的电流矩阵。虽然电流矩阵 $\boldsymbol{I}_o$ 不一定唯一，但式(5.30)中存储能量的最小值是唯一的。该最佳电流对所考虑的方向 $\hat{\boldsymbol{r}}$ 和极化 $\hat{\boldsymbol{e}}$ 给出 G/Q 的上限，即

$$\frac{G(\hat{\boldsymbol{r}},\hat{\boldsymbol{e}})}{Q}\leqslant\left.\frac{G(\hat{\boldsymbol{r}},\hat{\boldsymbol{e}})}{Q}\right|_{\mathrm{ub}}=\frac{4\pi\,|\boldsymbol{FI}_o|^{2}}{\eta_0\max\{\boldsymbol{I}_o^{H}\boldsymbol{X}_e\boldsymbol{I}_o,\boldsymbol{H}_o^{H}\boldsymbol{X}_m\boldsymbol{I}_o\}} \tag{5.31}$$

对于式(5.30)中的凸优化问题，可采用替代公式。这些公式可以用 CVX 法(Grant and Boyd,2011)、双重提法(Gustafsson et al.,2014b)来求解(插图见 Gustafsson and Nordebo,2013;Gustafsson et al.,2015)。

式(5.30)中的优化问题可以在小天线的限制下解析求解(Gustafsson et al.,2012a)，对于电的情况，$W_e\geqslant W_m$ 的天线有

$$\frac{G(\boldsymbol{r},\boldsymbol{e})}{Q}\leqslant\frac{k^3}{4\pi}\boldsymbol{e}^{*}\cdot\boldsymbol{\gamma}_{\infty}\cdot\boldsymbol{e}\quad ka\rightarrow 0 \tag{5.32}$$

这个结果证实了式(5.23)和式(5.24)中的前向散射边界，如图 5.14 所示。Yaghjian 等(2013)、Jonsson 和 Gustafsson 等(2015)分析了具有电流密度和磁流密度的一般情况。式(5.32)中的电极化张量用电极化率和磁极化率张量的总和代

替。电偶极子 Q 因子的下界为(Yaghjian et al. ,2013;Jonsson and Gustafsson,2015)

$$Q \geqslant \frac{6\pi}{k^3 \max \operatorname{eig}(\gamma_e + \gamma_m)} \qquad ka \to 0 \tag{5.33}$$

参见 Yaghjian 等(2013)以及 Jonsson 和 Gustafsson(2015)的文献了解其他例子。

5.6.2 超定向和指向辐射方向图

具有比相同尺寸典型天线更高方向性的天线通常称为超定向天线(Best et al. ,2008;Hansen,2006;Kim et al. ,2012;Margetis et al. ,1998)。通过在式(5.30)中加入约束 $D \geqslant D_0$ 分析高方向性小天线 Q 因子的增加。如果

$$D_0 \leqslant D = \frac{4\pi |\hat{\boldsymbol{e}}^* \cdot \boldsymbol{F}(\hat{r})|^2}{2\eta_0 P_r} \Rightarrow P_r \leqslant \frac{2\pi |\hat{e}^* \cdot \boldsymbol{F}(\hat{\boldsymbol{r}})|^2}{\eta_0 D_0} \tag{5.34}$$

在远场,部分指向性至少为 D_0。

将此作为凸约束 $\frac{1}{2}\boldsymbol{I}^{\mathrm{H}}\boldsymbol{R}\boldsymbol{I} \leqslant 2\pi/(\eta_0 D_0)$ 加入优化问题式(5.30)中,给出

$$\begin{aligned} &\text{最小化}\ \boldsymbol{I} && \max\{\boldsymbol{I}^{\mathrm{H}}\boldsymbol{X}_e\boldsymbol{I}_1\boldsymbol{I}^{\mathrm{H}}\boldsymbol{X}_m\boldsymbol{I}\} \\ &\text{受制于} && \boldsymbol{F}\boldsymbol{I} = 1 \\ & && \boldsymbol{I}^{\mathrm{H}}\boldsymbol{R}\boldsymbol{I} \leqslant \frac{4\pi}{\eta_0 D_0} \end{aligned} \tag{5.35}$$

对于边长为 ℓ 和 $\ell/2$ 且 $D_0 = \{2,3.2,4,6,8\}$ 的平面矩形,使用 CVX(Grant and Boyd,2011)求解该优化问题,对于极化 $\boldsymbol{e}=\boldsymbol{y}$ 的 $\boldsymbol{r}=\boldsymbol{x}$ - 方向上部分方向性至少为 D_0 的辐射场,其最小 Q 因子如图 5.18 所示。对于相同的矩形,将这些 Q 因子与式(5.24)中由式(5.23)中 D/Q 上的前向散射束缚得到的 Q 因子进行比较,在前向散射边界中,假设天线辐射为电偶极子。在这个假设下,在结构平面法线方向上的方向性为 1.5(彩图 5.18),广义吸收效率为 $\eta = 1/2$(Gustafsson et al. ,2009b;Gustafsson,2010a)。注意,约束 $D \geqslant D_0 = \{4,6,8\}$ 在方向性 $D = D_0$ 获得最佳电流密度。然而,对于 $\ell/\lambda \geqslant 0.05$,约束 $D \geqslant 2$ 将产生一个既能贡献电偶极子又能贡献磁偶极子的最佳电流,使得方向性 $D \geqslant 2.9$,参见图 5.18 中标记为 2 和 3.2 的曲线。

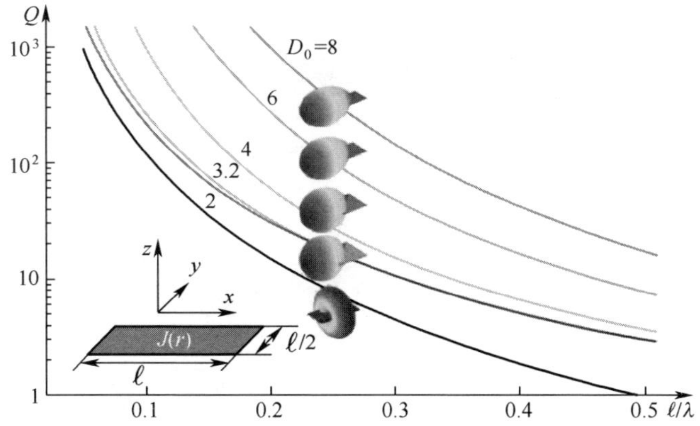

图 5.18　在 $D_0 = \{2, 3.2, 4, 6, 8\}$ 的情况下给出了长为 ℓ、宽为 $\ell/2$ 的(彩图见书末)平面矩形约束天线的 Q 因子物理边界 $D(x) \geqslant D_0$ (Gustafsson and Nordebo, 2013)

5.6.3　嵌入式天线

天线电流优化方法可以推广到求解嵌入器件天线的边界,如图 5.17 所示。这种推广基于将电流密度分解为可控电流 $\boldsymbol{J}_A$ 和感应电流 $\boldsymbol{J}_G$ (Gustafsson and Nordebo, 2013; Cismasu and Gustafsson, 2014a、b)。所考虑器件的一个区域 V_A (图 5.21)预留给可通过优化、手动或计算机辅助设计等方式进行设计的结构。认为该区域的电流 $\boldsymbol{J}_A$ 可控,在器件的其余部分, V_G 是固定的,其支持感应电流密度 $\boldsymbol{J}_G$ 。由于麦克斯韦方程的线性, $\boldsymbol{J}_G$ 线性依赖于 $\boldsymbol{J}_A$ 。这种依赖性可写成 $\boldsymbol{J}_G = C\boldsymbol{J}_A$,其中 C 由 MoM 阻抗矩阵确定(Peterson et al., 1998; Jin, 2011; Johnson and Rahmat-Samii, 1999)。图 5.19 所示为尺寸为 ℓ 和 $\ell/2$ 的矩形、无限薄、完美导电(PEC)器件的 G/Q 边界,其中可控电流区域在 ℓ 方向一端可能占据器件的 6 %、10 %和 25 %。这些边界与"5.5 前向散射求和规则"一节所述的前向散射求和规则得到的整个结构的边界的比较参见(Gustafsson 等(2007a、2009b)和 Gustafsson(2010a)的论文。其他关于嵌入式器件和细节的案例可以在 Gustafsson et al., 2014b; Cismasu and Gustafsson, 2014a, b; Cismasu et al., 2014 的研究中找到。

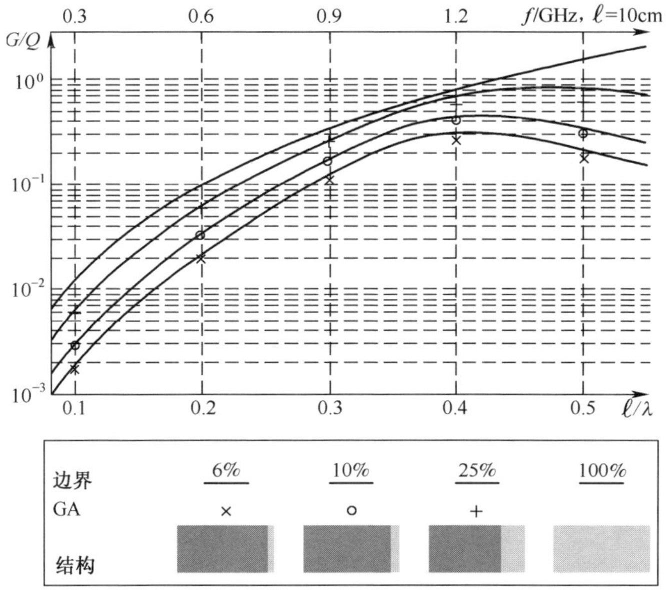

图 5.19　GA 优化后的天线 G/Q 比(式(5.28))

(不同标记分别为对于天线占比 6%、10%和 25%的矩形无线器件模型(图 5.17),与式(5.30)等效得到的 G/Q 物理边界的比较。矩形、无限薄的 PEC 薄板在 G/Q 比上的物理边界为"100%"(Gustafsson et al.,2007a,2009b;Gustafsson,2010a),灰色阴影区域存在可控电流)

5.7　周期阵列天线

Doane 等(2013)和 Jonsson 等(2013)用求和规则推导了阵列天线带宽的限制,无限周期阵列天线的带宽受阵列厚度的限制,考虑一个 PEC 地平面以上厚度为 d 的周期阵列天线,如图 5.20 所示。在馈电式(5.1)中,假设散射反射系数 ρ 为等幅反射系数的互易无损天线,即 $|\Gamma|=|\rho|$,分析天线在接收模式下的性能,这里考虑反射波的基本模式。这将天线转换为吸收体与求和规则(Rozanov,2000;Doane et al.,2013,Jonsson et al.,2013),即

$$\frac{1}{\pi}\int_{\mathbb{R}}\frac{1}{k^2}\ln\frac{1}{|\rho(k)|}\mathrm{d}k \leqslant d\left(1+\frac{\gamma}{2dA}\right) \leqslant d\quad \max\{\mu_r\}\begin{cases}\cos\theta & \text{TE}\\ 1/\cos\theta & \text{TM}\end{cases} \tag{5.36}$$

首先由 Rozanov(2000)推导出具有 max $\{\mu_r\}$ 的分层结构,表示结构的最大

静态相对渗透率。在此，采用 Gustafsson 和 Sjöberg(2011)的低频扩展将结果扩展到周期性结构。

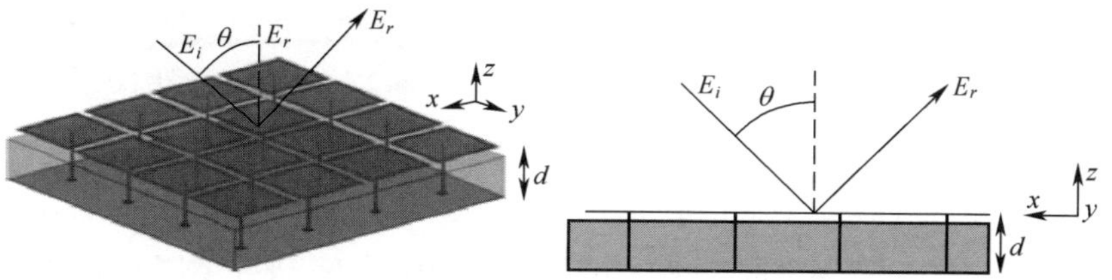

图 5.20　PEC 地平面上的周期性阵列天线

求和规则转换为带宽限制(Rozanov,2000;Doane et al.,2013;Jonsson et al.,2013),有

$$\lambda_2 - \lambda_1 \leqslant \frac{2\pi^2 d\max\{\mu_r\}}{\ln|\Gamma_0|^{-1}}\begin{cases}\cos\theta & \text{TE}\\ 1/\cos\theta & \text{TM}\end{cases} \tag{5.37}$$

对于线极化波，其中 Γ_0 表示反射系数在波长区间$[\lambda_1,\lambda_2]$上的阈值。分析阵列天线并与 Doane 等的天线设计进行比较(Doane et al.,2013 and Jonsson et al.,2013)。在 Jonsson 等(2013)的研究中，也引入了一个阵列优值图。

5.8　结论

天线的物理边界回答了以下问题：天线性能可以有多好？天线边界已经从球形区域(1948 年)演变为任意形状结构(2007 年)和嵌入式结构(2013 年)。在此，对基于电路模型、模式扩展、求和规则和优化的方法进行综述，并讨论它们的一些优、缺点，选择这几点重点介绍是为了强调大多数已发表物理边界研究方法的关键特征。

所有提出的边界均基于假设。前向散射边界基于线性、倒数、时间平移不变材料参数等假设。这些假设对大多数天线都有效，开关和非 Foster 匹配可以克服这些假设的局限性(Ziolkowski et al.,2013)。此外，基于存储能量的边界，如“5.6 天线电流优化”一节中 Chu 界(式(5.15))和天线的电流优化，假设存储能量可以用式(5.8)、式(5.9)和式(5.10)精确确定。关于储存能量的表达式已有初步的研究(Hazdra et al.,2011,Gustafsson and Jonsson,2015a、b;Gustafsson et al.,2014a),但在充分了解储存能量之前,仍有大量工作有待开展。

对于由非磁性材料组成的小电偶极子天线,其 D/Q 和 Q 因子极限得到了充分研究。几个独立的推论提供了相似的结果(Gustafsson et al.,2007a、2009b、2010、2012a;Gustafsson and Nordebo,2013;Yaghjian and Stuart,2010;Yaghjian et al.,2013;Vandenbosch,2011),见式(5.23)和式(5.32)。此外,许多天线设计显示性能接近边界(Gustafsson et al.,2009b、2010; Best,2009;Shahpari et al.,2013)如图5.15所示。Cismasu 和 Gustafsson(2014a、b)研究了嵌入有限PEC结构中的天线,也表明其性能接近边界。电偶极子天线的 D/Q 结果可达半波长尺寸 ($ka \approx 1.5$) 左右(Gustafsson et al.,2009b、2010)。关于较大结构的 Q 因子的相应下界并不清楚,除非有确定的辐射模式,如偶极子模式(Chu,1948;Thal,2006;Gustafsson and Nordebo,2013)。

虽然近年来在物理边界上有了较深刻的研究,但仍存在许多开放性的问题。对于电磁偶极子方向图、磁性材料和超导体天线(式(5.35))的混合情况,虽然有一些设计建议,但在实际天线设计中意义不大。效率是除带宽外最重要的小天线参数,对于有损结构,目前只开展了一些初步的调研(Gustafsson,2013),很多研究工作仍然停留在效率的根本局限性方面。

鸣谢:这项工作得到了瑞典研究委员会(VR)和瑞典战略研究基金会(SSF)项目“应用数学”和“用于EM设计的复杂分析和凸优化”的支持。

交叉参考:

▶第75章　阻抗匹配与巴伦

▶第4章　天线工程中的数值建模

▶第8章　天线设计优化方法

▶第29章　小天线

附　　录

A. 径向函数

Hansen(1988)的径向函数被定义为

$$R_{\tau n}^{(p)}(\kappa)=\begin{cases} z_n^{(p)}(\kappa) & \tau=1 \\ \dfrac{1}{\kappa}\dfrac{\partial(\kappa z_n^{(p)}(\kappa))}{\partial\kappa}, & \tau=2 \end{cases} \tag{5.38}$$

式中：$z_n^{(1)}=j_n$ 为 Bessel 函数；$z_n^{(2)}=n_n$ 为 Neumann 函数；$z_n^{(3)}=h_n^1$ 为 Hankel 函数(Hansen,1988)，且 $\kappa=ka$ 。$R_{\tau n}^{p}(\kappa)$ 的导数用 Bessel 和 Hankel 函数表示为

$$\frac{\partial R_{\tau n}^{(p)}}{\partial\kappa}=\begin{cases} \dfrac{\partial}{\partial\kappa}z_n^{(p)} & \tau=1 \\ \dfrac{-R_{\tau n}^{(p)}}{\kappa}+\dfrac{n(n+n)-\kappa^2}{\kappa^2}z_n^{(p)} & \tau=2 \end{cases} \tag{5.39}$$

B. 高对比度极化张量

高对比度极化张量 γ_∞ 是由归一化表面电荷密度 ρ 确定，有

$$\boldsymbol{e}\cdot\boldsymbol{\gamma}_\infty\cdot\boldsymbol{e}=\frac{1}{E_0}\int_S\boldsymbol{e}\cdot\boldsymbol{r}\rho(\boldsymbol{r})\,\mathrm{d}S$$

ρ 满足积分方程

$$\int_S\frac{\rho(\boldsymbol{r}_1)}{4\pi|\boldsymbol{r}-\boldsymbol{r}_1|}\mathrm{d}S_1=E_0\boldsymbol{r}\cdot\boldsymbol{e}-V$$

受总电荷为零的限制，有

$$\int_S\rho(\boldsymbol{r})\,\mathrm{d}S=0$$

用于确定电压 U。

C. 由基函数展开

考虑电流密度为 $\boldsymbol{J}=\boldsymbol{J}(\boldsymbol{r})$ 的表面 S，参见图 5.7。在局部基函数中展开电流密度为

$$\boldsymbol{J}(\boldsymbol{r})\approx\sum_{n=1}^{N}I_n\boldsymbol{\Psi}_n(\boldsymbol{r}) \tag{5.40}$$

并引入元素为 I_n 的 $N\times1$ 矩阵 $\boldsymbol{I}$ 来简化符号。假定基函数为实值,散度一致,并且边界上的正态分量消失(Peterson et al. ,1998)。对于嵌入式天线,假设天线体积 V_A 中的电流 $\boldsymbol{J}_A$ 可控,并产生体积 V_G 中的电流 $\boldsymbol{J}_G$,见图5.21。

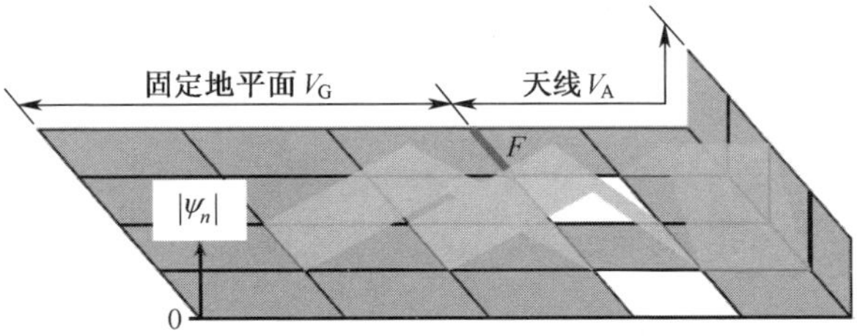

图5.21　三维辐射结构的矩形网格单元离散化和“屋顶”基函数幅度的图示(金属区域以灰色阴影表示。在总的 $6\times3+5\times4-4-3$ 个基函数中,3个基函数的幅度分别用蓝色、粉红色和绿色阴影表示。馈电边界标记为 F)

EFIE 的标准 MoM 采用 Galerkin 方法实现计算阻抗矩阵 $\boldsymbol{Z}=\boldsymbol{R}+\mathrm{j}\boldsymbol{X}$

$$\frac{Z_{mn}}{\eta_0}=\mathrm{j}\iint\limits_{S\,S}(k^2\boldsymbol{\Psi}_{m1}\cdot\boldsymbol{\Psi}_{n2}-\nabla_1\cdot\boldsymbol{\Psi}_{m1}\,\nabla_2\cdot\boldsymbol{\Psi}_{n2})\,\frac{\mathrm{e}^{-\mathrm{j}kR_{12}}}{4\pi kR_{12}}\mathrm{d}S_1\mathrm{d}S_2$$

式中: $\psi_{n1}=\psi_n(\boldsymbol{r}_1)$; $\psi_{n2}=\psi_n(\boldsymbol{r}_2)$, $(n=1,\cdots,N)$ 和 $R_{12}=|\boldsymbol{r}_1-\boldsymbol{r}_2|$ 。微分 MOM 阻抗矩阵为

$$\frac{k\partial Z_{mn}}{\eta_0\partial k}=\iint\limits_{S\,S}\mathrm{j}(k^2\boldsymbol{\Psi}_{m1}\cdot\boldsymbol{\Psi}_{n2}+\nabla_1\cdot\boldsymbol{\Psi}_{m1}\,\nabla_2\cdot\boldsymbol{\Psi}_{n2})\,\frac{\mathrm{e}^{-\mathrm{j}kR_{12}}}{4\pi kR_{12}}$$
$$+(k^2\boldsymbol{\Psi}_{m1}\cdot\boldsymbol{\Psi}_{n2}-\nabla_1\cdot\boldsymbol{\Psi}_{m1}\,\nabla_2\cdot\boldsymbol{\Psi}_{n2})\,\frac{\mathrm{e}^{-\mathrm{j}kR_{12}}}{4\pi}\mathrm{d}S_1\mathrm{d}S_2$$

用于估计储存的能量。微分电抗矩阵 $\boldsymbol{X}'=\mathrm{Im}\boldsymbol{Z}'$ 给出存储的磁能和电能分别为

$$W_m\approx\frac{1}{8}\boldsymbol{I}^{\mathrm{H}}\left(\frac{\partial\boldsymbol{X}}{\partial\omega}+\frac{\boldsymbol{X}}{\omega}\right)\boldsymbol{I}\quad,\quad W_e\approx\frac{1}{8}\boldsymbol{I}^{\mathrm{H}}\left(\frac{\partial\boldsymbol{X}}{\partial\omega}-\frac{\boldsymbol{X}}{\omega}\right)\boldsymbol{I}$$

这些表达式与 Vandenbosch(2010)采用 MoM 近似,与 Harrington(1972、1975)引入的存储能量表达式相同。引入电 $\boldsymbol{X}_e$ 、磁 $\boldsymbol{X}_m$,电抗矩阵为

$$\boldsymbol{X}_e=\frac{1}{2}\left(\omega\,\frac{\partial\boldsymbol{X}}{\partial\omega}-\boldsymbol{X}\right),\boldsymbol{X}_m=\frac{1}{2}\left(\omega\,\frac{\partial\boldsymbol{X}}{\partial\omega}+\boldsymbol{X}\right)$$

总辐射功率由 $\boldsymbol{R}=\mathrm{Re}\{\boldsymbol{Z}\}$ 确定。

投影在 $\hat{\boldsymbol{e}}$ 上的 $\hat{\boldsymbol{r}}$ 方向上的远场方程式(5.7)通过 $N\times1$ 矩阵 $\boldsymbol{FI}\approx\boldsymbol{e}^*\cdot\boldsymbol{F}(\boldsymbol{r})$

近似为

$$\boldsymbol{FI} \approx -\mathrm{j}k\eta_0 \sum_{n=1}^{N} I_n \int_S \boldsymbol{e}^* \cdot \boldsymbol{\Psi}_n(\boldsymbol{r}) \frac{\mathrm{e}^{\mathrm{j}k\boldsymbol{r}\cdot r}}{4\pi}\mathrm{d}S \tag{5.41}$$

假设数值近似足够准确,则式(5.41)的近似等于(≈)可以用等于代替。

D. 所介绍天线的数值结果

本章介绍的天线的数值仿真数据收集在表 5.1(线天线)和表 5.2(平面天线)中。

表 5.1　在 Altair Development(2014)中模拟得到线天线的数值结果,(见图 5.15,前向散射包围盒要么是圆柱形的,要么是球状的,取决于结构的几何形状)

	ℓ_1/ℓ_2	ka	D	Q	$\frac{D/Q}{(ka)^3}$	$\frac{4\pi D/Q}{\gamma k^3}$
	100	1.481	1.63	5	0.094	1.00
	50	1.463	1.63	5	0.116	1.00
	20	1.188	1.61	7	0.139	0.82
	10	1.184	1.61	7	0.145	0.59
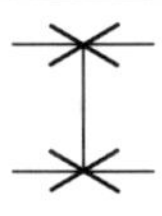	1	0.587	1.50	19	0.388	0.69
	0.01	1.075	2.34	5	0.369	0.83
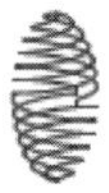	2	0.421	1.50	49	0.411	0.86
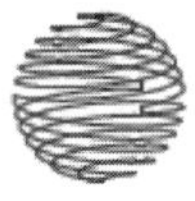	1	0.137	1.50	675	0.867	0.87

(续)

	ℓ_1/ℓ_2	ka	D	Q	$\frac{D/Q}{(ka)^3}$	$\frac{4\pi D/Q}{\gamma k^3}$
	3	0.497	1.49	29	0.425	0.85
	1.5	0.266	1.50	142	0.557	0.83

表 5.2　在 Altair Development(2014)中模拟的平面天线的数值结果
(见图 5.15,这是针对矩形前向散射包围盒的结果)

	ℓ_1/ℓ_2	ka	D	Q	$\frac{D/Q}{(ka)^3}$	$\frac{4\pi D/Q}{\gamma k^3}$
		1.486	1.64	6	0.078	0.99
	10	1.319	1.62	7	0.105	0.64
	5	1.178	1.61	7	0.132	0.64
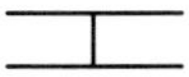	0.33	1.072	1.47	37	0.032	0.61
	10	1.411	1.64	4	0.157	0.96
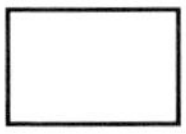	0.67	1.246	2.48	12	0.109	0.70
	5	0.953	1.59	12	0.148	0.68
	5	1.050	1.57	7	0.194	0.89

（续）

	ℓ_1/ℓ_2	ka	D	Q	$\frac{D/Q}{(ka)^3}$	$\frac{4\pi D/Q}{\gamma k^3}$
	2	0. 708	1. 55	18	0. 245	0. 86
	2	1. 359	1. 67	3	0. 260	0. 91
	2	0. 953	1. 53	19	0. 095	0. 33
	2	0. 351	1. 51	257	0. 136	0. 47

参考文献

Adams JJ,Duoss EB,Malkowski TF,Motala MJ,Ahn BY,Nuzzo RG,Bernhard JT,Lewis JA(2011) Conformal printing of electrically small antennas on three-dimensional surfaces. Adv Mater 23(11):1335–1340

Altair Development S. A. (Pty) Ltd,Stellenbosch. FEKO,Field computations involving bodies of arbitrary shape,Suite 7. 0. 2014

Bernland A(2012) Bandwidth limitations for scattering of higher order electromagnetic spherical waves with implications for the antenna scattering matrix. IEEE Trans Antennas Propag 60(9):4345–4353

Bernland A,Gustafsson M,Nordebo S(2011a) Physical limitations on the scattering of electromagnetic vector spherical waves. J Phys A: Math Theor 44(14):145401

Bernland A,Luger A,Gustafsson M(2011b) Sum rules and constraints on passive systems. J Phys A: Math Theor 44(14):145205. doi:10. 1088/1751–8113/44/14/145205

Best SR(2004) The radiation properties of electrically small folded spherical helix antennas. IEEE Trans Antennas Propag 52(4):953–960

Best SR(2009) A comparison of the cylindrical folded helix Q to the Gustafsson limit. In: Antennas and propagation,2009. EuCAP 2009. 3rd European conference on. IEEE,Berlin,pp 2554–2557

Best SR, Hanna DL(2010) A performance comparison of fundamental small-antenna designs. IEEE Antennas Propag Mag 52(1):47-70

Best SR, Altshuler EE, Yaghjian AD, McGinthy JM, O'Donnell TH(2008) An impedance-matched 2-element superdirective array. IEEE Antennas Wirel Propag Lett 7:302-305

Carpenter CJ(1989) Electromagnetic energy and power in terms of charges and potentials instead of fields. IEE Proc A 136(2):55-65

Cheng DK(1989) Field and wave electromagnetics. Addison-Wesley, Reading

Chu LJ(1948) Physical limitations of omnidirectional antennas. J Appl Phys 19:1163-1175

Cismasu M, Gustafsson M(2014a) Antenna bandwidth optimization with single frequency simulation. IEEE Trans Antennas Propag 62(3):1304-1311

Cismasu M, Gustafsson M(2014b) Multiband antenna Q optimization using stored energy expressions. IEEE Antennas Wirel Propag Lett 13(2014):646-649

Cismasu M, Tayli D, Gustafsson M(2014) Stored energy based 3D antenna analysis and design. Technical Report LUTEDX/(TEAT-7231)/1-18/(2014). Lund University, Department of Electrical and Information Technology, LundCollin RE, Rothschild S(1964) Evaluation of antenna Q. IEEE Trans Antennas Propag 12:23-27

Davis W, Yang T, Caswell E, Stutzman W(2011) Fundamental limits on antenna size: a new limit. IET Microwaves Antennas Propag 5(11):1297-1302

Derneryd A, Gustafsson M, Kristensson G, Sohl C(2009) Application of gain-bandwidth bounds on loaded dipoles. IET Microwaves Antennas Propag 3(6):959-966

Doane JP, Sertel K, Volakis JL(2013) Matching bandwidth limits for arrays backed by a conducting ground plane. IEEE Trans Antennas Propag 61(5):2511-2518

Doane JP, Sertel K, Volakis JL(2014) Bandwidth limits for lossless, reciprocal PEC-backed arrays of arbitrary polarization. IEEE Trans Antennas Propag 62(5):2531-2542

Fano RM(1950) Theoretical limitations on the broadband matching of arbitrary impedances. J Franklin Inst 249(1,2):57-83,139-154

Fante RL(1969) Quality factor of general antennas. IEEE Trans Antennas Propag 17(2):151-155

Foltz HD, McLean JS(1999) Limits on the radiation Q of electrically small antennas restricted to oblong bounding regions. In: IEEE Antennas and Propagation Society international symposium, vol 4. IEEE, Orlando, pp 2702-2705

Geyi W(2003a) Physical limitations of antenna. IEEE Trans Antennas Propag 51(8):2116-2123

Geyi W(2003b) A method for the evaluation of small antenna Q. IEEE Trans Antennas Propag 51

(8):2124-2129

Geyi W(2011) Foundations of applied electrodynamics. Wiley,Hoboken

Glazunov AA,Gustafsson M,Molisch A(2011) On the physical limitations of the interaction of a spherical aperture and a random field. IEEE Trans Antennas Propag 59(1):119-128

Grant M, Boyd S (2011) CVX: Matlab software for disciplined convex programming, version 1. 21. cvxr. com/cvx

Griffiths DJ(1999) Introduction to electrodynamics,3rd edn. Prentice-Hall,Englewood Cliffs

Gustafsson M(2010a) AntennaQ - MATLAB script that computes physical bounds on Q and D/Q for antennas. http://www. mathworks. se/matlabcentral/fileexchange/26806-antennaq

Gustafsson M(2010b) Time-domain approach to the forward scattering sum rule. Proc R Soc A 466: 3579-3592

Gustafsson M(2010c) Sum rules for lossless antennas. IET Microwaves Antennas Propag 4(4): 501-511

Gustafsson M(2011) Physical bounds on antennas of arbitrary shape. In: Antennas and propagation conference(LAPC),2011,Loughborough. IEEE,pp 1-5

Gustafsson M (2013) Efficiency and Q for small antennas using Pareto optimality. In: 2013 I. E. international symposium on antennas and propagation,Orlando,pp 1-2

Gustafsson M,Jonsson BLG(2015a) Antenna Q and stored energy expressed in the fields,currents, and input impedance. IEEE Trans Antennas Propag 63(1):240-249

Gustafsson M, Jonsson BLG (2015b) Stored electromagnetic energy and antenna Q. Prog Electromagn Res(PIER) 150:13-27

Gustafsson M,Nordebo S(2006) Bandwidth,Q factor,and resonance models of antennas. Prog Electromagn Res 62:1-20

Gustafsson M,Nordebo S(2007) On the spectral efficiency of a sphere. Prog Electromagn Res 67: 275-296

Gustafsson M,Nordebo S(2013) Optimal antenna currents for Q,superdirectivity,and radiation patterns using convex optimization. IEEE Trans Antennas Propag 61(3):1109-1118

Gustafsson M,Sjöerg D(2010) Sum rules and physical bounds on passive metamaterials. New J Phys 12:043046

Gustafsson M,Sjöerg D(2011) Physical bounds and sum rules for high-impedance surfaces. IEEE Trans Antennas Propag 59(6):2196-2204

Gustafsson M, Sohl C (2009) New physical bounds on elliptically polarized antennas. In:

Proceedings of the third European conference on antennas and propagation, Berlin, 23 – 27 Mar 2009. The Institution of Engineering and Technology, pp 400–402

Gustafsson M, Sohl C, Kristensson G (2007a) Physical limitations on antennas of arbitrary shape. Proc R Soc A 463:2589–2607

Gustafsson M, Kristensson G, Nordebo S, Larsson C, Bernland A, Sjöerg D(2009a) Physical bounds and sum rules in scattering and antenna theory. In: International conference on electromagnetics in advanced applications(ICEAA), Turin, 14–18 Sept, pp 600–603

Gustafsson M, Sohl C, Kristensson G(2009b) Illustrations of new physical bounds on linearly polarized antennas. IEEE Trans Antennas Propag 57(5):1319–1327. doi:10. 1109/TAP. 2009. 2016683

Gustafsson M, Cismasu M, Nordebo S(2010) Absorption efficiency and physical bounds on antennas. Int J Antennas Propag 2010(Article ID 946746):1–7

Gustafsson M, Cismasu M, Jonsson BLG(2012a) Physical bounds and optimal currents on antennas. IEEE Trans Antennas Propag 60(6):2672–2681

Gustafsson M, Vakili I, Keskin SEB, Sjöerg D, Larsson C(2012b) Optical theorem and forward scattering sum rule for periodic structures. IEEE Trans Antennas Propag 60(8):3818–3826

Gustafsson M, Fridén J, Colombi D(2015) Antenna current optimization for lossy media with near field constraints. IEEE Antennas Wirel Propag Lett 14:1538–1541

Gustafsson M, Tayli D, Cismasu M(2014a) Q factors for antennas in dispersive media. Technical report LUTEDX/(TEAT-7232)/1_24/(2014). Lund University, Department of Electrical and Information Technology, Lund. http://www. eit. lth. se

Gustafsson M, Tayli D, Ehrenborg C, Cismasu M, Nordebo S(2014b) Tutorial on antenna current optimization using MATLAB and CVX. Prepared for submission to www. e-fermat. org

Hansen RC(1981) Fundamental limitations in antennas. Proc IEEE 69(2):170–182

Hansen JE(ed)(1988) Spherical near-field antenna measurements. IEE electromagnetic waves series, vol 26. Peter Peregrinus, Stevenage

Hansen RC(2006) Electrically small, superdirective, and superconductive antennas. Wiley, Hoboken

Hansen RC, Collin RE(2009) A new Chu formula for Q. IEEE Antennas Propag Mag 51(5):38–41

Hansen RC, Collin RE(2011) Small antenna handbook. Wiley, Hoboken

Hansen TV, Kim OS, Breinbjerg O(2012) Stored energy and quality factor of spherical wave functions _ in relation to spherical antennas with material cores. IEEE Trans Antennas Propag 60(3): 1281–1290

Harrington RF(1961) Time harmonic electromagnetic fields. McGraw-Hill, New York

Harrington RF, Mautz JR(1972) Control of radar scattering by reactive loading. IEEE Trans Antennas Propag 446–454

Harrington R(1975) Characteristic modes for antennas and scatterers. In: Mittra R(ed) Numerical and asymptotic techniques in electromagnetics. Topics in applied physics, vol 3. Springer, Berlin/Heidelberg, pp 51–87

Hazdra P, Capek M, Eichler J(2011) Radiation Q-factors of thin-wire dipole arrangements. IEEE Antennas Wirel Propag Lett 10:556–560

Helsing J, Perfekt K-M(2013) On the polarizability and capacitance of the cube. Appl Comput Harmon Anal 34(3):445–468

IEEE145 – 1993 (1993) IEEE standard definition of terms for antennas. Antenna Standards Committee of the IEEE Antennas and Propagation Society

Jackson JD(1999) Classical electrodynamics, 3rd edn. Wiley, New York

Jin JM(2011) Theory and computation of electromagnetic fields. Wiley, Hoboken. ISBN 9781118088111

Johnson JM, Rahmat-Samii Y(1999) Genetic algorithms and method of moments GA/MOM for the design of integrated antennas. IEEE Trans Antennas Propag 47(10):1606–1614

Jones RC(1945) A generalization of the dielectric ellipsoid problem. Phys Rev 68(3–4):93–96

Jones DS(1985) Scattering by inhomogeneous dielectric particles. Q J Mech Appl Math 38:135–155

Jonsson BLG, Gustafsson M(2015) Stored energies in electric and magnetic current densities for small antennas. Proc R Soc Lond A 471(2176):1–23

Jonsson BLG, Kolitsidas CI, Hussain N(2013) Array antenna limitations. IEEE Antennas Wirel Propag Lett 12:1539–1542

Kajfez D Jr, Wheless WP(1986) Invariant definitions of the unloaded Q factor. IEEE Trans Microwave Theory Tech 34(7):840–841

Karlsson A(2004) Physical limitations of antennas in a lossy medium. IEEE Trans Antennas Propag 52:2027–2033

Kildal PS, Best SR(2008) Further investigations of fundamental directivity limitations of small antennas with and without ground planes. In: Antennas and Propagation Society international symposium. AP-S 2008. IEEE, San Diego, pp 1–4

Kim O(2012) Minimum Q electrically small antennas. IEEE Trans Antennas Propag 60(8):3551–3558

Kim O, Breinbjerg O, Yaghjian A(2010) Electrically small magnetic dipole antennas with quality factors approaching the Chu lower bound. IEEE Trans Antennas Propag 58(6):1898–1906

Kim O, Pivnenko S, Breinbjerg O(2012) Superdirective magnetic dipole array as a first-order probe for spherical near-field antenna measurements. IEEE Trans Antennas Propag 60(10):4670–4676

Kleinman RE, Senior TBA(1986) Rayleigh scattering, chapter 1. In: Varadan VV, Varadan VK (eds) Low and high frequency asymptotics. Handbook on acoustic, electromagnetic and elastic wave scattering, vol 2. Elsevier Science, Amsterdam, pp 1–70

Kwon D-H(2005) On the radiation Q and the gain of crossed electric and magnetic dipole moments. IEEE Trans Antennas Propag 53(5):1681–1687

Margetis D, Fikioris G, Myers JM, Wu TT(1998) Highly directive current distributions: general theory. Phys Rev E 58(2):2531

McLean JS(1996) A re-examination of the fundamental limits on the radiation Q of electrically small antennas. IEEE Trans Antennas Propag 44(5):672–676

Nordebo S, Gustafsson M, Kristensson G(2006) On the capacity of the free space antenna channel. In: IEEE Antennas and Propagation Society international symposium. IEEE Press, Albuquerque, pp 3105–3108

Nussenzveig HM(1972) Causality and dispersion relations. Academic, London

Nyberg D, Kildal P-S, Carlsson J(2010) Effects of intrinsic radiation Q on mismatch factor of three types of small antennas: single-resonance, gradual-transition and cascaded-resonance types. IET Microwaves Antennas Propag 4:83_90(7)

Peterson AF, Ray SL, Mittra R(1998) Computational methods for electromagnetics. IEEE Press, New York

Pozar DM(1998) Microwave engineering. Wiley, New York

Pozar DM(2009) New results for minimum Q, maximum gain, and polarization properties of electrically small arbitrary antennas. In: Antennas and propagation, 2009. EuCAP 2009. 3rd European conference on, pp 1993–1996

Purcell EM(1969) On the absorption and emission of light by interstellar grains. J Astrophys 158: 433–440

Rahola J(2009) Bandwidth potential and electromagnetic isolation: tools for analysing the impedance behaviour of antenna systems. In: Antennas and propagation, 2009. EuCAP 2009. 3rd European conference on, pp 944–948

Rozanov KN(2000) Ultimate thickness to bandwidth ratio of radar absorbers. IEEE Trans Antennas

Propag 48(8):1230-1234

Shahpari M,Thiel DV,Lewis A(2013) Polarizability of 2D and 3D conducting objects using method of moments. ANZIAM J 54:C446-C458

Shahpari M,Thiel D,Lewis A(2014) An investigation into the Gustafsson limit for small planar antennas using optimization. IEEE Trans Antennas Propag 62(2):950-955

Sievenpiper DF,Dawson DC,Jacob MM,Kanar T,Kim S,Long J,Quarfoth RG(2012) Experimental validation of performance limits and design guidelines for small antennas. IEEE Trans Antennas Propag 60(1):8-19

Sihvola A,Yla-Oijala P,Jarvenpaa S,Avelin J(2004) Polarizabilities of platonic solids. IEEE Trans Antennas Propag 52(9):2226-2233

Sjöerg D(2009) Variational principles for the static electric and magnetic polarizabilities ofanisotro pic media with perfect electric conductor inclusions. J Phys A: Math Theor 42:335403

Skrivervik AK,Gustafsson M(2012) Fundamental limitations. In: Joffre L,Martinez-Vasquez M,

Serrano R, Roquetta G (eds) Handbook on small antennas, EurAAP seventh framework programme. Universitat Politecnica de Catalunya,Barcelona,pp 5-59

Skrivervik AK,Z € urcher J-F,Staub O,Mosig JR(2001) PCS antenna design: the challenge of miniaturization. IEEE Antennas Propag Mag 43(4):12-27

Sohl C,Gustafsson M(2008) A priori estimates on the partial realized gain of Ultra-Wideband (UWB) antennas. Q J Mech Appl Math 61(3):415-430

Sohl C,Gustafsson M,Kristensson G(2007) Physical limitations on broadband scattering by heterogeneous obstacles. J Phys A: Math Theor 40:11165-11182

Sohl C,Larsson C,Gustafsson M,Kristensson G(2008) A scattering and absorption identity for metamaterials: experimental results and comparison with theory. J Appl Phys 103(5):054906

Sten JC-E,Koivisto PK,Hujanen A(2001) Limitations for the radiation Q of a small antenna enclosed in a spheroidal volume: axial polarisation. AEü Int J Electron Commun 55(3):198-204

Stuart H,Best S,Yaghjian A(2007) Limitations in relating quality factor to bandwidth in a double resonance small antenna. IEEE Antennas Wirel Propag Lett 6:460-463

Taylor TT(1955) Design of line-source antennas for narrow beamwidth and low side lobes. Antennas Propag,Trans IRE Prof Group 3(1):16-28

Thal HL(1978) Exact circuit analysis of spherical waves. IEEE Trans Antennas Propag 26(2):282-287

Thal HL(2006) New radiation Q limits for spherical wire antennas. IEEE Trans Antennas Propag 54

(10):2757-2763

Thal HL(2009) Gain and Q bounds for coupled TM-TE modes. IEEE Trans Antennas Propag 57(7):1879-1885

Thal HL(2012) Q bounds for arbitrary small antennas: a circuit approach. IEEE Trans Antennas Propag 60(7):3120-3128

Thiele G, Detweiler P, Penno R(2003) On the lower bound of the radiation Q for electrically small antennas. IEEE Trans Antennas Propag 51(6):1263-1269

Van Bladel JG(2007) Electromagnetic fields, 2nd edn. IEEE Press, Piscataway

Vandenbosch GAE(2010) Reactive energies, impedance, and Q factor of radiating structures. IEEE Trans Antennas Propag 58(4):1112-1127

Vandenbosch GAE(2011) Simple procedure to derive lower bounds for radiation Q of electrically small devices of arbitrary topology. IEEE Trans Antennas Propag 59(6):2217-2225

Volakis J, Chen CC, Fujimoto K (2010) Small antennas: miniaturization techniques & applications. McGraw-Hill, New York

Wheeler HA(1947) Fundamental limitations of small antennas. Proc IRE 35(12):1479-1484

Yaghjian AD, Best SR (2005) Impedance, bandwidth, and Q of antennas. IEEE Trans Antennas Propag 53(4):1298-1324

Yaghjian AD, Stuart HR(2010) Lower bounds on the Q of electrically small dipole antennas. IEEE Trans Antennas Propag 58(10):3114-3121

Yaghjian AD, Gustafsson M, Jonsson BLG (2013) Minimum Q for lossy and lossless electrically small dipole antennas. Prog Electromagn Res 143:641-673

Zemanian AH (1987) Distribution theory and transform analysis: an introduction to generalized functions, with applications. Dover Publications, New York

Ziolkowski RW, Tang M-C, Zhu N(2013) An efficient, broad bandwidth, high directivity, electrically small antenna. Microwave Opt Technol Lett 55(6):1430-1434

第 6 章

天线接收互阻抗的概念与应用

Hon Tat Hui

摘要

通过从矩量法(MoM)分析推导引入了接收互阻抗的概念。给出了确定接收互阻抗的理论和实验方法,并以偶极子和单极子天线阵列两个典型例子加以说明,解释了其根本区别,即接收互阻抗与传统互阻抗之间的真正孤立状态。给出了接收互阻抗在波达方向(DOA)估计、干扰抑制、磁共振成像(MRI)相控阵设计以及多工器(MIMO)通信系统中的应用,以论证使用该概念的有效性和准确性。

关键词

接收互阻抗;互耦;互阻抗;天线阵;相控阵;矩量法;DOA 估计;干扰抑制;磁共振成像;MIMO 天线阵列

H. T. Hui(✉)
澳门大学,中国

6.1 引言

互耦是天线阵应用中常见的问题,它显著影响所有类型天线阵的工作。互耦问题的研究始于几十年前,不仅吸引了天线工程师和研究人员的注意,也引起了通信和生物医学成像等其他学科研究人员的关注。与单天线相比,天线阵能够提供信号分布的空间信息,但这一功能严重依赖于阵列中不同天线单元接收或传输信号的独立性或独特性,在现实中这完全是不可能的,因为天线单元之间是相互作用的,即它们之间存在相互耦。为了恢复天线单元接收或发射的相互独立信号,必须消除或减轻相互耦的影响。因此,如何从天线阵列中解耦接收或传输的阵列信号尤为重要。

在 Gupta 和 Ksienski(1983)的文献中,通过测量天线终端负载的开路电压,研究了互耦对自适应阵列性能的影响,此方法后来在 Yeh 等(1989)的研究中用来补偿用于方向探测的偶极子阵列的互耦效应。Pasala 和 Friel(1994)、Yuan 等(1998)通过求解天线阵的整个电磁边值问题,研究了互耦效应,但这种方法需要知道在实际情况下无法得到的天线单元上的电流分布。在 Adve 和 Sarkar(2000)的文献中,消除互耦效应的原理与 Pasala 和 Frie(1994)的文献基本相同,但假定已知信号的入射仰角和干扰,这使得方程组的数目减少为阵列中天线单元的数目。这个假设使得以精确的方式消除互耦效应成为可能,而不是像 Gupta 和 Ksienski(1983)的文献中的方法那样。

尽管已取得了不少成果,但互耦问题却愈加复杂。最近有学者(Hui,2003、2004a、2004b;Lui et al.,2009;Wu and Nie,2008;Daniel,1974)的研究结果指出,以同样方式表征收发天线阵的互耦效应是不恰当的,即对于接收天线阵列,需要一种不同于用于发射天线阵列的表征方法。

他们表明,传统的互阻抗概念仅适用于表征发射天线阵列中的互耦效应,而表征接收天线阵列中的互耦效应须用一种新的概念——“接收互阻抗”。由于接收天线阵列在雷达探测、遥感、干扰消除、MIMO 通信、磁共振成像(MRI)等许多不同领域都有应用,因此有必要对这一概念进行深入的探讨,并解释使用这一概念与常规概念的显著区别。

6.2　从矩量法(MoM)谈接收互阻抗概念的发展

本节将从矩量法的角度介绍接收互阻抗概念的发展(Balanis,2005)。考虑一个具有 n 个偶极子天线的线性偶极子天线阵,如图 6.1 所示。假设偶极子天线单元等长 $\ell = 0.5\lambda$,半径 $a \ll \lambda$ 等厚度的细导线,其中 λ 为工作波长。偶极子元件沿 x 轴放置,它们之间具有等间距 $d = 0.5\lambda$,偶极子轴与 z 轴平行。所有的偶极子元件在它们的馈电点连接到终端负载 Z_L 。

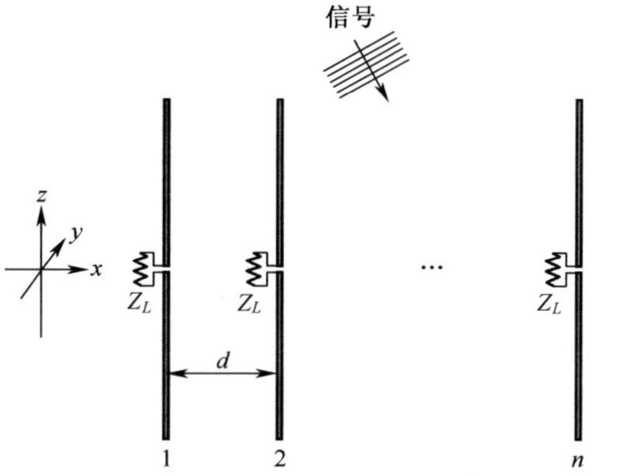

图 6.1　用于接收信号的线性偶极子天线阵列

假设偶极子阵列接收一个在三维空间中传播的电磁场平面波作为入射信号,利用标准矩量法分析(Harrington,1993),将每个天线离散成 m 段,可得到以下矩阵形式的 $m \times n$ 个线性方程组,即

$$\begin{bmatrix} [Z^{11}] & [Z^{12}] & \cdots & [Z^{1n}] \\ [Z^{21}] & [Z^{22}] & \cdots & [Z^{2n}] \\ \vdots & \vdots & \ddots & \vdots \\ [Z^{n1}] & [Z^{n2}] & \cdots & [Z^{nn}] \end{bmatrix} \begin{bmatrix} [I^1] \\ [I^2] \\ \vdots \\ [I^n] \end{bmatrix} = \begin{bmatrix} [V^1] \\ [V^2] \\ \vdots \\ [V^n] \end{bmatrix} \tag{6.1}$$

其中矩阵块分别为

$$[Z^{\alpha\beta}] = \begin{bmatrix} z_{11}^{\alpha\beta} - Z_L & z_{12}^{\alpha\beta} & \cdots & z_{1m}^{\alpha\beta} \\ z_{21}^{\alpha\beta} & z_{22}^{\alpha\beta} & \cdots & z_{2m}^{\alpha\beta} \\ \vdots & \vdots & \ddots & \vdots \\ z_{m1}^{\alpha\beta} & z_{m2}^{\alpha\beta} & \cdots & z_{mm}^{\alpha\beta} \end{bmatrix} \tag{6.2}$$

$$[\boldsymbol{I}^{\alpha}] = [I_1^{a} \quad I_2^{\alpha} \quad \cdots \quad I_m^{\alpha}]^{\mathrm{T}} \tag{6.3}$$

$$[\boldsymbol{V}^{\alpha}] = [V_1^{\alpha} \quad V_2^{\alpha} \quad \cdots \quad V_m^{\alpha}]^{\mathrm{T}} \tag{6.4}$$

对于式(6.2)中的矩阵,元素 $z_{\mu v}^{\alpha\beta}$ (α、$\beta = 1,2,\cdots,n$,μ、$v = 1,2,\cdots,m$)为第 α 个天线单元的第 μ 段与第 β 个天线单元的第 v 段之间的阻抗。假设第一段与终端负载 Z_{L} 相连,式(6.3)和式(6.4)中的矢量分别是第 α 个偶极子上的电流分布和电压分布,上标“T”表示矩阵转置运算。式(6.4)中的电压矢量表示阵列因接收信号产生的激励。对于式(6.2)中的矩阵元素 $z_{\mu v}^{\alpha\beta}$ 可以用并矢格林函数表示,即

$$z_{\mu v}^{\alpha\beta} = -\mathrm{j}\omega\mu_0\int_{\ell} I_{\mu}^{\alpha}(z)\, G_{zz}(z,z')\, I_{v}^{\beta}(z')\,\mathrm{d}z'\mathrm{d}z \tag{6.5}$$

其中,

$$G_{zz}(z,z') = [3 + \mathrm{j}3k_0R - (k_0R)^2]\frac{(z-z')^2}{R^2} + [-1 - \mathrm{j}k_0R + (k_0R)^2] \tag{6.6}$$

且

$$\boldsymbol{R} = |\boldsymbol{R} - \boldsymbol{R}| = \sqrt{(x-x')^2 + (y-y')^2 + (z-z')^2} \tag{6.7}$$

从式(6.1)中可以看出,互耦效应的存在是由于非对角矩阵块造成的,即 $[Z^{\alpha\beta}]$ 且 $\alpha \neq \beta$ 。如果偶极子单元 $[I^{\alpha}]$($\alpha = 1,2,\cdots,n$) 上的电流分布是已知的,则可以精确量化互耦效应。例如,如果要消除由于第 p 个天线单元上所有其他天线单元引起的互耦效应,可以将式(6.1)中的第 p 行改写为

$$\begin{aligned}[Z^{pp}][I^{p}] = &-[Z^{p1}][I^{1}] - \cdots - [Z^{p(p-1)}][I^{p-1}] - \\ &[Z^{p(p+1)}][I^{p+1}] - \cdots - [Z^{pn}][I^{n}] + [V^{p}]\end{aligned} \tag{6.8}$$

可以看出,式(6.8)的左边恰好是对第 p 个天线单元进行矩量法分析得到的方程组,似乎它是单独存在的,不存在其他天线单元。然而,式(6.8)的右侧有两个激励源,即

$$\begin{aligned}\text{其他天线单元上电流分布引起的激励电压} = &-[Z^{p1}][I^{1}] - \cdots - [Z^{p(p-1)}] \\ &[I^{p-1}] - [Z^{p(p+1)}][I^{p+1}] - \cdots - [Z^{pn}][I^{n}]\end{aligned} \tag{6.9}$$

$$\text{由第 } p \text{ 个天线单元上的输入信号引起的激励电压} = [V^{p}] \tag{6.10}$$

根据叠加原理,这两个激励源对第 p 个天线单元产生的影响相互独立,即这两个激励源中的任一个产生的场都满足第 p 个天线的边界条件,因此可独立于

另一个激励源产生的场而存在。因此,如果天线单元上的电流分布是完全已知的,则可以容易地计算出 $-[Z^{p1}][I^1]-\cdots-[Z^{p(p-1)}][I^{p-1}]-[Z^{p(p+1)}][I^{p+1}]-\cdots-[Z^{pn}][I^n]$,并且可以精确确定所有其他天线单元的互耦电压。

现在的问题是,只能测量天线端子负载上的电压或电流(已知),无法获得天线单元每个点上电流或电压的分布。也就是说,在式(6.3)或式(6.4)中,电流或电压分布最多只能测量一个点(馈电点)。为了解决这个问题,可以进行"单模"近似,也就是说,阵列中每个天线单元上的电流分布被视为由单模电流组成。此外,采用天线单元上的端电流和电压将天线阵列描述为 n 端口网络,这样式(6.8)简化为

$$(Z'^{pp}_t - Z_L)I'^p_t = -Z'^{p1}_t I'^1_t - \cdots - Z'^{p(p-1)}_t I'^{p-1}_t - Z'^{p(p+1)}_t I'^{p+1}_t - \cdots - Z'^{pn}_t I'^n_t + V'^p_t \tag{6.11}$$

其中添加下标"t"以表示这些变量/量表征天线终端。同时注意,式(6.11)中的变量已加上一个素数,表明它们是在单模假设下获得的。式(6.11)中的可测量量为终端电流 $I'^1_t, I'^2_t, \cdots, I'^p_t, \cdots, I'^n_t$。在式(6.11)的左边,项 $(Z'^{pp}_t - Z_L)I'^p_t$ 是第 p 个天线自阻抗 $Z'^{pp}_t I'^p_t$ 下降的电压与第 p 个天线终端负载 $Z_L I'^p_t$ 下降的电压之和。通过第 p 个天线 $Z'^{pp}_t I'^p_t$ 自阻抗产生的压降实际上是不可测量的,因此可以进一步从式(6.11)左边去掉这一项,使得式(6.11)左边只有第 p 个偶极子单元的端电压 Z_L 下降的电压。但是,要做到这一点,还需要相应地从式(6.11)的右边移除耦合电压和入射电压那两部分,这两个电压是由自阻抗激发的。最后,在去除式(6.11)两侧电压后,得到以下新方程,即

$$-Z_L I^p_t = V_p = -Z^{p1}_t I^1_t - \cdots - Z^{p(p-1)}_t I^{p-1}_t - Z^{p(p+1)}_t I^{p-1}_t - \cdots - Z^{pn}_t I^n_t + U^p_t \tag{6.12}$$

式中: $-Z^{p1}_t I'^1_t - \cdots - Z^{p(p-1)}_t I^{p-1}_t - Z^{p(p+1)}_t I^{p+1}_t - \cdots - Z^{pn}_t I^n_t$ 为由于阵列中其他天线单元上的电流分布(单模)而引起的第 p 个天线终端负载 Z_L 上的总耦合电压; U^p_t 为单独输入信号引起的第 p 个天线终端负载 Z_L 上的激励电压; V_p 为第 p 个天线终端负载 Z_L 上的电压。需要注意,式(6.4)左端 I'^p_t 项上的主要符号已被删除以简化表达式。

因此,从式(6.4)可以看出,跨越第 p 个天线终端负载的总端电压 V_p 可以表示为乘积之和,其中每一个乘积(如 $-Z^{pk}_t I^k_t$)是天线单元(第 p 个天线除外)上

的终端电流(I_t^k)乘以一个称为"修正互阻抗" Z_t^{pk} 的量。由于这种互阻抗(Z_t^{pk})的含义不同于传统的互阻抗(俗称 Z_{pk})(Balanis,2005;Jordan,1968),所以称之为"修正",这个修正的互阻抗 Z_t^{pk} 只测量第 p 个天线端负载的耦合电压,而传统的互阻抗 Z_{pk} 测量第 p 个天线的开路电压,开路电压是第 p 个天线总阻抗(即终端负载加上自阻抗)上的压降。另一不同之处在于,修正后的互阻抗 Z_t^{pk} 是指天线单元(第 p 个和第 k 个)均处于无源模式(接收模式)的情况,进而电流 I_t^k 由外部信号感应。而传统互阻抗 Z_{pk} 是指第 p 个天线处于无源模式,第 k 个天线处于主动发射模式的情况。虽然后一种差异并不是根本性的,但在这两种不同的情况下,确实会导致第 k 个天线上两种不同的电流分布。第 k 个天线上两种不同的电流分布反过来又会在第 p 个天线上产生不同的耦合电压,因此,修正的互阻抗 Z_t^{pk} 不同于传统的互阻抗 Z_{pk} ,将这个修正的互阻抗命名为一个新名称——接收互阻抗。它的定义是在第 p 个天线的终端负载上(由于第 k 个天线上的电流分布再辐射)降低的耦合电压与第 k 个天线上终端电流的比值,此时天线阵列处于无源接收模式,并受外部平面电磁波激励。由于接收互阻抗的定义需要一个外部平面波源(即模拟天线阵接收的信号),因此接收互阻抗的大小一般取决于平面波的方向(入射角)。接收互阻抗 Z_t^{pk} 与传统互阻抗 Z_{pk} 的区别将在下一节中介绍。

式(6.4)可以重写为

$$\begin{aligned} V_p &= - Z_L I_t^p = - Z_L(I_c^p + I_s^p) \\ &= W + U_t^p \\ &= - Z_t^{p1} I_t^1 - \cdots - Z_t^{p(p-1)} I_t^{p-1} - Z_t^{p(p+1)} I_t^{p+1} - \cdots - Z_t^{pn} I_t^n + U_t^p \end{aligned} \tag{6.13}$$

式中: I_t^p 被分成两部分,即 I_c^p 和 I_s^p , I_c^p 为第 p 个天线单元上由其他天线单元的散射场感应产生的电流部分; I_s^p 为第 p 个天线单元上仅由入射信号 U_t^p 感应产生的电流部分; I_c^p 为耦合电流; I_s^p 为第 p 个天线单元上的隔离电流。在式(6.13)中, W 表示总耦合电压,即

$$W = - Z_t^{p1} I_t^1 - \cdots - Z_t^{p(p-1)} I_t^{p-1} - Z_t^{p(p+1)} I_t^{p+1} - \cdots - Z_t^{pn} I^n \tag{6.14}$$

因此

$$\begin{cases} W = - Z_L I_c^p = \text{总耦合电压} \\ U_t^p = - Z_L I_s^p = \text{信号电压} \end{cases} \tag{6.15}$$

从式(6.13)和式(6.15)可以看出,如果所有的接收互阻抗 Z_t^{pk} 和天线单元上的端电流 $I_t^k(k=1,2,\cdots,(p-1),(p+1),\cdots,n)$ 都是已知的,则可以量化和去除从第 p 个天线跨终端负载端电压产生的总耦合电压 W,留下隔离信号电压 U_t^p。应注意,使用传统互阻抗 Z_{pk}(Balanis,2005,Jordan,1968;Gupta and Ksienski,1983)无法获得此结果。这组隔离信号电压 $U_t^p(p=1,2,\cdots,n)$ 称为理想阵列流形,是阵列信号处理中重要的基本概念之一。

6.3　确定接收互阻抗的理论和实验方法

如 6.2 节所述,使用接收互阻抗表征接收天线阵列中的互耦效应更为准确,接下来的问题是如何确定它。由于接收互阻抗与传统互阻抗不同,因此需要不同的方法。本节将介绍确定接收互阻抗的理论和实验方法。

6.3.1　确定接收互阻抗的理论方法

1. 基于电流分布计算的理论方法

本节将从矩量法介绍接收互阻抗概念的发展(Hui,2004a),参见图 6.2 所示的双天线阵列。对于两个以上阵元的天线阵,可以认为是由不同间距的两阵元对组成。根据接收互阻抗的定义,它是在平面电磁波照射下,第一根天线终端负载上的耦合电压与第二根天线的源端电流之比,而这两根天线都处于无源接收状态。因此,确定接收互阻抗最简单的理论方法是用平面波激励两个天线,获得天线 2 上的电流分布(将其在终端负载处的值记为 I_t^2)。然后移除平面波源,并通过天线 2 上的电流分布激励天线 1(再辐射)。计算天线 1 终端负载下降的电压(表示为 W_1),则可以通过式(6.16)确定接收互阻抗 Z_t^{12},即

$$Z_t^{12}=-\frac{W_1}{I_t^2} \tag{6.16}$$

采用这种方法,同样可以确定接收互阻抗 Z_t^{21}。首先需要计算天线 1 或天线 2 上的电流分布,后者作为再辐射源。有些软件可能无法分配和使用一个电流分布作为激励源,在这种情况下,可以使用下面介绍的另一种方法。

2. 基于天线端电压计算的理论方法

本节将从矩量法介绍接收互阻抗概念的发展(Hui,2003)。对于图 6.2 所示的两根接收天线,V_1 和 V_2 分别为阵面受平面波激励时天线 1 和天线 2 两端负载的总接收电压,两个天线上对应的终端电流分别为 I_t^1 和 I_t^2 。使用这些终端量(可以直接测量),可以计算出接收互阻抗 Z_t^{12} ,即

$$Z_t^{12} = \frac{\text{天线 1 端负载耦合电压}}{\text{天线 2 端负载上接收电流}} = -\frac{V_1 - U_t^1}{I_2} \tag{6.17}$$

式中,U_t^1 为天线 1 单独受平面波激励时(天线 2 从阵列中移除)在天线 1 端负载上的接收电压。U_t^1 可称为天线 1 上的隔离电压,计算结果如图 6.3 所示。采用这种方法,无须计算天线上的电流分布。由于这种优点,该方法也适用于实验测定接收互阻抗。用类似的方法还可以确定 Z_t^{12} 。

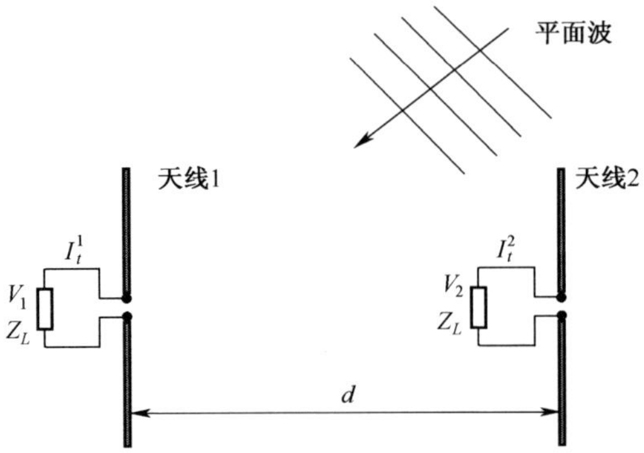

图 6.2 接收互阻抗的理论计算方法

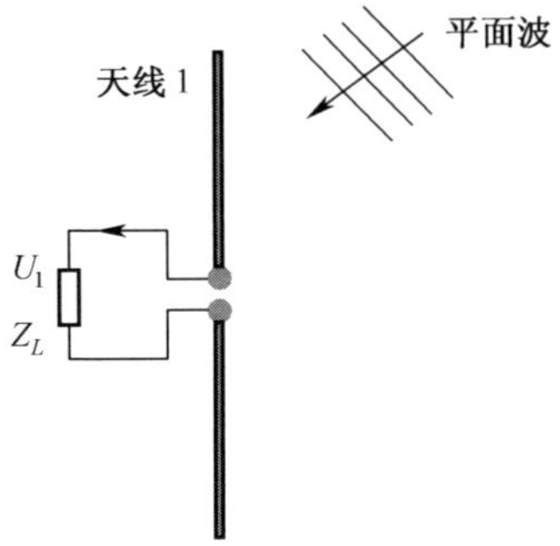

图 6.3 计算隔离电压 U_t^1 的情况

接收互阻抗的典型计算如图 6.4 所示，这就是一定间隔下两个单极子天线在 2.4 GHz 频率的接收互阻抗 Z_t^{12}。单极子天线尺寸为长度为 3cm(2.4GHz 处 0.24λ)，半径为 0.3 mm。每个单极子天线连接 $Z_L = 50\Omega$ 的终端负载。激励阵列的平面波来自水平角 $\theta = 90°$ 和方位角 $\varphi = 0°$ 的方向。图 6.5 所示为图 6.4 中两个单极子天线之间相应的传统互阻抗 Z_{12}。

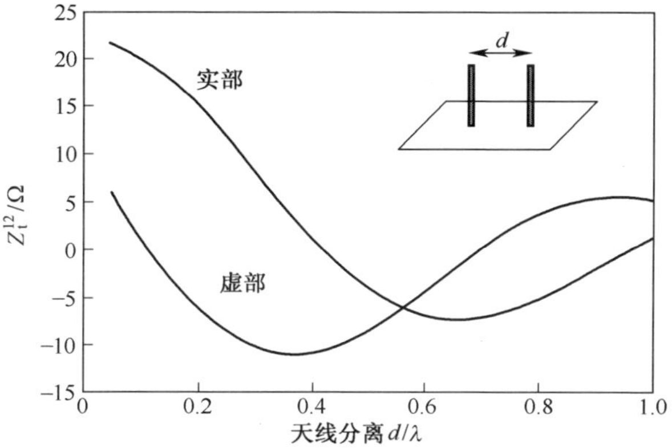

图 6.4　在 2.4 GHz 频率下两个单极子天线之间的接收互阻抗 Z_t^{12}

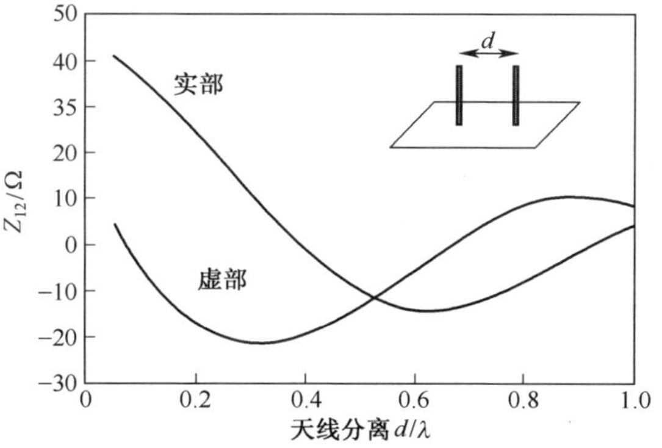

图 6.5　图 6.4 所示两个单极子天线之间相应的传统互阻抗 Z_{12}

6.3.2　确定接收互阻抗的实验方法

1. 每次考虑两个天线单元的实验方法

本小节将描述考虑两个天线单元的实验方法(Hui, 2004b)。为了通过实验确定接收互阻抗,需要矢量网络分析仪(VNA)在微波暗室内进行测量,如图 6.6 所示。这里再次使用图 6.4 中的两个单极子进行实验测量。工作频率为 2.4GHz,两个单极子保持在 6.25cm(2.4GHz 处半波长)的固定间隔。单极子被标记为单极子 1 和单极子 2。采用图 6.6 所示的切换开关,依次测量两个单极子的散射参数(S_{12}或 S_{21})。例如,根据 Pozar(1990)将测量的散射参数 S_{21}转换成电压。

$$S_{21} = \frac{\beta}{\alpha} \tag{6.18}$$

式中:α 为发射喇叭在暗室内发出功率的平方根;$\beta = V/\sqrt{Z_0}$ 为单极子单元接收的功率的平方根;U 为单极子单元的端电压;Z_0 为系统阻抗(50Ω)。具体测量步骤如下(Hui,2004b)。

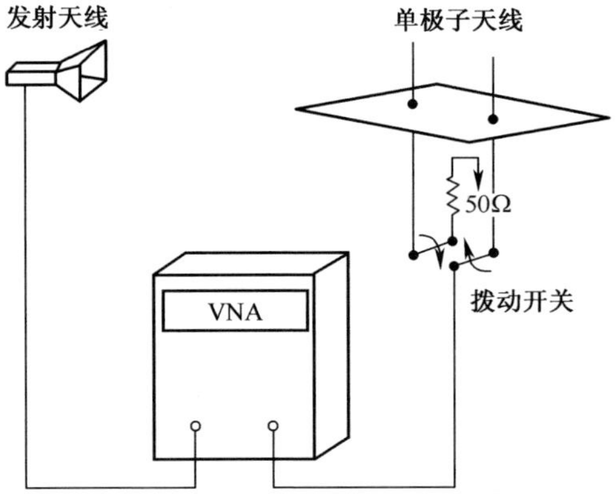

图 6.6　使用矢量网络分析仪在微波暗室内测量接收互阻抗

(1) 单极子 2 与负载 Z_0 相连,在单极子 1 测量 S_{21},将其命名为 S_{21_1}。

(2) 在单极子 1 与负载 Z_0 相连,在单极子 2 测量 S_{21},将其命名为 S_{21_2}。

(3) 移除单极子 2(从阵列中取出),在单极子 1 测量 S_{21},将其命名为 S_{201_1}。

(4) 移除单极子 1(从阵列中取出),在单极子 2 测量 S_{21},将其命名为 S_{201_2}。

在整个测量过程中,两个单极子的位置必须保持固定,因为它们之间位置的

任何变化都会改变 S_{21} 的相位和幅度,当其中一个天线被取走或放回原位时尤其如此。现在使用式(6.18)将测得的散射参数 S_{21} 转换成其相应的端电压,即

$$V_t^1 = S_{21\_1}\alpha\sqrt{Z_0} \tag{6.19}$$

$$V_t^2 = S_{21\_1}\alpha\sqrt{Z_0} \tag{6.20}$$

$$V'^1_t = S'_{21\_1}\alpha\sqrt{Z_0} \tag{6.21}$$

$$V'^2_t = S'_{21\_2}\alpha\sqrt{Z_0} \tag{6.22}$$

式中：V_t^1 为在单极子 2 连接到负载 Z_0 时单极子 1 处的测量电压；V_t^2 为单极子 1 连接到负载 Z_0 时单极子 2 处的测量电压；V'^1_t 为移除单极子 2 后单极子 1 的测量电压；V'^2_t 为移除单极子 1 后单极子 2 的测量电压。则由式(6.17),得

$$V_t^1 = U_t^1 - Z_t^{12}I_t^2, V_t^2 = U_t^2 - Z_t^{21}I_t^1 \tag{6.23}$$

$$V'^1_t = U_t^1, V'^2_t = U_t^2 \tag{6.24}$$

$$I_t^1 = -\frac{V_t^1}{Z_0}, I_t^2 = -\frac{V_t^2}{Z_0}, I'^1_t = -\frac{V'^1_t}{Z_0}, I'^2_t = -\frac{V'^2_t}{Z_0} \tag{6.25}$$

从式(6.23)和式(6.24)可以得到以下关系：

$$-(V_t^1 - V'^1_t) = Z_t^{12}I_t^2,\ -(V_t^2 - V'^2_t) = Z_t^{21}I_t^1 \tag{6.26}$$

最后,使用式(6.25), Z_t^{12} 和 Z_t^{21} 的测量值可以确定为

$$\begin{cases} Z_t^{12} = \dfrac{(V_t^1 - V'^1_t)}{V_t^2}Z_0 = \dfrac{(S_{21\_1} - S'_{21\_1})}{S_{21\_2}}Z_0 \\ Z_t^{21} = \dfrac{(V_t^2 - V'^2_t)}{V_t^1}Z_0 = \dfrac{(S_{21\_2} - S'_{21\_2})}{S_{21\_1}}Z_0 \end{cases} \tag{6.27}$$

因此,可以根据测量的散射参数获得接收互阻抗。在固定间距为 6.25cm 的情况下,两个单极子天线(与图 6.4 中的两个天线相同)的 Z_t^{12} 随频率变化测量结果如图 6.7 所示,测量结果与理论计算值进行了比较。

2. 同时考虑所有天线单元的实验方法

本小节将从矩量法(Lui and Hui,2010a、b、c)引入接收互阻抗概念。严格地说,前面的实验方法是一种近似方法,因为它一次只考虑两个天线单元,如果阵列中有两个以上的天线单元,这样做会忽略来自阵列中其他天线单元的散射效应,在某些类型的天线阵列中可以克服这个缺点。两种典型的天线阵列是单极子阵列和偶极子阵列,因为单极子或偶极子的单元方向图在方位平面是全向的。

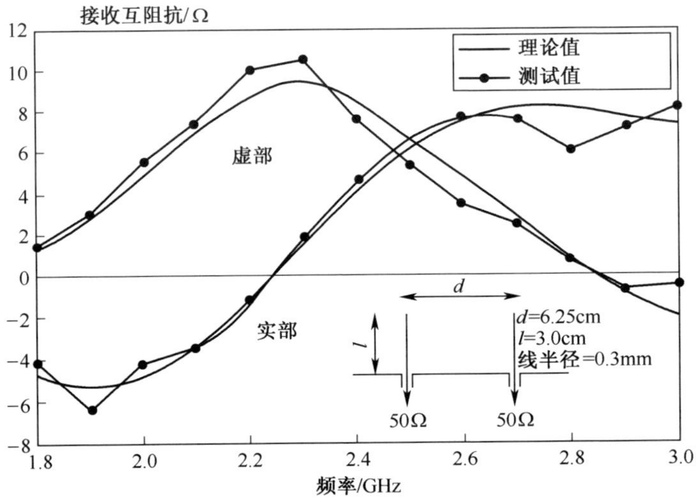

图 6.7 固定间距为 6.25cm(2.4GHz 时为 0.5λ)的两个单极子天线之间的接收互阻抗 Z_t^{12} 随频率变化(天线与图 6.4 中的相同)

对于这种类型的天线阵,所有天线单元的接收互阻抗可以同时确定(不是一次确定两个),并且可以通过测量或计算准确地确定。

考虑图 6.1 所示的 n 元偶极子天线阵列。当入射平面波信号从水平方向($\theta=90°$)入射到阵列上时,天线单元上的端电压可表示为

$$\begin{cases} V_1 = -Z_L I_t^1 = -Z_t^{12} I_t^2 - \cdots - Z_t^{1n} I_t^n + U_t^1 \\ V_2 = -Z_L I_t^2 = -Z_t^{21} I_t^1 - \cdots - Z_t^{2n} I_t^n + U_t^2 \\ \vdots \\ V_p = -Z_L I_t^p = -Z_t^{p1} I_t^1 - \cdots - Z_t^{p(p-1)} I_t^{p-1} - Z_t^{p(p+1)} I_t^{p+1} - \cdots - Z_t^{pn} I_t^n + U_t^p \\ \vdots \\ V_n = -Z_L I_t^p = -Z_t^{n1} I_t^1 - \cdots - Z_t^{n(n-1)} I_t^{n-1} + U_t^n \end{cases} \tag{6.28}$$

端电流 I_t^p 可以由端电压 V_p 表示为

$$I_t^1 = -\frac{V_1}{Z_L}, I_t^2 = -\frac{V_2}{Z_L}, \cdots, I_t^n = -\frac{V_n}{Z_L} \tag{6.29}$$

将式(6.29)代入式(6.28),可以得到下面的矩阵方程,即

$$
\begin{bmatrix}
1 & -\dfrac{Z_t^{12}}{Z_L} & \cdots & -\dfrac{Z_t^{1(n-1)}}{Z_L} & -\dfrac{Z_t^{1n}}{Z_L} \\
-\dfrac{Z_t^{21}}{Z_L} & 1 & \cdots & -\dfrac{Z_t^{2(n-1)}}{Z_L} & -\dfrac{Z_t^{2n}}{Z_L} \\
\vdots & \vdots & \ddots & \vdots & \vdots \\
-\dfrac{Z_t^{(n-1)1}}{Z_L} & -\dfrac{Z_t^{(n-1)2}}{Z_L} & \cdots & 1 & -\dfrac{Z_t^{(n-1)n}}{Z_L} \\
-\dfrac{Z_t^{n1}}{Z_L} & -\dfrac{Z_t^{n2}}{Z_L} & \cdots & -\dfrac{Z_t^{n(n-1)}}{Z_L} & 1
\end{bmatrix}
\begin{bmatrix} V_1 \\ V_2 \\ \vdots \\ V_{n-1} \\ V_n \end{bmatrix}
=
\begin{bmatrix} U_t^1 \\ U_t^2 \\ \vdots \\ U_t^{n-1} \\ U_t^n \end{bmatrix}
\tag{6.30}
$$

考虑式(6.30)的第一行,写为

$$
V_1 - Z_t^{12}\frac{V_2}{Z_L} - \cdots - Z_t^{1k}\frac{V_k}{Z_L}\cdots - Z_t^{1n}\frac{V_n}{Z_L} = U_t^1 \tag{6.31}
$$

当输入信号来自方位角 $\phi(\theta=90°)$时,可以测量得到式(6.31)终端电压 $V_1,V_2,\cdots,V_n$ 和 U_t^1 。不难理解,由于天线单元的位置不同以及互耦效应的不等性,这些端电压(尤其是它们的相位)都依赖于信号的来波方向 ϕ。但另一方面,由于天线单元的圆对称性和全向辐射方向图,式(6.31)中的接收互阻抗与信号的入射方向无关,只取决于天线单元的相对位置。

由于这两个观测量,可以在不同的方位角(但相同的 θ)下进行端电压的测量。如果在 $n-1$ 个不同的方位角下重复 $n-1$ 次测量,可以得到以下方程组,即

$$
\begin{cases}
V_1^{\phi_1} - Z_t^{12}\dfrac{V_2^{\phi_1}}{Z_L} - \cdots - Z_t^{1k}\dfrac{V_k^{\phi_t}}{Z_L}\cdots - Z_t^{1n}\dfrac{V_n^{\phi_1}}{Z_L} = U_t^{1,\phi_1} \\
V_1^{\phi_2} - Z_t^{12}\dfrac{V_2^{\phi_2}}{Z_L} - \cdots - Z_t^{1k}\dfrac{V_k^{\phi_2}}{Z_L}\cdots - Z_t^{1n}\dfrac{V_n^{\phi_2}}{Z_L} = U_t^{1,\phi_2} \\
\vdots \\
V_1^{\phi_{n-1}} - Z_t^{12}\dfrac{V_2^{\phi_{n-1}}}{Z_L} - \cdots - Z_t^{1k}\dfrac{V_k^{\phi_{n-1}}}{Z_L}\cdots - Z_t^{1n}\dfrac{V_n^{\phi_{n-1}}}{Z_L} = U_t^{1,\phi_{n-1}}
\end{cases}
\tag{6.32}
$$

式(6.32)中的系统包含 $n-1$ 个未知量,即接收互阻抗 $Z_t^{12},Z_t^{13},\cdots,Z_t^{1n}$ 。但这个系统也存在 $n-1$ 个方程,因此,式(6.32)可唯一求解,且可精确确定 $n-1$ 个接收互阻抗。入射信号方向的 $n-1$ 个方位角 $\phi_1,\phi_2,\cdots,\phi_{n-1}$,可以选择在 $0 \sim \pi$ 的

角范围内等分。考虑式(6.30)的第二行,重复上述过程,可以用同样的方法确定接收互阻抗 $Z_t^{21},Z_t^{23},\cdots,Z_t^{2n}$ 。这个过程重复 $n-1$ 次后,式(6.30)中所有的接收互阻抗均可以确定。显然,该方法也可用于天线阵列接收互阻抗的理论计算。由于该方法考虑了阵列中所有天线单元的散射效应,因此这种方法是准确的,特别是当单元间距很小时。表6.1给出了通过使用这种方法和使用在"每次考虑两个天线单元的实验方法"部分中描述的方法确定典型八元偶极子阵列的接收互阻抗(Lui and Hui,2010a)。可以看出,只有当单元分离非常小时,即 $d=0.15\lambda$,这两种方法之间的差异才有意义。

表6.1 使用"每次考虑两个天线单元的实验方法"和"同时考虑所有天线单元的实验方法"中两种测量方法确定的接收互阻抗的比较(天线阵列是具有偶极子天线单元的均匀线阵。单极子的长度是 0.48λ ,偶极子的直径是0.6mm,工作频率为2.4GHz。单元隔离度用 d 表示)

	$d=0.30\lambda$		$d=0.15\lambda$	
接收互阻抗	根据式(6.28)的"每次考虑两个天线单元的实验方法"/Ω	根据式(6.32)的"同时考虑所有天线单元的实验方法"/Ω	根据式(6.28)的"每次考虑两个天线单元的实验方法"/Ω	根据式(6.32)的"同时考虑两个天线单元的实验方法"/Ω
Z_t^{12}	−10.38+j15.07	−10.40+j15.06	−24.11+j5.47	−24.76+j5.35
Z_t^{13}	10.02+j5.42	10.07+j5.44	−10.38+j15.07	−8.0+j15.78
Z_t^{14}	2.24−j7.75	2.14−j7.74	3.02+j13.83	0.67+j12.69
Z_t^{15}	−6.20−j0.14	−6.09−j0.12	10.02+j5.42	12.29+j6.65
Z_t^{16}	1.28+j4.86	1.21+j4.83	8.76−j3.59	7.28−j4.18
Z_t^{17}	3.59−j2.19	3.61−j2.20	2.24−j7.75	2.89−j7.61
Z_t^{18}	−2.72+j2.40	−2.71+j2.38	−4.13−j5.67	−4.20−j5.66

6.4 接收互阻抗与传统互阻抗的比较

为了比较接收互阻抗和传统互阻抗,需要对传统互阻抗进行简单修正。如图6.8所示,考虑一个偶极子单元平行于 z 轴的二元发射偶极子天线阵,当偶极子天线在其馈电端受到激发源 V_{s1} 和 V_{s2} 激励时,天线1表面的切向电场 $E_1(z)$

可以写成(Ishimaru,1991)

$$E_1(z) = E_{11}(z) + E_{12}(z) \tag{6.33}$$

式中：$E_{11}(z)$ 和 $E_{12}(z)$ 分别为由天线 1 和天线 2 上的电流引起的天线 1 表面上的切向电场。传统互阻抗 Z_{12} 可以通过以下过程导出：将式(6.33)与天线 1 上的电流 $I_1(z)$ 相乘并以天线 1 的整个长度积分，得到以下表达式，即

$$-I_t^1(V_{s1} - V_{g1}) = -I_t^1 V_1 = \int_\ell I_1(z)E_{11}(z)\mathrm{d}\ell + \int_\ell I_1(z)E_{12}(z)\mathrm{d}\ell \tag{6.34}$$

式中：I_t^1 为天线 1 上的端电流（$I_1(z)$ 是天线 1 上的电流分布）；V_{g1} 为源阻抗两端的电压；$V_1 = V_{s1} - V_{g1}$ 是天线 1 上的端电压。由式(6.34)可以得到下面的表达式，即

$$\begin{aligned} V_1 &= I_t^1\left[\frac{-1}{(I_t^1)^2}\int_\ell I_1(z)E_{11}(z)\mathrm{d}\ell\right] + I_t^2\left[\frac{-1}{I_t^1 I_t^2}\int_\ell I_1(z)E_{12}(z)\mathrm{d}\ell\right] \\ &= I_t^1 Z_{11} + I_t^2 Z_{12} \end{aligned} \tag{6.35}$$

式中：Z_{11} 为天线 1 的自阻抗；I_t^2 为天线 2 上的端电流，而

$$Z_{12} = \left[\frac{-1}{I_t^1 I_t^2}\int_\ell I_1(z)E_{12}(z)\mathrm{d}\ell\right] = \text{传统互阻抗} \tag{6.36}$$

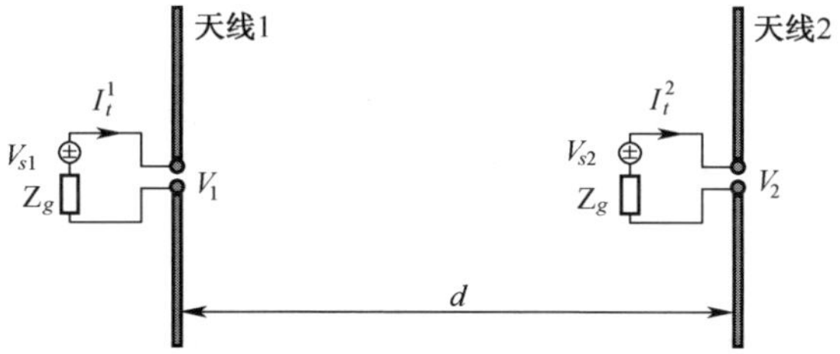

图 6.8　双单元发射偶极子天线阵列

式(6.36)和式(6.35)表明，可以由天线 2 上的电流产生的散射场 $E_{12}(z)$ 与传统互阻抗 Z_{12} 测量在天线 1 端子上下降的“开路电压”。另外，采用在“确定接收互阻抗的理论和实验方法”一节中定义的接收互阻抗 Z_t^{12} 测量了由于天线 2 上的电流产生的总场引起的天线 1 终端负载上的压降。由此，天线 1 终端负载两端的端电压可写为

$$V_1 = Z_t^{12} I_t^2 + U_t^1 \tag{6.37}$$

此外,从式(6.35)和式(6.37)可以看出另一个更根本的差异。对于式(6.37)中的接收互阻抗,耦合电压 $Z_t^{12}I_t^2$ 真实地表征了天线2上的电流对天线1的完全互耦效应。因此,当该耦合电压 $Z_t^{12}I_t^2$ 从端电压 V_1 中取走时,剩余电压 U_t^1 即为天线1终端负载两端真正的隔离电压。也就是说, U_t^1 是天线2从阵列中取出(完全不存在)时天线1上的电压。另外,对于发射偶极子天线阵,式(6.35)中的传统互阻抗并非如此。由于天线2上的电流,式(6.35)中的耦合电压项 $I_t^2Z_{12}$ 并不是天线1上的完全互耦效应。这是因为此项仅考虑天线2散射场 $E_{12}(z)$ 在天线1上的耦合电压,总的耦合电压还应包括由天线1上的附加电流(天线1独立时位于其原有隔离电流之上)引起的天线1上的附加耦合电压。因此,式(6.35)中从总端电压 V_1 中提取耦合电压 $I_t^2Z_{12}$ 后,剩余电压 $I_t^1Z_{11}$ 并不代表天线1端子上真正的隔离电压。这意味着当天线2从阵列中取出时,解耦电压 $I_t^1Z_{11}$ 与天线1上的电压不同。这种差别并不是微不足道的,因为在许多天线阵列中要求具有理想的未失真阵列信号(理想阵列流形),即隔离电压 U_t^1, $U_t^2,\cdots,U_t^n$,并且这些电压只能通过接收互阻抗获得,这种差异是根本性差异。

6.5 接收互阻抗在波达方向(DOA)估计中的应用

本节将介绍接收互阻抗概念在采用天线阵进行波达方向估计中的应用。典型的DOA估计算法,如MUSIC(Schmidt,1986;Schmidt and Franks,1986)和ESPRIT(Roy and Kailath,1989)都被认为对阵列流形的误差非常敏感。在实际的天线阵列中,阵列流形的一个常见误差就是天线单元之间的互耦效应。当存在互耦时,为了恢复正确的阵列流形,通常需要补偿方法。以前提出的补偿方法很多(如Hui,2003;Gupta and Ksienski,1983;Dandekar et al.,2002;Lau et al.,2004;Yang and Nie,2005;Goossens and Rogier,2007;Ye and Liu,2008;Wu and Nie,2009;Hui,2007;Yu et al.,2011;Yu and Hui,2011;Niow and Hui,2012;Yeh et al.,1989),在这些补偿方法中,最初Gupta和Ksienski(1983)提出的使用传统互阻抗来表征互耦效应的补偿方法可能是最常用的方法,被称为传统互阻抗法(CMIM)。然而,CMIM使用传统的互阻抗来表征接收天线阵列(测向阵列)中的互耦效应,因为它无法恢复天线单元上的隔离电压(理想阵列流形),如“接收互阻抗和传统互阻抗的比较”一节所述，因此存在不准确的缺点。在本节中，通过几个例子说明如何使用接收互阻抗来提高 DOA 估计的准确性。

6.5.1　存在不相关阵列噪声的情况

如图 6.9 所示，构建了一个工作在 2.4GHz 七单极子阵列，检测两个相干信号。单个单极子天线尺寸优化为长度 30mm（0.24λ）、直径为 1mm，相邻单极子单元之间的间距为 25mm（在 2.4GHz 为 0.2λ）。一个具有这些尺寸的孤立单极子天线工作在 2.4GHz 的回波损耗约为 16dB。图 6.10 所示为实测的接收互阻抗 Z_t^{12}（第一个和第二个单元之间的接收互阻抗），并与相应测量得到的传统互阻抗进行了比较。传统的互阻抗是通过测量天线单元两端口的 S 参数得到的，实验装置如图 6.11 所示。在微波暗室内用两个发射喇叭天线模拟两个相干源，两个喇叭天线通过功分器从矢量网络分析仪（VNA）输出端口馈电，使两个喇叭天线的功率输出相等。测量的 S_{21} 参数表示单极子接收到的相对功率，转换成电压（见式（6.35））。这样，天线单元上的所有接收电压 $V_i(i = 1,2,\cdots,7)$ 都可以逐一测量。两个喇叭天线信号之间的角距变化范围为 50°～30°。使用 Yeh 的方法（Yeh et al.，1989）用 MUSIC 算法进行 DOA 估计，可以得到协方差矩阵 $\boldsymbol{R}$ 为

$$\boldsymbol{R} = E\{\boldsymbol{v}(t)\,\boldsymbol{v}^{\mathrm{T}}(t)\} = \frac{1}{2}VV^{\mathrm{H}} \tag{6.38}$$

式中：$E\{\}$ 为期望算子；$\boldsymbol{v}(t)$ 为天线端电压（含噪声）的时域矢量；$\boldsymbol{V}$ 为 $\boldsymbol{v}(t)$ 的相应的矢量表示；“H”是共轭转置算子。

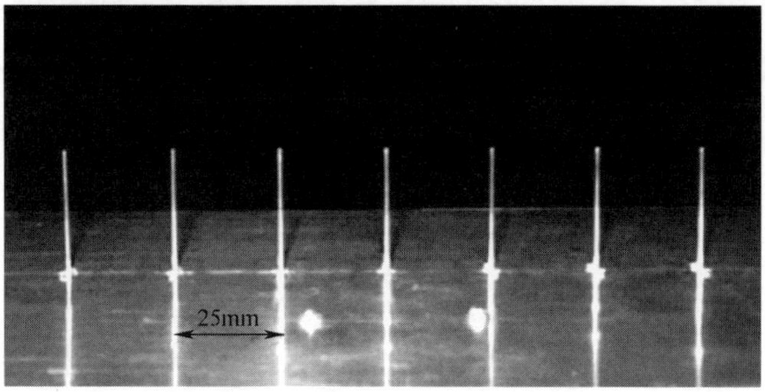

图 6.9　金属地平面上方的七元单极子天线阵列（单极子天线长度为 30mm、线径为 1mm、相邻单元间距为 25mm、工作频率为 2.4GHz）

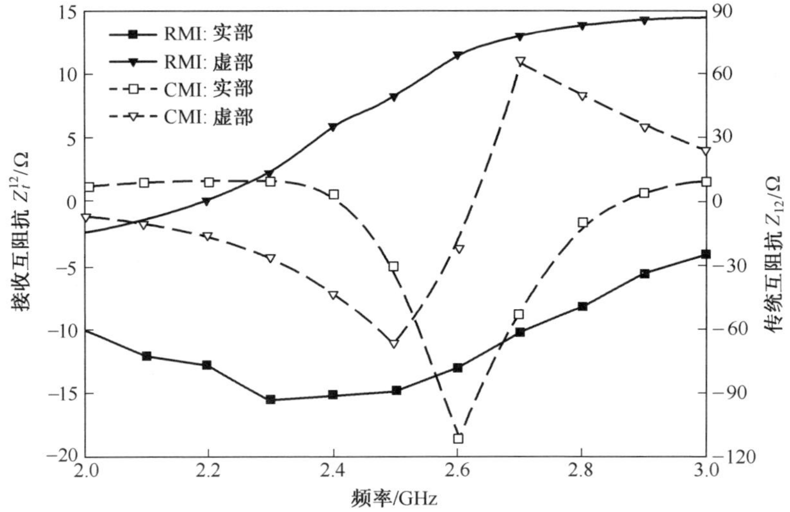

图 6.10　图 6.9 所示单极子阵列的实测接收互阻抗(RMI) Z_t^{12} 和传统互阻抗(CMI) Z_{12}

图 6.11　暗室内双源 DOA 估计的实验装置

注意,在式(6.38)中,协方差矩阵 ($E\{\boldsymbol{v}(t)\boldsymbol{v}^{\mathrm{T}}(t)\}$) 元素的时域期望值由其等效相量域值($\boldsymbol{V}\boldsymbol{V}^{\mathrm{H}}$ 的元素)代替,它们恰好是 VNA 直接输出的。相量域的时域期望运算和相量域乘法运算之间的等价关系可以从许多教科书中获得,例如 Cheng 的著作(Cheng,1983)。一旦得到 $\boldsymbol{R}$,根据 Yeh 方法(Yeh et al. ,1989)形成变换后的协方差矩阵 $\boldsymbol{R}'$,即

$$R' = ZRZ^{H} = \frac{1}{2}ZVV^{H}Z^{H} = \frac{1}{2}UU^{T} + \frac{1}{2}\sigma^{2}ZZ^{T} \tag{6.39}$$

式中:$\boldsymbol{U}$ 为补偿信号电压的矢量; σ^2 为在天线端子处接收到的噪声功率;$\boldsymbol{Z}$ 为式(6.30)的左侧的互阻抗矩阵。$n=7$,即

$$Z = \begin{bmatrix} 1 & -\frac{Z_t^{12}}{Z_L} & \cdots & -\frac{Z_t^{16}}{Z_L} & -\frac{Z_t^{17}}{Z_L} \\ -\frac{Z_t^{21}}{Z_L} & 1 & \cdots & -\frac{Z_t^{26}}{Z_L} & -\frac{Z_t^{17}}{Z_L} \\ \vdots & \vdots & \ddots & \vdots & \vdots \\ -\frac{Z_t^{61}}{Z_L} & -\frac{Z_t^{62}}{Z_L} & \cdots & 1 & -\frac{Z_t^{67}}{Z_L} \\ -\frac{Z_t^{71}}{Z_L} & -\frac{Z_t^{72}}{Z_L} & \cdots & -\frac{Z_t^{76}}{Z_L} & 1 \end{bmatrix} \tag{6.40}$$

构建变换后的协方差矩阵 $\boldsymbol{R}'$ 可用于检测两个相干源的空间平滑法。注意到,尽管噪声本身被假设为天线单元之间不相关,但是式(6.39)中与 $\boldsymbol{R}'$ 相关的噪声现在是相关的($\sigma^2\boldsymbol{ZZ}^{T}$)。噪声的相关性是由于天线互耦造成的,这会在一定程度上影响 MUSIC 运算(在下一节中,将研究具有空间相关噪声的情况,即在阵列接收之前,阵列噪声本身也具有相关性的情况)。利用变换后的协方差矩阵 $\boldsymbol{R}'$ 进行广义特征值分解,使其能够构建 MUSIC 空间谱函数(Yeh et al.,1989)。

图 6.12 所示为在 $\phi_1 = 62.4°$ 和 $\phi_2 = 103.2°$、角距为 40.8°情况下两种源的 MUSIC 估计结果。可见,即使在这个相对较大的角分离情况下,无补偿(NC)和 CMIM 都不能正确检测出两个源的方向。另外,当使用接收互阻抗方法时,MUSIC 谱正确指示了误差相对较小的源方向。图 6.12 中的结果是在信噪比为 39.1 dB 时获得的,并且天线单元上的平均标准偏差为 7.0 dB。更多细节可以从 Yu 的论文中获得(Yu et al.,2011)。

6.5.2　存在相关阵列噪声的情况:阵列噪声的强化处理

最近的研究(Torrieri and Bakhru,1997;Zhao and Zhang,2000;Craeye et al.,2004;Kisliansky et al.,2007)已经表明,在实际情况下,即使在半波长等天线单

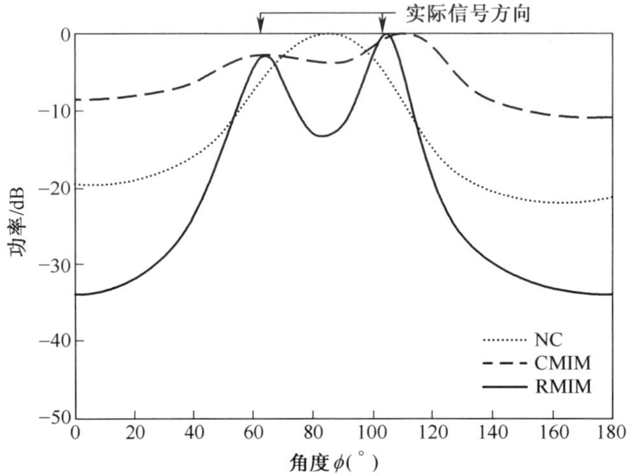

图6.12　在 $\phi_1=62.4°$ 和 $\phi_2=103.2°$ 处估计的两个源的 MUSIC 谱,角距为 40.8°。(i)无补偿(NC)、(ii)使用传统互阻抗方法(CMIM)、(iii)使用接收互阻抗方法(RMIM)。接收电压的平均信噪比为 34.6dB(摘自(Yu et al.,2011))

元隔离度适中的情况下,阵列噪声也趋于相关。正因为如此,研究者提出了许多改进的 DOA 估计方法以解决相关噪声问题(如 Zhao and Zhang,2000;Prasad et al.,1988;Rajagopal and Rao,1991;Qi et al.,2005;Werner and Jansson,2005;Qi et al.,2007)。Prasad 等(1988)、Zhao 和 Zhang(2000)提出了一种协方差差分方法来去除相关噪声协方差矩阵,其特征是对称 Toeplitz 矩阵。Qi 等(2005、2007)提出了空间差分平滑(SDS)方法,类似于利用相关噪声协方差矩阵的 Toeplitz 性质来处理相关噪声。以往的相关噪声处理方法大多没有考虑天线互耦的影响。

下面引入了一种新方法来解决在天线相互耦合情况下 DOA 估计中的相关噪声。与之前 Craeye 等(2004)和 Kisliansky 等(2007)研究的将噪声分为内部和外部的方法不同,这种方法将阵列噪声分为耦合分量和非耦合分量,其起源可以追溯到阵列环境和天线单元的内部电路。通过这种噪声划分,可以分别处理耦合噪声分量和非耦合噪声分量。更重要的是,可以用与信号相同的方式补偿耦合噪声分量中的天线互耦,从而产生了一种简单但非常有效的 MUSIC DOA 估计算法。

1. 耦合阵列噪声建模使用接收互阻抗

考虑在存在内部和外部噪声的情况下,在 DOA 估计中采用 n 个单元的天线阵列。外部噪声是来自阵列的环境噪声，而内部噪声是天线单元内部产生的噪声。在时间 t 接收到的阵列信号矢量 $\boldsymbol{x}(t)$ 由下式给出，即

$$\boldsymbol{x}(t)=\boldsymbol{v}(t)+\boldsymbol{n}_c(t)+\boldsymbol{n}_u(t) \tag{6.41}$$

式中：$\boldsymbol{v}(t)$ 为由输入信号引起的信号电压的 $n\times1$ 列矢量；$\boldsymbol{n}_c(t)$ 为耦合噪声电压的 $n\times1$ 列矢量；$\boldsymbol{n}_u(t)$ 为未耦合噪声电压的 $n\times1$ 列矢量。应注意，除非另有说明，所有信号和噪声均以其解析形式表示。这里将噪声划分为耦合和未耦合分量对 MUSIC DOA 估计算法更有利，尤其是当需要补偿天线互耦效应时。这将在下一节（耦合阵列噪声的 MUSIC DOA 估计算法）中解释。

对于天线阵列，噪声主要来自两个物理源，即外部环境和内部电路（Craeye et al.，2004）。外部环境噪声源在天线单元上感应产生耦合噪声电流，并在式(6.41)中产生耦合噪声电压 $\boldsymbol{n}_c(t)$ 。内部电路噪声源（主要是低噪声放大器(LNA)的输入级或天线的电阻性端子负载）在天线单元上产生噪声电流，该电流由未耦合噪声电流和耦合噪声电流两部分组成。例如，在第 k 个天线中，其内部电路噪声源像处于隔离模式时一样，在自身激发一个不耦合的噪声电流 $i_{c,pk}(t)$ $(p\neq k$，且 $p=1,2,\cdots,n)$，电流产生的场依次在所有其他天线单元上诱导耦合噪声电流 $i_{u,kk}(t)$ $(k=1,2,\cdots,n)$ 。假设天线内部噪声源激发的耦合电流和非耦合电流在不同天线上呈现弱相关，不同天线的内部噪声电流不相关。当考虑阵列的所有内部电路噪声源时，式(6.41)中的非耦合噪声电流 $i_{u,kk}(t)$ $(k=1,2,\cdots,n)$ 引起非耦合噪声电压 $\boldsymbol{n}_u(t)$ ，而式(6.41)中的耦合噪声电流 $i_{c,pk}(t)$ 引起耦合噪声，该耦合噪声模型相同（见下文），是环境噪声的一部分，对总耦合噪声电压 $\boldsymbol{n}_c(t)$ 有贡献。

为了模拟来自天线单元外部环境的耦合噪声，可以使用图 6.13 所示的散射场模型。认为耦合噪声电压 $\boldsymbol{n}_c(t)$ 是由大量外部随机噪声源以随机幅值和相位的散射电磁(EM)平面波形式产生的。这些随机 EM 平面波通过天线互阻抗矩阵 $\boldsymbol{Z}$ 产生 $\boldsymbol{n}_c(t)$ 为

$$\boldsymbol{n}_c(t)=\boldsymbol{Z}^{-1}\boldsymbol{e}(t) \tag{6.42}$$

式中：$\boldsymbol{e}(t)$ 为不考虑天线互耦时天线单元随机噪声电压的 $n\times1$ 列矢量。用式(6.42)表示耦合噪声电压的原因是 $\boldsymbol{Z}$ 和 $\boldsymbol{e}(t)$ 都可以直接计算或测量。由于天线阵处于接收模式，式(6.42)中天线互阻抗矩阵 $\boldsymbol{Z}$ 的元素是阵列的接收互阻抗，可以通过计算或测量得到（Hui，2004b）。对于 n 个单元情况，$\boldsymbol{Z}$ 的形式由式

(6.40)给出。在式(6.42)中,互耦的噪声电压矢量 $\boldsymbol{e}(t)$ 无法采用 MoM(Harrington,1993)等标准数值方法计算。基于图6.13中的耦合噪声模型,考虑在时间 $t_i(i=1,2,\cdots)$ 时刻从方向 $\phi_k(k=1,2,\cdots,s)$ 照射 n 元天线阵的窄带平面电磁波。这些平面波的振幅和相位都是随机高斯变量,它们分别为每个方向和每个时刻独立生成的(Kisliansky et al.,2007)。在 MoM 过程中,假设每个天线(这里考虑偶极子天线以便于说明)被分成 m 段,那么在 $t=t_i$ 时刻的噪声电压矢量 $\boldsymbol{e}(t_i)$ 的元素 $e_j(t_i)$ 计算式为

$$\begin{bmatrix} z_{j,11} & z_{j,12} & \cdots & z_{j,1m} \\ z_{j,21} & z_{j,22} & \cdots & z_{j,2m} \\ \vdots & \vdots & \ddots & \vdots \\ z_{j,m1} & z_{j,m2} & \cdots & z_{j,mm} \end{bmatrix} \begin{bmatrix} I_{j,1}(t_i) \\ I_{j,2}(t_i) \\ \vdots \\ I_{j,k}(t_i) \\ \vdots \\ I_{j,m}(t_i) \end{bmatrix} = \begin{bmatrix} n_{j,11}(t_i)+n_{j,12}(t_i)+\cdots+n_{j,1s}(t_i) \\ n_{j,21}(t_i)+n_{j,22}(t_i)+\cdots+n_{j,2s}(t_i) \\ \vdots \\ n_{j,m1}(t_i)+n_{j,m2}(t_i)+\cdots+n_{j,ms}(t_i) \end{bmatrix} \tag{6.43}$$

$$e_j(t_i)=I_{j,1}(t_i)Z_L \tag{6.44}$$

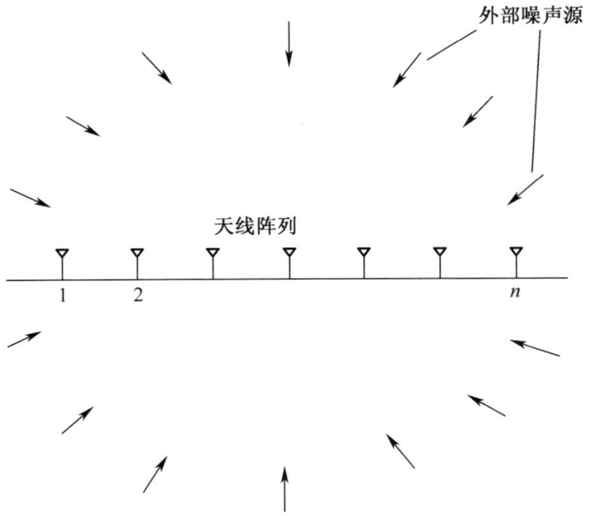

图6.13 由随机方向入射到天线阵的 s 个平面电磁波产生耦合噪声的散射场模型

其中,式(6.43)左侧的第一个矩阵是第 j 个天线的 MoM 阻抗矩阵,式(6.43)左侧的第二个列矢量是第 j 个天线的电流分布,式(6.43)右边的列矢量是由于 s

个噪声源平面波照射在第 j 个天线的每一段上引起的电压矢量，式(6.44)简单计算了第 j 个天线的噪声电压，将第 j 个天线末端(第 1 段)的电流与天线末端负载 Z_L 相乘。其他所有天线单元的噪声电压可以用同样的方法计算。一旦 $\boldsymbol{e}(t_i)$ 已知，则耦合噪声电压矢量的协方差矩阵 $\boldsymbol{N}_c$ 可表示为

$$\boldsymbol{N}_c = E\{\boldsymbol{n}_c(t)\boldsymbol{n}_c^H(t)\} = \boldsymbol{z}^{-1}E\{\boldsymbol{e}(t)\boldsymbol{e}^H(t)\}\boldsymbol{Z}^{-H} \tag{6.45}$$

其中噪声相关矩阵 $E\{\boldsymbol{e}(t)\boldsymbol{e}^H(t)\}$ 仅表示空间相关性，并且其元素对于许多典型波分布是已知的，如均匀线性阵列(ULA)接收的均匀入射波分布(Clarke，1968)的贝塞尔函数。

采用图 6.14 所示的接收天线单元的等效电路模拟未耦合的噪声电压 $\boldsymbol{n}_u(t)$ 。在这个等效电路中，Z_{ant} 是天线的输入阻抗，Z_{in} 是从 LNA 的输入端子看的阻抗，LNA 的输入端子连接到天线端子(Craeye et al.，2004)。V_n 和 I_n 这两个源是 LNA 噪声电阻产生的等效噪声电压和电流。当天线单元以隔离模式接收时，由 V_n 和 I_n 产生的未耦合噪声电压是 LNA 的输入阻抗 Z_{in} 两端下降的噪声电压。例如，对于第 p 个天线单元，未耦合的噪声电压为

$$n_{u,p} = \frac{V_n Z_{\mathrm{in}}}{Z_{\mathrm{ant}} + Z_{\mathrm{in}}} + \frac{I_n Z_{\mathrm{ant}} Z_{\mathrm{in}}}{Z_{\mathrm{ont}} + Z_{\mathrm{in}}} \tag{6.46}$$

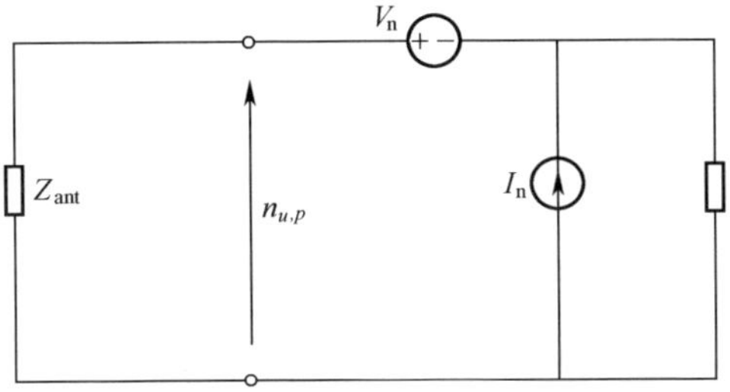

图 6.14　输入阻抗为 Z_{in}、噪声源为 V_n 和 I_n 的 LNA 连接的第 p 个天线单元的电路噪声模型

由于 $n_{u,p}$ 表示非耦合噪声分量，所以 $\boldsymbol{n}_u(t)$ 的协方差矩阵是一个对角线矩阵，其对角线元素都相同，可以通过以下等式计算(参见 Craeye 等的式(6.28) 2004 年)，即

$$\boldsymbol{N}_u = E\{\boldsymbol{n}_u(t)\boldsymbol{n}_u^{\mathrm{H}}(t)\} = \frac{4k_{\mathrm{B}}T_0B\,|Z_{\mathrm{in}}|^2}{|Z_{\mathrm{ant}} + Z_{\mathrm{in}}|^2}(R_n + |Z_{\mathrm{ant}}|^2G_n + 2\mathrm{Re}\{Z_{\mathrm{ant}}^*Y_\gamma^*\}R_n)\boldsymbol{I}_{n\times n} \tag{6.47}$$

式中：k_B 为玻尔兹曼常数；T_0 为 290 K 标准噪声温度；B 为观测的瞬时带宽；$\boldsymbol{I}_{n\times n}$ 为 $n\times n$ 的单位矩阵。R_n、G_n 和 Y_γ 分别为 LNA 的噪声电阻、电导和导纳，数值可从 LNA 的数据表中获得。将式(6.47)中对角元素的幅度平方除以 Z_{in}^* 并取实部计算得到在各个 LNA 中耗散的非耦合噪声功率 σ_u^2。在式(6.47)中建立未耦合噪声协方差矩阵的优势在于，可以预先通过使用式(6.47)中的已知参数进行计算或通过直接在 LNA 上进行测量来确定非耦合噪声。这是一个重要的观测，可以在接收到的信号–噪声协方差矩阵中减去非耦合噪声协方差矩阵 $\boldsymbol{N}_u$，如下面所示。

2. 耦合阵列噪声的 MUSIC DOA 估计算法

采用式(6.45)和式(6.47)中的噪声协方差矩阵，接收信号与噪声的协方差矩阵为

$$\boldsymbol{R}=E\{\boldsymbol{x}(t)\boldsymbol{x}^H(t)\}=E\{\boldsymbol{v}(t)\boldsymbol{v}^H(t)\}+\boldsymbol{N}_c+\boldsymbol{N}_u \tag{6.48}$$

如上文所述，可以预先确定未耦合的噪声协方差矩阵 $\boldsymbol{N}_u$。因此，在获得信号加噪声协方差矩阵之后，可以立即计算差分协方差矩阵式(6.49)，即

$$\begin{aligned}\boldsymbol{R}_d=\boldsymbol{R}-\boldsymbol{N}_u&=E\{\boldsymbol{v}(t)\boldsymbol{v}^H(t)\}+\boldsymbol{N}_c\\&=E\{\boldsymbol{v}(t)\boldsymbol{v}^H(t)\}+\boldsymbol{Z}^{-1}E\{\boldsymbol{e}(t)\boldsymbol{E}^H(t)\}\boldsymbol{Z}^{-H}\end{aligned} \tag{6.49}$$

式(6.49)中的噪声协方差矩阵仅包含耦合噪声。这是一个很大的优势，因为可使信号协方差矩阵和噪声协方差矩阵同时解耦。此外，由于信号 $\boldsymbol{v}(t)$ 受到与耦合噪声 $\boldsymbol{n}_c(t)$ 相同的耦合处理，因此耦合信号电压矢量也可以用互阻抗矩阵 $\boldsymbol{Z}$ 表示为(参见式(6.42))

$$\boldsymbol{v}(t)=\boldsymbol{Z}^{-1}\boldsymbol{u}(t) \tag{6.50}$$

式中：$\boldsymbol{u}(t)$ 为未耦合的信号电压矢量(参见式(6.30))。将式(6.50)代入式(6.49)，并将式(6.49)的左侧和右侧分别乘以 $\boldsymbol{Z}$ 和 $\boldsymbol{Z}^H$，得到以下解耦的信号加噪声协方差矩阵，即

$$\begin{aligned}\boldsymbol{R}_d'&=\boldsymbol{Z}\boldsymbol{R}_d\boldsymbol{Z}^H\\&=E\{\boldsymbol{u}(t)\boldsymbol{u}^H(t)\}+\left(\frac{\sigma_c^2}{\mathrm{Re}\left\{\dfrac{1}{Z_{in}}\right\}}\right)E\{\boldsymbol{s}(t)\boldsymbol{s}^H(t)\}\end{aligned} \tag{6.51}$$

其中，

$$\boldsymbol{s}(t)\boldsymbol{s}^H(t)=\frac{\boldsymbol{e}(t)\boldsymbol{e}^H(t)}{\left(\sigma_c^2/\mathrm{Re}\left\{\dfrac{1}{Z_{in}}\right\}\right)} \tag{6.52}$$

是归一化的空间噪声相关性矩阵，而 σ_c^2 是没有空间相关性时每个元素处耦合噪声的幂。注意，式(6.51)是阵列信号理论中用于 DOA 估计的重要新结果。式(6.51)中，$\boldsymbol{u}(t)$ 中恢复了正确的解耦阵列流形，解耦后的噪声协方差矩阵 $E\{\boldsymbol{e}(t_i)\boldsymbol{e}^H(t_i)\}$ 不像之前研究假设的那样不相关。相反，虽然消除了天线的互耦合效应，但噪声仍然具有空间相关性，这是由于传入噪声方向的随机分布造成的，$E\{\boldsymbol{e}(t_i)\boldsymbol{e}^{\mathrm{H}}(t_i)\}$ 的确切噪声相关结构取决于信号环境。此外，对于 MUSIC DOA 估计算法，Yeh 等采用的方法（见 Yeh et al.，1989 的式(6.13)），仍可通过以下变化直接用于非相干或相干信号，即

$$\begin{cases}\mathrm{SAS}^{+} \rightarrow E\{\boldsymbol{u}(t)\boldsymbol{u}^H(t)\} \\ \sigma^2 \rightarrow \dfrac{\sigma_c^2}{\mathrm{Re}\{1/Z_{\mathrm{in}}^H\}} \\ Z_0 Z_0^{+} \rightarrow E\{\boldsymbol{s}(t)\boldsymbol{s}^H(t)\}\end{cases} \tag{6.53}$$

在接下来的章节中，将展示应用式(6.51)对 MUSIC DOA 估算进行的改进。

3. 仿真实例

1）耦合阵列噪声

为了研究耦合噪声的相关性，采用数值方法重新计算了中心馈电半波长偶极子天线在不同天线间距 d 下的噪声电流相关系数的大小（Kisliansky et al.，2007）。偶极子导线半径为 $\lambda/500$（其中 λ 为自由空间中的波长），两个偶极子通过其端子短路，即 $Z_L=0$。数值方法采用 MoM 计算机仿真工具 FEKO（http://www.feko.info/）。每个偶极子被离散成 63 段，每段长度为 $\lambda/125$，为了模拟耦合噪声，采用 50 个平面波激励阵列。这些平面波具有随机的振幅和相位，且垂直极化，它们沿 $\theta=\pi/2$ 平面的水平方向均匀入射，平面波数是经过几次收敛实验后得到的。结果如图 6.15 所示，并与 Kisliansky 等（2007）的结果进行了比较，可以看出，这些结果与 Kisliansky 等（2007）的结果几乎相同。

众所周知，对于式(6.52)中的归一化空间噪声相关矩阵，如果噪声在水平面上均匀分布，则其元素遵循阵列上贝塞尔函数 $J_0(kd)$ 的变化。这个结果可以用建模方法来证明（如下所述）。图 6.16 所示为元素间隔 d 为 0.5λ 的十元偶极子天线阵列中不同单元相对于第一个单元耦合噪声计算的空间相关系数，还比较了贝塞尔函数的变化。偶极子天线与图 6.15 中的两个偶极子天线相同，但现在它们都连接到 50Ω 终端负载上。使用相同的数值方案，并以与图 6.15 相

同的方式产生耦合噪声。在获得噪声电压后,使用接收互阻抗矩阵 **Z** 和 $\mathbf{Z}^{\mathbf{H}}$ 按照式(6.51)进行解耦。从图 6.16 所示的结果可以看出,天线单元的噪声空间相关性几乎完全符合贝塞尔函数。

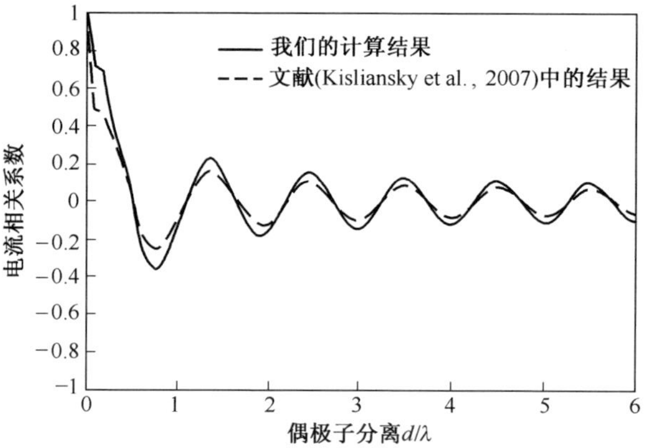

图 6.15 不同天线间距的双偶极子天线间的噪声电流相关系数的大小

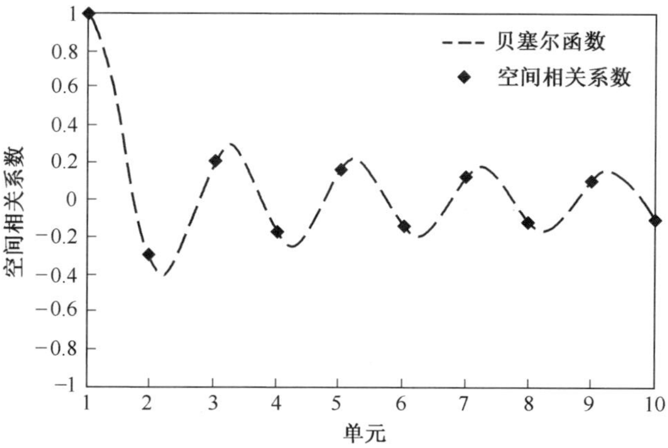

图 6.16 单元间隔 $d=0.5\lambda$ 的十元偶极子阵列耦合噪声的归一化空间相关性

为了说明由天线互耦引起的天线阵列单元噪声功率的变化,计算了具有不同单元间隔的七元偶极子阵列的噪声功率。偶极子与图 6.15 中的偶极子相同,并且耦合噪声以相同的方式产生。结果如图 6.17 所示,噪声功率对边缘单元的噪声功率归一化。可以看出,当单元间隔减小时,单元噪声功率显著不同。在 $d=0.2\lambda$ 的单元间隔处,中心单元和边缘单元之间的功率差大于 3dB。另外,当单元分离度增大时,单元噪声功率趋于相等。图中的结果表明,天线互耦对天线阵列上噪声功率分布的重要性。

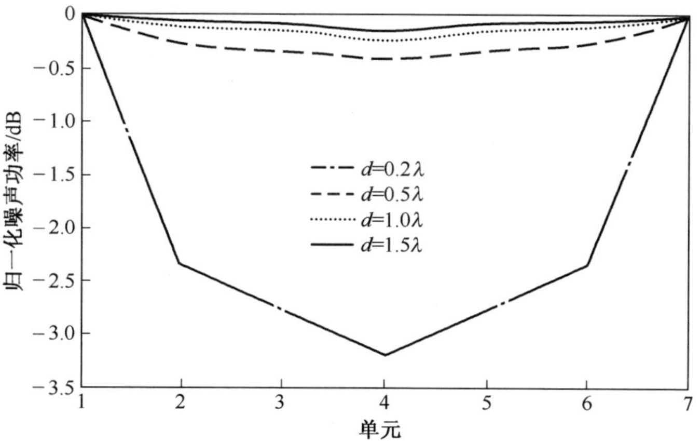

图6.17　七元偶极子阵列在不同阵元间隔时的归一化噪声功率

2）DOA估计实验

在第一次DOA估计实验中,采用图6.17所研究的七元阵列,在耦合和非耦合噪声存在的情况下,检测出两个相干信号。利用FEKO计算偶极子的端电压,并采用MUSIC DOA算法进行处理。Yeh等(1989)曾对这类偶极子阵列开展了DOA研究,但只考虑了非耦合噪声。在对信号环境的仿真中,产生了如上所述的耦合噪声。为了确定非耦合噪声,式(6.39)中的参数分别为$Z_{in}=Z_L=50\Omega$、$Z_{ant}=70.05-j8.73\Omega$、$T_0=290K$、$R_n=50\Omega$、$G_n=0$以及$Y_\gamma=0$。即将天线终端负载$Z_L$当作一个单端口网络来处理。利用这些噪声参数,计算出每个天线终端负载Z_{in}处消耗的非耦合噪声功率为$\sigma_u^2=2.76\times10^{-21}W/Hz$,相当于200K的有效噪声温度。表6.2显示了在这种情况下,各天线单元在不同单元间隔处的耦合和非耦合噪声功率。表6.2中第3列和第4列的耦合噪声功率是式(6.45)中矩阵$\boldsymbol{N}_c$的对角元素。单元间隔分别为$d=0.5\lambda$和$d=0.2\lambda$的检测结果如图6.18(a)和图6.18(b)所示。这两幅图中的MUSIC谱是在两种情况下得到的:耦合噪声(如式(6.49)所示去掉非耦合噪声)和仅非耦合噪声(常规情况)。在这两种情况下,为了便于比较,取平均噪声功率相等,相对于平均耦合噪声功率σ_c^2,信噪比设定为3dB。这两个信号分别来自$\phi=0°$和$\phi=15°$方向,且都位于水平面($\theta=90°$)上。在图6.18(a)中,Yeh等(1989)得到的结果也显示了这一点。

可以看出,在图6.18(a)和图6.18(b)中,使用耦合噪声的结果(见式(6.51))比只使用未耦合噪声的结果更精确,峰值也高得多。此外,在图6.18(a)中,耦合和非耦合情况产生的结果比 Yeh 等(1989)的结果更精确。原因是它们在互耦合补偿中都使用了接收互阻抗,而 Yeh 等(1989)的结果是采用传统互阻抗进行互耦补偿。

表6.2 七元偶极子天线阵列各单元的噪声功率

单元	非耦合噪声功率 σ_u^2(W/Hz)	$d=0.2\lambda$ 处的耦合噪声功率(W/Hz)	$d=0.5\lambda$ 处的耦合噪声功率(W/Hz)
1	2.76×10^{-21}	1.99×10^{-21}	2.41×10^{-21}
2	2.76×10^{-21}	1.16×10^{-21}	2.26×10^{-21}
3	2.76×10^{-21}	1.05×10^{-21}	2.23×10^{-21}
4	2.76×10^{-21}	9.58×10^{-22}	2.23×10^{-21}
5	2.76×10^{-21}	1.05×10^{-21}	2.23×10^{-21}
6	2.76×10^{-21}	1.16×10^{-21}	2.26×10^{-21}
7	2.76×10^{-21}	1.99×10^{-21}	2.41×10^{-21}

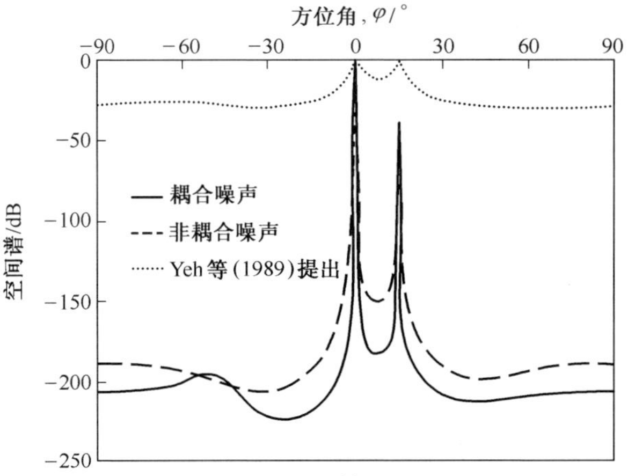

(a)

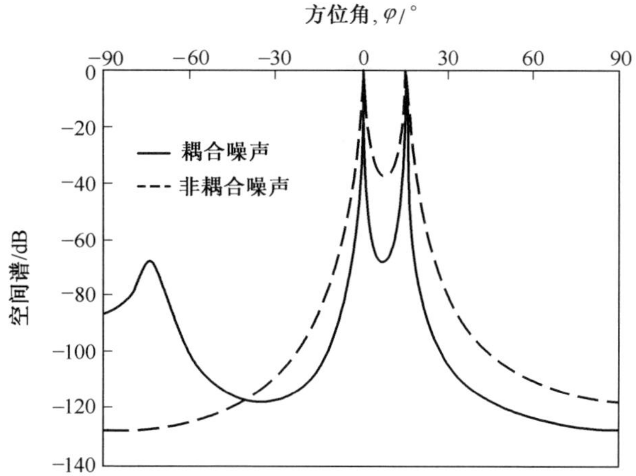

(b)

图 6.18　在信噪比为 3dB 以及 $d=0.5\lambda$ 和 $d=0.2\lambda$ 条件下使用耦合噪声和非耦合噪声与七元偶极子阵列检测 $\phi = 0°$ 和 $\phi = 15°$ 两个相干信号的 MUSIC 谱

(a) $d=0.5\lambda$；(b) $d=0.2\lambda$。

在第二个实验中，研究了 MUSIC DOA 估计算法对式(6.49)中非耦合噪声相减误差的敏感性。如前所述，目前的方法依赖于从协方差矩阵 $\boldsymbol{R}$ 中去除非耦合噪声协方差矩阵 $\boldsymbol{N}_u$，而 $\boldsymbol{N}_u$ 可以事先计算或测量，但其准确值可能存在误差，导致非耦合噪声功率过大或低估，这种影响如图 6.19(a)和图 6.19(b)所示，其中图 6.19(a)所示为非耦合噪声功率被高估的情况，图 6.19(b)所示为非耦合噪声被低估的情况。偶极子阵列和信号环境与第一次 DOA 估计实验相同，阵元间隔为 0.5λ。从图 6.19(a)中可以看出，如果高估了非耦合噪声，会对检测结果产生相当显著的影响。MUSIC 谱中存在多个次级峰，表明信号方向错误。这些次级峰的高度随着非耦合噪声功率高估的增加而降低(由非耦合噪声功率减去耦合噪声功率的百分比表示)。从图 6.19(b)可以看出，对非耦合噪声功率的低估与高估的影响同样显著。但次级峰往往远离两个信号峰。从这两幅图可以推断，准确地确定非耦合噪声功率在所提出的方法中非常重要。

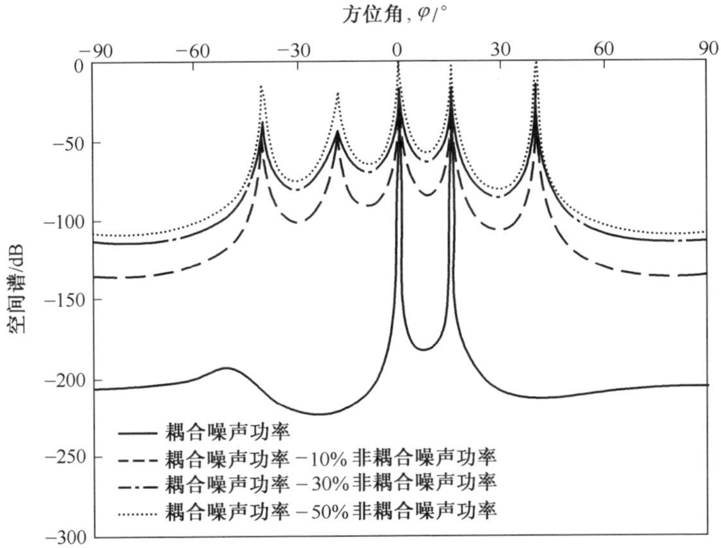

(a)

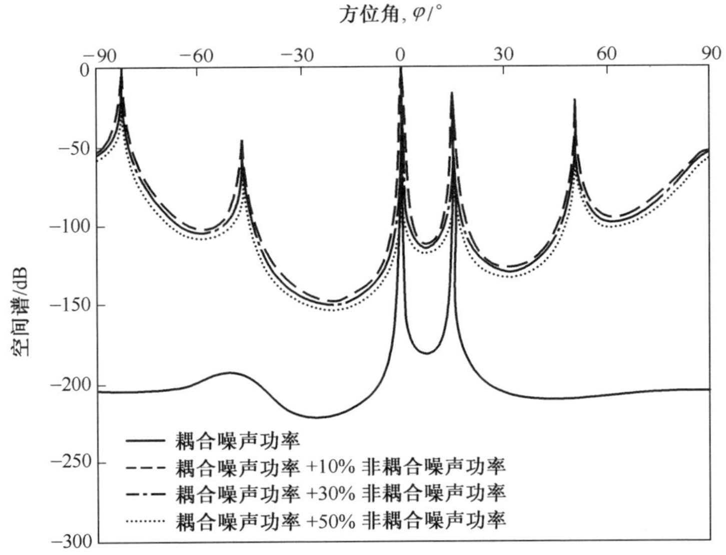

(b)

图 6.19 信噪比为 3dB 时检测 $\phi = 0°$ 和 $\phi = 15°$ 两个相干信号的 MUSIC 谱

(a)非耦合噪声功率被高估;(b)非耦合噪声功率被低估。

6.6　接收互阻抗在干扰抑制中的应用

在自适应调零方面,已经证明天线互耦会显著影响辐射方向图对干扰的调零深度和定位精度(Adve and Sarkar,2000)。本节通过计算机仿真,利用接收互阻抗的概念来表征和补偿互耦合效应,研究 7 个天线单元用于自适应调零的线性偶极子阵列的性能,将与使用传统互阻抗进行性能比较,偶极子阵列如图 6.1 所示。阵列的尺寸为 $n=7$、$d=0.5\lambda$、$\ell=0.5\lambda$、$a=\lambda/200$ 以及 $Z_L=50\Omega$。下面例子中使用的自适应调零算法是直接数据域(direct data domain,DDD)自适应算法(Sarkar et al.,1996),简单易实现。对这种算法的详细描述可以在 Sarkar 等(1996、2000)的研究中找到。DDD 自适应算法的输入是天线终端负载上的电压和感兴趣信号(signal of interest,SOI)的波达方向(direction of arrival,DOA),天线终端负载上的接收电压首先补偿互耦合效应,然后传递给自适应算法。信号环境如表 6.3 所列。SOI 和干扰是 z 方向的线极化平面波。此示例以前 Adve 和 Sarkar(2000)进行过研究,结果如图 6.20 所示。四种天线端电压得到的自适应辐射方向图如图 6.20 所示。虚线辐射方向图是通过测量(或接收)天线终端负载上未补偿互耦合效应的电压得到的结果。点线辐射方向图是采用传统互阻抗导出的开路电压来补偿互耦合效应得到的结果(Gupta and Ksienski,1983)。实线辐射方向图是采用接收互阻抗来补偿互耦合效应的结果。图 6.20 中的小图显示了通过在终端负载上施加完全不受任何互耦影响的理想电压得到的辐射方向图。理想电压和实测电压均采用矩量法(Harrington,1993)计算,每个天线上的电流分布用 20 个正弦基函数展开,匹配过程采用 Galerkin 法。从图 6.20可以看出,(未补偿)测量的电压给出了错误的结果,因此难以用来抑制干扰。利用开路电压可以对 3 种干扰进行定位,但方向图凹陷不够深。另外,当利用接收互阻抗(新方法)得到补偿(校正)电压时,凹陷更精确且更深。对于理论上的理想情况,天线单元之间完全隔离,凹陷比其他所有情况都要深得多。

表 6.3　自适应调零仿真的信号环境

	幅度/($V \cdot m^{-1}$)	方位角 ϕ/(°)	仰角 θ/(°)
感兴趣信号(SOI)	$1.0\hat{z}$	45	90

(续)

	幅度/(V·m^{-1})	方位角 ϕ/(°)	仰角 θ/(°)
干扰#1	1.0$\hat{z}$	75	90
干扰#2	1.5$\hat{z}$	60	90
干扰#3	2.0$\hat{z}$	30	90

上述方法也被用来研究其他信号情况,如不同信号仰角和不同干扰强度,详情可参见 Hui(2004a)的文献。

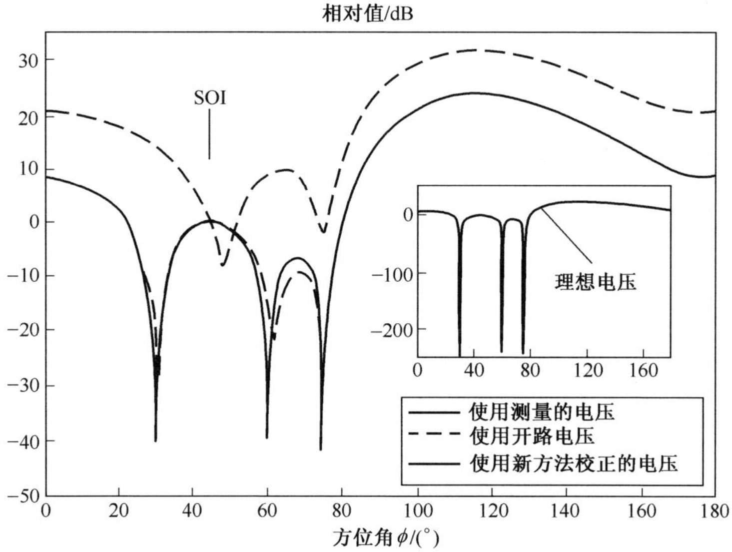

图6.20 采用测量电压、开路电压、新方法校正的电压(利用接收互阻抗)和理想电压得到的自适应辐射图(信号环境见表6.3)

6.7 接收互阻抗在磁共振成像中的应用

相位阵列可用于磁共振成像(Magnetic Resonance Imaging,MRI),以解决低信噪比(SNR)问题和长扫描时间问题(Hyde et al.,1986;Sodickson and Manning,1997;Roemer et al.,1990)。然而,以往的许多研究揭示,互耦效应使得难以从

MRI 相控阵天线单元中获取独立的未失真信号。显然,这一问题在 MRI 相控阵中比采用远场区域接收信号的传统阵列更为严重。这是因为与传统的半波长阵列相比,MRI 相控阵实际上是在近场区域接收,阵元间距约为 0. 1 波长量级,这是由于 MRI 的工作频率较低所致。因此,一些传统的解耦或互耦效应补偿方法对于 MRI 相控阵可能无效。鉴于此,针对 MRI 相控阵,特别是线圈阵列,设计了一些特殊的补偿方法。常见的两种补偿方法是重叠相邻线圈和使用低输入阻抗前置放大器(Roemer et al. ,1990)。然而,一些研究人员指出使用这两种方法的限制(Ohliger et al. ,2004)。此外,相邻线圈重叠降低了成像面积,低输入阻抗前置放大器的使用牺牲了最大功率传输的条件。最近,Zhang 和 Webb(2004)提出了集总元件解耦网络解决这个问题,但解耦能力仍然有限。

本节采用接收互阻抗的概念解决 MRI 相控阵设计中的互耦问题。对于互耦合分析,可以考虑图 6. 21 所示的两线圈相控阵进行 MRI。这两个线圈是方形的,由边长为 L 和宽度为 s 的金属条制成。两个线圈中心之间的距离记为 d,通过改变它可以改变互耦量。线圈在 y-z 平面上沿 y 轴对齐,与原点等距。两个线圈不完全在同一平面上,而是在 x 方向上以间隔 dx 偏移,从而可以相互重叠。为了修匀电流分布,使线圈在期望频率 f_0 发生谐振,沿线圈放置 4 个固定电容 C_1、C_2、C_3、C_4 和 1 个调谐电容 C_t,如图 6. 21(b)所示。单独放置线圈时,它们各自以很小的自电阻 r 在频率 f_0 处产生共振,因此需要外部匹配电路将小电阻 r 匹配到 50Ω 的系统阻抗上,如图 6. 21(b)所示。假设成像样品为矩形切片(模拟成像人体内的活性切片),放置在 x 坐标为负且接近相控阵的区域,如图 6. 21(c)所示,沿 x、y、z 方向的维数分别用 a、b、c 表示。活性切片与相控阵的相对位置由活性切片与原点的距离表示,分别记为 p_x、p_y 和 p_z,如图 6. 21(a)和(c)所示。在 MRI 中,活性切片是梯度磁场精确控制空间位置的信号源(Jin,1999)。

现在假设接收到的端电压(跨越终端负载, $Z_L = r$) 为 V_1 和 V_2,可以测量或计算。为简化下面的分析,假设端电压在匹配电路前如图 6. 21(a)所示。50Ω 电阻上的实际端电压与 V_1 和 V_2 仅相差一个乘常数,V_1 和 V_2 被互耦破坏,如果从 V_1 和 V_2 中去掉互耦合,就可以得到互耦合电压 U_1 和 U_2。V_1、V_2 与 U_1、U_2 的关系通过接收互阻抗建立,即

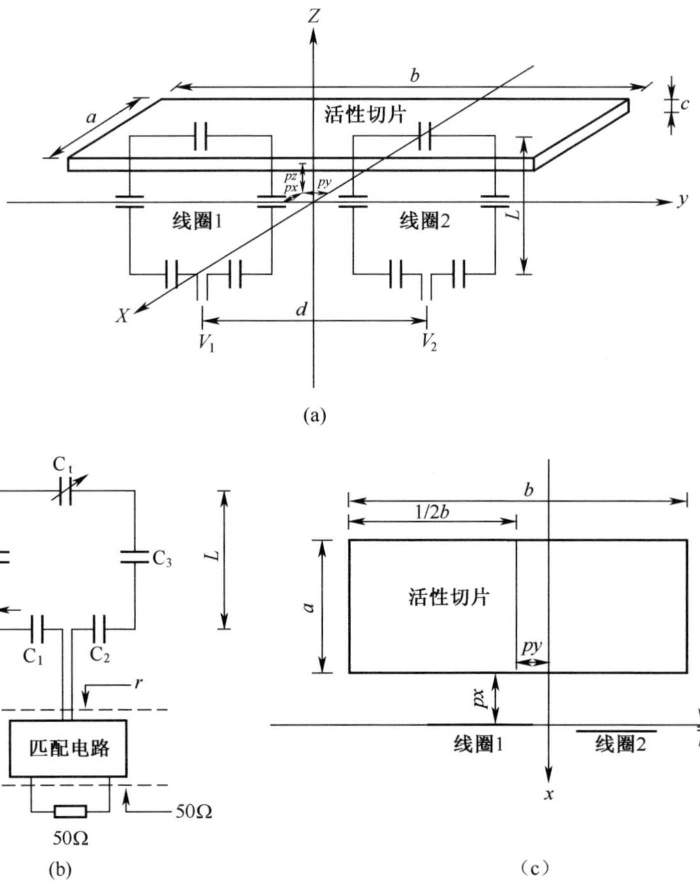

图 6.21　两线圈相控阵进行 MRI

(a)用于 MRI 和活性切片的双线圈相控阵;(b)线圈配置和匹配电容;

(c)活性切片以及它与相控阵相对位置的俯视图

$$\begin{bmatrix} U_t^1 \\ U_t^2 \end{bmatrix} = \begin{bmatrix} 1 & -\dfrac{Z_t^{12}}{Z_L} \\ -\dfrac{Z_t^{21}}{Z_L} & 1 \end{bmatrix} \begin{bmatrix} V_1 \\ V_2 \end{bmatrix} \tag{6.54}$$

式中:Z_t^{12} 和 Z_t^{21} 为两个接收线圈之间的互阻抗。以插图为例,取两个线圈的尺寸为 $L=12\text{cm}$、$s=1\text{cm}$、$\mathrm{d}x=0.15\text{cm}$,计算直流磁场 $B_0=0.5\text{T}$、1.0T、1.5T 和 2.0T 这 4 种情况下的电容值和谐振频率,如表 6.4 所列。与脊髓成像情况近似,活性切片的尺寸分别为 $a=20\text{cm}$、$b=40\text{cm}$、$c=0.25\text{cm}$。在计算机仿真中,活性切片

既作为计算接收互阻抗的外部源，也作为计算线圈接收信号电压的信号源，数值计算采用矩量法(Harrington，1993)。计算得到的与线圈间距 d 的接收互阻抗如表 6.5 所列。线圈间距用线圈边长 L 表示，活性切片的相对位置为$p_x=1\text{cm}$、$p_y=0$、$p_z=0$。可以看出，在 $d=0.9L$ 时，Z_t^{12} 和 Z_t^{21} 都达到很低的值(实部和虚部)。表明在这种间距下，通过重叠区域消除了部分磁链，因此互耦合很小。这种间距对应于两个线圈之间约 2%的重叠区域，这就证明了在相控阵中重叠法可以作为相邻线圈解耦的方法(Roemer et al.，1990)。然而，仅靠重叠法是远远不够的，将在后文中解释。从表 6.5 中还可以看出，在 $d=1.0L$ 时，接收互阻抗迅速增大，尤其是 Z_t^{12}。表明两个线圈之间有很强的耦合，因为在这个间距下没有消除磁链。

表 6.4　两个线圈在不同直流磁场强度下的电容、自阻抗和谐振频率

(两个线圈的尺寸分别为 $L=12\text{cm}$ 和 $s=1\text{cm}$)

直流磁场 B_0/T	0.5T	1.0T	1.5T	2.0T
谐振频率 f_0/MHz	21.3	42.6	63.9	85.2
C_1/pF	950	240	100	60
C_2/pF	950	240	100	60
C_3/pF	950	240	100	60
C_4/pF	950	240	100	60
C_t/pF	950.7	228.89	123.7	55.43
自阻抗/Ω	0.00016-j0.00001	0.0026-j0.0009	0.013-j0.004	0.042-j0.005

研究了 3 种类型的端电压计算方法。第一类是测量(或接收)端电压，包括式(6.54)中所有的互耦效应，即式中的 V_1 和 V_2，这些电压可以直接测量。第二类是利用式(6.54)计算得到的补偿端电压 U_t^1 和 U_t^2。它们由新的互阻抗(接收互阻抗) Z_t^{12} 和 Z_t^{21} 计算得到。最后一种是理想的非耦合端电压，记为 U'^1_t 和 U'^2_t，它们是在线圈相互隔离时计算得到的。U'^1_t 和 U'^2_t 可作为用于比较的理想参考。为了测量 U'^1_t 和 U'^2_t，在测量另一个线圈上的电压之前，必须先从阵列中取出一个线圈；反之亦然。

为了表征接收互阻抗补偿方法的性能，采用两个判据来说明该方法的准确性，并将其与以前的方法进行比较。第一种是补偿后端电压的百分误差，定义为补偿后端电压的百分比误差，即

$$U_t^i = \frac{\| U_t^i - U'^i_t \|}{\| U'^i_t \|} \times 100\% \quad i = 1,2 \tag{6.55}$$

式中:$\|z\|$表示复数z的范数,它测量补偿电压与理想非耦合电压的百分比偏差。第二个判据是两个线圈之间的隔离度,其定义为

$$a_{ij} = \left| 20\log\left(\frac{\| U_t^i - U'^i_t \|}{\| U'^i_t \|} \right) \right| \quad i、j = 1,2 \tag{6.56}$$

它测量了采用接收互阻抗补偿方法后从一个线圈耦合到另一个线圈的信号的相对量。这个值越大,耦合信号越小。Zhang 和 Webb(2004)曾使用过类似于式(6.56)的隔离准则,尽管其含义可能与式(6.56)不完全相同。

表6.5　在$f_0 = 63.9$MHz时双线圈阵列接收互阻抗随线圈间隔的变化(线圈尺寸为$L=12$cm,$s=1$cm,$dx=0.15$cm。电容值为$C_1 = C_2 = C_3 = C_4 = 100$pF,$C_t = 123.7$pF。两个线圈的自阻抗为(0.013 − j0.004)Ω。计算中使用的活性切片尺寸为$a=20$cm、$b=40$cm、$c=0.25$cm,位置为$p_x=1$m、$p_y=0$、$p_z=0$。假设没有相位编码的恒定磁化)

间隔 d	接收互阻抗	
	Z_t^{12}/Ω	Z_t^{21}/Ω
0.2L	−4.7928−j14.9079	21.2884+j92.5092
0.3L	−8.9841−j26.3609	−6.8402−j19.3298
0.4L	−5.5937−j15.6856	−5.0422−j13.6291
0.5L	−4.9724−j14.9149	−4.4424−j12.7460
0.6L	−7.5467−j26.7463	−4.7274−j19.4993
0.7L	−2.2733−j6.5786	−0.1956+j0.0634
0.8L	−1.5676−j4.8052	−1.2157−j3.7355
0.9L	0.2473+j0.8064	0.3163+j0.9559
1.0L	138.25−j22.368	−0.3255+j35.5022
1.125L	1.3058+j4.0361	1.2221+j3.8111
1.2L	0.9026+j2.7978	0.8683+j2.7132
1.3L	0.6073+j1.8916	0.5930+j1.8582
1.4L	0.4361+j1.3658	0.4290+j1.3493

（续）

间隔 d	接收互阻抗	
	Z_t^{12}/Ω	Z_t^{21}/Ω
1.5L	0.3266+j1.0293	0.3228+j1.0200
1.6L	0.2521+j0.7999	0.2499+j0.7941
1.7L	0.1990+j0.6364	0.1977+j0.6326
1.8L	0.1599+j0.5159	0.1592+j0.5133
1.9L	0.1303+j0.4248	0.1299+j0.4230
2.0L	0.1075+j0.3544	0.1073+j0.3530

图 6.22 所示为 $f_0=63.9\text{MHz}$（$B_0=1.5\text{T}$），$p_x=1\text{cm}$、$p_y=0$，$p_z=0$ 时补偿端电压的百分比误差随线圈分离的变化情况。可以看出，百分比误差很小，即使对于 $d=0.2L$，也小于 104%，即两个线圈几乎完全重合，这表明耦合电压几乎被完全去除。在 $d=0.9L$ 时，可以看到很低的误差（线圈 1 和线圈 2），对应于表 6.5 所列的小互阻抗。图 6.23 显示了线圈分离的补偿端电压的隔离情况。可以看出，它们表现出与百分比误差类似的趋势（但倒转），一般都大于 120dB。采用开路电压法（Gupta and Ksienski，1983）补偿的端电压对应的百分比误差如图 6.24 所示。可以看出，即使在 $d=1.2L$ 的分离条件下，百分误差也高达 100%左右。在

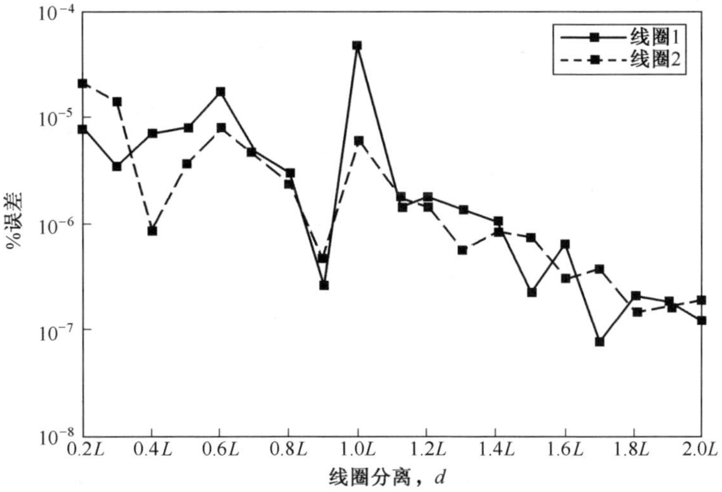

图 6.22　$f_0=63.9\text{MHz}$、$p_x=1\text{cm}$、$p_y=0$、$p_z=0$ 时线圈分离补偿端电压 的百分比误差

最近的一项研究(Zhang and Webb,2004)中,称电容解耦网络可以实现两个相控阵线圈之间20~40dB的隔离度。这比目前的补偿方法所能达到的隔离要小得

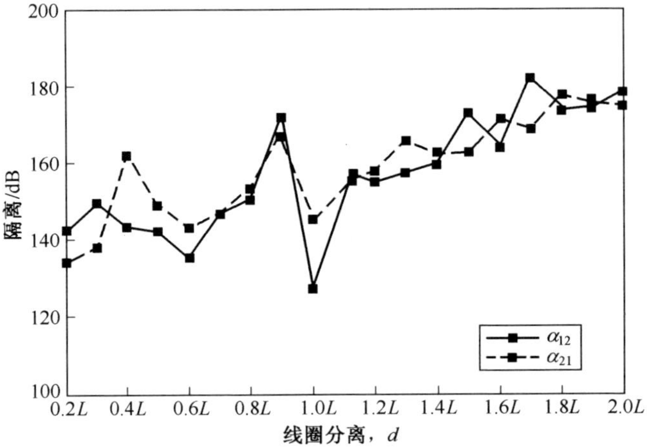

图6.23 $f_0 = 63.9\text{MHz}$、$p_x = 1\text{cm}$、$p_y = 0$、$p_z = 0$时线圈分离补偿端电压

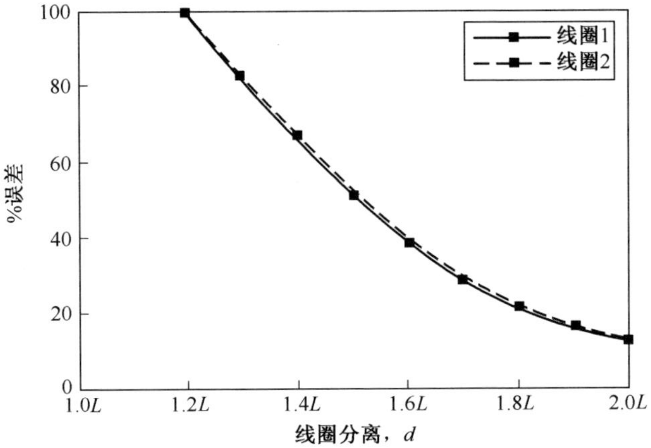

图6.24 使用传统开路电压法的线圈分离的补偿端电压百分比误差(Gupta and Ksienski,1983)

多。然而,这种比较基于这样的假设:在这两种情况下,隔离度都被视为衡量一个线圈耦合到另一个线圈的信号的相对量。

如上所述,接收互阻抗的计算依赖于对活性切片位置的确定。在实际的MRI情况下,成像过程中成像区域(即活性切片)的位置可能会恒定变化,而接

收互阻抗仅根据活性切片的一个位置计算。在计算接收互阻抗时，活性切片位置的变化所产生的影响很重要，故需要确定。图 6.25 至图 6.27 分别为在 63.9MHz(B_0=1.5T)、d=1.125L 处，活性切片分别沿 p_x、p_y 和 p_z 表示的 3 个轴的位置变化与%误差之间的关系。计算中采用的接收互阻抗为活性切片在 p_x=1cm、p_y=0、p_z=0 处的值。可以看出，即使 p_x、p_y 或 p_z 在较大幅度的距离范围内变化时，其%误差仍然很小。对于 p_x 和 p_y 的变化，%误差小于 1%；对于 p_z 的变化，%误差小于 4 %。最坏情况下两线圈之间的隔离度仍大于 30dB，这意味着即使在实际情况下，将活性切片位置改为与用于计算接收互阻抗的位置不同的

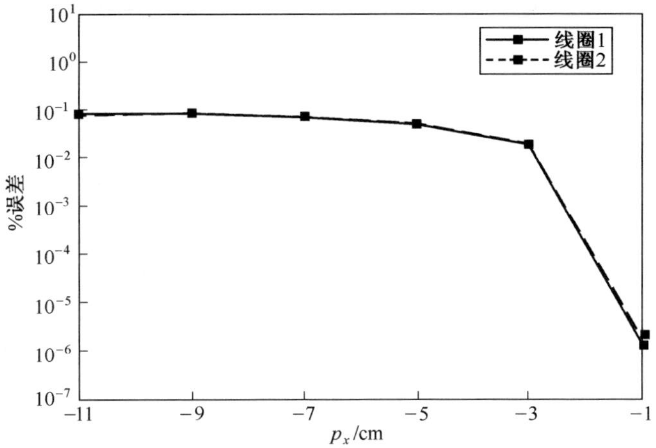

图 6.25　采用接收互阻抗补偿方法，补偿端电压随活性切片偏移 p_x 的百分比误差

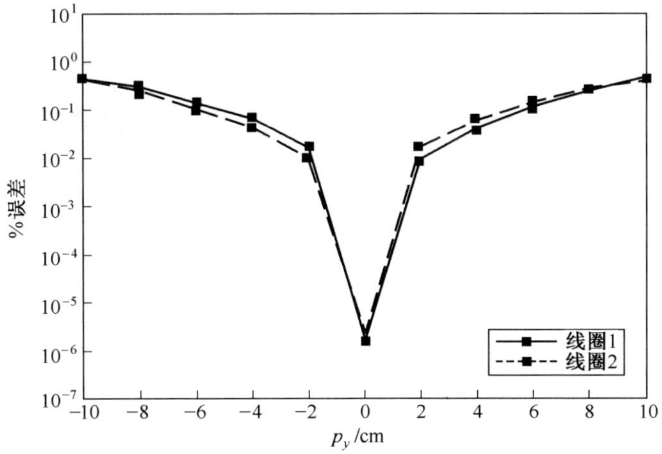

图 6.26　采用接收互阻抗补偿方法补偿端电压随活性切片偏移 p_y 的百分比误差

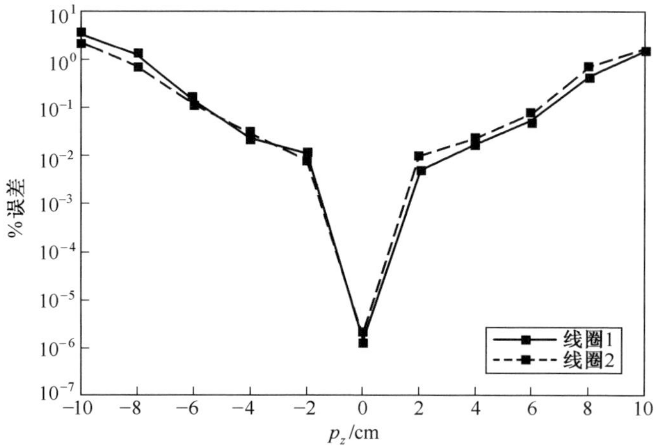

图6.27　采用接收互阻抗补偿方法补偿端电压随活性切片偏移 p_z 的百分比误差

值,由此产生的误差仍然很小。另外,如果活性切片位置变化过大,可能需要重新定位该阵列,使切片位置变化引起的误差仍然保持在如上所示的微小值内。

从Li等(2008)、Hui等(2006)、Liang等(2012、2013a,b),特别是Liang等(2012、2013a、2013b)的研究中可以发现更多关于在相控阵设计中使用接收互阻抗概念的研究。

6.8　接收互阻抗在MIMO系统信号相关分析中的应用

6.8.1　MIMO系统中天线互耦效应的表征理论

众所周知,多工器(MIMO)系统比传统通信链路两侧使用单天线的系统容量更大(Foschini and Gans,1998)。对于MIMO系统,除了由于多径散射效应引起的空间相关性对信道相关性有贡献外,天线互耦也有贡献(Svantesson,2002;Jungnickel et al.,2003)。考虑图6.1所示的具有 N 个发射天线和 M 个接收天线的MIMO系统。在发射天线阵列中,天线互耦会使输入信号耦合到相邻的天线上。这种影响可以用互耦阻抗矩阵来表示

$$\boldsymbol{v}_T = \boldsymbol{Z}_t^{-1}\boldsymbol{v}_s \tag{6.57}$$

式中:$\boldsymbol{v}_s = [V_{s1}, V_{s2}, \cdots, V_{sN}]^T$ 为没有考虑互耦的激励电压矢量;$\boldsymbol{v}_T = [V_{T1}, V_{T1}, \cdots, V_{TN}]^T$ 为考虑互耦时的激励电压矢量,和

$$\boldsymbol{Z}_t = \begin{bmatrix} 1 & \dfrac{Z_{12}}{Z_{g2}+Z_{22}} & \cdots & \dfrac{Z_{1N}}{Z_{gN}+Z_{NN}} \\ \dfrac{Z_{21}}{Z_{g1}+Z_{11}} & 1 & \cdots & \dfrac{Z_{2N}}{Z_{gN}+Z_{NN}} \\ \vdots & \vdots & \ddots & \vdots \\ \dfrac{Z_{N1}}{Z_{g1}+Z_{11}} & \dfrac{Z_{N2}}{Z_{g2}+Z_{22}} & \cdots & 1 \end{bmatrix} \tag{6.58}$$

式中：$Z_{ij}(i,j=1,2,\cdots,N)$ 为用来表征发射天线互耦效应的传统互阻抗(Gupta and Ksienski,1983)；Z_{ij} 为天线的自阻抗；Z_{gi} 为驱动天线激励源的源阻抗。用于互耦分析的两个发射天线的等效电路如图 6.30 所示。

同样地,输出信号也受到接收天线阵列中天线互耦效应的修正。实际输出耦合电压矢量 $\boldsymbol{v}_c$ 与未耦合输出电压矢量 $\boldsymbol{v}_u$ 有关,即

$$\boldsymbol{v}_c = \boldsymbol{Z}_r^{-1}\boldsymbol{v}_u \tag{6.59}$$

式中：$\boldsymbol{Z}_r$ 是包含接收互阻抗的互阻抗矩阵,即

$$\boldsymbol{Z}_{\mathrm{r}} = \begin{bmatrix} 1 & -\dfrac{Z_t^{12}}{Z_L} & \cdots & -\dfrac{Z_t^{1M}}{Z_L} \\ -\dfrac{Z_t^{21}}{Z_L} & 1 & \cdots & -\dfrac{Z_t^{2M}}{Z_L} \\ \vdots & \vdots & \ddots & \vdots \\ -\dfrac{Z_t^{M1}}{Z_L} & -\dfrac{Z_t^{M2}}{Z_L} & \cdots & 1 \end{bmatrix} \tag{6.60}$$

式中：$\boldsymbol{v}_c$ 和 $\boldsymbol{v}_u$ 为跨越天线端子负载的电压矢量。如果需要总的非耦合输出电压(开路电压 V_{oc}),则 $\boldsymbol{v}_u$ 与开路电压矢量 $\boldsymbol{v}_{\mathrm{oc}}$ 关系为

$$\boldsymbol{v}_u = \frac{Z_L}{Z_{\mathrm{in}}+Z_L}\boldsymbol{v}_{\mathrm{oc}} \tag{6.61}$$

在式(6.61)中,假设所有天线单元具有相同的内部阻抗 Z_{in} 和终端阻抗 Z_L。式(6.59)变为

$$\boldsymbol{v}_c = \frac{Z_L}{Z_{\mathrm{in}}+Z_L}\boldsymbol{Z}_r^{-1}\,\boldsymbol{v}_{\mathrm{oc}} \tag{6.62}$$

但是,为了与使用开路电压表示输出的非耦合系统的性能相比较,需要将端子耦合电压矢量 $\boldsymbol{v}_c$ 改变为开路耦合电压矢量 $\boldsymbol{v}'_{oc}$,即

$$\boldsymbol{v}'_{oc} = \frac{Z_{in} + Z_L}{Z_L}\boldsymbol{v}_c \tag{6.63}$$

结合式(6.57)、式(6.62)和式(6.63),可以在空间相关性和天线相互耦合以及信道噪声的情况下获得 MIMO 系统的信号模型,即

$$\boldsymbol{v}'_{oc} = \boldsymbol{Z}_r^{-1}\boldsymbol{H}\boldsymbol{Z}_t^{-1}\boldsymbol{v}_s + \boldsymbol{v}_n \tag{6.64}$$

式中:$\boldsymbol{v}_n$ 为假定不受天线互耦影响的噪声电压矢量。注意,空间相关性包含在信道矩阵 $\boldsymbol{H}$ 内,而天线互耦包含在矩阵 $\boldsymbol{Z}_t$ 和 $\boldsymbol{Z}_r$ 内。

6.8.2 数值示例

图6.28为3个发射天线和3个接收天线的 MIMO 系统($M=N=3$),其等效电路如图6.29所示。发射和接收天线均为偶极子天线,发射和接收天线对齐形成两个均匀的线阵(ULAs),发射端和接收端的天线间距分别为 0.2λ 和 0.15λ。多路径信号发射端的发射角(AOD)和接收端的到达角(AOA)均为 360°。这导致天线单元的空间相关系数以贝塞尔函数形式变化(Clarke,1968)。假设信道是具有单位方差和零均值的高斯随机信道,对于发射天线阵列,两个发射天线之间的互阻抗为

$$d_t = 0.2\lambda,\quad Z_{12} = 25.91 - j15.34\Omega,\quad Z_{21} = 25.28 - j15.78\Omega$$

$$d_t = 0.4\lambda,\quad Z_{13} = -0.90 - j20.30\Omega,\quad Z_{31} = -1.42 - j20.11\Omega$$

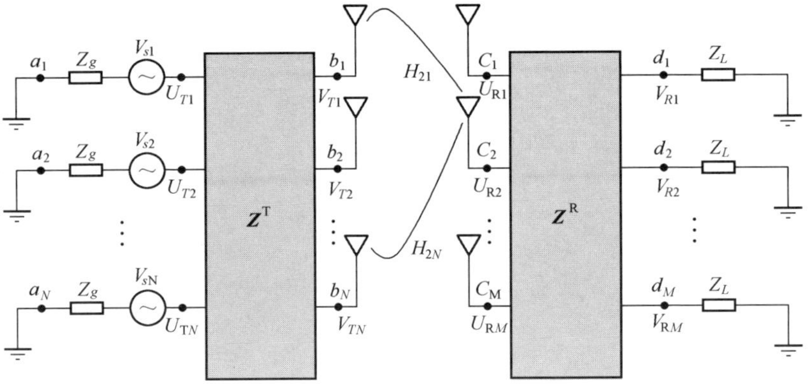

图6.28 具有天线互耦效应的 MIMO 系统

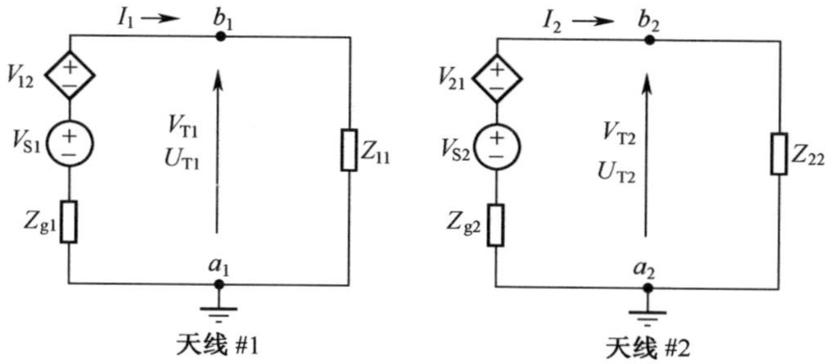

图 6.29　用于互耦分析的两个发射天线的等效电路

对于接收天线阵，两个接收天线之间的接收互阻抗为

$$d_r = 0.15\lambda,\quad Z_t^{12} = -17.73 + j2.75\Omega, Z_t^{21} = -17.48 + j2.94\Omega$$

$$d_r = 0.30\lambda,\quad Z_t^{13} = -8.29 + j10.44\Omega, Z_t^{31} = -7.96 + j10.51\Omega$$

偶极子天线的内部阻抗为

$$Z_{\text{in}} = 39.00 + j7.17\Omega = Z_{11} = Z_{22} = Z_{33}$$

偶极子天线的终端负载阻抗为

$$Z_L = 50\Omega$$

这种 MIMO 系统的信道容量可以通过 Monte Carol 仿真得到。信噪比为 20dB 时的结果如图 6.30 所示。可见，天线间的互耦大大降低了信道容量。

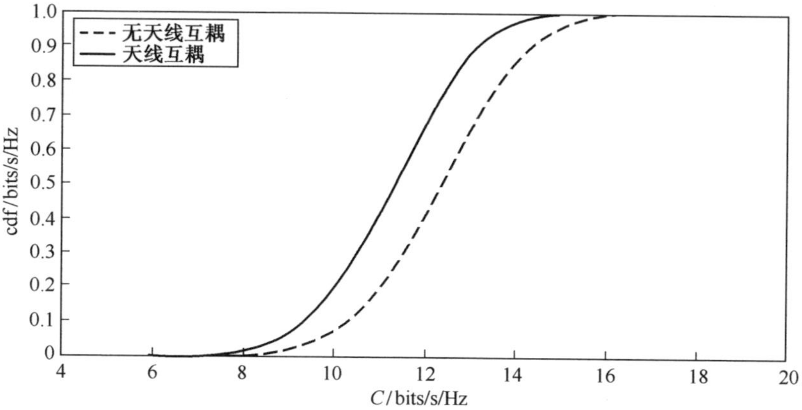

图 6.30　有天线互耦和无天线互耦的 MIMO 系统的信道容量

6.9 总结

本章通过对典型 MoM 分析的推导引入了接收互阻抗的概念,奠定了确定接收互阻抗的理论和实验方法。以典型偶极子和单极子天线阵列的实测和理论接收互阻抗为例,解释了其根本区别,即接收互阻抗与传统互阻抗之间的真正隔离状态。给出了接收互阻抗概念应用的典型例子,包括在 DOA 估计、干扰抑制、MRI 相控阵设计以及 MIMO 通信系统中的应用。

交叉参考:

▶第 66 章 磁共振成像天线

▶第 41 章 共形阵列天线

▶第 40 章 毫米波天线与阵列

▶第 53 章 终端 MIMO 系统与天线

▶第 42 章 多波束天线阵列

▶第 24 章 相控阵天线

▶第 69 章 面向无线通信的可重构天线

▶第 28 章 反射阵天线

▶第 30 章 波导缝隙阵列天线

参考文献

Adve RS, Sarkar TK(2000) Compensation for the effects of mutual coupling on direct data domain adaptive algorithms. IEEE Trans Antennas Propag 48:86-94

Balanis CA(2005) Antenna theory: Analysis and design. 3rd edn. Wiley, Hoboken

Cheng DK(1983) Field and wave electromagnetics. Addison-Wesley Publishing, Reading

Clarke RH(1968) A statistical theory of mobile-radio receptions. Bell Syst Tech J 47:957-1000

Craeye C, Parvais B, Dardenne X(2004) MoM simulation of signal-to-noise patterns in infinite and finite receiving antenna arrays. IEEE Trans Antennas Propag 52:3245-3256

Dandekar KR, Ling H, Xu G(2002) Experimental study of mutual coupling compensation in smart antenna application. IEEE Trans Wirel Commun 1:480-487

Daniel JP(1974) Mutual coupling between antennas for emission or reception-application to passive and active dipoles. IEEE Trans Antennas Propag 22:347-349

Foschini GJ, Gans MJ (1998) On limits of wireless communications in a fading environment when using multiple antennas. Wirel Pers Commun 6:311-335

Goossens R, Rogier H (2007) A hybrid UCA-RARE/Root-MUSIC approach for 2-D direction of arrival estimation in uniform circular arrays in the presence of mutual coupling. IEEE Trans Antennas Propag 43:841-849

Gupta IJ, Ksienski AA (1983) Effect of mutual coupling on the performance of adaptive arrays. IEEE Trans Antennas Propag 31:785-791

Harrington RF (1993) Field computation by moment methods. IEEE Press, New York

Hui HT (2003) Improved compensation for the mutual coupling effect in a dipole array for direction finding. IEEE Trans Antennas Propag 51:2498-2503

Hui HT (2004a) A practical approach to compensate for the mutual coupling effect of an adaptive dipole array. IEEE Trans Antennas Propag 52:1262-1269

Hui HT (2004b) A new definition of mutual impedance for application in dipole receiving antenna arrays. IEEE Antennas Wirel Propag Lett 3:367-364

Hui HT (2007) Decoupling methods for the mutual coupling effect in antenna arrays: a review. Recent Pat Eng 1:187-193

Hui HT, Li BK, Crozier S (2006) A new decoupling method for quadrature coils in magnetic resonance imaging. IEEE Trans Biomed Eng 53:2114-2116

Hyde JS, Jesmanowicz A, Froncisz W, Kneeland JB, Grist TM (1986) Parallel image acquisition from noninteracting local coils. J Magn Reson 70:512-517

Ishimaru A (1991) Electromagnetic wave propagation, radiation, and scattering. Prentice Hall, Englewood Cliffs

Jin JM (1999) Electromagnetic analysis and design in magnetic resonance imaging. CRC Press, Boca Raton

Jordan EC (1968) Electromagnetic waves and radiating systems. Prentice-Hall, Englewood Cliffs, Chap 11

Jungnickel V, Pohl V, Helmolt C (2003) Capacity of MIMO systems with closely spaced antennas. IEEE Commun Lett 7:367-363

Kisliansky A, Shavit R, Tabrikian J (2007) Direction of arrival estimation in the presence of noise coupling in antenna arrays. IEEE Trans Antennas Propag 55:1940-1947

Lau CKE, Adve RS, Sarkar TK (2004) Minimum norm mutual coupling compensation with applications in direction of arrival estimation. IEEE Trans Antennas Propag 52:2034–2040

Li BK, Hui HT, Yang CH, Crozier S(2008) A new decoupling method for phased arrays in magnetic resonance imaging-an experimental approach. IET Proc Sci Meas Technol 2:317–325

Liang D, Hui HT, Yeo TS(2012) Increasing the signal-to-noise ratio by using vertically stacked phased array coils for low-field magnetic resonance imaging. IEEE Trans Inf Technol BioMed 16: 1150–1156

Liang D, Hui HT, Yeo TS, Li BK(2013a) Stacked phased array coils for increasing the signal-tonoise ratio in magnetic resonance imaging. IEEE Trans Biomed Circuits Syst 7:24–30

Liang D, Hui HT, Yeo TS(2013b) Improved signal-to-noise ratio performance in magnetic resonance imaging by using a multi-layered surface coil array - a simulation study. IEEE J Biomed Health Inf 17:756–762

Lui HS, Hui HT(2010a) Effective mutual coupling compensation for direction-of-arrival estimation using a new, accurate determination method for the receiving mutual impedance. J Electromagn Waves Appl 24:271–281

Lui HS, Hui HT(2010b) Mutual coupling compensation for direction-of-arrival estimations using the receiving-mutual-impedance method. Int J Antennas Propag Article ID 373061

Lui HS, Hui HT(2010c) Improved mutual coupling compensation in compact antenna arrays. IET Microwave Antennas Propag 4:1506–1516

Lui HS, Hui HT, Leong MS(2009) A note on the mutual coupling problems in transmitting and receiving antenna arrays. IEEE Antennas Propag Mag 51:171–176

Niow CH, Hui HT(2012) Improved noise modeling with mutual coupling in receiving antenna arrays for direction-of-arrival estimation. IEEE Trans Wirel Commun 11:1616–1621

Ohliger MA, Ledden P, McKenzie CA, Sodickson DK(2004) Effects of inductive coupling on parallel MR Image reconstructions. Magn Reson Med 52:628–639

Pasala KM, Friel EM(1994) Mutual coupling effects and their reduction in wideband direction of arrival estimation. IEEE Trans Aerosp Electron Syst 30:1116–1122

Pozar DM(1990) Microwave engineering. Addison-Wesley, New York

Prasad S, Williams RT, Mahalanabis AK, Sibul LH(1988) A transform-based covariance differencing approach for some classes of parameter estimation problems. IEEE Trans Acoust Speech Signal Process 36:631–641

Qi C, Wang Y, Zhang Y, Han Y(2005) Spatial difference smoothing for DOA estimation of coherent signals. IEEE Signal Process Lett 12:800–802

Qi C, Chen Z, Wang Y, Zhang Y (2007) DOA estimation for coherent sources in unknown nonuniform noise fields. IEEE Trans Aerosp Electron Syst 43:1195-1204

Rajagopal R, Rao PR(1991) DOA estimation with unknown noise fields: a matrix decomposition method. IEE Proc 138:495-501

Roemer PB, Edelstein WA, Hayes CE, Souza SP, Mueller OM(1990) The NMR phased array. Magn Reson Med 16:192-225

Roy R, Kailath T(1989) ESPRIT-estimation of signal parameters via rotational invariance techniques. IEEE Trans Acoust Speech Signal Process 37:984-995

Sarkar TK, Park S, Koh J, Schneible RA(1996) A deterministic least squares approach to adaptive antennas. Digital Signal Process 6:185-194

Sarkar TK, Koh J, Adve RS, Schneible RA, Wicks MC, Choi S, Palma MS(2000) A pragmatic approach to adaptive antennas. IEEE Antennas Propag Mag 42:39-55

Schmidt RO(1986) Multiple emitter location and signal parameter estimation. IEEE Trans Antennas Propag 34:276-280

Schmidt RO, Franks RE (1986) Multiple source DF signal processing: an experimental system. IEEE Trans Antennas Propag 34:281-290

Sodickson DK, Manning WJ(1997) Simultaneous acquisition of spatial harmonics(SMASH): fast imaging with radiofrequency coil array. Magn Reson Med 38:591-603

Svantesson T(2002) Correlation and channel capacity of MIMO systems employing multimode antennas. IEEE Trans Veh Technol 51:1304-1312

Torrieri D, Bakhru K(1997) The effects of nonuniform and correlated noise on superresolution algorithms. IEEE Trans Antennas Propag 45:1214-1218

Werner K, Jansson M(2005) On DOA estimation in unknown colored noise-fields using an imperfect estimate of the noise covariance. In: Proceedings of the 2005 IEEE/SP 13th workshop on statistical signal processing, Bordeaux, France, pp 956-961

Wu Y, Nie Z(2008) On the improvement of the mutual coupling compensation in DOA estimation. J Syst Eng Electron 19:1-16

Wu Y, Nie Z(2009) New mutual coupling compensation method and its application in DOA estimation. Front Electr Electron Eng Chin 4:47-51

Yang S, Nie Z(2005) Mutual coupling compensation in time modulated linear antenna arrays. IEEE Trans Antennas Propag 53:4182-4185

Ye Z, Liu C(2008) 2-D DOA estimation in the presence of mutual coupling. IEEE Trans Antennas Propag 56:3150-3158

Yeh CC, Leou ML, Ucci DR(1989) Bearing estimations with mutual coupling present. IEEE Trans Antennas Propag 37:1332-1335

Yu YT, Hui HT(2011) Design of a mutual coupling compensation network for a small receiving monopole array. IEEE Trans Microw Theory Tech 59:2241-2245

Yu YT, Lui HS, Niow CH, Hui HT(2011) Improved DOA estimations using the receiving mutual impedances for mutual coupling compensation: an experimental study. IEEE Trans Wirel Commun 10:2228-2233

Yuan H, Hirasawa K, Zhang Y (1998) The mutual coupling and diffraction effects on the performance of a CMA adaptive array. IEEE Trans Veh Technol 47:728-736

Zhang X, Webb A(2004) Design of a capacitively decoupled transmit/receive NMR phased array for high field microscopy at 14. 1 T. J Magn Reson 170:149-155

Zhao Y, Zhang S(2000) Generalised algorithm for DOA estimation in unknown correlated noise. IET Electron Lett 36:1893-1894. http://www.feko.info/

附录:缩略语

A

AAS adaptive active antennas 自适应有源天线

ABF analogue beam forming 模拟波束成形

ABS absorbing strip 吸收条带

ABS acrylonitrile butadiene styrene 丙烯腈-丁二烯-苯乙烯

AC alternating current 交流

ACL auxiliary convergent lens 辅助聚焦透镜

A/D analog to digital 模数变换

ADC analog-digital converter 模数转换器

ADG actual diversity gain 实际分集增益

A-EFIE augmented electric field integral equation 增广电场积分方程

AF array factor 阵列因子

A4WP Alliance for Wireless Power 无线电力联盟

AiP antenna-in-package 封装天线

AIS air-insulated substations 空气绝缘变电站

ALTSA antipodallinearly tapered slot antenna 对拓线性渐变缝隙天线

AM additive manufacturing 增材制造

AM amplitude modulation 调幅

AMC artificial magnetic conductor 人工磁导体

AMPS advanced mobile phone system 先进移动电话系统

AMSR advanced microwave scanning radiometer 先进微波扫描辐射计

AoA angle of arrivals 到达角

APAA active phased array antenna 有源相控阵天线

APEX atacama pathfinder experiment 阿塔卡马探路者实验

APM alternating projection method 交替投影法

APS angular power spectrum 角功率谱

AR autoregressive 自回归

AR axial ratio 轴比

ARBW axial ratio bandwidth 轴比带宽

ARQ automatic repeat request 自动重传请求

ASIC application-specific integrated circuit 专用集成电路

ASKAP australian square kilometer array pathfinder 澳大利亚探路者平方公里阵列

ATCA australia telescope compact array

澳大利亚紧凑阵列望远镜

AUT antenna under test 待测天线

AWAS analysis of wire Antennas and scatterers 线天线和散射体分析程序

AWG arbitrary waveform generator 任意波形发生器

AWGN additive white gaussian noise 加性高斯白噪声

AZIM anisotropic zero-index material 各向异性零折射率材料

B

BAN body area network 人体局域网

BAVA balanced antipodal Vivaldi antenna 平衡对拓维瓦尔第天线

BCE beam capture efficiency 波束截获效率

BCNT bundled carbon nanotube 成束碳纳米管

BCP buckled cantilever plate 扣式悬臂板

BCWC body-centric wireless communication 人体中心无线通信

BDF beam deviation factor 波束偏差因子

BER bit error rate 误码率

BFN beam-forming network 波束形成网络

BGA ball grid array 球栅阵列

BHA backfire helical antenna 背射螺旋天线

BMI brain-machine interface 脑机接口

BOR body-of-revolution 旋转体

BRP beam refinement protocol 波束优化协议

BSS broadcasting satellite services 广播卫星业务

BST base station 基站

BTL bell technical laboratories 贝尔技术实验室

BW bandwidth 带宽

C

CA carrier aggregation 载波聚合

CAD computer aided design 计算机辅助设计

CA-RLSA concentric array radial line slot antenna 同心阵列径向线缝隙天线

CARMA combined array for millimeter astronomy 毫米波天文组合阵列

CATR compact antenna test range 紧缩天线测试场地

CBCPW conductor-backed cPW 金属背板共面波导

CBI cosmic background imager 宇宙背景成像仪

CBM condition-based maintenance 视情维护

CCE capacitive coupling element 容性耦合元件

CCVS charge-controlled voltage source 电荷控制电压源

CDMA code division multiple access 码分多址

CEM computational electromagnetics 计算电磁学

CFR crest factor reduction 波峰因数降低

CFRP carbon fiber-reinforced plastic 碳纤维增强塑料

CFZ cone-like Fresnel zone 锥形菲涅尔区

CHIME canadian hydrogen intensity mapping experiment 加拿大氢强度映射实验

CIARS centre for intelligent antenna and radio systems 智能天线与射频系统中心

CLL capacitively loaded loop 电容加载环

CLONALG clonal selection algorithm 克隆选择算法

CM condition monitoring 状态监测

EFIECMP-EFIE calderón multiplicative preconditioned, Calderón 乘法预处理 EFIE

CNT carbon nanotubes 碳纳米管

COP center of projection 投影中心

CP circular polarization, circularly polarized 圆极化

CPU/MPU central/micro processing unit 中央/微处理单元

CS cardinal series 主级数

CSO caltech sub-millimeter observatory 加州理工大学亚毫米波天文台

CTIA cellular telecommunications and internet Association 移动通信与互联网协会

CM common mode 共模

CM constant modulus 恒模

CMA characteristic mode analysis 特征模分析

CM-AES covariance matrix adaptation evolutionary strategy 自适应协方差矩阵进化策略

CMIM conventional mutual impedance method 传统互阻抗法

CMOS complementary metal oxide semiconductor 互补金属氧化物半导体

CMRR common mode rejection ratio 共模抑制比

CNC computer numerical control 计算机数控

CPS coplanar stripline 共面带线

CPW coplanar waveguide 共面波导

CR crossover rate 交叉率

CRLH composite right/left handed 复合左右手

CRLH TL composite right- and left-handed transmission line 复合左右手传输线

CSI channel state information 信道状态信息

CSS chirp spread spectrum Chirp 频谱扩展

CTE coefficient of thermal expansion 热膨胀系数

CSRR complementary split-ring resonator 互补开口环谐振器

CT computed tomography 计算机层析成像

CT/LN constant tangential/linear normal 常切向/线性法向

CVD chemical vapor deposition 化学气相沉积

CVX convex 凸优化

CW continuous-wave 连续波

CWE cylindrical wave expansion 柱面波扩展

CWTSA constant width tapered slot antenna 辐射槽宽恒定的渐变缝隙天线

XPD cross-polarization discrimination 交叉极化鉴别

XPI crosspolar isolation 交叉极化隔离

XLPE crosslinked polyethylene 交联聚乙烯

D

DAC digital to analogue converter 数模转换器

DBF digital beam forming 数字波束成形

DBS direct broadcast satellite 直播卫星

DC direct current 直流(电)

DDC digital down converter 数字下变频

DDM domain decomposition method 区域分解算法

DE differential evolution 差分进化

DEC design rule checking 设计规则检查

DETSA dual exponentially tapered slot antenna 双指数型渐变缝隙天线

DFT discrete Fourier transform 离散傅里叶变换

DG diversity gain 分集增益

DGA dissolved gas analysis 溶解气体分析

DGF dyadic green's function 并矢格林函数

DGS defected ground structure 缺陷地结构

DGTD discontinuous Galerkin time domain 时域间断伽辽金算法

DLA discrete lens array 离散透镜阵列

DLP digital light project 数字光学投影

DM differential mode 差模

DMN decoupling and matching network 解耦匹配网络

DMS defected microstrip structure 缺陷微带结构

DNG double-negative 双负

DOA direction-of-arrival 波达方向

DOD drop-on-demand 按需喷墨

DPS double positive 双正

DR dielectric resonator 介质谐振器

DRA dielectric resonator antenna 介质谐振天线

DS direct sequence 直接序列

DSP digital signal processor 数字信号处理器

D/U desired-to-undesired 期望信号与不期望信号之比

E

EAD egyptian axe dipole 埃及斧偶极子

EBG electromagnetic band gap 电磁带隙

EBM electron beam melting 电子束融化

ECC envelope correction coefficient 包络校正系数

ECR electron cyclotron resonance 电子回旋共振

EDA electronic design automation 电子设计自动化

EDG effective diversity gain 有效分集增益

EDGE enhanced data rate for GSM Evolution 增强型数据速率 GSM 演进技术

EFIE electric field integral equations 电场积分方程

EHF extremely high frequency 极高频

EHT event horizon telescope 事件视界望远镜

EIL edge illumination 边沿照射

EIRP effective isotropic radiated power 等效全向辐射功率

EIS effective isotropic sensitivity 等效全向灵敏度

ELDRs end-loaded dipole resonators 端载偶极子谐振器

EM electromagnetic 电磁

EMC electromagnetic compatibility 电磁兼容性

EMI electromagnetic interference 电磁干扰

EMXT electromagnetic crystal 电磁晶体

EMU electromagnetic unit 电磁单位

ENG epsilon-negative 负介电常数

EOC edge of coverage 覆盖区边缘

EPA equivalence principle algorithm 等效原理算法

EPDM ethylene propylene diene monomer 三元乙丙橡胶

EPR electron paramagnetic resonance 电子顺磁共振

EPR ethylene propylene rubber 乙丙橡胶

ERC European Radio Communications Committee 欧洲无线电通信委员会

ERP effective radiated power 有效辐射功率

ESA electrically small antenna 电小天线

ESA european space agency 欧洲航天局

ESI enhanced serial interface 增强型串行接口

ESPAR electronically steerable passive array radiator 电控无源阵列辐射器

ESPRIT estimation of signal parameters via rotational invariance techniques 基于旋转不变性原理的信号参数估计技术

ESU electrostatic units 静电单位

ET edge taper 边沿锥削

EUT equipment under test 待测设备

WLB embedded wafer-level ball grid arraye 嵌入式晶圆级球栅阵列

EZR epsilon-zero 零介电常数

F

FAC full anechoic chamber 全电波暗室

F/B front-to-backratio 前后比

FCC federal communication commission 联邦通信委员会

F/D focal length-to-aperture diameter ratio 焦径比

FDD frequency division duplexing, Frequency division duplex 频分双工

FDM fused deposition modeling 熔融沉积成型

FDMA frequency division multiple access 频分多址

FDTD finite-difference time-domain 时域有限差分

FE finite element 有限元

FEC forward error correction 前向纠错

FEM finite element method 有限元法

FES functional electrical stimulator 功能性电刺激器

FETD finite element time method method 时域有限元法

FIT finite integration technique 有限积分方法

FF far-field 远场

FF fidelity factor 保真度

FFT fast Fourier transform 快速傅里叶变换

FM frequency modulation 调频

FMCW frequency-modulated constant wave 调频连续波

FoV field of view 视场

FP fabry-Pérot 法布里-珀罗

FPA focal plane array 焦平面阵列

FPGA field programmable gate arrays 现场可编程门阵列

FRA frequency response analysis 频率响应分析

FSA functional small antenna 功能小天线

FSS fixedsatellite services 固定卫星业务

FSS frequency selective surface 频率选择表面

FTBR front-to-back ratio 前后比

FVTD finite volume time domain method 时域有限体积法

FSVs frequency selective volumes 频率选择体结构

FZP fresnel zone plate 菲涅尔区盘

G

GA genetic algorithm 遗传算法

GAA grid antenna array 栅格天线阵列

GaAs gallium arsenide 砷化镓

GAS geostationary atmospheric sounder 地球同步轨道大气探测仪

GBT green bank telescope 绿岸射电望远镜

GCOM global change observation mission 全球环境变化观测任务

GCPW grounded coplanar waveguide 接地共面波导

GD gaussian dipole 高斯偶极子

GeoSTAR geostationary synthetic thinned aperture radiometer 地球同步轨道稀疏合成孔径辐射计

GHz gigahertzes 吉赫兹

GMSK gaussian minimum shift keying 高斯最小频移键控

GNSS global navigation satellite system 全球导航卫星系统

GO geometric optics, geometrical optics 几何光学

GPHA gaussian profile horn antennae

高斯剖面喇叭天线

GPIB general purpose interface bus 通用接口总线

GPOR general paraboloid of revolution 广义旋转抛物面

GPRS general packet radio service 通用分组无线业务

GPS global Positioning System 全球定位系统

GRIN gradient index 渐变折射率

GSG ground-signal-ground 地-信号-地

GSGSG ground-signal-ground-signal-ground 地-信号-地-信号-地

GSM global system for mobile communications 全球移动通信系统

GSNA geosynchronous satellite navigation antennae 静止轨道卫星导航天线

GTD geometrical theory of diffraction 几何绕射理论

H

HBA high-band array 高频段阵列

HBC human-body communications 人体通信

HD high-definition 高清

HDPE high-density polyethylene 高密度聚合物

HDRR hemispherical dielectric ring resonator 半球介质环谐振器

HEB half energy beam 半能量波束

HEBW half energy beamwidth 半能量波束宽度

HetNets heterogeneous networks 异构网

HF high frequency 高频

HFA high frequency asymptotic 高频渐进

HFCT high frequency current transformers 高频电流互感器

HHIS hybrid high-impedance surface 混合高阻抗表面

HIS high impedance surface 高阻抗表面

HLR home location register 归属位置寄存器

HM half-mode 半模

HMFE half Maxwell fish-eye 半麦克斯韦鱼眼

HMSIW half-mode substrate-integrated waveguide 半模基片集成波导

HPA high-power amplifier 高功率放大器

HPBW half-power beamwidth 半功率波束宽度

HSPA high-speed packet access 高速分组接入

HTCC high-temperature co-fired ceramics 高温共烧陶瓷

HWG hansen-woodyard gain 汉森伍德增益

I

IC integrated chip 集成芯片

ICE inductive coupling elements 感性耦合元件

ICP intracranial pressure 颅内压

ICNIRP international commission on non-Ionizing radiation protection 国际非电离

辐射防护委员会

IDFT inverse digital fourier transform 数字傅里叶逆变换

IEC international electrotechnical commission 国际电工委员会

IEM integral equation method 积分方程法

IF intermediate frequency 中频

IFA inverted F-antenna 倒F天线

IID independent and identically distributed 独立同分布

ILA integrated lens antennas 集成透镜天线

ILDC incremental length diffraction coefficients 增量长度绕射系数

IMD implantable device 可植入设备

INC intelligent network communicator 智能通信网络

IR infrared 红外

ISI inter symbol interference 码间干扰

ISM industrial scientific and medical 工业,科学与医疗

ITE information technology equipment 信息技术设备

ITU International Telecommunications Unit 国际电信联盟

IFFT inverse fast Fourier transform 快速傅里叶逆变换

J

JCMT james clerk Maxwell telescope 詹姆斯·克拉克·麦克斯韦尔望远镜

JPL jet propulsion laboratory 喷气推进实验室

K

KCL kirchhoff's current law 基尔霍夫电流定律

KDI kirchhoff's diffraction integral 基尔霍夫衍射积分式

KIDs kinetic Inductance detectors 动力学电感检测器

KVL kirchhoff's voltage law 基尔霍夫电压定律

L

LAN local area network 局域网

LAS largest angular scale 最大角度标度

LCP liquid crystal polymer 液晶聚合物

LDOS local density of states 光子局域态密度

LDS laser direct structuring 激光直接成形

LED light-emitting diode 发光二极管

LEO low earth orbit 近地轨道

LEOS low-earth-orbit satellite 低轨卫星

LF low frequency 低频

LGA land grid array 触点栅格阵列

LH left-handed 左手

LHCP left-hand circular polarization 左旋圆极化

LHM left-handed media 左手介质

LIM low-index material 低折射率材料

LLM layer laminate manufacturing 层压板制造

LM　laser melting 激光熔化

LMS　least mean square 最小二乘

LMT　large milli-meter telescope 大型毫米波望远镜

LNA　low noise amplifier 低噪声放大器

LN2　liquid nitrogen 液氮

LO　local oscillator 本地振荡器

LOFAR　low frequency array 低频阵列

LOM　laminate object manufacturing 层压板制品制造

LOS　line-of-sight 视距

LP　linearly polarized 线极化

LPDA　log-periodic dipole array 对数周期偶极子阵列

LPF　low pass filter 低通滤波器

LPLA　log-periodic loop array 对数周期环形阵列

LPVA　log-periodic V array 对数周期 V 形偶极子阵列

RL　line-reflect-lineL 线-反射-线

LS　laser sintering 激光烧结

LT　low temperature 低温

TCC　low temperature co-fired ceramicL 低温共烧陶瓷

TE　long term evolutionL 长期演化

LT/QN　linear tangential/quadratic normal 线性切向/二次法向

TSA　linearly tapered slot antennaL 线性锥削槽天线

LUF　lowest usable frequency 最低可用频率

UT　lens under testL 待测透镜

WA　leaky-wave antennaL 漏波天线

LWA1　Long Wavelength Array Station 1 1 号长波阵列站

M

MBA　multibeam antenna 多波束天线

ME　magneto-electric 磁电

ME　multiplexing efficiency 复用效率

MEG　mean effective gain 平均有效增益

MEMS　micro-electro-mechanical system 微机电系统

e-MERLIN　multi-Element Radio Linked Interferometer Network 多元无线电链路干涉仪网络

MFIE　magnetic field integral equation 磁场积分方程

MG　maximum gain 最大增益

MHz　megahertz 兆赫兹

MIC　microwave integrated circuit 微波集成电路

MICS　medical implant communications service 医疗植入通信服务

MID　molded interconnect device 模塑互连器件

MIG　metal inert gas 金属惰性气体

MIM　metal-insulator-metal 金属-绝缘体-金属

MIMO　multiple input and multiple output 多输入多输出

MIR　microwaveimpulse radar 微波脉冲雷达

MIRAS　microwave imaging radiometer with

aperture synthesis 合成孔径微波成像辐射计

ML maximum likelihood 最大似然

MLFMA multilevel fast multipole algorithm 多层快速多极子算法

MLGFIM multilevel Green's function interpolation method 多级格林函数迭代法

MM/MTM metamateiral 超材料

MMIC monolithic microwave integrated circuit 单片微波集成电路

MMSE minimum mean square error 最小均方误差

mmWave millimeter wave 毫米波

MNA modified nodal analysis 改进的节点分析

MNG mu-negative 负磁导率

MNZ mu-near-zero 近零磁导率

MoM method of moment 矩量法

MPA microstrip patch antenna 微带贴片天线

MPT microwave power transmission 微波能量传输

MR magnetic resonance 磁共振

MRC maximal ratio combining 最大比合并

MRI magnetic resonance imaging 磁共振成像

MRS MR-spectroscopy 磁共振谱

MRTD multi-resolution time domain 时域多分辨法

MS mean square 均方值

MSA microstrip antenna 微带天线

MSC mode-stirred chamber 模式混合暗室

MSCDA modified self-complementary dipole array 改进型自互补偶极子阵列

MSE mean square error 均方误差

MT mobile terminal 移动终端

MIMOMU-MIMO multiuser MIMO 多用户 MIMO

MUSIC multiple signal classification 多重信号分类

MW microwave 微波

MZR mu-zero 零磁导率

N

NASA national aeronautic and space administration(美国)航空航天局

NB narrowband 窄带

NC no compensation 无补偿

NEC numerical electromagnetic code 数值电磁代码

NF near-field 近场

NF noise figure 噪声系数

NFC near-field communication 近场通信

NFE number of function evaluations 评估次数

NF-FF near-field-far-field 近场-远场

NFRP near-field resonant parasitic 近场谐振寄生

NGD negative-group-delay 负群时延

NIC negative impedance converter 负阻抗变换器

NII negative impedance inverter 负阻抗逆变器

NME natural mode expansion
固定模式扩展

NMOS n Metal oxide semiconductor
N 型金属氧化物半导体

NMR nuclear magnetic resonance
核磁共振

NNs neural networks 神经网络

NRI-TL negative refractive-index transmission-line 负折射率传输线

NSA normalized site attenuation
归一化场地衰减

NSDP numerical steepest descent path method
数值最速下降路径方法

NU nonuniform 非均匀

O

OATS open-area test site 开阔测试场

OCS open-circuit stable 开路稳定

OFDM orthogonal frequency-division multiplexing 正交频分复用

OLTC on-load tap changers 有载分接开关

Omega/sq ohms per square 欧姆每平方

OMT orthomode transducer 正交模耦合器

OTA over-the-air 空中下载

P

PA power amplifier 功率放大器

PAA phased array antenna 相控阵天线

PAE power-added efficiency
功率附加效率

PAF phased array feeds 相控阵馈源

PBG photonic band gap materials
光子带隙材料

PC photonic crystal 光子晶体

PC polycarbonate 聚碳酸酯

PCA photoconductive antenna 光电导天线

PCB printed circuit board 印制电路板

PCIe peripheral component interconnect express 高速外部组件互连

PCS personal communications service
个人通信服务

PCSA physically constrainedsmall antenna
有限尺寸小天线

PD partial discharge 局部放电

PDC personal digital cellular
个人数字蜂窝

PDMS polydimethylsiloxane
聚二甲基硅氧烷

PDN power distributed networks
供电网络

PE polyethylene 聚乙烯

PEC perfectly electric conductor
理想电导体

PEEC partial element equivalent circuit
部分元等效电路

PEEK polyetheretherketone 聚醚酮醚

PER packet error ratio 误包率

PET piezoelectric transducer 压电转换器

PEX parallel excitation 并联激励

PEXMUX parallel excitation multiplexing component 并联激励复用组件

PH plane hyperbolic 双曲面

PHAT phase transform 相位变换

HEMT pseudomorphic high-electronmobility transistorp 赝晶高电子迁移率晶体管

PIAA power inversion adaptive Array 功率倒置自适应阵列

PIB propagation-invariant beam 传播不变波束

PIFA planar inverted-F antenna 平面倒 F 天线

PIFA printed inverted F antenna 印刷倒 F 天线

PIM passive inter-modulation 无源互调

PLA polylactic acid 聚乳酸

PMA power matters alliance 电力事务联盟

PMC perfectly magnetic conductor 理想磁导体

PML perfectly matched layer 完美匹配层

PMMA polymethylmethacrylate 聚甲基丙烯酸甲脂

PMMW passive millimeter-wave 毫米波无源

PO physical optics 物理光学

PoC proof-of-concept 概念验证

POM polyoxymethylene 聚甲醛

PPSF polyphenylsulfone 聚苯砜

PR positive real 正实

PRI positive-refractive-index 正折射率

PRPD phase-resolved partial discharge 局部放电相位分布

PRS partially reflective surface 部分反射面

PSA physicallysmall antenna 小形体天线

PSD power spectrum density 功率谱密度

PSO particle swarm optimization 粒子群优化

PSS phase-shifting surface 相移表面

PTD physical theory of diffraction 物理衍射理论

PTE power transfer efficiency 功率传输效率

PTFE polytetrafluoroethylene 聚四氟乙烯

PTSA parabolic tapered slot antenna 抛物线渐变缝隙天线

Q

QMC quadrature mixer correction 正交混频器校正

Q quality factor 品质因数

QoS quality of service 服务质量

QC-laser quantum cascade laser 量子级联激光

QSC quasi-self-complementary 准自互补

QUIET Q/U imaging experiment Q / U 成像实验

R

RA reconfigurable antenna 可重构天线

RAM radio-absorbing material 射频吸波材料

RC reverberation chamber 混响室

RCM reliability-centered maintenance 以可靠性为中心的维护

RCS radar cross-section 雷达散射截面

RDL redistribution layer 再分配层

RDMS reconfigurabledefected microstrip structure 可重构缺陷微带结构

RE radiation efficiency 辐射效率
RET remote electrical tilt 远程电子倾斜
REV rotating element electric field vector 旋转单元电场矢量
RF radio frequency 射频
RFID radio frequency identification 射频识别
RF-MEMS radio frequency micro electromechanical system 射频微机电系统
RH right-handed 右手
RHCP right-hand circular polarization 右旋圆极化
RIS reactive impedance surface 纯电抗表面
RLBW return loss bandwidth 回波损耗带宽
RLS recursive least squares 递归最小二乘
RLSA radial line slot antenna 径向线缝隙天线
RLW reduced lateral wave 横向波抑制
RMIM receiving mutual impedance method 接收互阻抗方法
rms root mean square 均方根
RP rapid prototyping 快速原型
RPD ray path difference 射线路径差
RRH remote radio head 射频拉远头
RSSI received signal strength indication 接收信号强度指示
RSW reduced surface wave 表面波抑制
RT room-temperature 室温
RTLS real time location system 实时定位系统
RW rectangular waveguide 矩形波导
Rx receiving 接收

S

SA small antenna 小天线
SAC semi-anechoic chamber 半微波暗室
SAEP shorted annular elliptical patch 短路环形椭圆贴片
SAR shorted annular ring 短路环
SAR specific absorption rate 比吸收率
SBR shoot and bounce ray 弹跳射线法
SCOT smoothed coherence transform 平滑相干变换
SCS short-circuit stable 短路稳定
SCS self-complementary structure 自互补结构
SD spatial diversity 空间分集
SD standard deviation 标准差
SDARS satellite digital audio radio services 卫星数字音频广播业务
SDM spatial division multiplexing 空分复用
SDM spectral domain method 谱域法
SDMA space division multiple access 空分多址
SDS spatial difference smoothing 空间差分平滑
SE shielding effectiveness 屏蔽效能
SEFD system equivalent flux density 系统等效磁通密度

SEM scanning electron micrograph 扫描电子显微镜

SERS surface-enhanced Raman scattering 表面增强拉曼散射

SETD spectral element time domain 时域普元法

SG signal-ground 信号接地

SGU signal generation unit 信号产生单元

S/I signal/interference 信干比

SIC substrate integrated circuit 基片集成电路

SIIG substrate integratedimage guide 基片集成镜像波导

SIM subscriber identity module 用户识别模组

SINR signal-to-interference-plus-noise ratio 信干噪比

SINRD substrate integratednonradiative dielectric 基片集成非辐射介质

SiP system-in-package 封装系统

SISO single-input single-out 单输入单输出

SIW substrate integrated waveguide 基片集成波导

SKA square kilometer array 平方公里阵

SL stereolithography 立体光刻

SLA square loop antenna 方环天线

SLC side lobe canceller 副瓣对消器

SLM selective laser melting 选择性激光熔化

SLS sector level sweep 扇区电平扫描

SLS selective laser sintering 选择性激光烧结

SMAP soil moisture active passive 土壤湿度主被动(探测任务)

SMI sample matrix inversion 采样矩阵求逆

SMOS soil moisture and ocean Salinity 土壤湿度和海洋盐度(探测任务)

SMP shape memory polymer 形状记忆聚合物

SMRS sinusoidally modulated reactance surface 正弦调制容抗表面

SMS short message service 短消息服务

SMT surface-mount technologies 表面贴装技术

SNG single negative 单负

SNIR signal-to-noise-and-interference ratio 信干噪比

SNOM scanning near-field optical microscope 近场扫描光学显微镜

SNR signal-to-noise ratio 信噪比

SoB system-on-board 板上系统

SoC system-on-chip 片上系统

SOL short-open-load 短路-开路-负载

SOLT short-open-load-thru 短路-开路-负载-直通

SOP system on packaging 封装系统

SOTM satellite-on-the-move 移动卫星

SPDT single-pole double-throw 单刀双掷

SPICE Simulation Program with Integrated-Circuit Emphasis 电路模拟程序

SPMT single-pole multi-throw 单刀多掷开关

SPP surface plasmon polariton
表面等离子体激元

SPS solar power satellite 太阳能发电卫星(空间太阳能电站)

SPST single pole single throw
单刀单掷开关

SPT south Pole Telescope 南极望远镜

SRR split-ring resonator 开口环谐振器

SRT sardinia Radio Telescope
撒丁岛射电望远镜

SSC stator slot couplers 定子槽耦合器

SSP shorted slotted patch 短路开槽贴片

STFFT short-time fast Fourier transformation
短时快速傅里叶变换

STFT short-time Fourier transform
短时傅里叶变换

SU-MIMO/MU-MIMO
single-user and multiuser multiple-input multiple-output 单用户及多用户多输入多输出

SVM support vector machine 支持矢量机

SVSWR site voltage standing wave ratio
场地电压驻波比

SWR standing wave ratio 驻波比

T

TCDk thermal coefficient of dielectric constant 介电常数热系数

TCM theory of characteristic modes
特征模理论

3D three-dimensional 三维

TDD time division duplexing 时分双工

TD-EFIE time-domain electric field integral equations 时域电场积分方程

TDMA time division multiple access
时分多址

TDOA time differences of arrival
到达时间差

TDR time-domain reflectivity
时域反射

TE total efficiency 总效率

TE transverse electric 横电

TEM transverse electromagnetic 横电磁

TF time-frequency 时频

THz terahertz 太赫兹

TIS total isotropic sensitivity
总全向灵敏度

TL transmission line 传输线

TM transverse magnetic 横磁

TMA tower-mounted amplifier 塔式放大器

TO transformation optics 变换光学

TPs transmission poles 传输极点

TSA tapered slot antenna 锥削槽天线

TT&C telemetry, tracking and control
遥测,跟踪与控制

T/R transmit/receive 收/发

TRL trough reflect line
直通-反射-传输线

TRP total radiated power 总辐射功率

TTD true-time delays 实时延迟

Tx transmission 发射

TZs transmission zeros 传输零点

U

UAT uniform asymptotic diffraction

均匀渐近衍射

UAV unmanned aerial vehicle 无人飞行器

UHD ultrahigh definition 超高清

UHF ultra high frequency 超高频

ULA uniform linear array 均匀线阵

ULSI ultralarge-scale integration 超大规模集成

USB universal mobile telecommunication systemsx 通用移动通信系统

USB universal serial bus 通用串行总线

UTD uniform Theory of Diffraction 一致性绕射理论

UWB ultra-wideband 超宽带

V

VCO voltage-controlled oscillator 压控振荡器

VHF very high frequency 甚高频

VLBA very long baseline array 甚长基线阵列

VLBI very-long-baseline interferometry 甚长基线干涉计

VLF very low frequency 甚低频

VNA vector network analyzer 矢量网络分析仪

VOI volume of interest 感兴趣区域

VSWR voltage standing wave ratio 电压驻波比

W

WAAS wide area augmentation system 广域增强系统

WDO wind-driven optimization 风驱动优化

WiMAX worldwide interoperability for microwave access 全球微波互联接入

WiPoT Wireless Power Transfer Consortium for Practical Application 无线电力传输应用协会

WISP wireless identification and sensing platform 无线识别和感知平台

WLAN wirelesslocal area network 无线局域网

WPC wireless power consortium 无线电力联盟

WPT wireless power transfer 无线能量传输

WRC world radio conference 世界无线电大会

WSN wirelesssensor network 无线传感器网络

Y

YM - BPM yee - mesh - based beam - propagation method 基于 Yee 网格的光束传播方法

Z

ZIM zero-index material 零折射率材料

ZOR zeroth-order resonator 零阶谐振器

ZTT zirconium Tin Titanate 钛酸锆锡

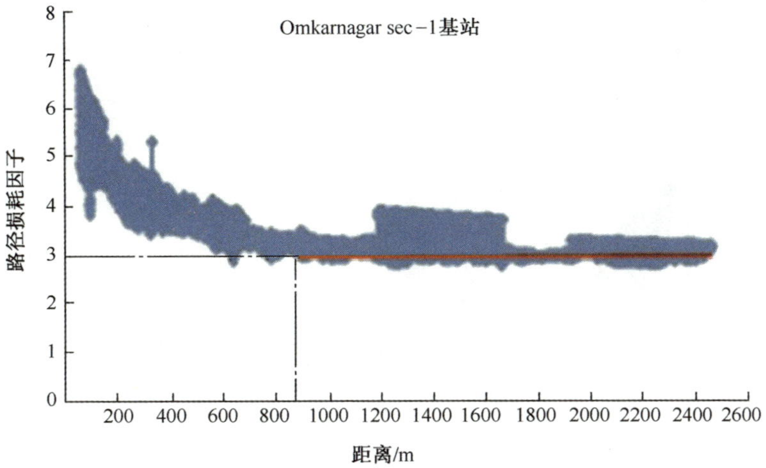

图 2.5 OM-1 基站(频率 1800MHz,基站高度 24m)路径损耗因子随距离的变化

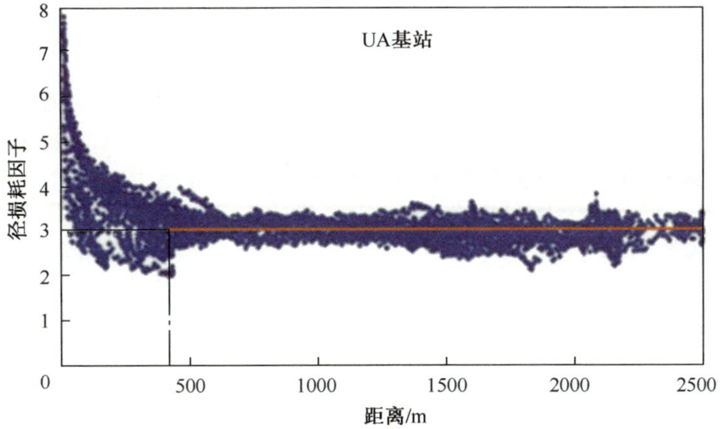

图 2.6 UA 基站(频率 900MHz,基站高度 24m)路径损耗因子随距离的变化

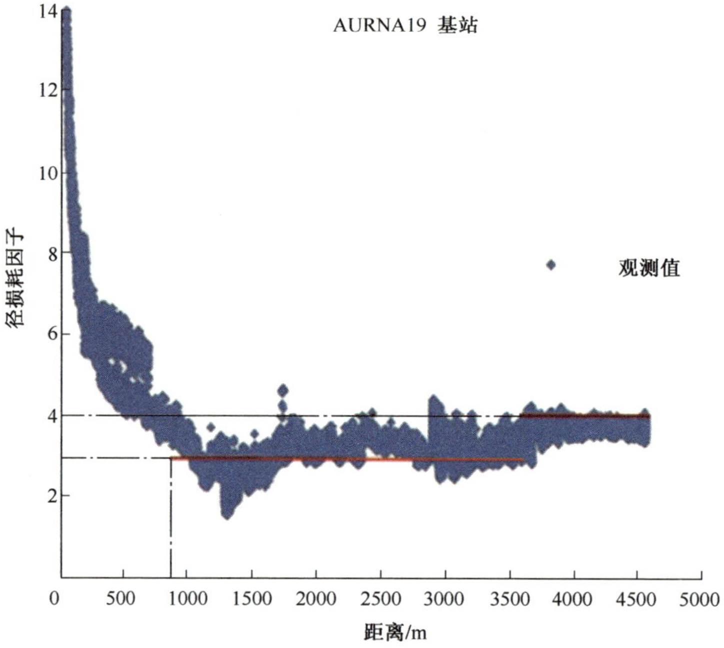

图 2.7　AURNIA 19 基站(频率为 900MHz,基站高度为 50m)路径损耗因子随距离的变化(靠近发射机时路径损耗因子为 3,远离基站路径损耗因子逐渐变为 4)

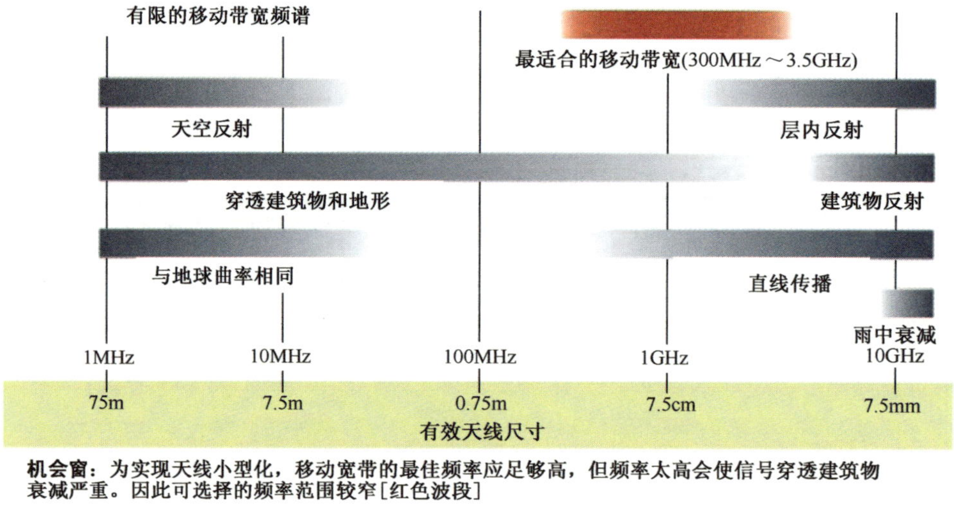

图 2.8　电磁谱中适合移动通信的频带(Lazanus,2010)

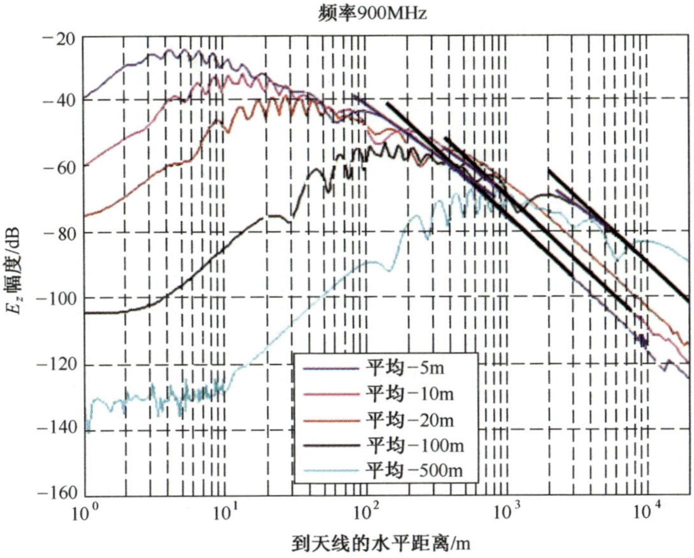

图 2.14 半波偶极子天线 z 向辐射电场分量幅度(dB)变化(不同曲线代表天线离地高度不同,非理想地面参数$\varepsilon_r = 15$、$\sigma = 0.005$mhos/m,工作频率为 900MHz)

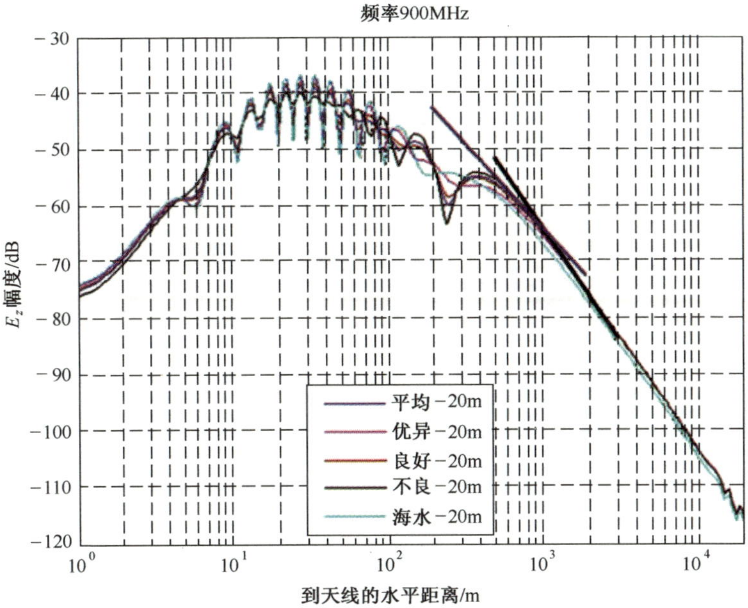

图 2.15 在不同非理想地面上,半波偶极子天线的 z 向辐射电场分量幅度(dB)变化

(不同曲线代表不同地面,天线高度 20m,工作频率 900MHz)

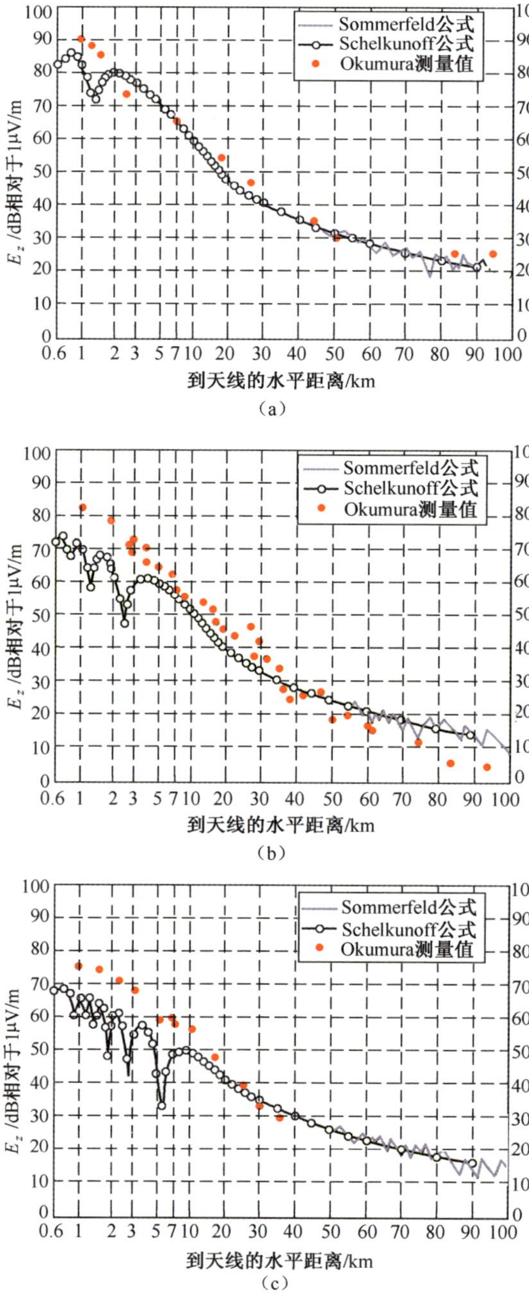

图 2.16　城市传播路径损耗的宏模型预测结果与实验数据对比

(a)453MHz;(b)922MHz;(c)920MHz

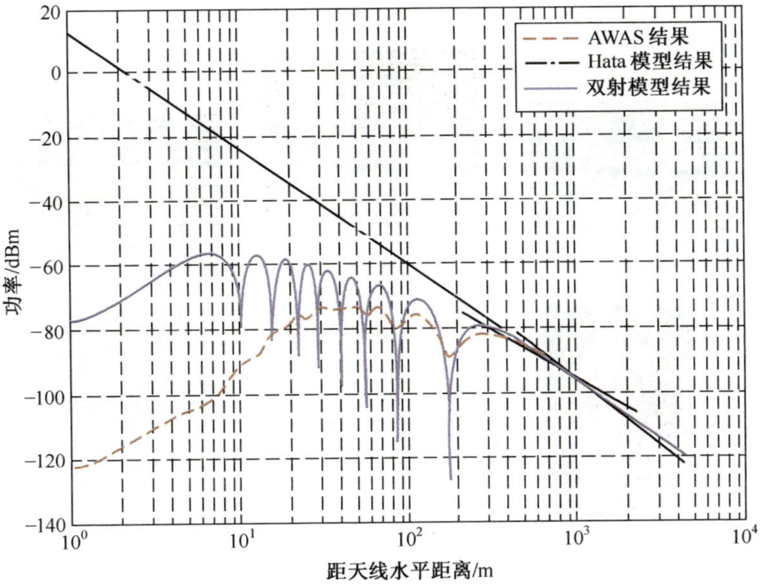

图 2.20　城市中垂直半波偶极子高度为 20m，红色虚线为 AWAS 分析的接收功率，黑色虚线为 Hata 模型的结果，蓝色曲线为双射线模型的结果

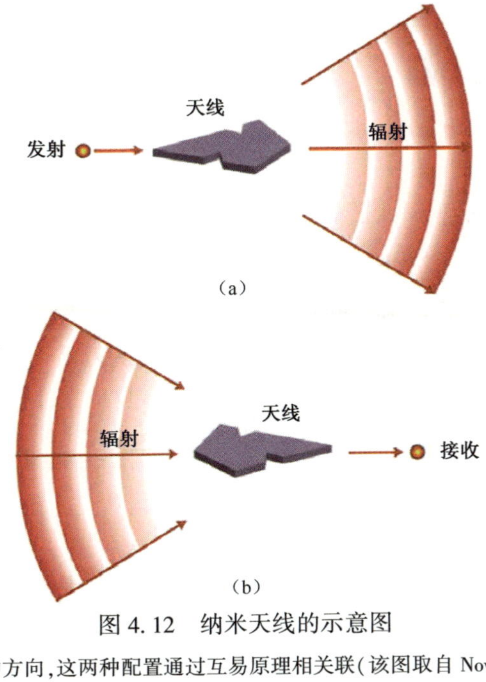

图 4.12　纳米天线的示意图

箭头指示能量流动的方向，这两种配置通过互易原理相关联（该图取自 Novotny and Hulst，2011）
(a) 传输纳米天线；(b) 接收纳米天线。

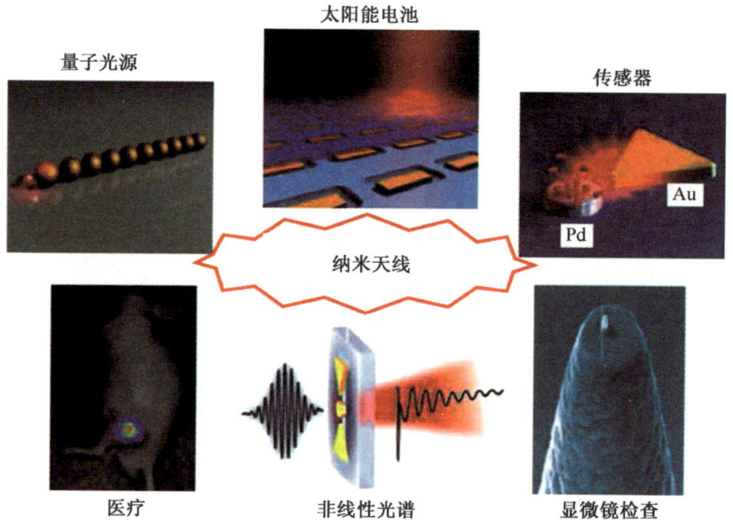

图 4.13　纳米天线在现代社会中的应用(取自 Krasnok et al. ,2013 的文献)

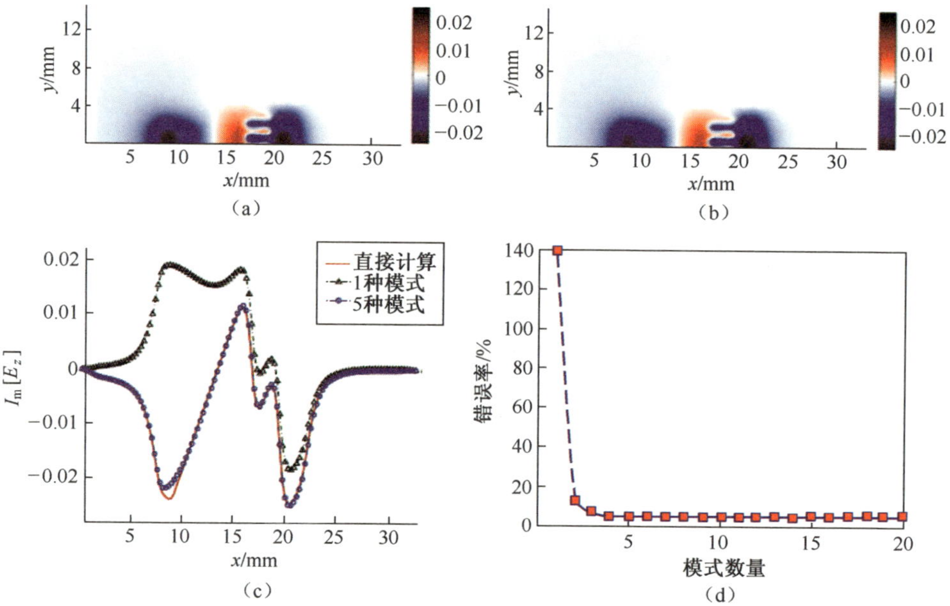

图 4.16　将工作频率 5.9GHz 的电流片引入 CRLH 波导缝隙天线

(a) $z=0.635$mm 处的 xy 平面上直接计算的场的 $\mathfrak{I}m[E_z]$;

(b)在同一平面上使用陷波模式展开场;(c)沿观察线 $y=0.36$mm 直接计算

和展开 $\mathfrak{I}m[E_z]$ 的比较;(d)与用于展开场的模式数量相关的相对误差。

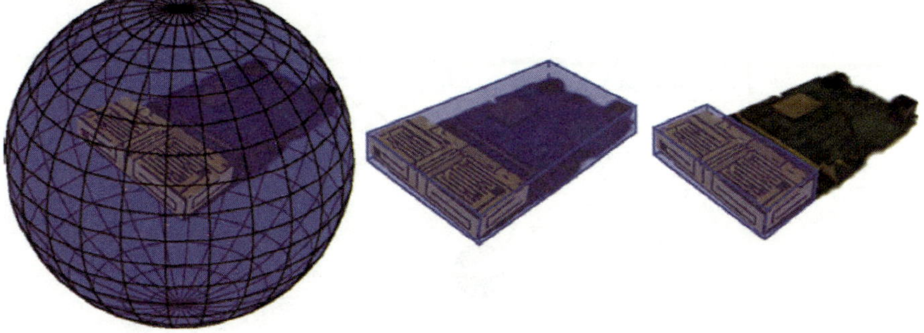

（a）　　　　　　　　　　（b）　　　　　　　　　　（c）

图 5.1　用于物理边界的外接几何图示

(a)由 Wheeler(1947)和 Chu(1948)介绍的球体,用于球面模式的扩展;(b)框限定了前向散射方法中使用的天线结构(Gustafsson et al. ,2007a、2009b、2010);(c)限制用于天线电流优化的天线区域的框(Gustafsson and Nordebo,2013)。

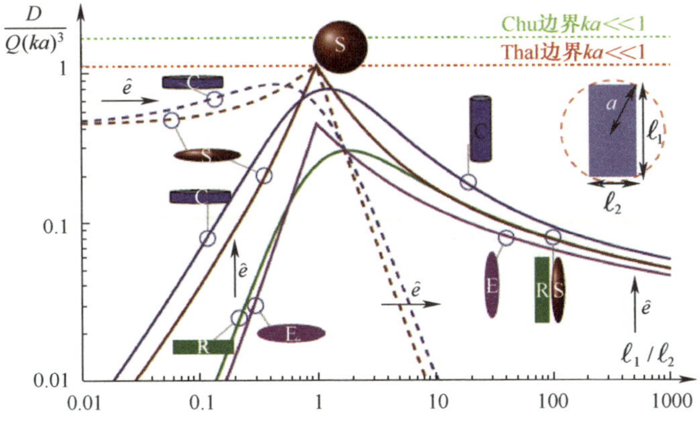

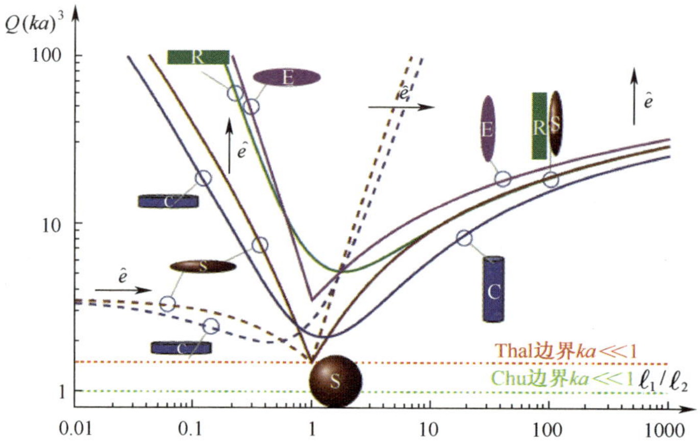

图 5.14　对于非磁性球体、圆柱体、平面矩形和高度为 ℓ_1 、宽度为 ℓ_2 采用 $\eta = 1/2$ 的平面椭圆(Gustafsson,2011),用 $(ka)^3$ 归一化的 D/Q (上)和 Q(下)上的前向散射边界(实线为垂直极化;虚线为水平极化)

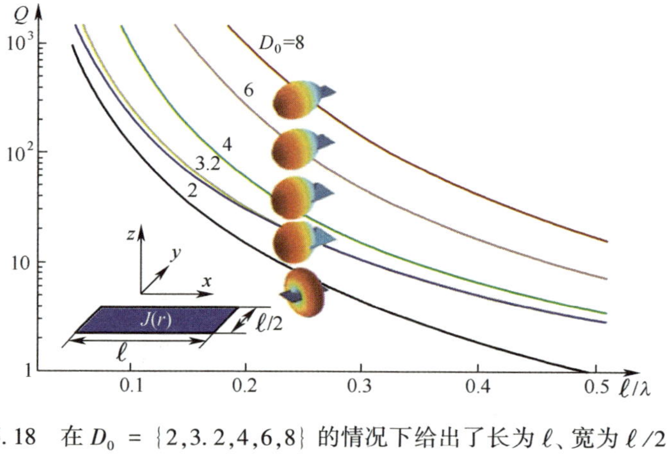

图 5.18　在 $D_0 = \{2,3.2,4,6,8\}$ 的情况下给出了长为 ℓ、宽为 $\ell/2$ 的平面矩形约束天线的 Q 因子物理边界 $D(x) \geq D_0$ (Gustafsson and Nordebo,2013)

表 4.1　EPA 在模拟阵列天线中的应用

（Li and Chew，2007；Shao et al.，2011、2012、2013）

天线类型	期望输出
地平面上两个单极子 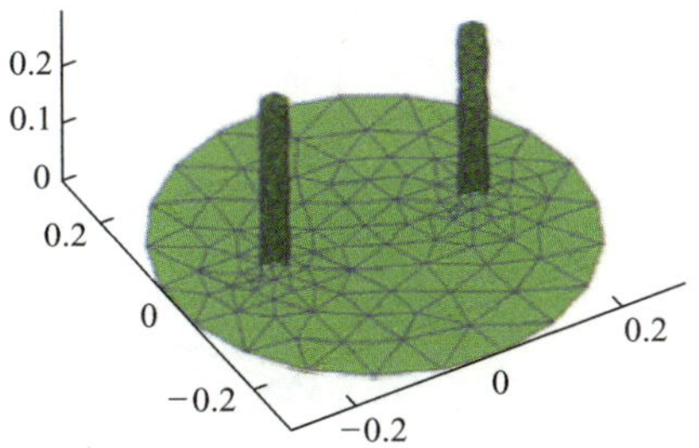	电流分布 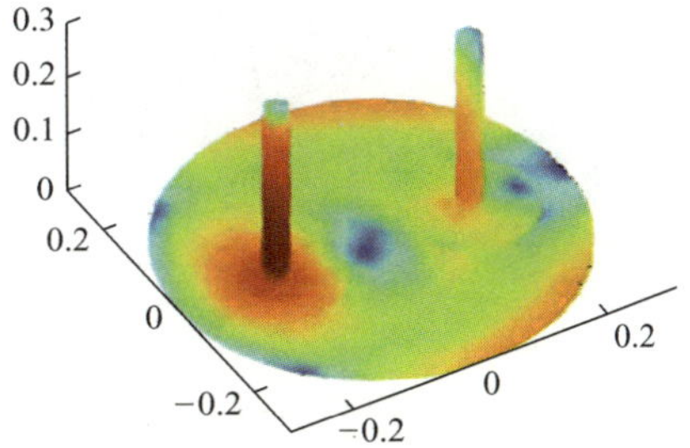
微带天线阵 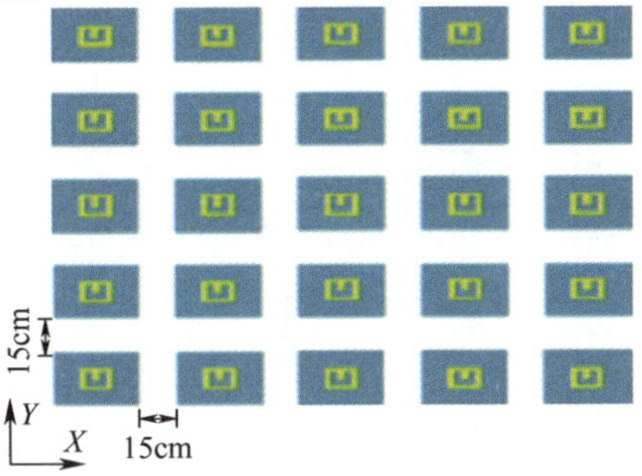	双站雷达散射截面(RCS) 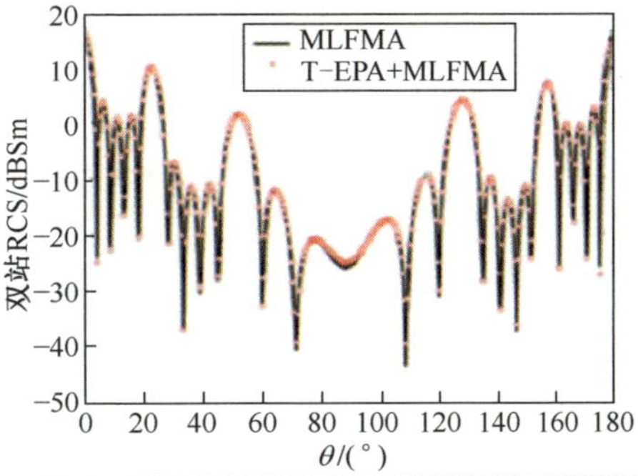
天线阵列 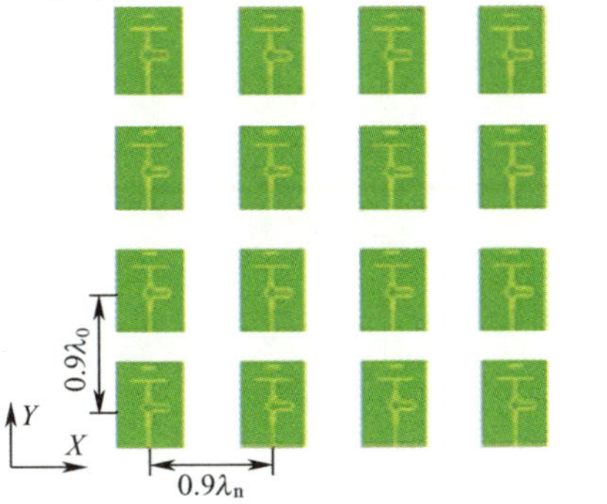	双站RCS 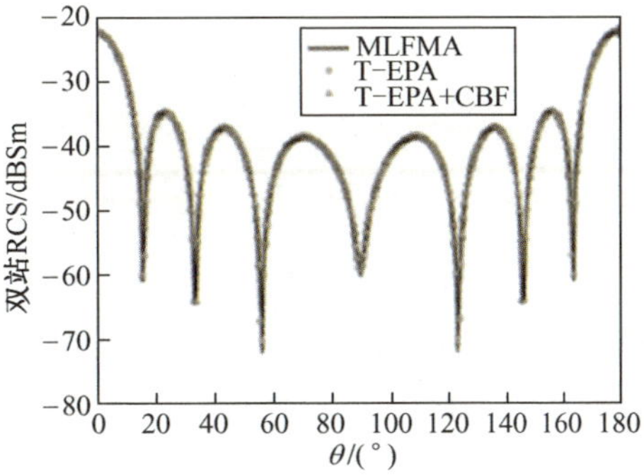

表 4.2 应用 EPA 的解决天线问题

(Li and Chew,2008; Fallahpour et al. ,2014; Shao et al. ,2014)

<table>
<tr><th>天线类型</th><th>期望输出</th></tr>
<tr><td>天线安装在车顶上
</td><td>辐射方向图
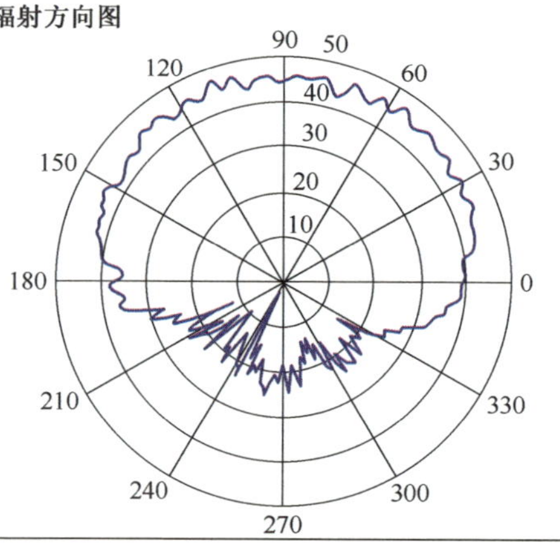</td></tr>
<tr><td>可重构像素天线
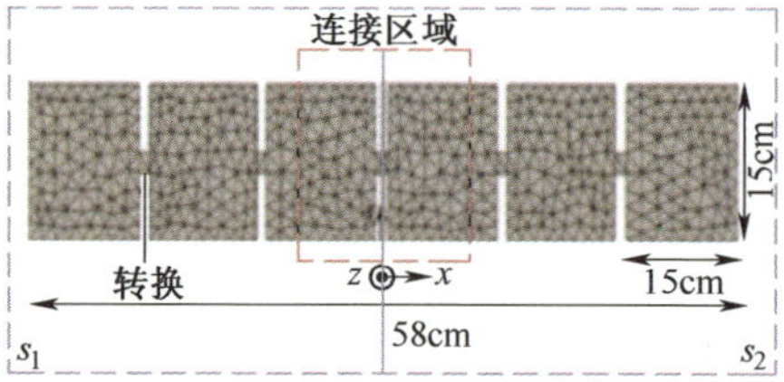
</td><td>RCS
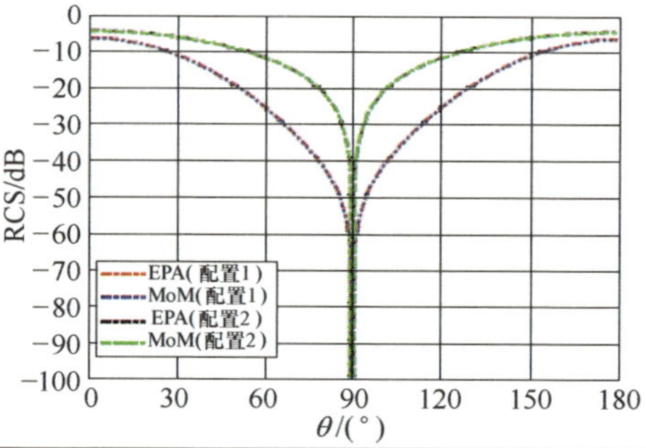
</td></tr>
<tr><td>在PEC板上领结形天线
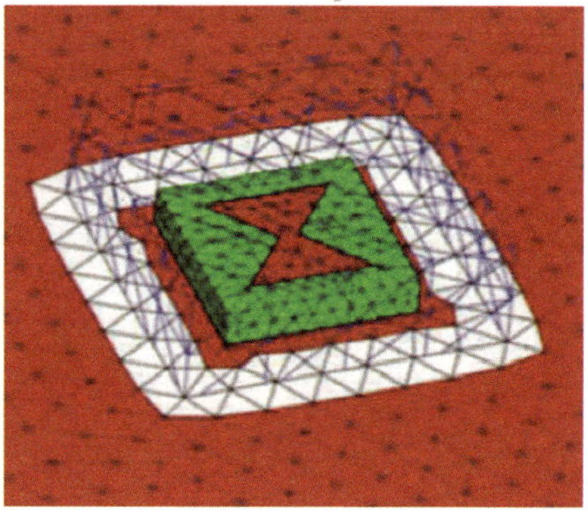</td><td>辐射方向图
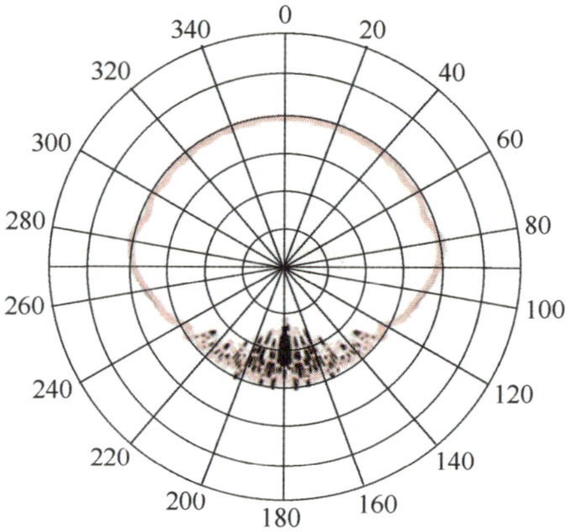</td></tr>
</table>